CB136311

PRAVEEN NAGARAJAN

MÉTODOS DE ANÁLISE ESTRUTURAL POR MATRIZES

Tradução
Angelo Giuseppe Meira Costa

Revisão Técnica:
Gilberto Carlos Nunes
Engenheiro Civil pela UFPB CCT
MBA em Gerenciamento de Projetos pela FIP

MATLAB® é marca comercial de The MathWorks, Inc. e é usada com permissão. The MathWorks não garante a precisão do texto ou dos exercícios neste livro. O uso deste livro ou a discussão do software MATLAB® ou produtos relacionados não constitui endosso ou apoio por The MathWorks de uma abordagem pedagógica em particular ou de uso particular do software MATLAB®.

Cópia não autorizada é crime
Lei 9.610 de 19/02/1998
Respeite o direito autoral

EDITORA CIÊNCIA MODERNA

Do original:
Matrix Methods of Structural Analysis

Authorised translation from the English language edition published by CRC Press, a member of the Taylor & Francis Group LLC.
Portuguese-language edition for Brazil Copyright © 2021 by Editora Ciência Moderna. All rights reserved.
Todos os direitos para a língua portuguesa reservados pela EDITORA CIÊNCIA MODERNA LTDA.
De acordo com a Lei 9.610, de 19/2/1998, nenhuma parte deste livro poderá ser reproduzida, transmitida e gravada, por qualquer meio eletrônico, mecânico, por fotocópia e outros, sem a prévia autorização, por escrito, da Editora.

Editor: Paulo André P. Marques
Produção Editorial: Dilene Sandes Pessanha
Capa: Daniel Jara
Diagramação: Daniel Jara
Tradução: Angelo Giuseppe Meira Costa (angico)
Revisão Técnica: Gilberto Carlos Nunes. Eng. Civil pela UFPB CCT. MBA em Gerenciamento de Projetos pela FIP

Várias **Marcas Registradas** aparecem no decorrer deste livro. Mais do que simplesmente listar esses nomes e informar quem possui seus direitos de exploração, ou ainda imprimir os logotipos das mesmas, o editor declara estar utilizando tais nomes apenas para fins editoriais, em benefício exclusivo do dono da Marca Registrada, sem intenção de infringir as regras de sua utilização. Qualquer semelhança em nomes próprios e acontecimentos será mera coincidência.

FICHA CATALOGRÁFICA

NAGARAJAN, Praveen.

Métodos de Análise Estrutural por Matrizes

Rio de Janeiro: Editora Ciência Moderna Ltda., 2021.

1. Engenharia Civil e Engenharia Estrutural
I — Título

ISBN: 978-65-5842-026-2 CDD 624.1

Editora Ciência Moderna Ltda.
R. Alice Figueiredo, 46 – Riachuelo
Rio de Janeiro, RJ – Brasil CEP: 20.950-150
Tel: (21) 2201-6662/ Fax: (21) 2201-6896
E-MAIL: LCM@LCM.COM.BR
WWW.LCM.COM.BR

03/21

Para meus pais

Sra. Rani Nagarajan e Dr. N.M. Nagarajan
e meus professores no NIT Calicut e IIT Madras

Prefácio

Métodos de análise estrutural por matrizes são usados para a análise de estruturas em quadro, i.e., estruturas compostas de elementos unidimensionais. Os procedimentos de solução usados neste método são sistemáticos e gerais. Portanto, é fácil escrever programas de computador usando-se este método.

O método de análise por matrizes é um importante tópico no campo da engenharia estrutural. Um conhecimento apropriado nesta área é necessário para o entendimento de tópicos avançados como o método de elemento finito, a dinâmica estrutural, a estabilidade estrutural, etc. O software disponível para a análise de estruturas é desenvolvido usando-se este método. Assim, é necessário ter-se uma base no assunto para a apropriada aplicação dessas ferramentas de software.

Este livro lida com a análise de estruturas usando métodos de matrizes. Ele foi projetado como um livro didático de fácil leitura para um curso introdutório em métodos de análise estrutural por matrizes para estudantes veteranos de graduação e de pós-graduação de engenharia civil. Ele também será útil para engenheiros estruturais praticarem o uso eficiente de ferramentas de software de análise estrutural.

As principais características do livro são as seguintes:

- Os conceitos são explicados de maneira simples;
- Cada capítulo contém muitas ilustrações e exemplos para um melhor entendimento;
- Uma abordagem passo a passo para a solução de problemas é adotada no livro, o que ajudará o leitor a resolver problemas de uma forma sistemática.

O livro contém cinco capítulos. No primeiro capítulo, a base para a análise de estruturas por matrizes é discutida. O procedimento para se desenvolver a relação força–deslocamento para uma dada estrutura usando coeficientes de flexibilidade e rigidez é visto no segundo capítulo. Os demais três capítulos lidam com a análise de estruturas em quadro usando o método da flexibilidade, da rigidez e da rigidez direta. Um código MATLAB simples para análise de uma treliça plana usando o método da rigidez direta é dado no apêndice do livro. O código pode ser modificado de forma que possa ser usado para análise de outros tipos de estrutura.

O autor agradece sinceramente ao Dr. Gagandeep Singh , à senhorita Mouli Sharma e ao senhor Edward Curtis da CRC Press e à senhorita Alexandra Andrejevich do codeMantra por todo o apoio, e ao senhor Beljith P., por digitar o manuscrito.

O autor agradece comentários e sugestões para o melhoramento na futura edição do livro.

Praveen Nagarajan

MATLAB® é marca comercial registrada de The MathWorks, Inc. Para informações sobre o produto, favor contatar:

The MathWorks, Inc.
3 Apple Hill Drive
Natick, MA 01760-2098 USA
Tel: 508-647-7000
Fax: 508-647-7001
E-mail: info@mathworks.com
Web: www.mathworks.com

O Autor

Praveen Nagarajan completou sua educação em engenharia civil no NIT Calicut e no IIT Madras. Ele foi um estudante exemplar ao longo de toda a sua formação. Após uma breve passagem como engenheiro projetista de pontes na L&T Ramboll, Chennai, ele partiu pra academia.

Seus interesses de pesquisa incluem concreto reforçado e pré-estressado, engenharia de pontes e confiabilidade estrutural. Ele publicou mais de 50 artigos técnicos nessas áreas e é autor do livro Prestressed Concrete Design (publicado pela Pearson). Ele recebeu vários prêmios como o Prêmio do Mérito Valli Anantharamakrishnan do IIT Madras, o Prêmio E P Nicolaides da Institution of Engineers (Índia), o prêmio de Melhor Professor Jovem do NIT Calicut, o Prêmio ICI-UltraTech para Jovem Engenheiro de Concreto de Kerala pelo Instituto Indiano do Concreto (ICI), e o Prêmio Jovem Cientista ICI-Prof. V. Ramakrishnan pelo ICI. Ele orientou dois estudantes de PhD e mais de 35 projetos M-Tech. Ele também está orientando oito estudantes pesquisadores para seus graus de doutorado. Atualmente, ele trabalha como Professor Associado no Departamento de Engenharia Civel no Instituto Nacional de Tecnologia Calicut, India.

Sumário

1 Introdução

1.1 Introdução aos métodos de análise de estruturas com matrizes

A análise de estruturas lida com a determinação de respostas (forças e deslocamentos) da estrutura submetida a cargas. O rápido desenvolvimento de computadores e a necessidade de estruturas complexas e leves levou ao desenvolvimento de métodos matriciais de análise de estruturas. O procedimento de análise pode ser concisamente escrito usando-se notações de matrizes e são convenientes para a programação de computadores.

Os métodos clássicos de análise de estruturas (também conhecidos como *abordagem de análise por sistema*), tais como o método de deformação consistente, os métodos de deflexão de inclinação, etc., consideram o comportamento de toda a estrutura para desenvolvimento das equações necessárias à análise. Assim, esses métodos só são convenientes para estruturas pequenas ou simples. Para estruturas maiores, o uso de métodos clássicos de análise será difícil e demorado. Embora os procedimentos usando métodos clássicos possam ser escritos em formato de matriz, os métodos matriciais de análise discutidos neste livro são diferentes da abordagem clássica e são conhecidos como *abordagem de análise por elemento*. Neste método, a resposta de toda a estrutura é determinada usando-se o comportamento dos elementos ou membros dos quais a estrutura é composta.

Há duas maneiras de se analisar uma estrutura usando métodos matriciais, quais sejam, o *método de flexibilidade* ou *método das forças*, e o *método da rigidez* ou *método dos deslocamentos*. O método de análise por flexibilidade é discutido no capítulo 3, enquanto os capítulos 4 e 5 lidam com o método de análise por rigidez. Os métodos para desenvolvimento da relação força–deslocamento de elementos serão vistos no capítulo 2. Neste capítulo, os termos importantes e suas definições usados em métodos de análise por matriz são discutidos.

1.2 Estruturas em quadro

Uma estrutura é definida como uma montagem de elementos estruturais que podem suportar uma carga. Quando duas dimensões (dimensões de seção transversal) dos elementos são muito pequenas em comparação com a terceira dimensão (comprimento do elemento), os elementos são modelados como *elementos lineares* unidimensionais. Os elementos que têm uma dimensão (espessura) muito pequena em comparação com as outras duas dimensões são modelados como *elementos de superfície* bidimensionais. Em alguns casos, todas as dimensões do elemento são de extensões comparáveis. Estes elementos são modelados como *elementos paralelogramos* tridimensionais.

Uma estrutura composta apenas por elementos lineares é conhecida como *quadro estrutural* ou *esquelética*. Este livro trabalha com a análise de estruturas em quadro. Numa estrutura com articulações, ligações representam o ponto de interseção de elementos, apoios e extremidades livres de elementos (A, B, C, D e E na figura 1.1a). Os apoios podem ser engastados (apoio A na figura 1.1a e 1.1b), com articulações (apoio D na figura 1.1a), com roletes (apoio B na figura 1.1b), ou com suporte guiado (apoio C na figura 1.1b). Às vezes, os apoios podem ser elásticos (ou molas). As estruturas em quadro podem ser agrupadas em seis categorias, quais sejam (i) barra, (ii) treliça plana, (iii) treliça espacial, (iv) quadro plano, (v) grelha e (vi) quadro espacial. Uma breve descrição de cada tipo de quadro estrutural é dada abaixo:

Uma barra (Figure 1.2a) é um elemento fino e longo, que tem um ou mais pontos de apoio. As forças atuam num plano contendo um eixo de simetria da seção transversal do elemento e a direção do vetor de momento serão perpendicular a este plano. A barra também se deflexiona neste plano. Em qualquer seção da barra, as forças internas desenvolvidas são o momento fletor e a esforço cortante (figura 1.3b). Considera-se que as cargas são transversais ao eixo do elemento; portanto, a força axial não se desenvolve.

A treliça plana (figura 1.2b) consiste de elementos lineares, encontrando-se todos num plano e interconectados por articulações sem atrito. As cargas e reações atuam apenas nestas articulações. Assim, os elementos geram apenas forças axiais (figura 1.3a).

Uma treliça espacial (figura 1.2c) é similar à treliça plana. Porém, os elementos, as cargas e as reações podem ter qualquer orientação no espaço. Além disso, neste caso, apenas forças axiais são geradas no elemento (figura 1.3a).

No caso de um quadro plano (figura 1.2d), todos os elementos jazem num único plano e, tal como a barra, os eixos de simetria da seção transversal também se encontram no plano. O vetor força e o deslocamento da estrutura ocorrem neste plano. O vetor momento é perpendicular a este plano. Num elemento de quadro plano, em qualquer seção, a força axial, o esforço cortante e o momento fletor são desenvolvidos (figura 1.3c).

Uma grelha (figura 1.2e) é similar ao quadro plano, com uma diferença. Neste caso, todos os membros se encontram num plano, mas a direção do vetor força é perpendicular a este plano. O vetor momento se encontra no plano dos membros. As forças internas desenvolvidas num elemento de grelha são o esforço cortante, o momento fletor e o momento de torção (figura 1.3d).

Um quadro espacial (figura 1.2f) é o tipo mais genérico de quadro estrutural. Neste caso, os elementos e as forças podem ter qualquer orientação no espaço. As forças internas geradas em qualquer seção do elemento do quadro espacial são a força axial, o momento de torção, o momento fletor, e o esforço cortante em ambas as direções principais da seção transversal do elemento (figura 1.3e).

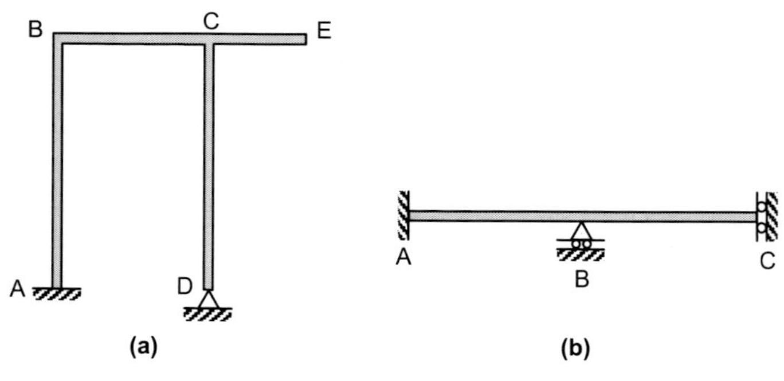

Figura 1.1 - Ligações num quadro estrutural

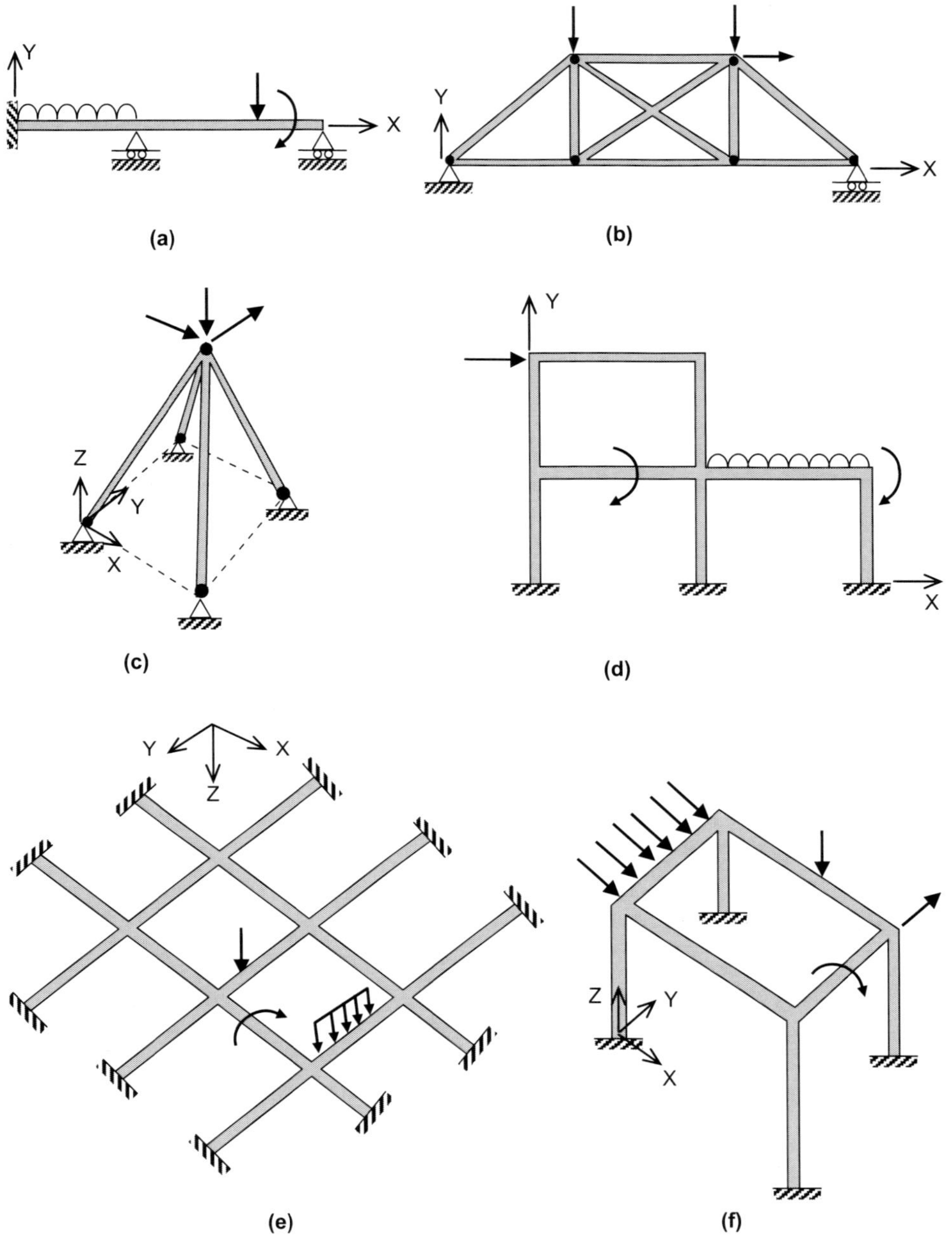

Figura 1.2 - Tipos de quadro estrutural: (a) barra, (b) treliça plana, (c) treliça espacial, (d) quadro plano, (e) grelha e (f) quadro espacial.

A figura 1.3 mostra o Diagrama de Corpo Livre (DCL) de diferentes tipos de elementos num quadro estrutural, indicando a natureza das forças internas geradas no elemento. Nesta figura, N, M, V e T são a força axial, o momento fletor, o esforço cortante e o momento de torção, respectivamente. As setas com uma só ponta e com duas pontas mostram a direção do vetor força e do vetor momento, respectivamente.

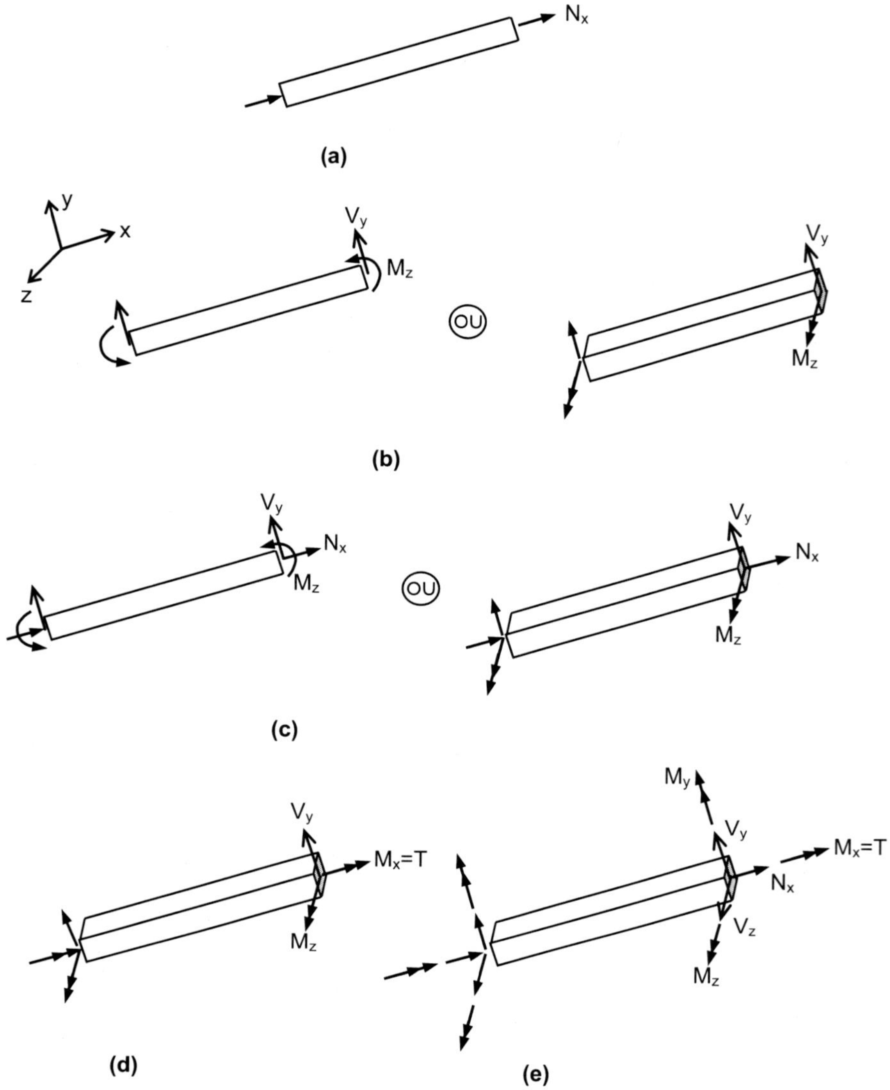

Figura 1.3 - Forças internas em diferentes tipos de elementos lineares: (a) elemento de treliça, (b) elemento de barra, (c) elemento de quadro plano, (d) elemento de grelha e (e) elemento de quadro espacial.

1.3 Sistema de coordenadas cartesianas

Um sistema de coordenadas cartesianas orientado para a direita, como mostrado na figura 1.4[a], é usado neste livro para especificar a geometria, as forças e os deslocamentos numa estrutura. Os três eixos ortogonais, *X*, *Y* e *Z*, com suas direções positivas, são indicados na figura. Forças (o termo também inclui momentos) e deslocamentos (translações e rotações) são tidos como positivos se estiverem ao longo das direções positivas do sistema de coordenadas. Por exemplo, no caso de uma estrutura bidimensional, a direção positiva de distâncias (x, y), deslocamentos (u, v, θ_z), e forças (P_x, P_y, M_z) são mostrados na figura 1.4b.

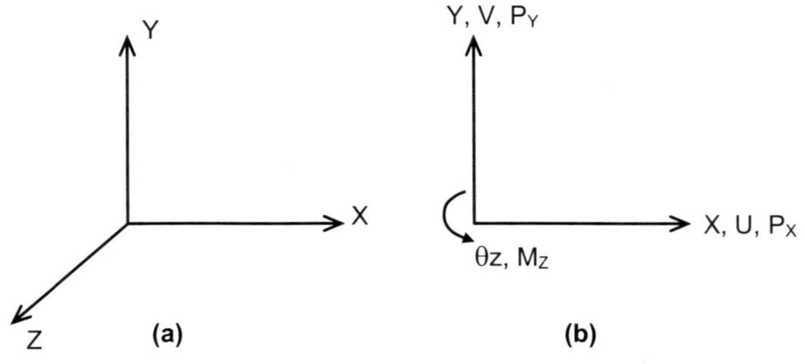

Figura 1.4 - Sistema de coordenadas cartesianas orientado para a direita

As direções positivas para as forças e deslocamentos nas duas extremidades dos elementos são mostradas na figura 1.3.

1.4 Sistema de coordenadas para forças e deslocamentos

Para definir uma força ou deslocamento, é necessário especificar-se (i) a localização, na estrutura, em que a força é aplicada ou o deslocamento é medido, (ii) a magnitude e (iii) a direção. Forças (ou deslocamentos) podem ser facilmente definidas marcando-as num rascunho da estrutura. A figura 1.5a mostra tal forma de se indicar as forças numa estrutura de quadro plano.

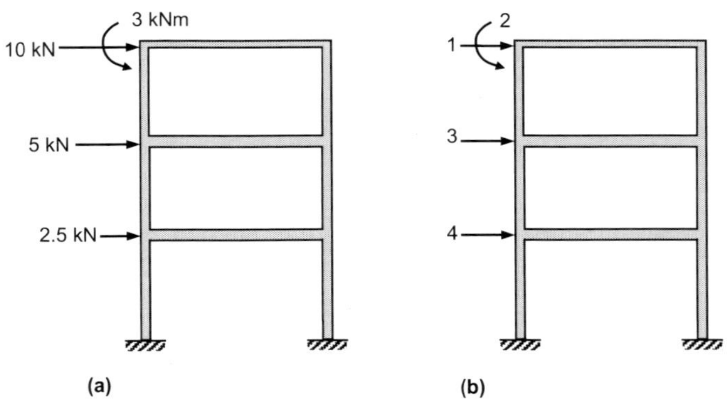

Figura 1.5 - Sistema de coordenadas para uma estrutura: (a) força atuando sobre a estrutura e (b) coordenadas para forças e deslocamentos.

Considere uma situação em que o quadro plano esteja sujeito a diferentes combinações de forças, mas as localizações e direções dessas forças sendo aquelas mostradas na figura 1.5b, que indica os pontos de aplicação, as direções de forças e os deslocamentos correspondentes (da mesma forma se um sistema de coordenadas é criado para indicar deslocamentos, ele também representa a direção das forças correspondentes). A magnitude das forças atuando ao longo das coordenadas são indicadas numa matriz coluna como

$$\begin{Bmatrix} P_1 \\ P_2 \\ P_3 \\ P_4 \end{Bmatrix}$$

Esta matriz coluna (ou vetor) é conhecida como *vetor força*. Um valor negativo para o vetor força indica apenas que a força está atuando numa direção oposta à direção mostrada no sistema de coordenadas. Os deslocamentos correspondentes também são representados numa matriz coluna como

$$\begin{Bmatrix} D_1 \\ D_2 \\ D_3 \\ D_4 \end{Bmatrix}$$

Esta matriz é conhecida como *vetor deslocamento*. Os vetores força e deslocamento são escritos de forma compacta como {P} e {D}, respectivamente[1].

1.5 Nós e elementos

A estrutura é considerada como uma montagem de elementos. Os elementos são conectados um ao outro num número finito de pontos conhecidos como *nós*. As ligações numa estrutura também são um tipo de nó. Num quadro estrutural, cada elemento tem apenas dois nós e os diferentes tipos de elementos já foram discutidos na seção 1.2. Além disso, deve-se notar que em métodos de análise de estruturas por matrizes, as forças e os deslocamentos podem ser aplicados ou determinados nos nós.

A estrutura discretizada indicando os nós e elementos de típicas treliça, barra e quadro plano é mostrada na figura 1.6. Nesta figura, os elementos são especificados por um número envolto num quadrado. Da mesma forma, os nós são indicados por um número envolto num círculo.

1.6 Graus de liberdade (GDL) de nós

Os graus de liberdade de um nó são o número de deslocamentos independentes a que o nó pode se submeter. Os GDL de um nó em diferentes tipos de estruturas em quadro são dados na tabela 1.1.

Os GDL de nós das estruturas mostradas na figura 1.6 são indicados na figura 1.7. Nesta figura, os GDL translacional e rotacional são mostrados por setas retas e curvas, respectivamente.

[1] As chaves indicam que essa é uma matriz coluna.

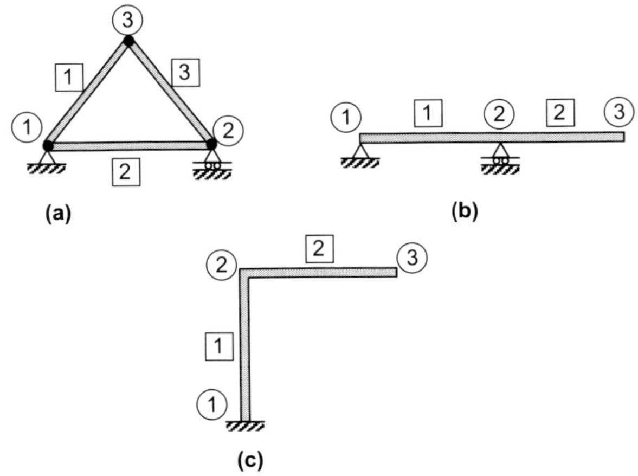

Figura 1.6 - Nós e elementos em típicas estruturas em quadro: (a) treliça plana, (b) barra e (c) quadro plano.

Tabela 1.1 - Graus de liberdade de nós num quadro estrutural

Nº	Tipo de estrutura	Graus de liberdade por nó	Descrição
1	Treliça plana	2	Todos translacionais
2	barra	2	Um translacional e um rotacional
3	Quadro plano	3	Dois translacionais e um rotacional
4	Grelha	3	Um translacional e dois rotacionais
5	Treliça espacial	3	Todos translacionais
6	Quadro espacial	6	Três translacionais e três rotacionais

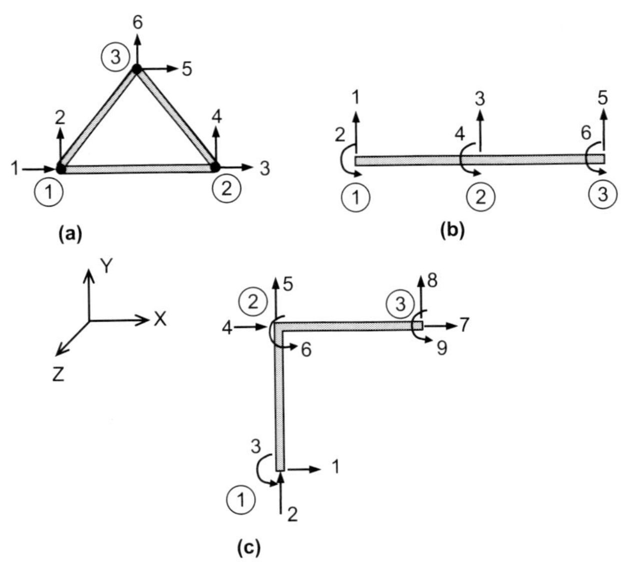

Figura 1.7 - Graus de liberdade de nós de estruturas em quadro típicas: (a) treliça plana, (b) barra e (c) quadro plano.

Na figura, pode-se ver que cada GDL é identificado por um número. A numeração dos GDL parte do nó com menor número e prossegue para o próximo nó, e assim por diante. Num nó, os GDL translacionais são numerados antes dos rotacionais. Se houver mais de um GDL translacional (ou rotacional) num nó, então os GDL na direção do eixo X são numerados primeiro, seguidos pelos GDL ao longo dos eixos Y e Z.

1.7 Sistema de coordenadas global e local

Para a análise de estruturas, dois sistemas diferentes de coordenadas para forças e deslocamentos são usados. Um único sistema de coordenadas global (X, Y e Z são correspondentes a eixos globais) é usado para especificar as forças (P) e os deslocamentos (D) nos nós da estrutura. Um sistema de coordenadas local (x, y e z são os eixos locais correspondentes) será usado para cada elemento para indicar as forças dos elementos (p) e os deslocamentos correspondentes (d). As coordenadas globais de estruturas discutidas na seção 1.5 são mostradas na figura 1.8. As coordenadas locais de um elemento típico da estrutura também são mostradas. Na figura, x, y e z indicam os eixos locais.

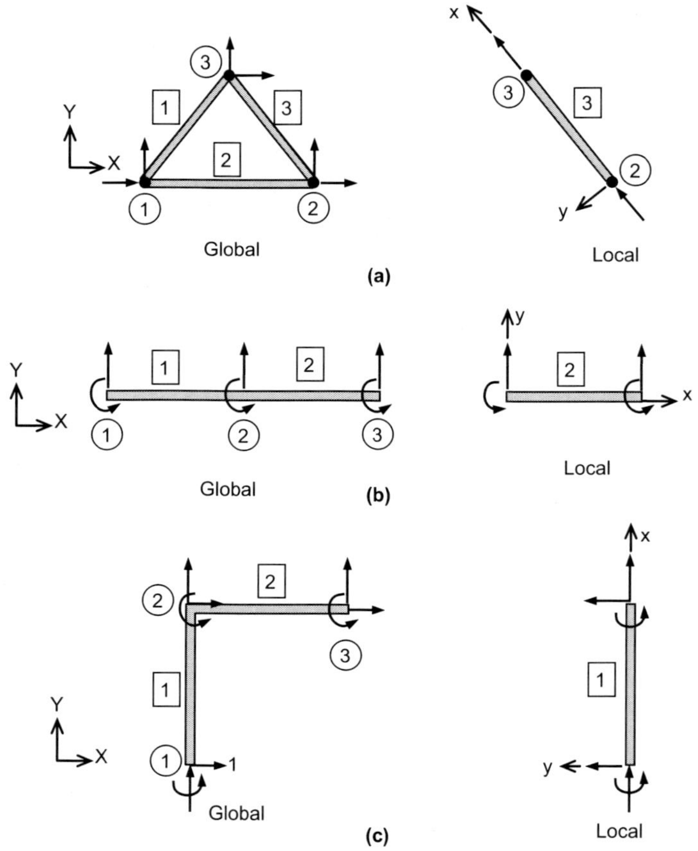

Figura 1.8 - Coordenadas globais e locais: (a) treliça plana, (b) barra e (c) quadro plano.

Todos os elementos numa estrutura de quadro têm dois nós. Para distinguir os dois nós de um elemento, um nó é chamado de *nó próximo* e o outro de *nó remoto*. O nó com o menor número de nó normalmente é tomado como nó próximo. Além disso, o nó próximo é tratado como origem dos eixos locais. A direção do nó próximo até o nó remoto é escolhida como eixo x. Os eixos principais da seção transversal do elemento são os eixos y e z. Desta forma, será fácil especificar-se as propriedades da seção transversal (o momento de inércia da seção) ao longo dos eixos locais. Além do que, do ponto de vista do design, é conveniente obter-se as forças no elemento com relação aos eixos locais.

1.8 Especificação da geometria da estrutura

A geometria da estrutura é desenvolvida usando-se os seguintes detalhes:

a. Dados de coordenadas do nó — destes, as coordenadas de todos os nós são obtidas;
b. Dados de conectividade do elemento — esta lista fornece os detalhes dos elementos e dos nós aos quais os elementos estão conectados.

As coordenadas do nó e os dados de conectividade do elemento para a treliça mostrada na figura 1.9 são dados nas tabelas 1.2 e 1.3.

Usando-se a informação dada nestas tabelas, a geometria da treliça é desenvolvida.

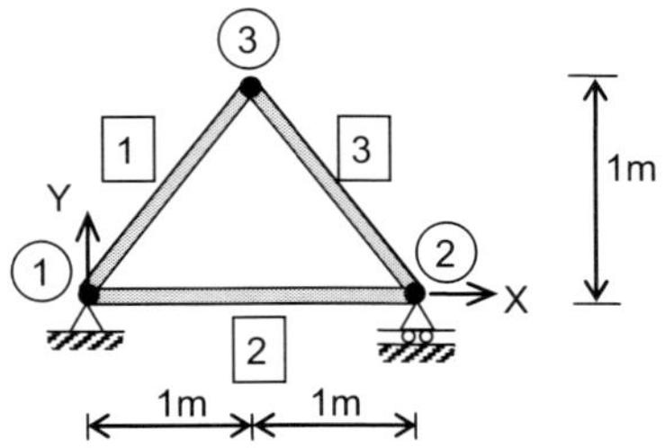

Figura 1.9 - Nós e elementos de uma treliça.

Tabela 1.2 - Dados de coordenadas de nós da treliça

	Coordenadas (m)		
Número do nó	**X**	**Y**	**Z**
1	0	0	0
2	2	0	0
3	1	1	0

Tabela 1.3 - Dados de conectividade de elementos da treliça

Número do elemento	Número do nó próximo	Número do nó remoto
1	1	3
2	1	2
3	2	3

1.9 Cargas equivalentes dos nós

No método de análise por matriz, considera-se que as cargas atuam apenas nos nós. Entretanto, uma estrutura pode ser submetida a cargas distribuídas ou outros tipos de cargas atuando sobre os elementos. Essas cargas são substituídas por cargas equivalentes atuando sobre os nós. As cargas que atuam sobre a estrutura estão agrupadas em duas categorias, quais sejam, aquelas que atuam sobre nós, conhecidas como cargas nodais P, e as que atuam sobre elementos, conhecidas como *cargas de elementos*. As cargas de elementos são substituídas por cargas nodais equivalentes P_e. As cargas nodais equivalentes são adicionadas às cargas nodais reais P. A carga total assim obtida é conhecida como carga nodal combinada P_c ($P_c = P + P_e$). A estrutura submetida às cargas nodais combinadas é então analisada usando-se os métodos de matriz. O princípio usado para se encontrar a carga nodal equivalente P_e é que os deslocamentos nodais obtidos pela análise da estrutura submetida às cargas nodais combinadas P_c serão iguais ao deslocamento da estrutura causado por cargas reais.

O procedimento para se encontrar P_e e P_c é explicado usando-se uma barra contínua de dois segmentos submetida a cargas nodais e de elemento (figura 1.10a). O diagrama de corpo livre indicando as cargas e as reações de apoio é representado na figura 1.10b. A estrutura discretizada é mostrada na figura 1.10c. Como neste caso a estrutura é modelada usando-se apenas dois elementos, as cargas concentradas W_1 e W_2 são tratadas como cargas de elemento. As cargas que atuam sobre a estrutura são agrupadas em cargas nodais (figura 1.10d) e cargas de elemento (figura 1.10c), respectivamente.

Considere-se a estrutura submetida a cargas de elemento (figura 1.10e). A estrutura é restringida de todos os deslocamentos nodais (diagrama de corpo livre = 0) pela introdução de restrições de nós (isto é, todos os nós da estrutura são engastados), como mostrado na figura 1.10f. As reações de apoio das estruturas restringidas são encontradas. Como todos os nós estão engastados, as reações de apoio também são conhecidas como *ações de extremidade engastada* P_F. Para fins de clareza, os elementos engastados também são mostrados separadamente na figura 1.10g e as ações de extremidade engastada são determinadas. As ações de extremidade engastada para cargas e deslocamentos de extremidade são também mostradas na figura 1.11. A figura 1.10h mostra as ações de extremidade engastada da estrutura restringida (na figura, as reações são indicadas por setas com linha cortada).

Os efeitos do engastamento artificial dos nós são neutralizados pela reversão das ações de extremidade engastada e aplicação delas na estrutura (figura 1.10i). As ações de extremidade engastada revertidas são conhecidas como *cargas nodais equivalentes* P_e ($P_e = -P_F$). As cargas nodais (figura 1.10d) são adicionadas a estas cargas nodais equivalentes para se obter as cargas nodais combinadas (figura 1.10j). A estrutura é então analisada para essas cargas.

A figura 1.10k mostra o diagrama de corpo livre da estrutura submetida a cargas combinadas. A sobreposição deste diagrama à figura 1.10h leva ao sistema de forças mostrado na figura 1.10l. Comparando-se este com o sistema de forças da figura 1.10b indica-se que o sistema de forças original pode ser considerado como a sobreposição dos sistemas de forças mostrados nas figuras 1.10h e 1.10j.

Inicialmente, foi mencionado que os deslocamentos nodais devidos às cargas combinadas será o mesmo que o devido a cargas reais. Para se observar isso, considere-se a sobreposição dos deslocamentos nodais das estruturas mostradas nas figuras 1.10h e 1.10j. Esta fornece os deslocamentos nodais da estrutura submetida a cargas reais (figura 1.10a). Porém, na figura 1.10h, como todos os nós são engastados, os deslocamentos nodais, nesse caso, são zero. Daí, os deslocamentos nodais da estrutura submetida às cargas combinadas será igual aos deslocamentos nodais causados por cargas reais.

De igual forma, pode-se provar que as reações de apoio das estruturas submetidas a cargas combinadas são iguais às reações de apoio da estrutura submetida a cargas reais. Para tanto, considere-se a sobreposição dos sistemas de forças das figuras 1.10h e 1.10k. O efeito combinado é mostrado na figura 1.10l. Comparando-se este com o diagrama de corpo livre da estrutura submetida a cargas reais (figura 1.10b) indica-se que as reações de apoio devidas a cargas nodais combinadas (A'_y, M'_A e B'_y) são as mesmas que as reações devidas a cargas reais (A_y, M_A e B_y).

No entanto, as forças em elementos obtidas desta análise de estrutura submetidaa cargas nodais combinadas não são iguais às forças em elementos na estrutura submetida a cargas reais. As forças em elementos são obtidas adicionando-se as forças em elementos na estrutura restringida submetida a cargas em elementos (figura 1.10h) às forças em elementos na estrutura carregada com cargas combinadas (figura 1.10g).

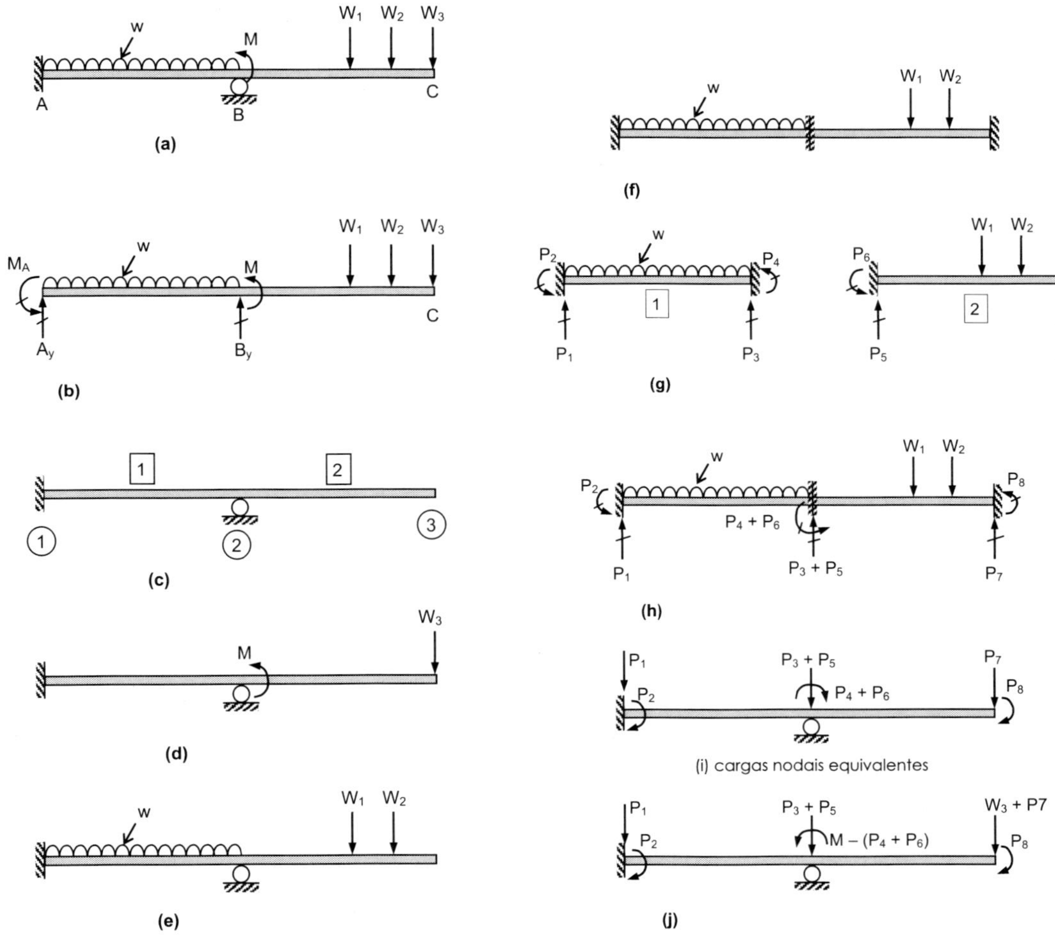

Figura 1.10 - Cargas nodais equivalentes e combinadas: (a) estrutura com cargas, (b) diagrama de corpo livre da estrutura submetida a cargas reais, (c) estrutura discretizada, (d) cargas nodais, (e) cargas em elementos, (f) estrutura restringida submetida a cargas em elementos, (g) ações de extremidade engastada para os elementos 1 e 2, (h) ações de extremidade engastada para a estrutura restringida, (i) cargas nodais equivalentes, (j) estrutura submetida a cargas combinadas, (k) diagrama de corpo livre da estrutura submetida a cargas combinadas e (l) soma das forças das figuras 1.10h e k.

(continua)

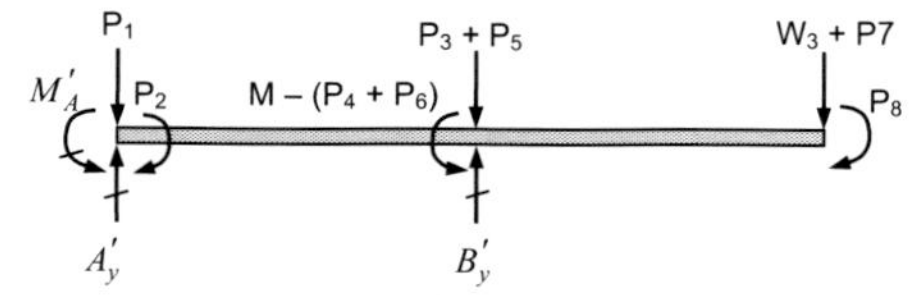

(k)

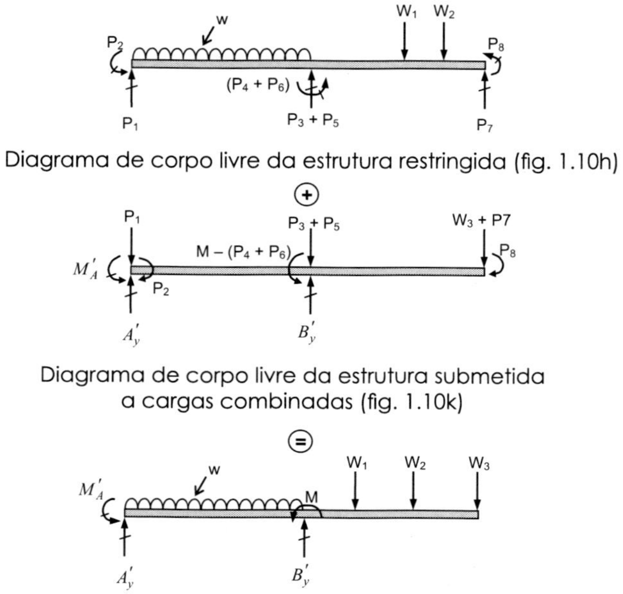

(l)

Figura 1.10 (continuação)

Cargas nodais equivalentes e combinadas: (a) estrutura com cargas, (b) diagrama de corpo livre da estrutura submetida a cargas reais, (c) estrutura discretizada, (d) cargas nodais, (e) cargas em elementos, (f) estrutura restringida submetida a cargas em elementos, (g) ações de extremidade engastada para os elementos 1 e 2, (h) ações de extremidade engastada para a estrutura restringida, (i) cargas nodais equivalentes, (j) estrutura submetida a cargas combinadas, (k) diagrama de corpo livre da estrutura submetida a cargas combinadas e (l) soma das forças das figuras 1.10h e k.

Exemplo 1.1

Determinar as cargas nodais necessárias para a análise da barra contínua mostrada na figura 1.12a.

Solução

Passo 1: Desenvolver a estrutura discretizada

Os nós e elementos são mostrados na figura 1.12b. Aqui, a força de 8 kN é tratada como carga de elemento. Do contrário, nós adicionais deveriam ser incluídos no ponto de aplicação dessa força, de forma que a carga pudesse ser tratada como uma carga nodal.

Passo 2: Identificar as cargas nodais e de elementos

As cargas nodais e de elementos são mostradas nas figuras 1.12c e 1.12d.

Passo 3: Encontrar as ações de extremidade engastada

A estrutura restringida (todos os nós engastados) submetida a cargas de elementos é mostrada na figura 1.12e. Por questão de conveniência, as ações de extremidade engastada de elementos individuais estão determinadas (figura 1.12f) e as ações de extremidade engastada da estrutura total são encontradas (figura 1.12 g).

Passo 4: Determinar as cargas nodais equivalentes

As cargas nodais equivalentes (figura 1.12h) são obtidas pela reversão das ações de extremidade engastada.

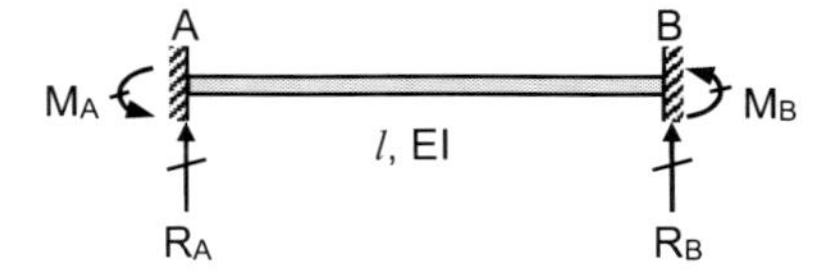

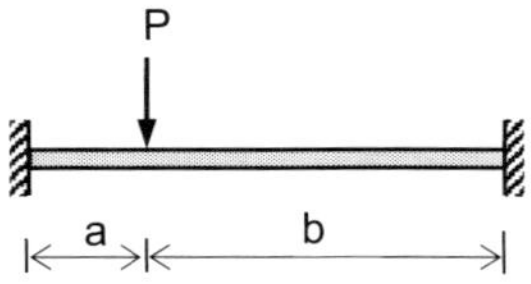	$M_A = \frac{Pab^2}{l^2}$, $M_B = \frac{-Pa^2b}{l^2}$ $R_A = \frac{Pb^2}{l^3}(3a+b), R_B = \frac{Pa^2}{l^3}(a+3b)$
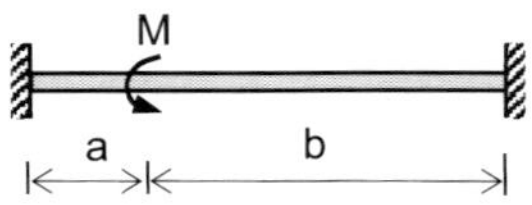	$M_A = \frac{Mb}{l^2}(2a-b)$, $M_B = \frac{Ma}{l^2}(2b-a)$ $R_A = -R_B = \frac{6Mab}{l^3}$
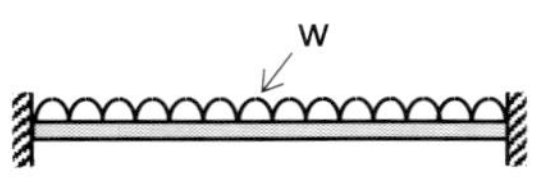	$M_A = -M_B = \frac{wl^2}{12}$ $R_A = R_B = \frac{wl}{2}$
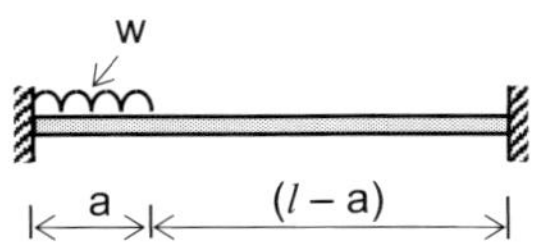	$M_A = \frac{wa^2}{12l^2}(6l^2 - 8al + 3a^2)$ $M_B = \frac{-wa^3}{12l^2}(4l-3a)$ $R_A = \frac{wa}{2l^3}(2l^3 - 2a^2l + a^3)$ $R_B = \frac{wa^3}{2l^3}(2l-a)$
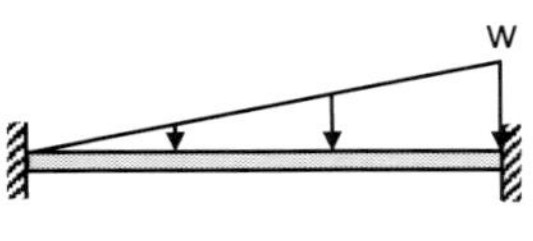	$M_A = \frac{wl^2}{30}, M_B = \frac{-wl^2}{20}$ $R_A = \frac{3wl}{20}, R_B = \frac{7wl}{20}$
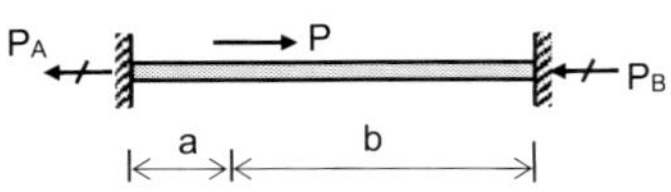	PA = Pb/*l* PB = Pa/*l*
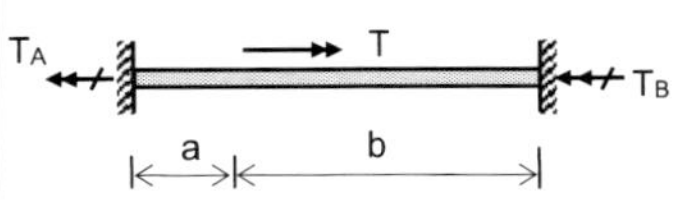	TA = Tb/*l* TB = Ta/*l*

(a)

Figura 1.11 - Ações de extremidade engastada: (a) devidas a cargas e (b) devidas a deslocamentos.

(continua)

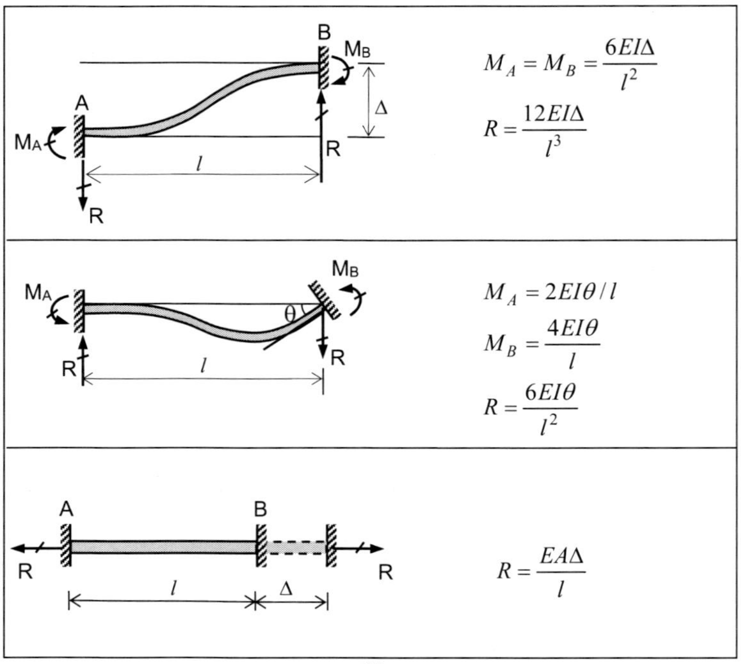

(b)

Figura 1.11 (continuação) - Ações de extremidade engastada: (a) devidas a cargas e (b) devidas a deslocamentos.

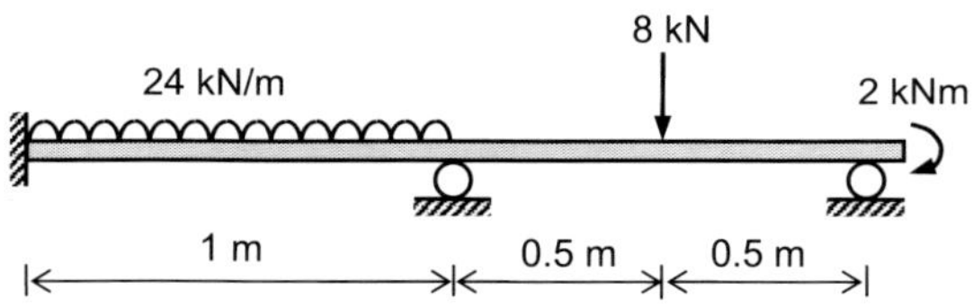

Figura 1.12a - barra contínua.

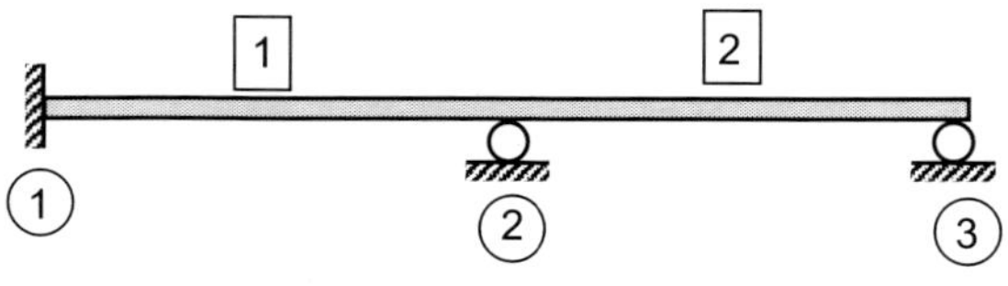

Figura 1.12b - Estrutura discretizada.

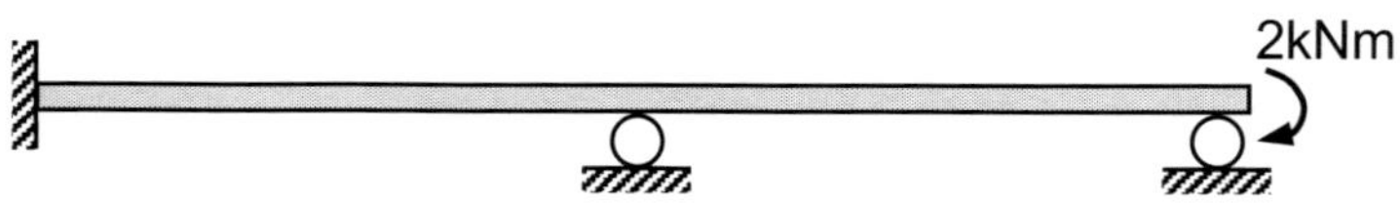

Figura 1.12c - Cargas nodais.

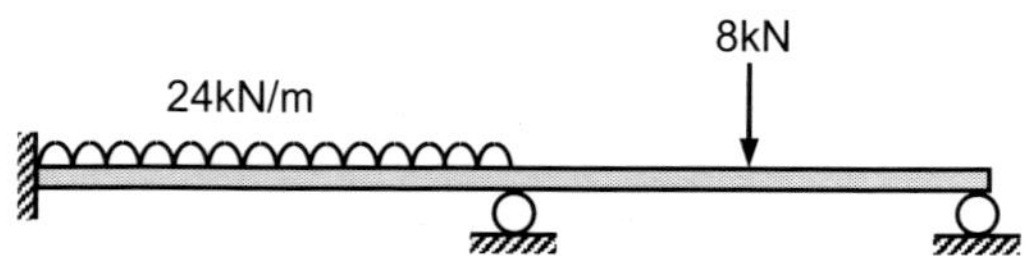

Figura 1.12d - Cargas de elementos.

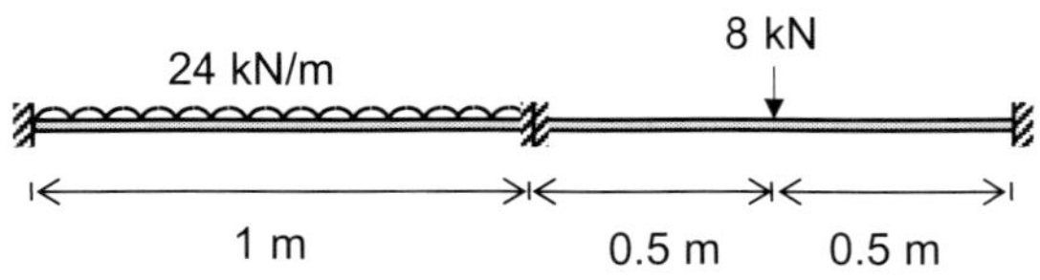

Figura 1.12e - Estrutura restringida.

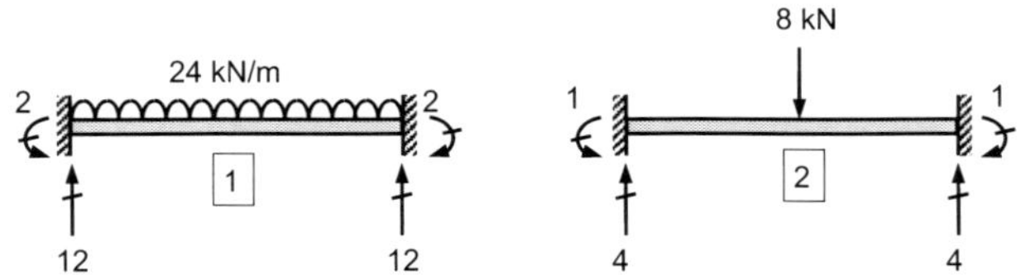

Figura 1.12f - Ações de extremidade engastada de elementos individuais.

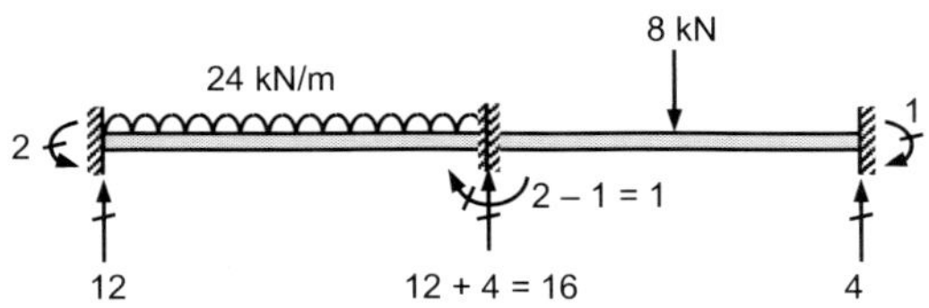

Figura 1.12g - Ações de extremidade engastada para a estrutura.

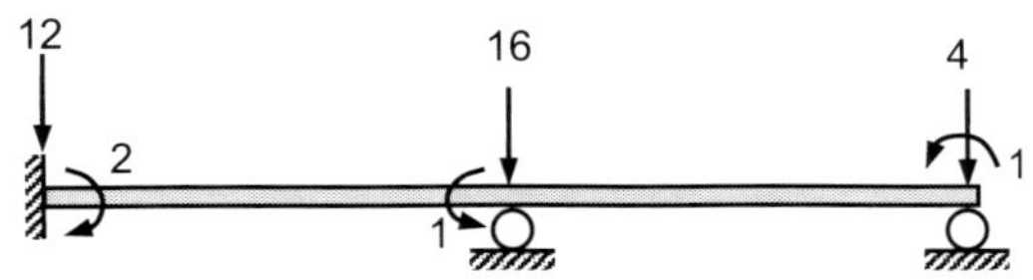

Figura 1.12h - Cargas nodais equivalentes.

Passo 5: Determinar as cargas nodais combinadas

As cargas nodais combinadas (cargas necessárias à análise) são obtidas pela soma das cargas nodais (figura 1.12c) com as cargas nodais equivalentes (figura 1.12h). As cargas nodais combinadas para a estrutura são mostradas na figura 1.12i.

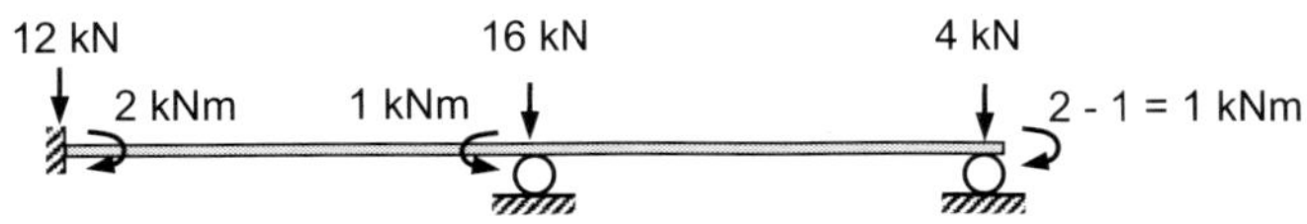

Figura 1.12i - Cargas nodais combinadas.

Exemplo 1.2

Determinar as cargas nodais necessárias para a análise do quadro plano mostrado na figura 1.13a.

Solução

Passo 1: Desenvolver a estrutura discretizada

Os elementos e nós são mostrados na figura 1.13b.

Passo 2: Identificar as cargas nodais e dos elementos

As cargas nodais e dos elementos são mostradas nas figuras 1.13c e d.

Passo 3: Encontrar as ações de extremidade engastada
A estrutura restringida submetida a cargas de elementos, ações de extremidade engastada de elementos e estruturas são mostradas nas figuras 1.13e a g, respectivamente.

Passo 4: Determinar as cargas nodais equivalentes
A figura 1.13h mostra as cargas nodais equivalentes para a estrutura.

Passo 5: Determinar as cargas nodais combinadas
As cargas nodais combinadas necessárias para análise são mostradas na figura 1.13i.

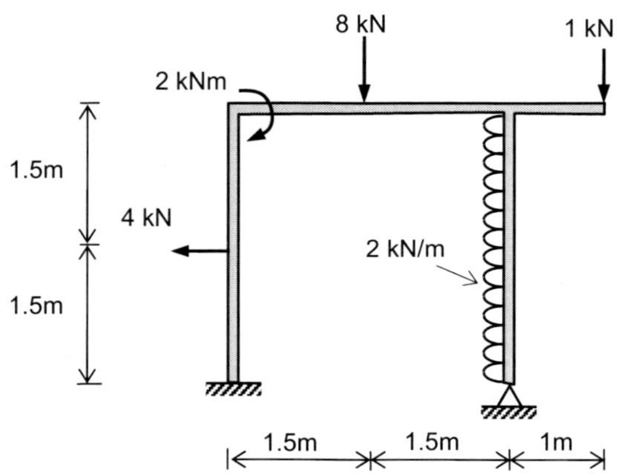

Figura 1.13a - Quadro plano.

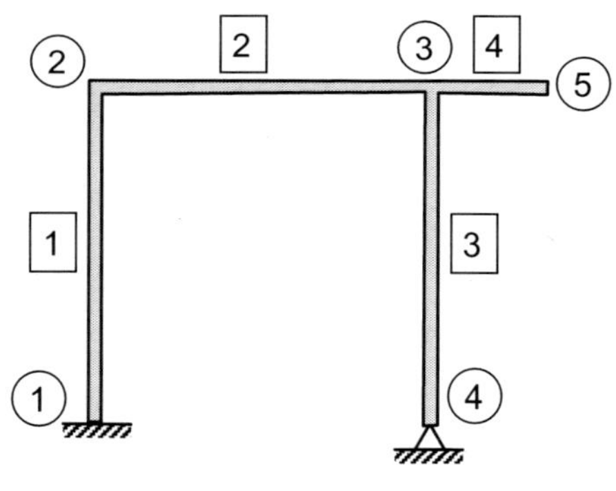

Figura 1.13b - Estrutura discretizada.

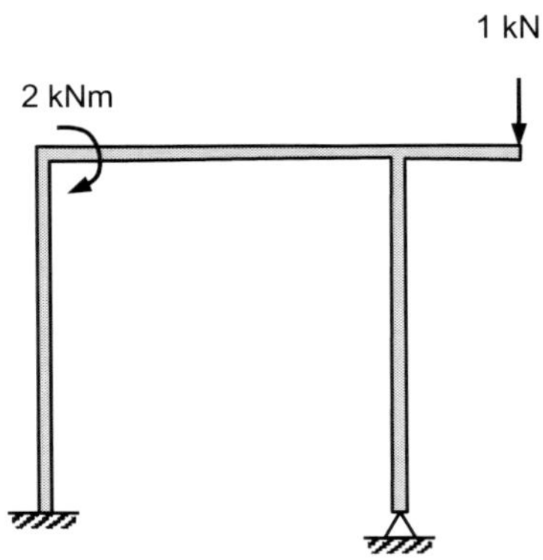

Figura 1.13c - Cargas nodais.

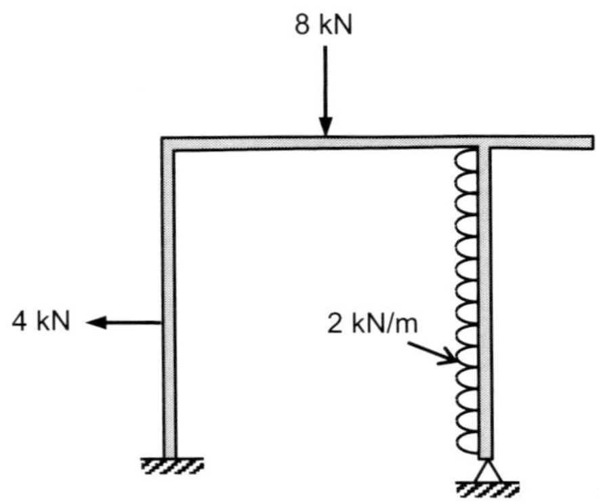

Figura 1.13d - Cargas de elementos.

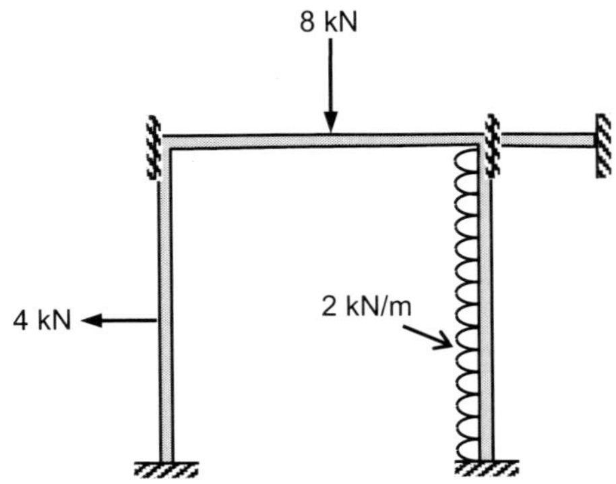

Figura 1.13e - Estrutura restringida submetida a cargas de elementos.

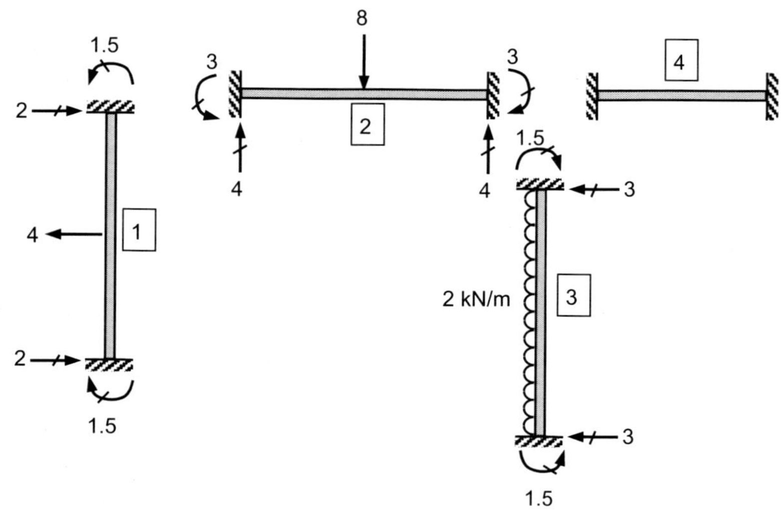

Figura 1.13f - Ações de extremidade engastada de elementos individuais.

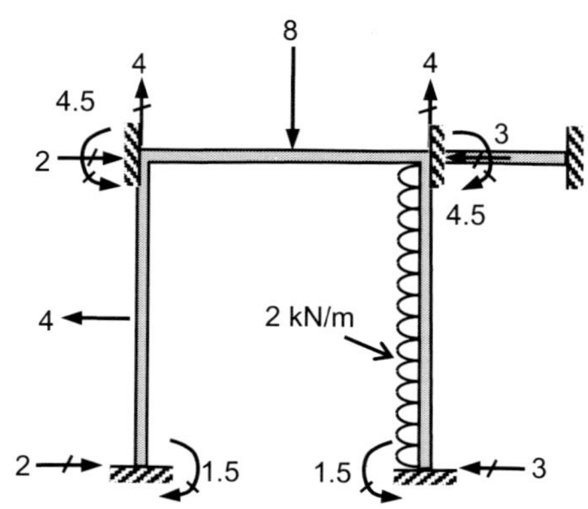

Figura 1.13g - Ações de extremidade engastada da estrutura.

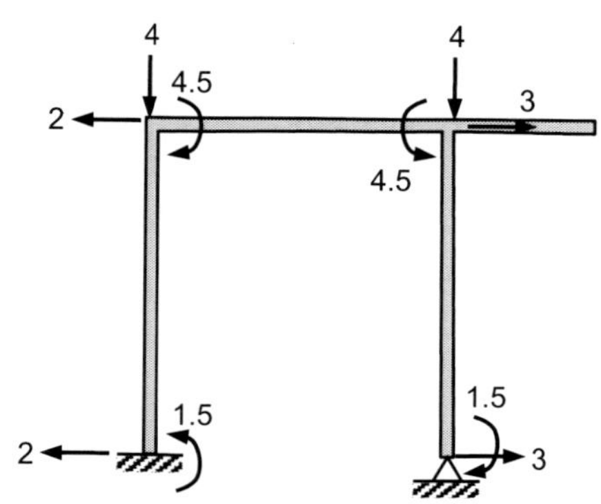

Figura 1.13h - Cargas nodais equivalentes.

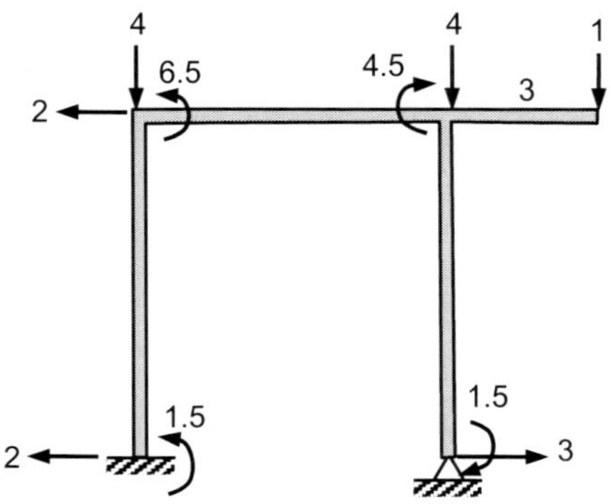

Figura 1.13i - Cargas nodais combinadas.

1.10 Indeterminação cinemática e estática

Dependendo do método de análise, há dois tipos de indeterminação, quais sejam, o grau de indeterminação cinemática (GIC) e o grau de indeterminação estática (GIE). Se o método da rigidez (ou o método de deslocamentos) for usado, então a determinação do GIC será necessário. Quando o método da flexibilidade (ou método das forças) é usado, torna-se necessário considerar o GIE.

1.10.1 Grau de indeterminação cinemática (GIC)

O GDL nodal pode ser agrupado em dois, quais sejam, o GDL *não restringida* e o GDL *restringida*. O GDL não restringida (também conhecido como GDL ativa ou GDL livre) são os deslocamentos nodais incógnitos ou os GDL nodais incógnitos. Contudo, as forças nodais correspondentes a esses GDL são conhecidas. As forças nodais são as cargas que atuam sobre a estrutura, que são conhecidas. Os GDL *restringida* são os GDL conhecidos (eles são os GDL restringida nos apoios). Mas as forças nodais correspondentes são desconhecidas. As forças nodais são as reações nos apoios, que não são conhecidas.

No método de análise da rigidez, os deslocamentos nodais são as quantidades desconhecidas. Assim, neste método, os GDL não restringida são valores incógnitos básicos. O número de GDL não restringida ou GDL ativa de uma estrutura é o GIC da estrutura.

1.10.2 Grau de indeterminação estática (GIE)

No método da flexibilidade, as forças são tratadas como incógnitas. Uma *estrutura estaticamente determinada* é aquela em que todas as forças desconhecidas (reações de apoio e forças de elementos) podem ser determinadas usando-se equações de equilíbrio isoladas. Em algumas estruturas, as equações de equilíbrio isoladas não serão suficientes para se encontrar as reações e/ou as forças de elementos. Esses tipos de estruturas são conhecidas como *estruturas estaticamente indeterminadas*. Uma estrutura pode ser estaticamente indeterminada externamente (neste caso, apoios excessivos estarão presentes) ou estaticamente indeterminada internamente (devido ao excesso de elementos) ou ambas (devido ao excesso de apoios e elementos).

O GIE é igual ao número de equações com excesso de equações de equilíbrio necessário para se encontrar todas as forças na estrutura. Ele também pode ser encontrado após encontrar-se o número de apoios e/ou elementos que podem ser removidos da estrutura de forma que uma estrutura estaticamente determinada ou estável seja obtida[2]. Assim, temos

$$GIE = GIE_e + GIE_i \tag{1.1}$$

Onde GIE_e é a indeterminação externa (número de componentes de reação em excesso) e GIE_i é a indeterminação interna (número de forças de elemento em excesso).

Para estruturas simples, o GIE pode ser determinado por inspeção. Em geral, o GIE é determinado usando-se a seguinte equação:

$$GIE = N_u - N_E\ ^{3} \tag{1.2}$$

onde N_u é o número de forças desconhecidas (reações e forças de elemtos) e N_E é o número de equeções disponíveis (equações de equilíbrio usando-se o diagrama de corpo livre dos nós e as *equações de condição*[4]).

O GIE_e é obtido por

$$GIE_e = N_R - N_{ES} \tag{1.3}$$

Onde N_R é o número de reações e N_{ES} é a soma de equações de equilíbrio para a estrutura (i.e., considerando-se o diagrama de corpo livre da estrutura completa) e as equações de condição.

Uma vez que os GIE_e estejam determinados, os GIE_i são calculados usando-se a equação 1.1. Assim, temos

$$DSI_i = DSI - DSI_e.$$

Exemplo 1.3

Determinar os GIC e GIE das estruturas mostradas na figura 1.14a.

Solução

Os nós, elementos e coordenadas ativas (i.e., direção de deslocamentos e forças ao longo do GDL ativos) das estruturas são mostrados na figura 1.14b. A sequência de numeração dos GDL discutida na seção 1.6 é seguida. Na figura, as reações são indicadas por setas com linha cortada.

Estrutura I

As deformações axiais são normalmente desprezadas na análise de barras. Então, só há um GDL ativo (veja também a tabela 1.1 para identificar os GDL em diferentes tipos de estruturas). Assim, GIC 1.

Seja N_n = número de nós, N_e = número de elementos, N_R = número de componentes de reação e N_u = número de forças desconhecidas (forças de elementos + reações

$$N_n = 2,\ N_e = 1 \text{ e } N_R = 3$$

[2] No método da flexibilidade, esta estrutura estaticamente determinada e estável é chamada de estrutura primária.

[3] Um valor negativo para o GIE indica uma estrutura instável, e o valor zero representa uma estrutura estaticamente determinada.

[4] Às vezes, os elementos da estrutura estão conectados por meio de articulações ou roletes, etc. Essa condição de conexão fornecerá equações adicionais para encontrar-se reações. Tais equações adicionais são conhecidas como equações de condição.

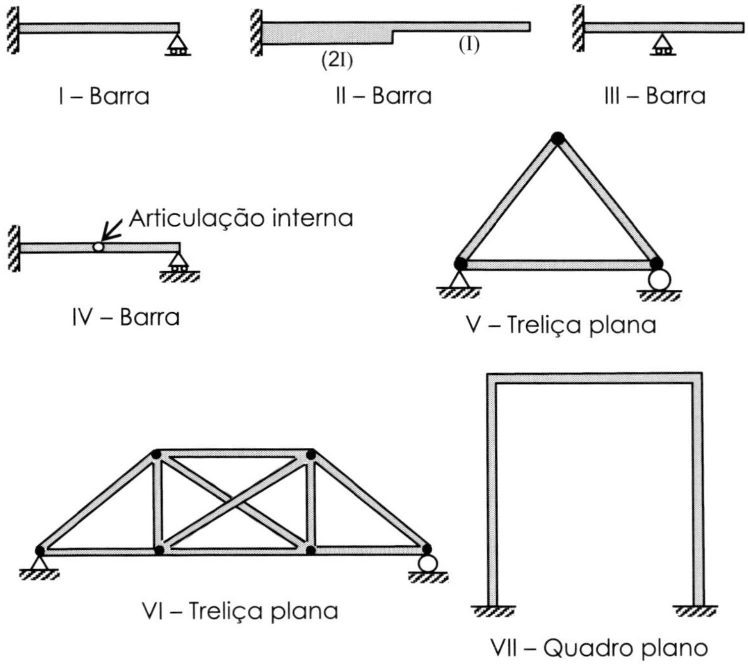

Figura 1.14a - Exemplo 1.3.

Num elemento barra, o número de forças internas é dois, quais sejam, o momento fletor e o esforço cortante. Daí, o número de forças de elementos = $2N_e$ (veja também a figura 1.3).

$$N_u = 2N_e + N_R = 2 + 3 = 5$$

Considerando-se que a estrutura encontra-se no plano X–Y, usando-se o DCL de cada nó da treliça, duas equações de equilíbrio, $\Sigma F_Y = 0$ e $\Sigma M_Z = 0$, podem ser usadas para se encontrar as forças desconhecidas. Daí, $N_E = 2N_n$.

$$N_E = 2 \times N_n = 2 \times 2 = 4$$

$$GIE = Nu - N\ E = 5 - 4 = 1$$

Estrutura II
Como há uma modificação na seção transversal da barra, esta é modelada usando-se dois elementos.

$$GIC = \text{número de elementos de coordenadas ativas} = 4$$

$$N_n = 3,\ N_e = 2 \text{ e } N_R = 2$$

$$N_u = 2N_e + N_R = (2 \times 2) + 2 = 6$$

$$N_E = 2N_n = 2 \times 3 = 6$$

$$DSI = N_u - N_E = 6 - 6 = 0$$

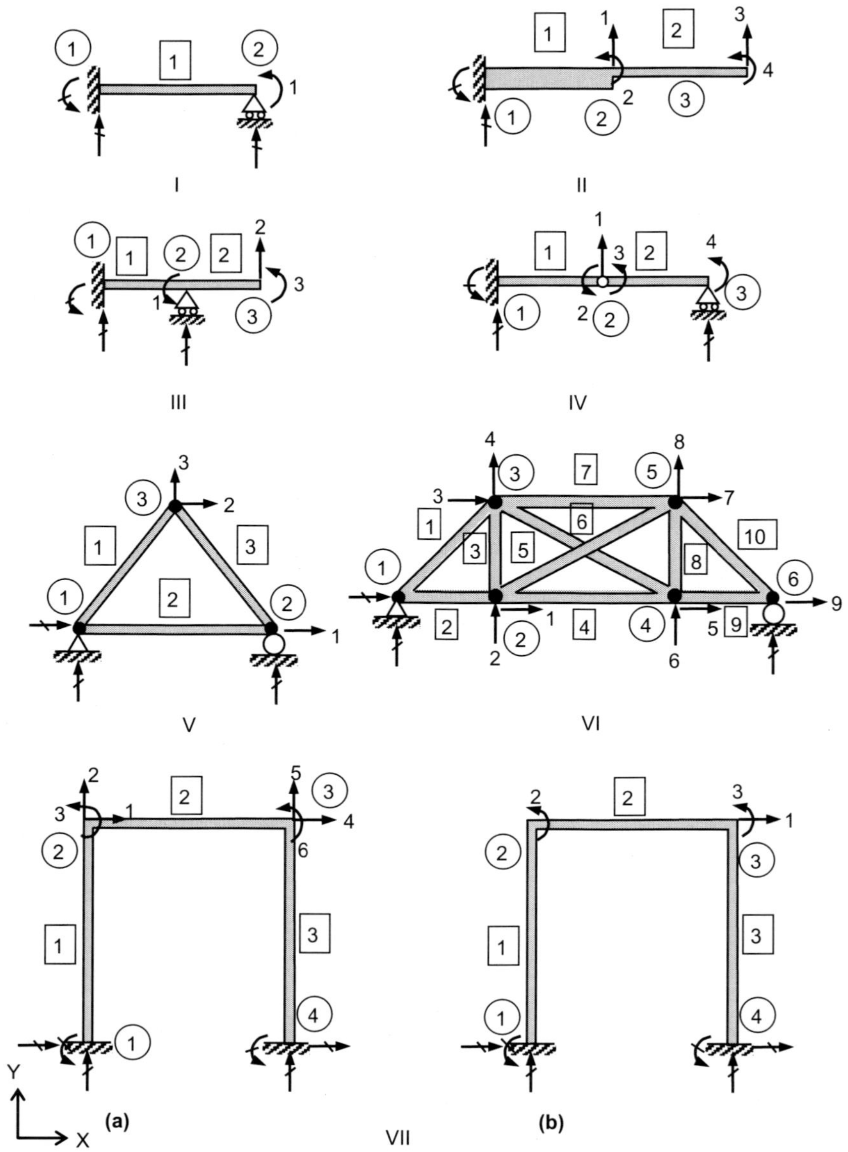

Figura 1.14b - Nós, elementos, coordenadas ativas e reações: (a) Considerando-se a deformação axial. (b) Desprezando-se a deformação axial.

Segue-se que a estrutura é estaticamente determinada.

Estrutura III

$$GIC = 3$$

$$N_n = 3, N_e = 2, N_R = 3$$

$$N_u = 2N_n + N_R = (2 \times 2) + 3 = 7$$

$$N_E = 2N_n = 2 \times 3 = 6$$

$$GIE = N_u - N_E = 7 - 6 = 1$$

Estrutura IV

Nesta estrutura, embora a deflexão vertical no nó 2 (na articulação interna) seja a mesma para os elementos 1 e 2, as rotações serão diferentes para ambos os elementos. Então, duas coordenadas ativas (2 e 3) são indicadas para representar as rotações no nó 2.

$$GIC = 4$$

$$N_n = 3, N_e = 2, N_R = 3$$

$$N_u = 2N_e + N_R = (2 \times 2) + 3 = 7$$

Seja N_c = número de equações de condição
Aqui, $N_c = 1$ (momento fletor na articulação interna é zero)

Daí, $N_E = 2N_n + N_c = (2 \times 3) + 1 = 7$

$$GIE = N_u - N_E = 7 - 7 = 0$$

A estrutura é estaticamente determinada.

Estrutura V

$$GIC = 3$$

$$N_n = 3, N_e = 3, N_R = 3$$

Num elemento de treliça, há apenas uma força interna, qual seja, a força axial. Portanto, o número de forças de elementos = $1N_e$.

$$N_u = 1N_e + N_R = (1 \times 3) + 3 = 6$$

Usando-se o DCL do nó da treliça, duas equações de equilíbrio, $\Sigma F_X = 0$, $\Sigma F_Y = 0$, são usadas para se encontrar as forças desconhecidas. Daí, $N_E = 2N_n$.

Portanto, $GIE = N_u - N_E = 6 - 6 = 0$

Estrutura VI

$$GIC = 9$$

$$N_n = 6, N_e = 10, N_R = 3$$

$$N_u = 1N_e + N_R = 10 + 3 = 13$$

$$N_E = 2N_n = 2 \times 6 = 12$$

$$GIE = 13 - 12 = 1$$

As equações de equilíbrio, usando-se o DCL da estrutura, são $\Sigma F_X = 0$, $\Sigma F_Y = 0$ e $\Sigma M_Z = 0$. Portanto,

NE_S = número de equações de equilíbrio para a estrutura = 3

Temos, então, que $GIE_e = N_R - NE_S = 3 - 3 = 0$

Portanto, a treliça é estaticamente determinada externamente, i.e., as reações podem ser determinadas usando-se equações de equilíbrio:

$$DSI_i = DSI - DSI_e = 1 - 0 = 1$$

A treliça é estaticamente indeterminada internamente.

Estrutura VII
Se deformações axiais forem consideradas, então GIC = 6.

Quando as deformações axiais são desprezadas, os elementos não podem se alongar (ou encurtar). Uma vez que as extremidades dos elementos 1 e 3 são engastadas, não há deslocamento ao longo das coordenadas ativas 2 e 6 mostradas na figura 1.14b, VII(a). Isso se deve ao fato do comprimento do elemento não mudar. Por esse mesmo motivo, o deslocamento ao longo da coordenada ativa 1 será o mesmo que aquele ao longo da coordenada ativa 4. Daí, basta considerar-se apenas uma coordenada ativa (1 ou 4) para indicar o balanço do quadro. As coordenadas ativas do quadro, quando as deformações axiais são desprezadas, são mostradas na figura 1.14b, VII(b). Neste caso, GIC = 3.

$$N_n = 4, N_e = 3, N_R = 6$$

Num elemento de quadro, há três forças internas, quais sejam, a força axial, o esforço cortante e o momento fletor. Assim, o número de forças de elemento = $3N_e$

$$N_u = 3N_e + N_R = (3 \times 3) + 6 = 15$$

Usando-se o DCL de cada nó do quadro, três equações de equilíbrio $\Sigma F_X = 0$, $\Sigma F_Y = 0$, e $\Sigma M_Z = 0$ são usadas para se encontrar as forças desconhecidas. Portanto, $N_E = 3N_n$

$$N_E = 3\,N_n = 3 \times 4 = 12$$

Assim, $GIE = N_u - N_E = 15 - 12 = 3$

1.11 Métodos de análise estrutural

Qualquer método em análise estrutural usa três equações básicas da mecânica: (i) – *equações de equilíbrio,* (ii) – *deslocamentos de compatibilidade* e (iii) *relações força–deslocamento.*

1.11.1 Equações de equilíbrio

Considere-se o DCL de um corpo submetido a diferentes forças. A resultante de qualquer sistema de forças atuantes sobre um corpo pode ser expressa por um vetor força F_R e o par C_R atuando num ponto. Se o corpo estiver em equilíbrio, então, de acordo com a primeira lei de movimento de Newton, a resultante do sistema de forças deverá ser igual a zero, i.e., $F_R = 0$ e $C_R = 0$. Essas equações são conhecidas como *equações de equilíbrio.*

Em coordenadas cartesianas retangulares, as equações de equilíbrio podem ser escritas como segue:

$$F_R = 0 \Rightarrow \Sigma F_X = 0,\ \Sigma F_Y = 0,\ \Sigma F_Z = 0 \tag{1.4a}$$

$$C_R = 0 \Rightarrow \Sigma M_X = 0,\ \Sigma M_Y = 0,\ \Sigma M_Z = 0 \tag{1.4b}$$

onde $\Sigma F_X = 0$, $\Sigma F_Y = 0$ e $\Sigma F_Z = 0$ são a soma algébrica das forças na direção dos eixos X-, Y- e Z-axes. De igual forma, $\Sigma M_X = 0$, $\Sigma M_Y = 0$ e $\Sigma M_Z = 0$ representam a soma algébrica de momentos em torno dos eixos X-, Y- e Z--axez, respectivamente.

1.11.2 Compatibilidade de deslocamentos

Essas condições se referem à continuidade de deslocamentos por toda a estrutura. As condições de compatibilidade são normalmente consideradas nas ligações numa estrutura. Por exemplo, num apoio engastado, não deve haver translações ou rotações, e numa ligação rígida, todos os elementos que se encontram na ligação devem ter os mesmos deslocamentos (translações e rotações)

1.11.3 Relações de força–deslocamento

No caso de uma estrutura linearmente elástica, a relação força–deslocamento é linear. Dependendo do método de análise, a relação força–deslocamento é expressa num formato de flexibilidade ou de rigidez. As relações força–deslocamento de estruturas e elementos são discutidas em detalhes no capítulo 2.

1.11.4 Método de análise de flexibilidade e rigidez

Todos os métodos de análise de estruturas encontram-se em duas categorias, quais sejam, o método da flexibilidade (ou método das forças) e o método da rigidez (ou método dos deslocamentos).

No método da flexibilidade, as forças são tidas como incógnitas básicas. Neste método, uma estrutura estaticamente indeterminada é tornada estaticamente determinada (GIE = 0) pela remoção do excesso de forças redundantes (essas forças são as incógnitas básicas e o número de forças desconhecidas é igual ao GIE). A estrutura estaticamente determinada e estável assim obtida é conhecida como *estrutura primária.* A estrutura primária é então submetida a forças externas (cargas) e forças redundantes, e condições de compatibilidade são usadas para se encontrar as forças redundantes.

No método da rigidez, deslocamentos são escolhidos como incógnitas básicas. Uma estrutura cinematicamente indeterminada é tornada cinematicamente determinada (GIC = 0)[5] pelo impedimento de todos os deslocamentos nodais. Esses deslocamentos nodais são, de fato, as incógnitas básicas e o número de incógnitas é igual a GIC. En-

[5] Esta estrutura cinematicamente determinada é a estrutura primária no método da rigidez.

tão, os deslocamentos desconhecidos são permitidos, e as equações de equilíbrio (usando-se o diagrama de corpo livre dos nós) são usadas para se encontrar os deslocamentos desconhecidos.

A escolha do método de análise para uma estrutura depende do número de incógnitas. Se o GIE da estrutura for menor que o GIC, então o método da flexibilidade pode ser usado, e vice-versa. No entanto, deve-se notar que a opção de escolha das forças redundantes no método da flexibilidade não é única. Por exemplo, algumas possíveis estruturas primárias para uma estrutura estaticamente indeterminada (figura 1.15) são mostradas na figura 1.16.

Na figura 1.16a, a reação vertical em B é escolhida como força redundante. O momento no apoio A é considerado como redundante na figura 1.16b e o momento fletor em C é a força redundante na figura 1.16c. Assim, a solução usando-se o método da flexibilidade pode ser obtida usando-se diferentes maneiras, pela escolha de diferentes forças redundantes. Daí, um procedimento sistemático não pode ser desenvolvido para a análise de estruturas usando-se o método da flexibilidade.

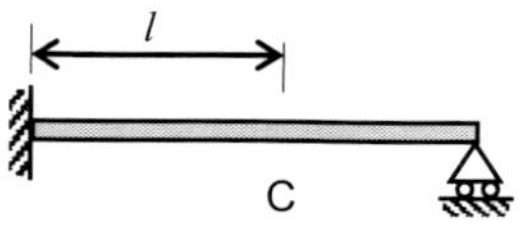

Figura 1.15 - Estrutura estaticamente indeterminada.

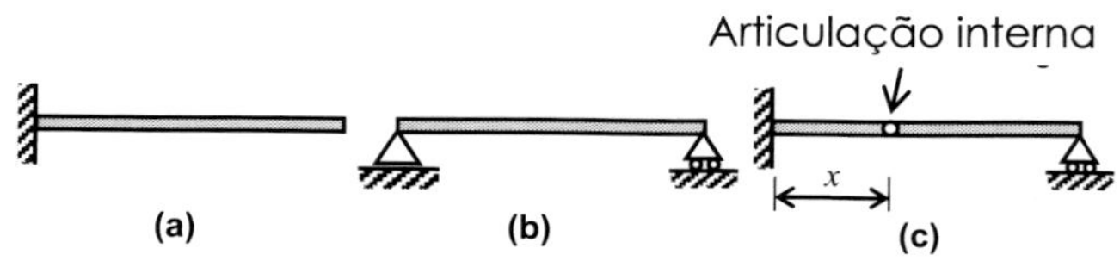

Figura 1.16 - Possíveis estruturas primárias.

Por outro lado, no método da rigidez, a escolha de deslocamentos desconhecidos é única para uma estrutura. Portanto, todo o procedimento é sistemático e é conveniente para a programação de computadores.

Problemas

1.1 Determinar o GIE e o GIC das estruturas em quadro mostradas na figura 1.17.

1.2 Determinar as cargas nodais necessárias para análise das estruturas em quadro mostradas na figura 1.18.

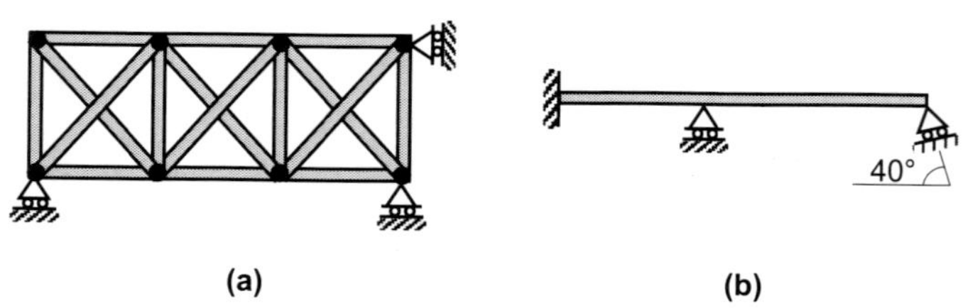

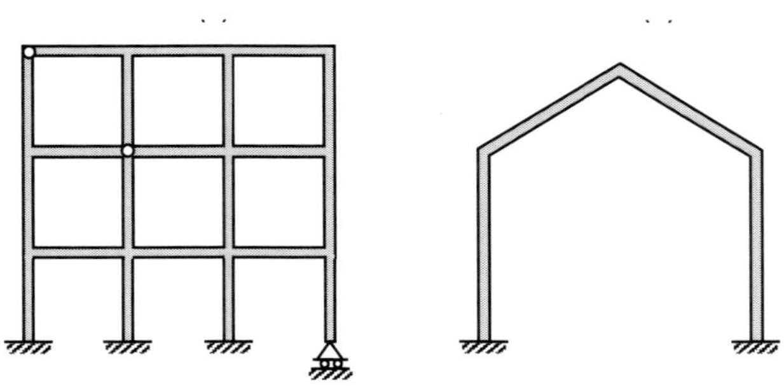

(c) **(d)**

Figura 1.17

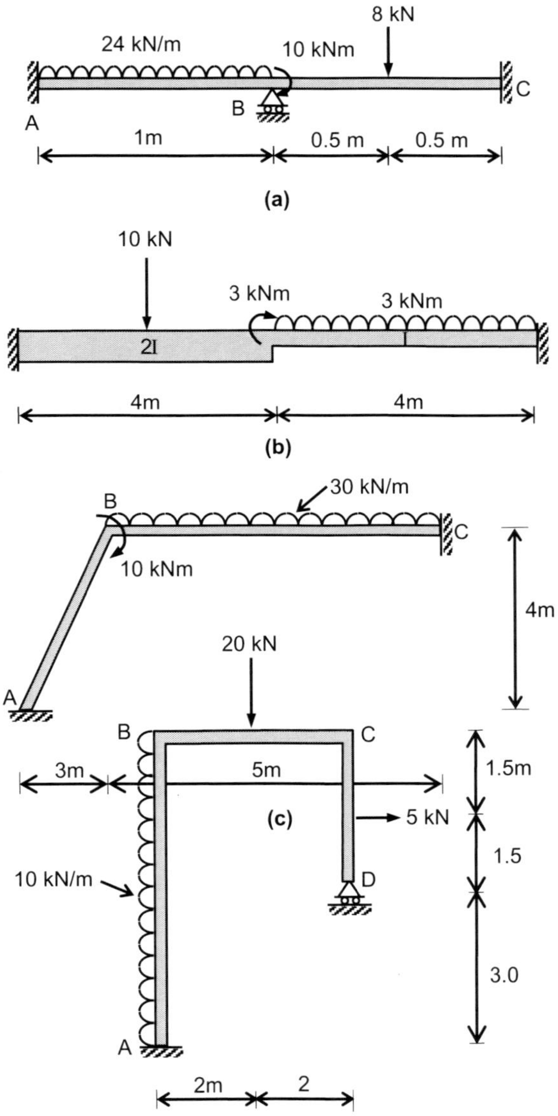

Figura 1.18 - Problema 1.2

2

Flexibilidade e rigidez: características de estruturas

2.1 Introdução

A relação força–deslocamento de uma estrutura é linear se ela satisfaz as três condições seguintes: (i) o material da estrutura segue a lei de Hooke, i.e., a relação tensão–deformação é linear, (ii) os deslocamentos da estrutura são pequenos e (iii) não há interação entre movimentos de flexão e axiais nos elementos constituintes. Apenas estruturas que têm relações força–deslocamento são discutidas neste capítulo. As relações força–deslocamento são expressas usando-se a flexibilidade e a rigidez da estrutura. Neste capítulo, os procedimentos para se encontrar a flexibilidade e a rigidez de estruturas são desenvolvidos. Além disso, o conceito de trabalho e energia, e suas relações com a flexibilidade e a rigidez são discutidos.

2.2 Relação força–deslocamento de uma estrutura

A relação força–deslocamento é necessária para a análise da estrutura. A relação pode ser escrita em termos de coeficientes de flexibilidade ou de rigidez. Esses coeficientes são, em verdade, as características da estrutura dada e seu sistema de coordenadas. Os procedimentos para se encontrar esses coeficientes para diferentes tipos de estruturas são discutidos nesta seção.

2.2.1 Estruturas com uma única coordenada

A figura 2.1 mostra uma estrutura com uma única coordenada (o termo coordenada indica a direção do deslocamento e a força correspondente em um ponto). Na figura a mola linearmente elástica é esticada por uma força P e o deslocamento da mola é D. A relação entre P e D pode ser escrita usando-se a *equação de deslocamento* como

$$D = FP \tag{2.1}$$

onde F é a *flexibilidade* da mola definida como o deslocamento causado por um valor unitário da força P. Desta equação, pode-se ver que a flexibilidade F auxilia na transformação da informação em termos de força para a informação em termos de deslocamentos na coordenada.

Alternativamente, a relação força–deslocamento da mola pode ser escrita usando-se a *equação de força* como

$$P = KD \tag{2.2}$$

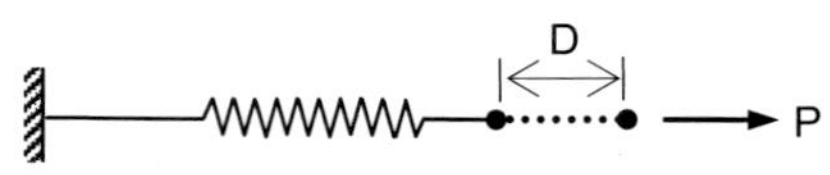

Figura 2.1 - Mola linearmente elástica.

onde K é a *rigidez* da mola definida como a força necessária para causar o deslocamento unitário. Na equação, K transforma a inforção em termos de deslocamento na informação em termos de força.

Comparando-se as equações 2.1 e 2.2, pode-se ver que a flexibilidade e a rigidez da mola são inversas uma da outra, i.e.,

$$F = \frac{1}{K} \text{ or } K = \frac{1}{F} \tag{2.3a}$$

$$KF = 1 \tag{2.3b}$$

As equações 2.1–2.3 para a mola linearmente elástica também são válidas para qualquer estrutura linearmente elástica com uma coordenada única. A figura 2.2 mostra algumas estruturas que têm uma única coordenada. A flexibilidade e a rigidez da estrutura também são indicadas na figura.

2.2.2 Estruturas com múltiplas coordenadas

Considere-se a estrutura com três coordenadas mostrada na figura 2.3. As forças (P_1, P_2 e P_3) e deslocamentos (D_1, D_2 e D_3) são tidas como positivas se estiverem na mesma direção das coordenadas.

2.2.2.1 Matriz de flexibilidade

Uma vez que a relação força–deslocamento é linear, o princípio da sobreposição* pode ser usado. Com este princípio, observa-se que a resposta da estrutura submetida às cargas P_1 , P_2 e P_3 é igual à soma da resposta da estrutura submetida às cargas P_1, P_2 e P_3 atuando separadamente (figura 2.4).

* O princípio da sobreposição afirma que os efeitos produzidos por várias causas podem ser obtidos pela combinação dos efeitos devidos a causas individuais.

Assim, os deslocamentos mostrados na figura 2.3 podem ser escritos como a soma dos deslocamentos causados por cargas individuais (figura 2.5). Por exemplo, o deslocamento ao longo da primeira coordenada D_1 é dado por

$$D_1 = D_{11} + D_{12} + D_{13} \tag{a}$$

onde D_{11}, D_{12} e D_{13} são os deslocamentos ao longo da primaria coordenada devidos às cargas que atuam nas coordenadas 1, 2 e 3, respectivamente. Em geral, D_{ij} é o deslocamento na iésima coordenada, devido à carga na jésima coordenada e as cargas nas outras coordenadas são iguais a zero. Da mesma forma, os deslocamentos D_2 e D_3 são

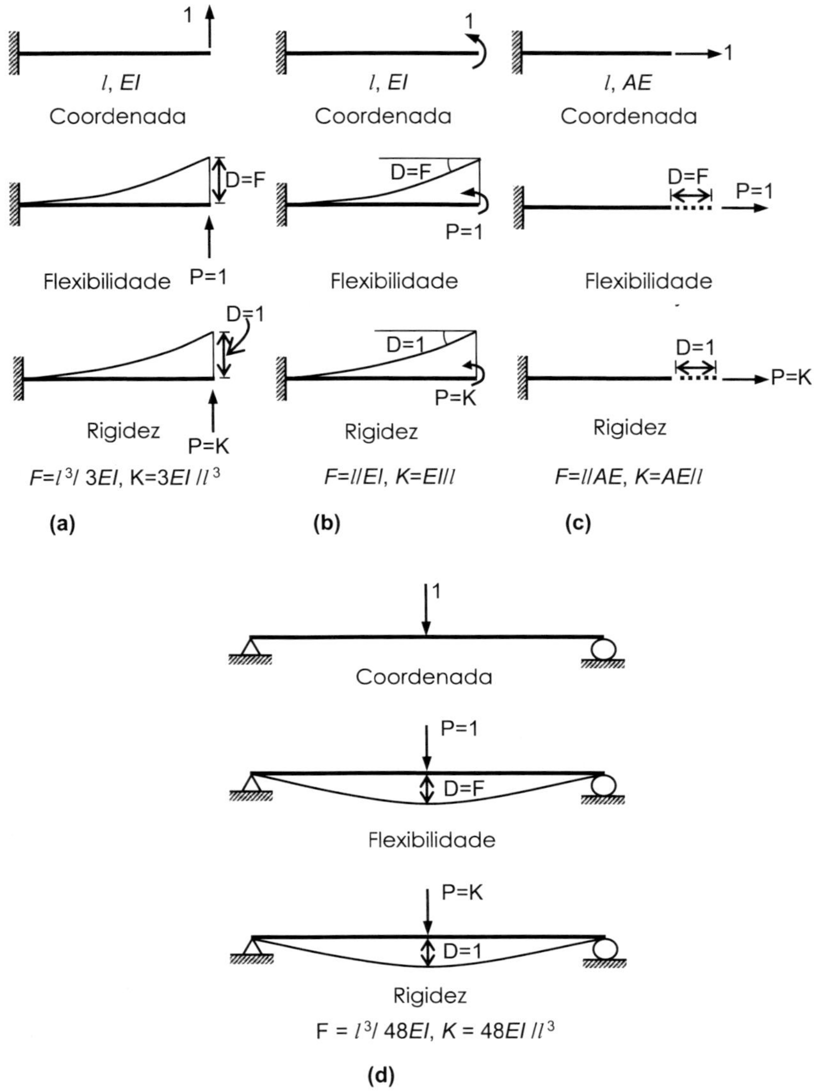

Figura 2.2 - Flexibilidade e rigidez de estruturas com coordenada única: (a) estrutura 1, (b) estrutura 2, (c) estrutura 3 e (d) estrutura 4.

$$D_2 = D_{21} + D_{22} + D_{23} \qquad \text{(b)}$$

$$D_3 = D_{31} + D_{32} + D_{33} \qquad \text{(c)}$$

A figura 2.6a mostra a deflexão da estrutura devida a uma carga unitária atuando na primeira coordenada. Comparando-se com a figura 2.5a, pode-se ver que $D_{11} = F_{11}P_1$, $D_{21} = F_{21}P_1$ e $D_{31} =$

$F_{31}P_1$ (pelo uso do princípio da sobreposição). Da mesma forma, os deslocamentos nas figuras 2.5c e d são escritos em termos dos deslocamentos devidos às cargas unitárias atuando ao longo das coordenadas 2 e 3 (figuras 2.6b e c).

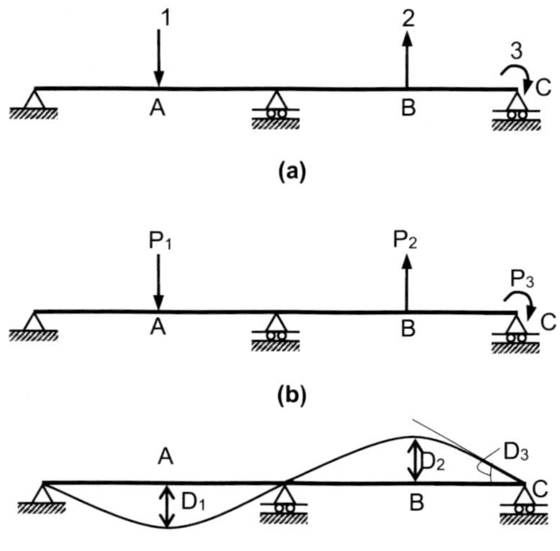

Figura 2.3 - Estrutura com três coordenadas: (a) coordenadas, (b) forças e (c) deslocamentos.

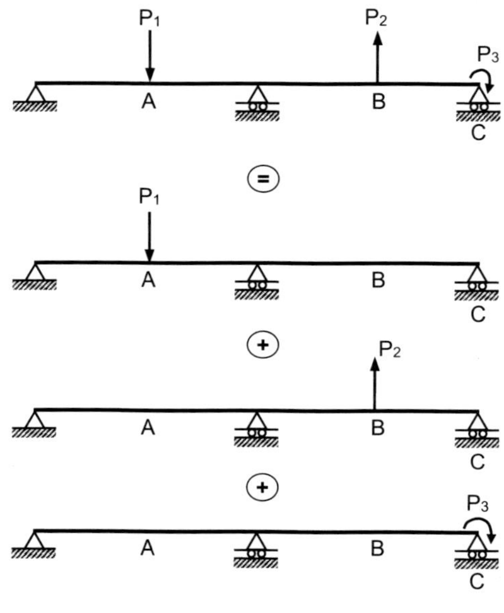

Figura 2.4 - Aplicação do princípio da sobreposição para cargas.

Na figura 2.6, F_{ij} (i, j = 1 até 3) é o deslocamento da i-ésima coordenada devido a uma carga unitária na j-ésima coordenada e as cargas em todas as demais coordenadas são iguais a zero.

As equações de (a) a (c) em termos de F_{ij} são

$$
\begin{aligned}
D_1 &= F_{11}P_1 + F_{12}P_2 + F_{13}P_3 \\
D_2 &= F_{21}P_1 + F_{22}P_2 + F_{23}P_3 \qquad \text{(d)} \\
D_3 &= F_{31}P_1 + F_{32}P_2 + F_{33}P_3
\end{aligned}
$$

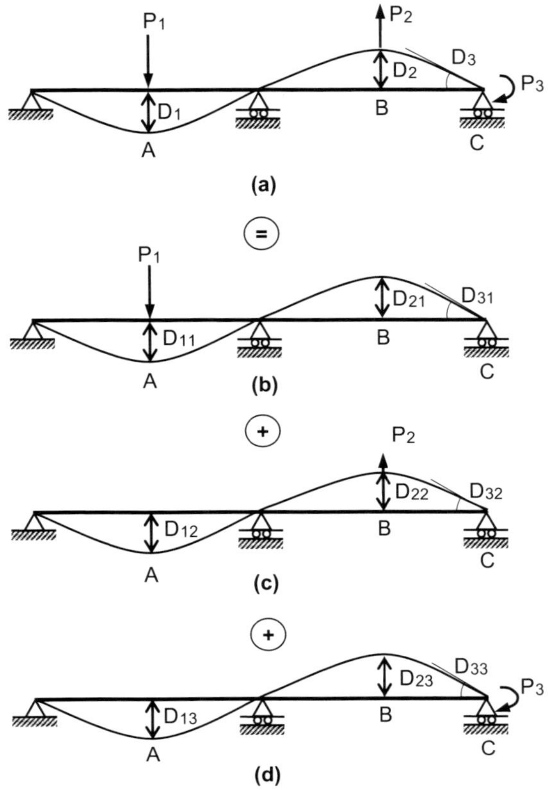

Figura 2.5 - Ilustração do princípio de sobreposição para deslocamentos.

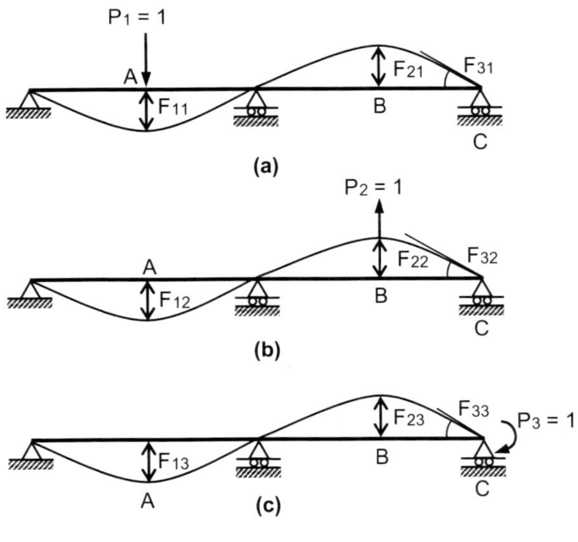

Figura 2.6 - Coeficientes de flexibilidade.

Assim, para uma estrutura que tenha n coordenadas, as equações de deslocamento acima podem ser escritas como

$$D_1 = F_{11}P_1 + F_{12}P_2 + F_{13}P_3 + \quad + F_{1n}P_n$$

$$D_2 = F_{21}P_1 + F_{22}P_2 + F_{23}P_3 + \quad + F_{2n}P_n$$

....

$$D_n = F_{n1}P_1 + F_{n2}P_2 + F_{n3}P_3 + \quad + F_{nn}P_n \tag{2.4a}$$

ou

$$D_i = \sum_{j=1}^{n} F_{ij}P_j \tag{2.4b}$$

onde $P_1, P_2, \ldots, P_n$ e $D_1, D_2, \ldots, {}_{Dn}$ são as forças e os deslocamentos ao longo das n coordenadas.

Em notação de matriz, a equação 2.4a é escrita como

$$\begin{Bmatrix} D_1 \\ D_2 \\ \ldots \\ D_n \end{Bmatrix} = \begin{bmatrix} F_{11} & F_{12} & \ldots & F_{1n} \\ F_{21} & F_{22} & \ldots & F_{2n} \\ \ldots & \ldots & \ldots & \ldots \\ F_{n1} & F_{n2} & \ldots & F_{nn} \end{bmatrix} \begin{Bmatrix} P_1 \\ P_2 \\ \ldots \\ P_n \end{Bmatrix}$$

ou

$$\{D\} = [F]\{P\} \tag{2.5}$$

onde {D} é o vetor *deslocamento* de ordem n × 1, [F] é a matriz quadrada de ordem n conhecida como matriz flexibilidade e {P} é o vetor força de ordem n × 1. Os coeficientes F_{11}, F_{12}, ..., em [F] são conhecidas como coeficientes de flexibilidade. Os *coeficientes de flexibilidade* ao longo da diagonal principal de [F] são F_{11}, F_{22}, ... (F_{ij}, i = j) e são os *coeficientes de flexibilidade direta.* Os demais coeficientes de flexibilidade (F_{ij}, i ≠ j) são os *coeficientes de flexibilidade cruzada.*

2.2.2.2 Matriz de rigidez

No caso anterior, os deslocamentos foram expressos em termos de forças usando-se uma matriz de flexibilidades. Como forma alternativa, similar à equação 2.2, as forças podem ser escritas em termos de deslocamentos. Para desenvolver essas equações, considere-se a resposta da estrutura submetida aos deslocamentos D_1, D_2 e D_3 (figura 2.3c). Pelo princípio da sobreposição, esta resposta é igual à soma da resposta da estrutura submetida aos deslocamentos D_1, D_2 e D_3 atuando separadamente (figura 2.7).

Na figura, apoios adicionais são introduzidos nas coordenadas (A, B e C) de forma a se obter a forma deformada apropriada da estrutura. As forças que atuam nas coordenadas são escritas como a soma de forças causadas pelos deslocamentos D_1, D_2 e D_3 aplicados um por vez (figura 2.8). Na figura P_{ij} (i, j = 1 até 3) é a força desenvolvida na i-ésima coordenada devida ao deslocamento na j-ésima coordenada, enquanto os deslocamentos em todas as demais coordenadas são iguais a zero. Em verdade, P_{ij} são as reações desenvolvidas nos apoios adicionais.

Assim, temos

$$P_1 = P_{11} + P_{12} + P_{13}$$
$$P_2 = P_{21} + P_{22} + P_{23} \qquad \text{(e)}$$
$$P_3 = P_{31} + P_{32} + P_{33}$$

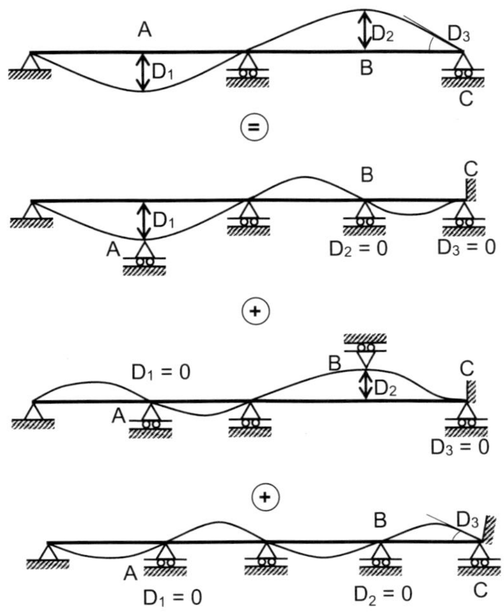

Figura 2.7 - Aplicação do princípio de sobreposição para os deslocamentos.

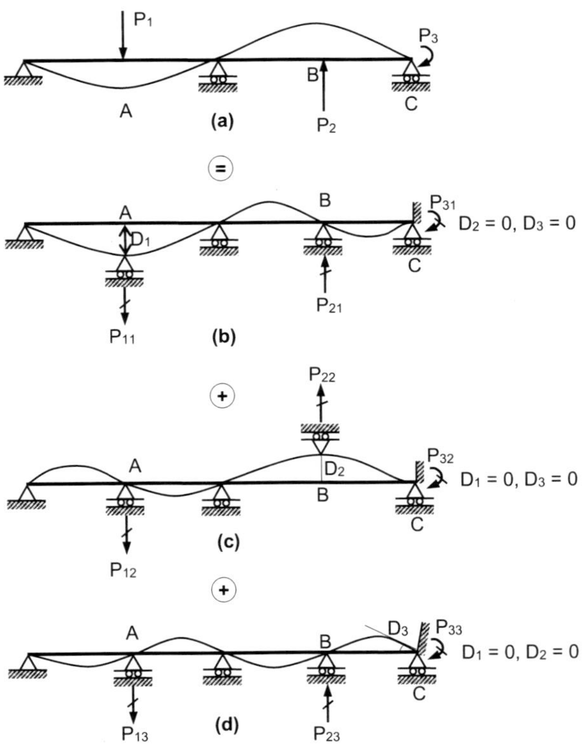

Figura 2.8 - Ilustração do princípio da sobreposição para as forças.

As forças P_{ij} podem ser escritas em termos de forças (K_{ij}) causadas por deslocamentos unitários nas coordenadas (figura 2.9).

Na figura, K_{ij} (i, j = 1 até 3) é a força desenvolvida na i-ésima coordenada, devida ao deslocamento unitário na j-ésima coordenada, enquanto os deslocamentos nas demais coordenadas são zero. As forças K_{ij} também podem ser interpretadas como forças necessárias para se manter a configuração deformada da estrutura ou as reações desenvolvidas nos apoios adicionais devido à aplicação de deslocamento unitário numa coordenada. Das figuras 2.8b e 2.9a, vê-se que $P_{11} = K_{11}D_1$, $P_{21} = K_{21}D_1$ e $P_{31} = K_{31}D_1$. De igual forma, as demais forças na figura 2.8 são escritas em termos de forças mostradas na figura 2.9. Assim, a equação e pode ser escrita como

$$
\begin{aligned}
P_1 &= K_{11}D_1 + K_{12}D_2 + K_{13}D_3 \\
P_2 &= K_{21}D_1 + K_{22}D_2 + K_{23}D_3 \\
P_3 &= K_{31}D_1 + K_{32}D_2 + K_{33}D_3
\end{aligned}
\tag{f}
$$

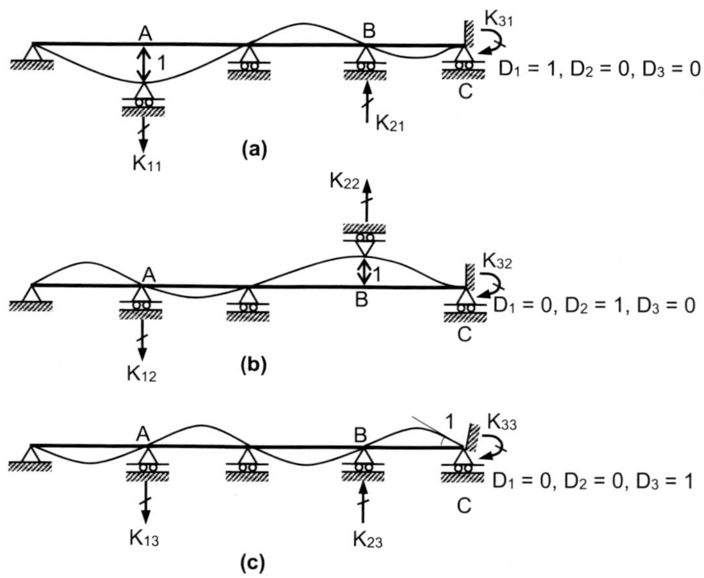

Figura 2.9 - Coeficientes de rigidez.

Para um sistema de n coordenadas, a equação f pode ser escrita como

$$
\begin{aligned}
P_1 &= K_{11}D_1 + K_{12}D_2 + K_{13}D_3 + \quad + K_{1n}D_n \\
P_2 &= K_{21}D_1 + K_{22}D_2 + K_{23}D_3 + \quad + K_{2n}D_n \\
&\cdots\cdots\cdots\cdots\cdots\cdots \\
P_n &= K_{n1}D_1 + K_{n2}D_2 + K_{n3}D_3 + \quad + K_{nn}D_n
\end{aligned}
\tag{2.6a}
$$

ou

$$P_i = \sum_{j=1}^{n} K_{ij}D_j \tag{2.6b}$$

Na forma de matriz,

$$\begin{Bmatrix} P_1 \\ P_2 \\ \dots \\ P_n \end{Bmatrix} = \begin{bmatrix} K_{11} & K_{12} & \dots & K_{1n} \\ K_{21} & K_{22} & \dots & K_{2n} \\ \dots & \dots & \dots & \dots \\ K_{n1} & K_{n2} & \dots & K_{nn} \end{bmatrix} \begin{Bmatrix} D_1 \\ D_2 \\ \dots \\ D_n \end{Bmatrix}$$

ou

$$\{P\} = [K]\{D\} \tag{2.7}$$

Na equação acima, [K] é a matriz quadrada de ordem n e é a *matriz de rigidez* da estrutura. Os coeficientes K_{ij} são os *coeficientes de rigidez*. Se i = j, então os coeficientes de rigidez são conhecidos como *coeficientes de rigidez* direta, do contrário, ele são chamados de coeficientes de *rigidez cruzada*.

Comentários

Da mesma forma que o método de análise por flexibilidade, no método por rigidez é necessário ter-se uma estrutura primária para a análise de estrutura. No caso do método da flexibilidade, a estrutura primária é uma estrutura estaticamente determinada e estável (i.e., GIE = 0). No caso do método da rigidez, a estrutura primária é uma estrutura cinematicamente determinada (i.e., GIC = 0). Para se obter esta estrutura primária, é necessário introduzir-se apoios adicionais nas coordenadas. As reações desenvolvidas nesses apoios adicionais devidas a deslocamento unitário são os coeficientes de rigidez. Por exemplo, considere-se a mola linear mostrada na figura 2.10a. A estrutura primária e a reação desenvolvida no apoio adicional (apoio A) são mostradas nas figuras 2.10b e c.

A estrutura primária e as reações (coeficientes de rigidez) para a estrutura com três coordenadas são mostradas na figura 2.11. A, B e C são os apoios adicionais. Na figura 2.11c, j é a coordenada (j = 1, 2 ou 3) em que o deslocamento unitário é aplicado.

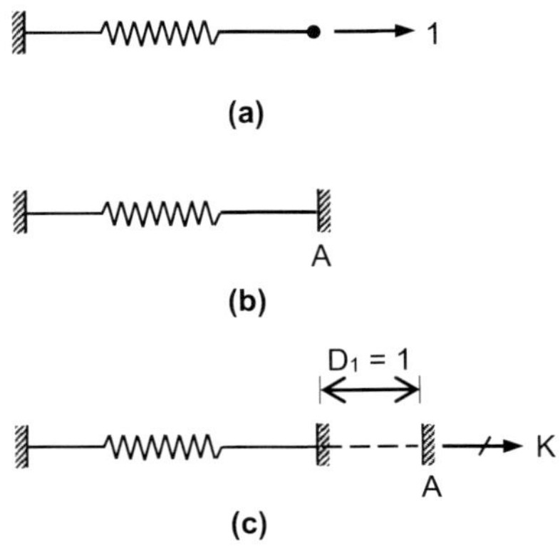

Figura 2.10 - Rigidez de mola linear: (a) estrutura, (b) estrutura primária e (c) reação.

2.2.3 Desenvolvimento de matrizes de flexibilidade e de rigidez

Para uma estrutura com n coordenadas, as matrizes de flexibilidade e rigidez são matrizes quadradas de ordem n. Da equação 2.5, observa-se que os elementos da primeira coluna de [F] são obtidos pela aplicação de força unitária apenas na primeira coordenada. Os elementos da segunda coluna de [F] são obtidos pela aplicação de força unitária apenas na segunda coordenada, e assim por diante. Da mesma forma, da equação 2.7, vê-se que elementos da primeira coluna de [K] são obtidos pela aplicação de um deslocamento unitário na primeira coordenada, enquanto que os deslocamentos nas demais coordenadas são zero. Os elementos da segunda coluna são obtidos pela aplicação de deslocamento unitário na segunda coordenada. Com base nas observações acima, o procedimento para desenvolvimento das matrizes de flexibilidade e rigidez é o seguinte: ambas as matrizes, de flexibilidade e de rigidez, são desenvolvidas coluna a coluna (figura 2.12). Para se obter os elementos da j-ésima coluna de [F], aplica-se uma força unitária na j-ésima coordenada, enquanto as forças nas demais coordenadas são zero. Os deslocamentos em todas as coordenadas devidos a essa carga serão os elementos da j-ésima coluna. Assim, o elemento localizado na i-ésima linha e j-ésima coluna de [F], F_{ij}, é o deslocamento na i-ésima coordenada devido à força unitária na j-ésima coordenada, enquanto as forças nas demais coordenadas são zero.

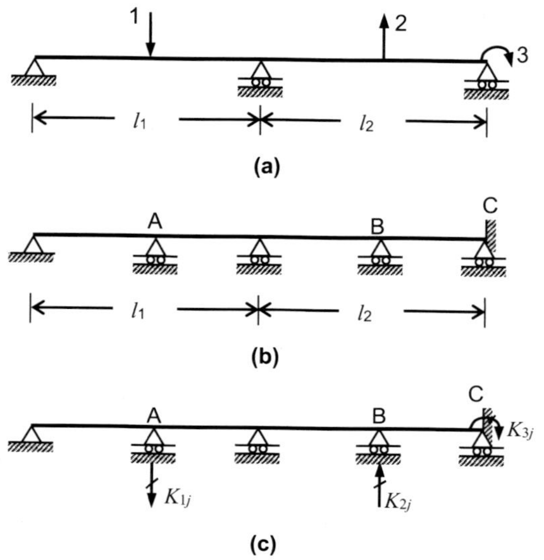

Figura 2.11 - Ilustração de coeficientes de rigidez: (a) coordenadas, (b) estrutura primária e (c) coeficientes de rigidez ou reação.

Para se obter os elementos da j-ésima coluna de [K], aplica-se um deslocamento unitário na j-ésima coordenada e os deslocamentos nas demais coordenadas são zero (i.e., os deslocamento são impedidos pela introdução de apoios adicionais). As forças desenvolvidas nas coordenadas (reações desenvolvidas nos apoios adicionais) são os elementos da j-ésima coluna. Assim, o elemento K_{ij} localizado na i-ésima linha e j-ésima coluna de [K] é igual à força desenvolvida na i-ésima coordenada devida ao deslocamento unitário na j-ésima coordenada, enquanto os deslocamentos em todas as demais coordenadas são zero.

$$
\begin{array}{cccccccc}
 & P_1 = 1 & P_2 = 1 & & P_i = 1 & & P_j = 1 & & P_n = 1
\end{array}
$$

$$
[F] = \begin{bmatrix}
F_{11} & F_{12} & \dots & F_{1i} & \dots & F_{1j} & \dots & F_{1n} \\
F_{21} & F_{22} & \dots & F_{2i} & \dots & F_{2j} & \dots & F_{2n} \\
\dots & \dots & \dots & \dots & \dots & \dots & \dots & \dots \\
F_{i1} & F_{i2} & \dots & F_{ii} & \dots & F_{ij} & \dots & F_{in} \\
\dots & \dots & \dots & \dots & \dots & \dots & \dots & \dots \\
F_{j1} & F_{j2} & \dots & F_{ji} & \dots & F_{jj} & \dots & F_{jn} \\
\dots & \dots & \dots & \dots & \dots & \dots & \dots & \dots \\
F_{n1} & F_{n2} & \dots & F_{ni} & \dots & F_{nj} & \dots & F_{nn}
\end{bmatrix}
$$

Figura 2.12a - Matriz de flexibilidade.

$$
[K] = \begin{array}{c} \\ \end{array}\begin{matrix} D_1=1 & D_2=1 & & D_i=1 & & D_j=1 & & D_n=1 \end{matrix}
$$

$$
[K] = \begin{bmatrix} K_{11} & K_{12} & \cdots & K_{1i} & \cdots & K_{1j} & \cdots & K_{1n} \\ K_{21} & K_{22} & \cdots & K_{i2} & \cdots & K_{2j} & \cdots & K_{2n} \\ \cdots & \cdots & \cdots & \cdots & \cdots & \cdots & \cdots & \cdots \\ K_{i1} & K_{i2} & \cdots & K_{ii} & \cdots & K_{ij} & \cdots & K_{in} \\ \cdots & \cdots & \cdots & \cdots & \cdots & \cdots & \cdots & \cdots \\ K_{j1} & K_{j2} & \cdots & K_{ji} & \cdots & K_{jj} & \cdots & K_{jn} \\ \cdots & \cdots & \cdots & \cdots & \cdots & \cdots & \cdots & \cdots \\ K_{n1} & K_{n2} & \cdots & K_{ni} & \cdots & K_{nj} & \cdots & K_{nn} \end{bmatrix}
$$

Figura 2.12b - Matriz de rigidez.

2.2.4 Propriedades de matrizes de flexibilidade e rigidez

Algumas das propriedades importantes das matrizes de flexibilidade e rigidez são listadas abaixo:

i. Ambas as matrizes são quadradas de ordem n, onde n é o número de coordenadas;
ii. A matriz de flexibilidade é o inverso da matriz de rigidez.

Das equações 2.5 e 2.7,

$$\{D\} = [F]\{P\}$$

$$\Rightarrow \{P\} = [F]^{-1}\{D\} = [K]\{D\}$$

Daí,

$$[F]^{-1} = [K] \text{ ou } [K]^{-1}[F] \tag{2.8a}$$

$$\Rightarrow [F][K] = [I] \tag{2.8b}$$

onde [I] é a matriz identidade ou matriz unitária.

Portanto, a matriz de flexibilidade é o inverso da matriz de rigidez. Entretanto, isso não indica que o coeficiente de flexibilidade F_{ij} será o inverso do coeficiente de rigidez K_{ij};

iii. Os elementos da diagonal principal das matrizes de flexibilidade e de rigidez (F_{ii} e K_{ii}) são sempre positivos, enquanto os elementos fora da diagonal podem ser tanto positivos quanto negativos.

F_{ii} é o deslocamento ao longo da coordenada i devido à força unitária na i-ésima coordenada. Uma força ao longo de uma dada direção, digamos, ao longo da direção positiva da coordenada i, não pode causar deslocamento ao longo da direção negativa da coordenada i. Assim, F_{ii} é positiva. K_{ii} é a força desenvolvida na coordenada i devida ao deslocamento unitário na mesma coordenada. Uma força desenvolvida na coordenada i devida ao deslocamento unitário na direção positiva da coordenada i será sempre na direção positiva da coordenada i. Portanto, K_{ii} é positiva.

iv. As matrizes de flexibilidade e rigidez são simétricas, i.e.,

$$[F] = [F]^T \Rightarrow F_{ij} = F_{ji} \quad (2.9)$$

$$[K] = [K]^T \Rightarrow K_{ij} = K_{ji} \quad (2.10)$$

onde $[F]^T$ e $[K]^T$ são as transpostas das matrizes de flexibilidade e de rigidez (a prova é dada na seção 2.4);

v. A matriz de flexibilidade só existe para estruturas estáveis (ver exemplo 2.2).

Exemplo 2.1
Determinar as matrizes de flexibilidade e de rigidez para a estrutura mostrada na figura 2.13a.

Solução

Estrutura 1
A estrutura tem duas coordenadas. Então, as matrizes de flexibilidade e de rigidez são matrizes quadradas de ordem 2.

Matriz de flexibilidade [F]

Para se encontrar as deflexões, o método da carga unitária[1] é usado. De acordo com este método, o deslocamento D (translacional ou rotacional) num dado ponto numa barra ou quadro é

$$D = \int \frac{Mmdx}{EI}$$

onde M é o momento de flexão devido às cargas aplicadas e m é o momento de flexão devido à carga unitária (força ou momento) aplicada no ponto em que é necessário encontrar-se D.

Para se calcular o deslocamento usando-se o método da carga unitária, o momento de flexão depressiva é tido como positivo (figura 2.13b).

O coeficiente de flexibilidade F_{ij} é o deslocamento em i devido à carga unitária aplicada em j (aqui, a carga aplicada é também uma carga unitária). Portanto,

$$F_{ij} = \int \frac{M_j m_i dx}{EI}$$

onde M_j é o momento fletor devido à carga aplicada em j e m_i é o momento fletor devido à força unitária aplicada em i. Como a carga tem um valor unitário, $M_j = m_j$ (m_j é o momento fletor devido à carga unitária em j). Assim,

$$F_{ij} = \int \frac{m_j m_i dx}{EI} = \int \frac{m_i m_j dx}{EI} = F_{ji}$$

[1] O leitor pode consultar livros sobre análise estrutural básica para obter mais detalhes a respeito deste método.

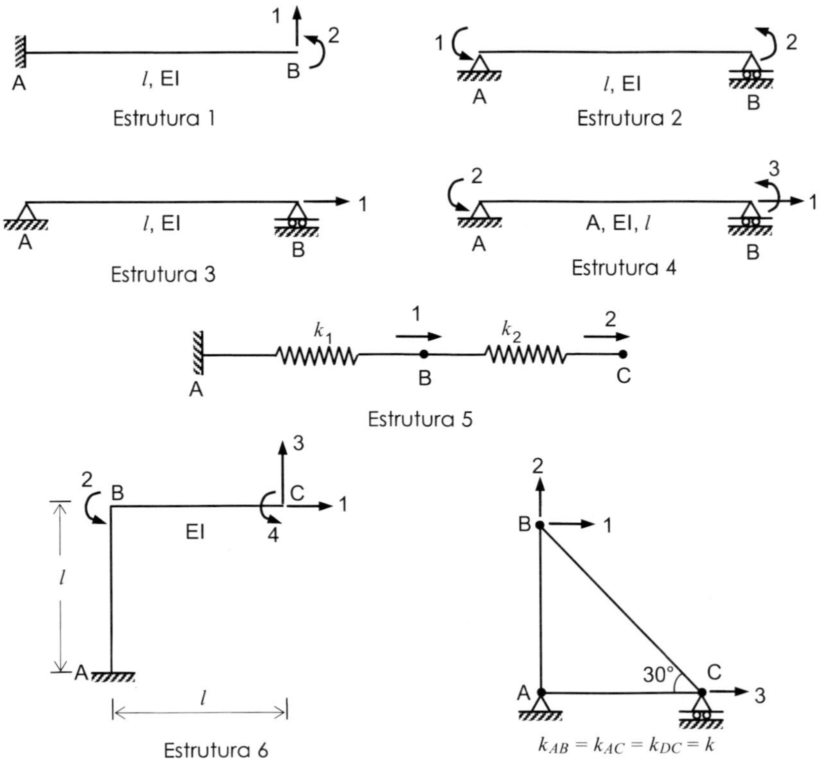

Figura 2.13a - Exemplo 2.1.

Figura 2.13b - Convenção de sinal para momentos fletores – método da carga unitária.

$$F_{ij} = \int \frac{m_j m_i dx}{EI} = \int \frac{m_i m_j dx}{EI} = F_{ji}$$

Os momentos fletores devidos a cargas unitárias aplicadas nas coordenadas são dados na tabela 2.1 e figura 2.13c.[2]

- Elementos da primeira coluna de [F]
  Para se obter os elementos, a carga unitária é aplicada na primeira coordenada ($P_1 = 1$). Assim, $M_j = M_1$ ($M_1 = m_1$).

$$F_{11} = \int \frac{m_1 m_1 dx}{EI} = \int_0^l \frac{x^2 dx}{EI} = \frac{l^3}{3EI}$$

$$F_{21} = \int \frac{m_2 m_1 dx}{EI} = \int_0^l \frac{x dx}{EI} = \frac{l^2}{2EI}$$

- Elementos da segunda coluna de [F]
  Uma carga unitária é aplicada na segunda coordenada ($P_2 = 1$). Neste caso, $M_j = M_2 = m_2$.

[2] Neste livro, o momento fletor é desenhado sobre a face de tensão do elemento. Essa abordagem será útil para o projetista que esteja lidando com estruturas de concreto.

$F_{12} = F_{21} = l^2 / 2EI$ (devido à simetria de [F])

$$F_{22} = \int \frac{m_2 m_2 dx}{EI} = \int_0^l \frac{dx}{EI} = \frac{l}{EI}$$

A matriz de flexibilidade da estrutura é

$$[F] = \begin{bmatrix} l^2/3EI & l^2/2EI \\ l^2/2EI & l/EI \end{bmatrix}$$

Tabela 2.1 - Momento fletor – estrutura 1.

Membro	Origem	Limite	$m_1(x)$	$m_2(x)$
AB	B	0 a l	x	1

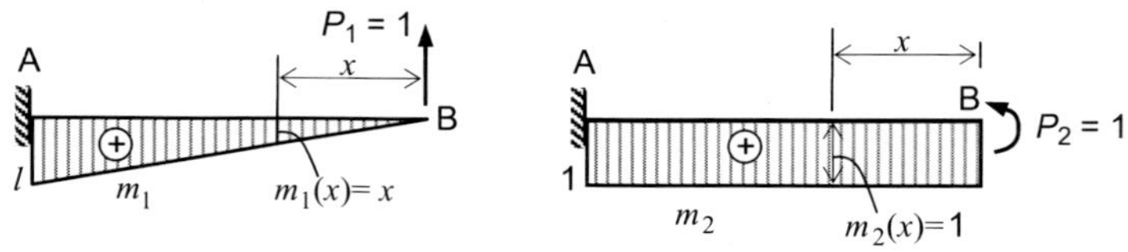

Figura 2.13c - Diagrama do momento fletor (DMF) – estrutura 1.

Matriz de rigidez [K]

Para se desenvolver a matriz de rigidez, é necessário iniciar-se com a estrutura primária (GIC = 0). Como todas as coordenadas ativas devem ser restringidas, a estrutura primária necessária para se desenvolver [K] é a estrutura restringida. A estrutura e a estrutura restringida são mostradas na figura 2.13d.

- Elementos da primeira coluna de [K]
  Para se obter os elementos da primeira coluna de [K], dê-se um deslocamento unitário ao longo da primeira coordenada ($D_1 = 1$) e faça-se o deslocamento ao longo da segunda coordenada igual a zero ($D_2 = 0$). As forças desenvolvidas no membro devidas a esses deslocamentos são obtidas usando-se os valores dados na tabela 1.11. Os coeficientes de rigidez são determinados usando-se o DCL da ligação B. Usando-se as equações de equilíbrio,

$$K_{11} = 12EI / l^3,\ K_{21} = -6EI / l^2$$

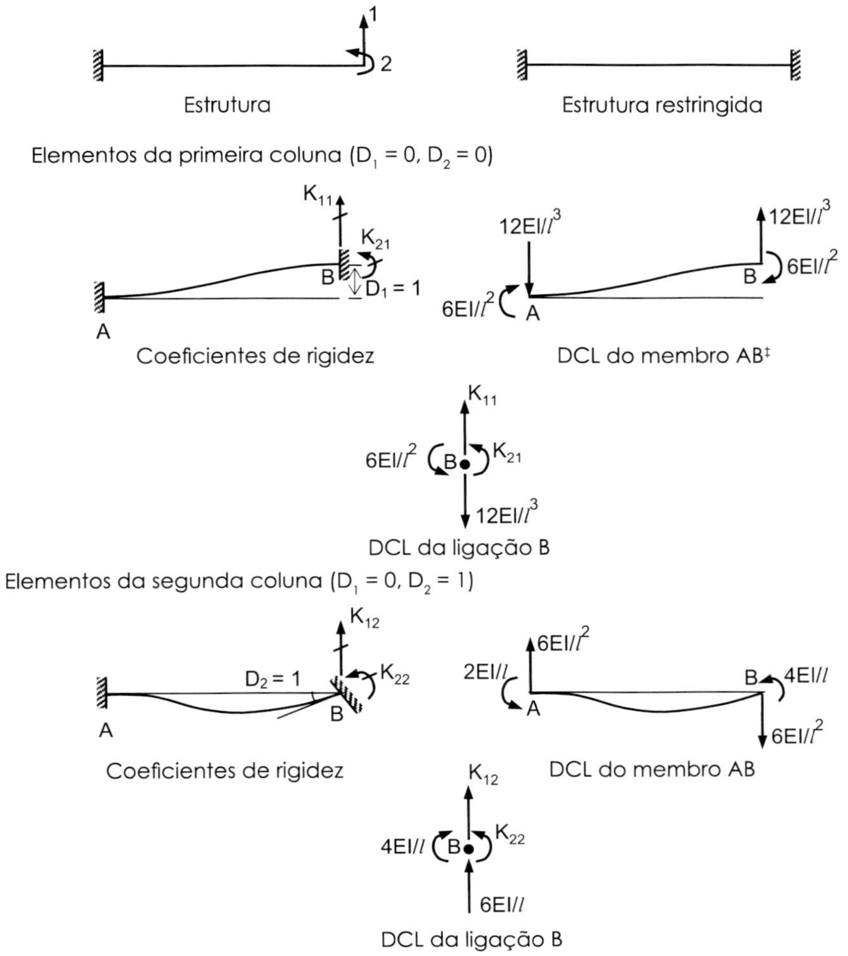

‡ Para fins de clareza, as forças estão marcadas nas formas deformadas do membro. Entretanto, para fins de análise, a geometria não deformada da estrutura é usada.

Figura 2.13d - Estrutura restringida e coeficientes de rigidez – Estrutura 1.

- Elementos da segunda coluna de [K]
  Para se obter os elementos, dê-se um deslocamento unitário na segunda coordenada (i.e., $D_2 = 1$ e $D_1 = 0$).

  Seguindo-se o procedimento descrito acima, os coeficientes de rigidez são

$$K_{12} = -6EI / l^2 = K_{21}$$

$$K_{22} = 4EI / l$$

A matriz de rigidez da estrutura é

$$[K] = \begin{bmatrix} 12EI/l^3 & -6EI/l^2 \\ -6EI/l^2 & 4EI/l \end{bmatrix}$$

Estrutura 2

As matrizes de flexibilidade e de rigidez são matrizes quadradas de ordem 2.

Matriz de flexibilidade

Os momentos fletores devidos às cargas unitárias nas coordenadas são dados na tabela 2.2 e na figura 2.13e.

- Elementos da primeira coluna ($P_1 = 1$, $P_2 = 0$)

$$F_{11} = \int \frac{m_1 m_1 dx}{EI} = \int_0^l \frac{(x/l-1)^2\, dx}{EI} = \frac{l}{3EI}$$

$$F_{21} = \int \frac{m_2 m_1 dx}{EI} = \int_0^l \frac{(x/l)(x/l-1)dx}{EI} = \frac{-l}{6EI}$$

- Elementos da segunda coluna ($P_1 = 0$, $P_2 = 1$)

$$F_{12} = \int \frac{m_1 m_2 dx}{EI} = F_{21} = \frac{-l}{6EI}$$

$$F_{22} = \int \frac{m_2 m_2 dx}{EI} = \int_0^l \frac{(x/l)^2\, dx}{EI} = \frac{l}{3EI}$$

- Matriz de flexibilidade [F]

$$[F] = \begin{bmatrix} l/3EI & -l/6EI \\ -l/6EI & l/3EI \end{bmatrix} = \frac{l}{6EI}\begin{bmatrix} 2 & -1 \\ -1 & 2 \end{bmatrix}$$

Matriz de rigidez

A estrutura restringida e o DCL do membro e das ligações são mostrados na figura 2.13f.

- Elementos da primeira coluna ($D_1 = 1$, $D_2 = 0$)
  Partindo-se do DCL das ligações A e B,

$$K_{11} = \frac{4EI}{l},\ K_{21} = \frac{2EI}{l}$$

- Elementos da segunda coluna ($D_1 = 0$, $D_2 = 1$)

  Usando-se o DCL das ligações A e B, $K_{12} = \frac{2EI}{l}$, $K_{22} = \frac{4EI}{l}$

- Matriz de rigidez [K]

$$[K] = \begin{bmatrix} 4EI/l & 2EI/l \\ 2EI/l & 4EI/l \end{bmatrix} = 2EI/l\begin{bmatrix} 2 & 1 \\ 1 & 2 \end{bmatrix}$$

Tabela 2.2 - Momento fletor – estrutura 2

Membro	Origem	Limite	$m_1(x)$	$m_2(x)$
AB	A	0 até l	$\frac{x}{l} - 1$	x / l

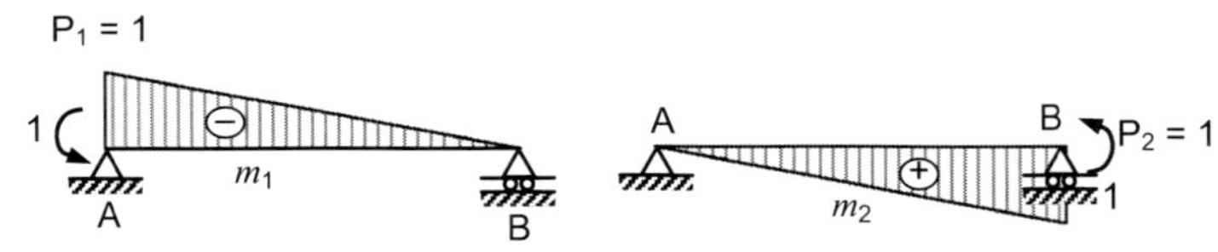

Figura 2.13e - DMF – estrutura 2.

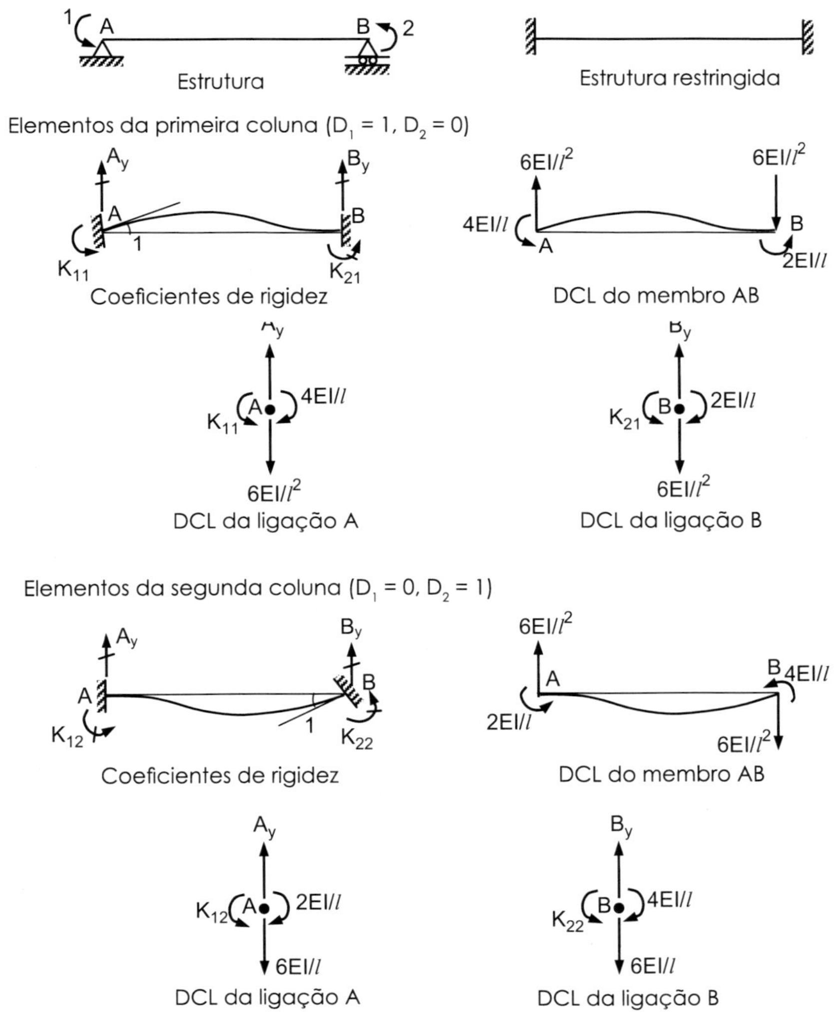

Figura 2.13f - Estrutura restringida e coeficientes de rigidez – estrutura 2.

Estrutura 3

Esta é similar à estrutura 3 mostrada na figura 2.2. Portanto, K = AE / l e F = l / AE

Estrutura 4

Como não há interação entre as deformações axial e fletora, as matrizes de flexibilidade e de rigidez são desenvolvidas usando-se o princípio da sobreposição (figura 2.13g). Portanto,

$$[F]=\begin{bmatrix} l/AE & 0 & 0 \\ 0 & l/3EI & -l/6EI \\ 0 & -l/6EI & l/3EI \end{bmatrix} \text{and } [K]=\begin{bmatrix} AE/l & 0 & 0 \\ 0 & 4EI/l & 2EI/l \\ 0 & 2EI/l & 4EI/l \end{bmatrix}$$

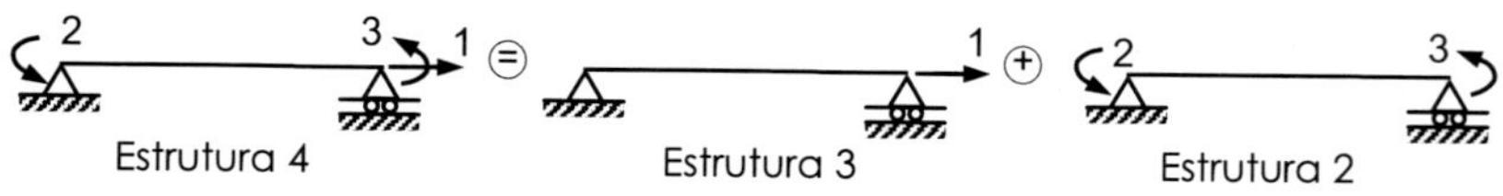

Figura 2.13g - Princípio da sobreposição – estrutura 4.

Estrutura 5

Matriz de flexibilidade

- Elementos da primeira coluna ($P_1 = 1$, $P_2 = 0$)

Sejam D_{AB} e D_{BC} os alongamentos das molas AB e BC, respectivamente. P_{AB} e P_{BC} são as forças nas duas molas. A partir do DCL das molas (figura 2.13h),

$$P_{AB} = 1 \quad \Rightarrow D_{AB} = \frac{1}{k_1} P_{AB} = \frac{1}{k_1} \quad \left(\frac{1}{k_1} \text{ é a flexibilidade da mola} \right)$$

$$P_{BC} = 0 \quad \Rightarrow D_{BC} = 0$$

$$\therefore \quad F_{11} = D_1 = D_{AB} = \frac{1}{k_1}$$

$$F_{21} = D_1 + D_2 = D_{AB} + D_{BC} = \frac{1}{k_1} + 0 = \frac{1}{k_1}$$

Elementos da primeira coluna ($P_1 = 1$, $P_2 = 0$)

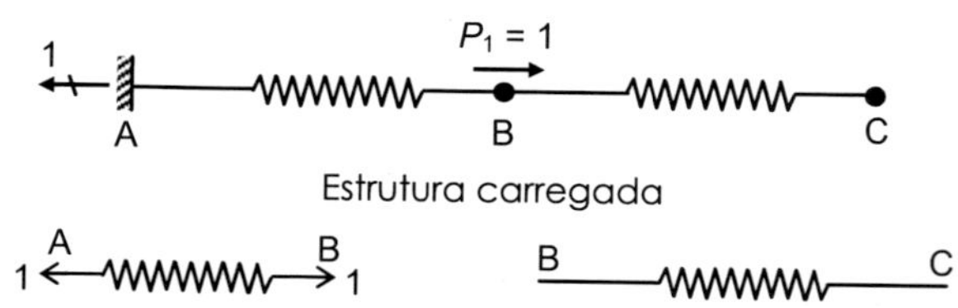

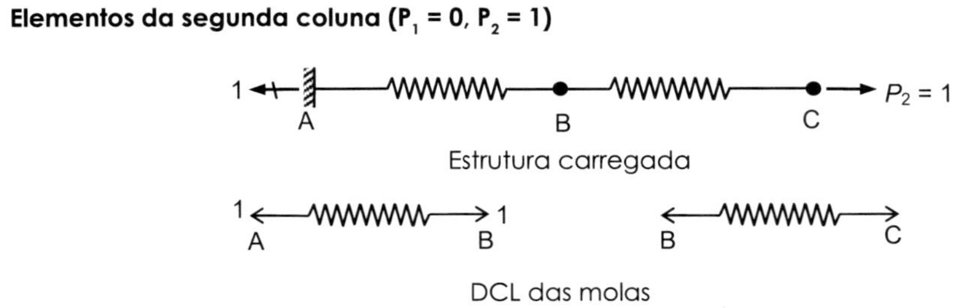

Figura 2.13h - DCL das molas.

- Elementos da segunda coluna ($P_1 = 0$, $P_2 = 1$)

Da figura 2.13h,

$$P_{AB} = 1 \quad \Rightarrow D_{AB} = \frac{1}{k_1}$$

$$P_{BC} = 1 \quad \Rightarrow D_{BC} = \frac{1}{k_2}$$

Donde,

$$F_{12} = D_1 = D_{AB} = \frac{1}{k_1}$$

$$F_{22} = D_2 = D_{AB} + D_{BC} = \frac{1}{k_1} + \frac{1}{k_2}$$

- Matriz de flexibilidade [F]

$$[F] = \begin{bmatrix} 1/k_1 & 1/k_1 \\ 1/k_1 & 1/k_1 + 1/k_2 \end{bmatrix}$$

Matriz de rigidez

- Elementos da primeira coluna ($D_1 = 1$, $D_2 = 0$)

Dos DCL dos nós B e C (figura 2.13i),

$$K_{11} = k_1 + k_2$$

$$K_{21} = -k_2$$

- Elementos da segunda coluna ($D_1 = 0$, $D_2 = 1$)

Usando-se os DCL dos nós B e C (figura 2.13i)

$$K_{12} = -k_2$$

$$K_{22} = k_2$$

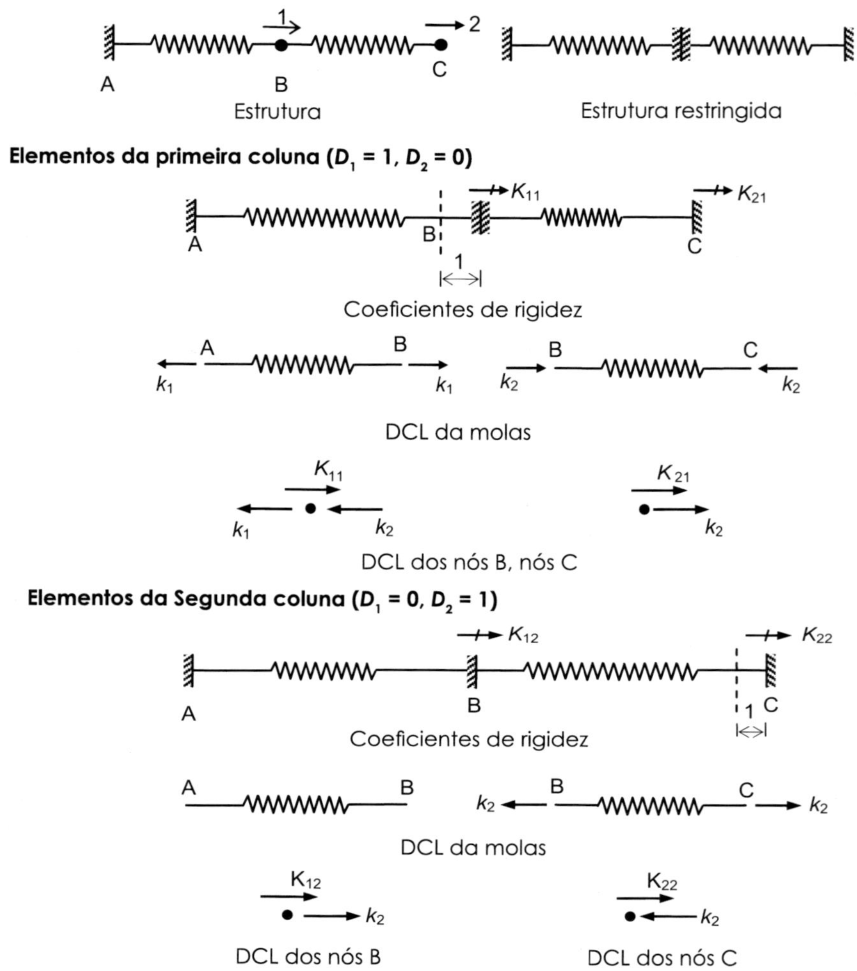

Figura 2.13i - Estrutura restringida e Coeficientes de rigidez - Estrutura 5.

- Matriz de rigidez [K]

$$[K]=\begin{bmatrix} k_1+k_2 & -k_2 \\ -k_2 & k_2 \end{bmatrix}$$

Estrutura 6

A ordem de [K] e [F] é 4.

Matriz de flexibilidade

Os momentos fletores devidos às cargas unitária aplicadas nas coordenadas são mostrados na figura 2.13j. Os momentos fletores nos diferentes membros são dados na tabela 2.3.

- Elementos da primeira coluna ($P_1 = 1$, $P_2 = P_3 = P_4 = 0$)

$$F_{11} = \int \frac{m_1 m_1 dx}{EI} = \int_{BC} \frac{m_1 m_1 dx}{EI} + \int_{AB} \frac{m_1 m_1 dx}{EI} = 0 + \int_0^l \frac{(-x)^2 dx}{EI} = \frac{l^3}{3EI}$$

$$F_{21} = \int \frac{m_2 m_1 dx}{EI} = \int_0^l \frac{(-x) dx}{EI} = \frac{-l^2}{2EI}$$

$$F_{31} = \int \frac{m_3 m_1 dx}{EI} = \int_0^l \frac{(-lx) dx}{EI} = \frac{-l^3}{2EI}$$

$$F_{41} = \int \frac{m_4 m_1 dx}{EI} = \int_0^l \frac{(-x) dx}{EI} = \frac{-l^2}{2EI}$$

Tabela 2.3 - Momento fletor – estrutura 6

Membro	Origem	Limite	m_1	m_2	m_3	m_4
BC	C	0 até l	0	0	x	1
AB	B	0 até l	–x	1	1	1

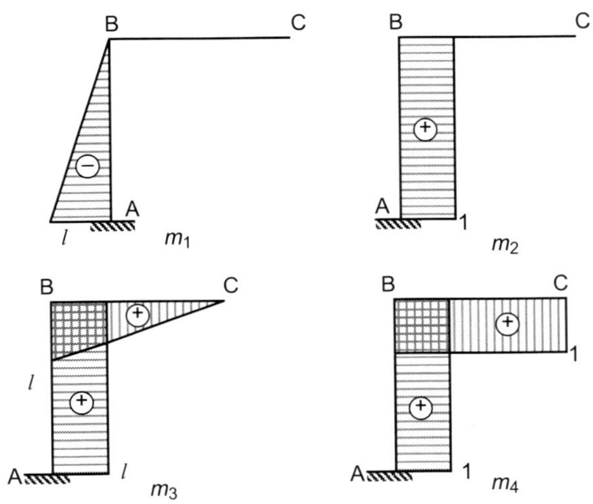

Figura 2.13j - DMF – estrutura 6.

- Elementos da segunda coluna ($P_2 = 1$, $P_1 = P_3 = P_4 = 0$)

$$F_{12} = F_{21} = \frac{-l^2}{2EI}$$

$$F_{22} = \int \frac{m_2 m_2 dx}{EI} = \int_0^l \frac{dx}{EI} = \frac{l}{EI}$$

$$F_{32} = \int \frac{m_3 m_2 dx}{EI} = \int_0^l \frac{l dx}{EI} = \frac{l^2}{EI}$$

$$F_{42} = \int \frac{m_4 m_2 dx}{EI} = \int_0^l \frac{dx}{EI} = \frac{l}{EI}$$

- Elementos da terceira coluna ($P_3 = 1$, $P_1 = P_2 = P_4 = 0$)

$$F_{13} = F_{31} = \frac{-l^3}{2EI}$$

$$F_{23} = F_{32} = \frac{l^2}{EI}$$

$$F_{33} = \int \frac{m_3 m_3 dx}{EI} = \int_0^l \frac{x^2 dx}{EI} + \int_0^l \frac{l^2 dx}{EI} = \frac{4l^3}{3EI}$$

$$F_{43} = \int \frac{m_4 m_3 dx}{EI} = \int_0^l \frac{x dx}{EI} + \int_0^l \frac{l dx}{EI} = \frac{3l^2}{2EI}$$

- Elementos da quarta coluna ($P_4 = 1$, $P_1 = P_2 = P_3 = 0$)

$$F_{14} = F_{41} = \frac{-l^2}{2EI}$$

$$F_{24} = F_{42} = \frac{l}{EI}$$

$$F_{34} = F_{43} = \frac{3l^2}{2EI}$$

$$F_{44} = \int \frac{m_4 m_4 dx}{EI} = \int_0^l \frac{dx}{EI} + \int_0^l \frac{dx}{EI} = \frac{2l}{EI}$$

- Matriz de flexibilidade

$$[F] = \begin{bmatrix} l^3/3EI & -l^2/2EI & -l^3/2EI & -l^2/2EI \\ -l^2/2EI & l/EI & l^2/EI & l/EI \\ -l^3/2EI & l^2/EI & 4l^3/3EI & 3l^2/2EI \\ -l^2/2EI & l/EI & 3l^2/2EI & 2l/EI \end{bmatrix}$$

Matriz de rigidez

- Elementos da primeira coluna ($D_1 = 1$, $D_2 = D_3$ e $D_4 = 0$) (figura 2.13k)

Do DCL da ligação B,

$$P_{BC} = 12EI/l^3$$

$$K_{21} = 6EI/l^2$$

Do DCL da ligação C,

$$K_{31} = 0$$

$$K_{41} = 0$$

$$K_{11} = P_{BC} = 12EI/l^3$$

Nota: Como a estrutura dada é um quadro plano, forças axiais (P_{AB}, P_{BC}) são desenvolvidas na estrutura.

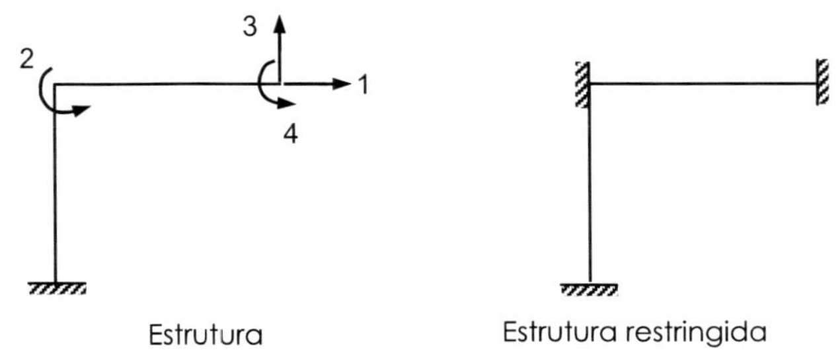

Figura 2.13k - Estrutura restringida e coeficientes de rigidez – estrutura 6.

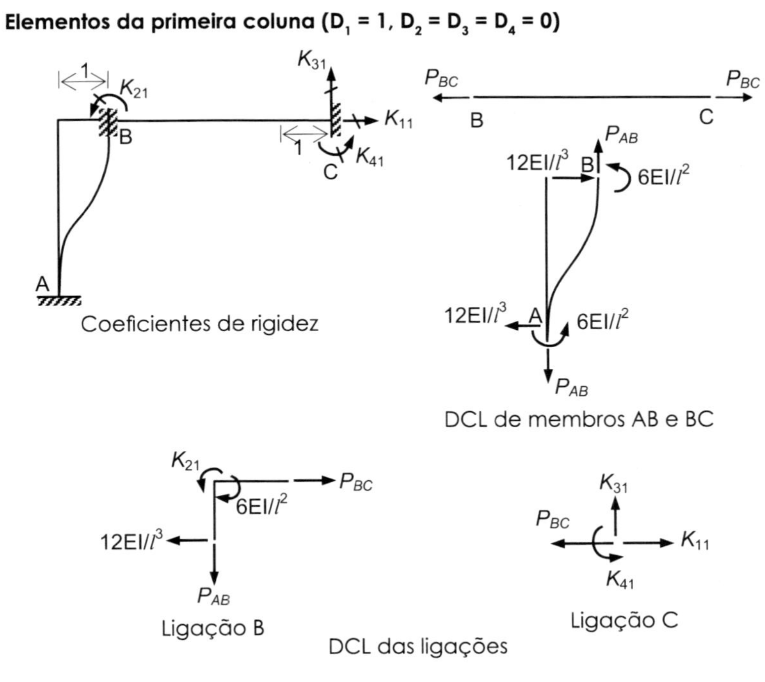

Figura 2.13k - Estrutura restringida e coeficientes de rigidez – estrutura 6.

Elementos da segunda coluna ($D_2 = 1$, $D_1 = D_3 = D_4 = 0$)

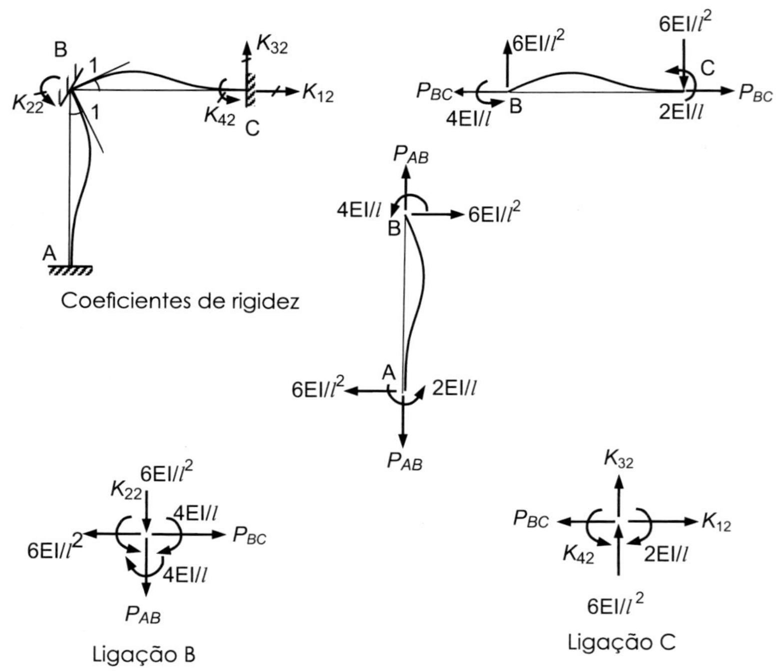

DCL das ligações B e C

Figura 2.13k (continuação) - Estrutura restringida e coeficientes de rigidez – estrutura 6.

Elementos da terceira coluna ($D_3 = 1$, $D_1 = D_2 = D_4 = 0$)

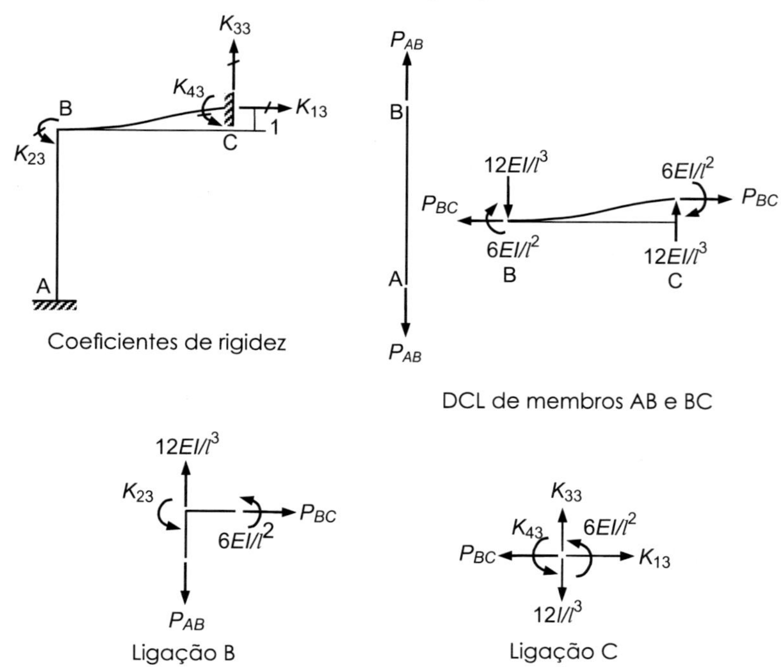

Figura 2.13k - Estrutura restringida e coeficientes de rigidez – estrutura 6.

Elementos da quarta coluna ($D_4 = 1$, $D_1 = D_2 = D_3 = 0$)

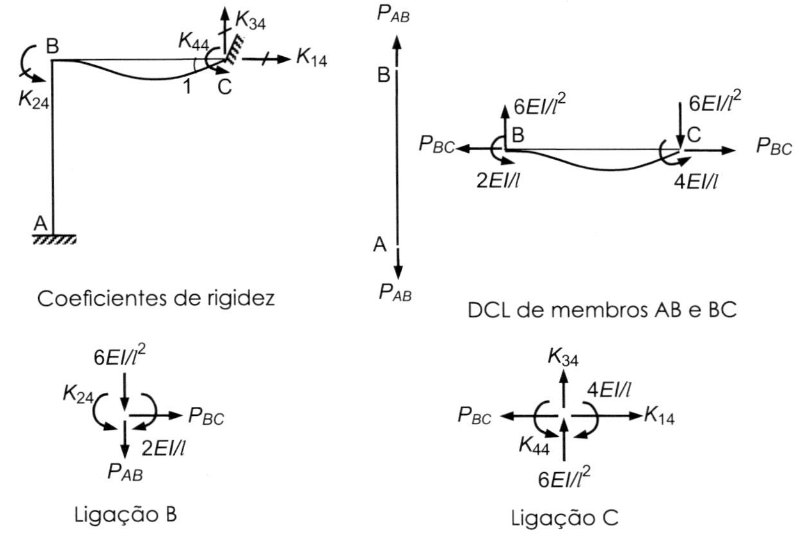

Figura 2.13k (continuação) - Estrutura restringida e coeficientes de rigidez – estrutura 6.

- Elementos da segunda coluna ($D_2 = 1$, $D_1 = D_3 = D_4 = 0$)

Do DCL da ligação B,

$$P_{BC} = 6EI/l^2$$

$$K_{22} = 8EI/l$$

Do DCL da ligação C,

$$K_{32} = -6EI/l^2$$

$$K_{42} = 2EI/l$$

$$K_{12} = P_{BC} = 6EI/l^2$$

- Elementos da terceira coluna ($D_3 = 1$, $D_1 = D_2 = D_4 = 0$)

Do DCL da ligação B,

$$P_{BC} = 0$$

$$K_{23} = -6EI/l^2$$

Do DCL da ligação C,

$$K_{33} = 12EI/l^3$$

$$K_{43} = -6EI/l^2$$

$$K_{13} = P_{BC} = 0$$

- Elementos da quarta coluna ($D_4 = 1$, $D_1 = D_2 = D_3 = 0$)

Do DCL da ligação B,

$$P_{BC} = 0$$

$$K_{24} = 2EI/l$$

Do DCL da ligação C,

$$K_{34} = -6EI/l^2$$

$$K_{44} = 4EI/l$$

$$K_{14} = P_{BC} = 0$$

- Matriz de rigidez

$$[K] = \begin{bmatrix} 12EI/l^3 & 6EI/l^2 & 0 & 0 \\ 6EI/l^2 & 8EI/l & -6EI/l^2 & 2EI/l \\ 0 & -6EI/l^2 & 12EI/l^3 & -6EI/l^2 \\ 0 & 2EI/l & -6EI/l^2 & 4EI/l \end{bmatrix}$$

Estrutura 7
As matrizes de flexibilidade e de rigidez são matrizes quadradas de ordem 3.

- Matriz de flexibilidade

O deslocamento em qualquer ponto na treliça é determinado usando-se a equação (o método de carga unitária),

$$D = \sum_{n} \frac{Ppl}{AE}$$

onde P é a força no membro da treliça devida às cargas aplicadas, p é a força no membro da treliça devida à carga unitária aplicada no ponto em que D deve ser encontrado, l é o comprimento do membro da treliça, A é a área de seção transversal do membro e n é o número de membros da treliça.

Assim, o coeficiente de flexibilidade F_{ij} é

$$F_{ij} = \sum \frac{P_j p_i l}{AE}$$

Como a carga aplicada é de valor unitário, $P_j = p_j$. Portanto, temos,

$$F_{ij} = \sum \frac{p_j p_i l}{AE} = \sum \frac{p_i p_j l}{AE} = F_{ji}$$

onde p_i e p_j são as forças nos membros da treliça devidas às cargas unitárias aplicadas em i e j, respectivamente.

As forças nos membros da treliça devidas às cargas unitárias aplicadas em diferentes coordenadas são mostradas na figura 2.13l e também estão tabuladas na tabela 2.4. Nesta tabela, o valor negativo indica que as forças são de compressão por natureza, do contrário, são de tração por natureza.

- Elementos da primeira coluna

$$F_{11} = \sum \frac{p_1 p_1 l}{AE}$$

Tabela 2.4 - Forças nos membros da treliça

Membro	p_1	p_2	p_3
AB	$1/\sqrt{3}$	1	0
BC	$-2/\sqrt{3}$	0	0
AC	1	0	1

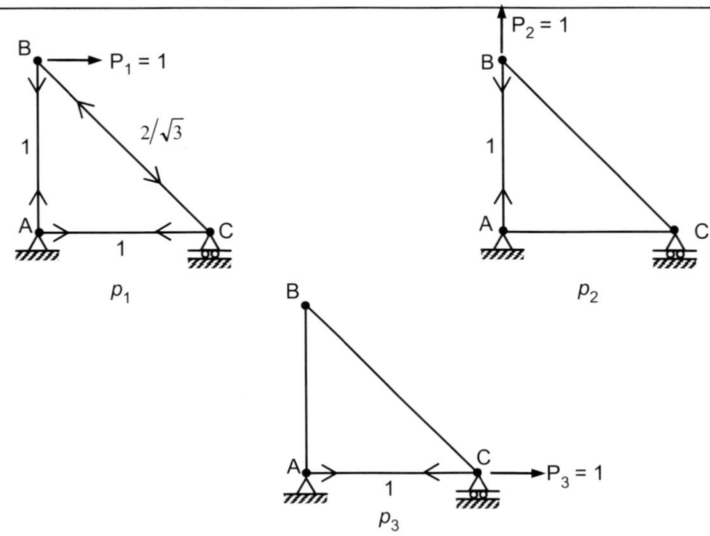

Figura 2.13l - Forças na treliça – estrutura 7.

Para todos os membros, AE / l = k

$$\Rightarrow \quad F_{11} = \frac{1}{k}\left[\frac{1}{3} + \frac{4}{3} + 1\right] = \frac{8}{3}\frac{1}{k}$$

$$F_{21} = \sum \frac{p_2 p_1 l}{AE} = \frac{1}{k}\left[\frac{1}{\sqrt{3}} + 0 + 0\right] = \frac{1}{\sqrt{3}}\frac{1}{k}$$

$$F_{31} = \sum \frac{p_3 p_1 l}{AE} = \frac{1}{k}[0 + 0 + 1] = \frac{1}{k}$$

- Elementos da segunda coluna

$$F_{12} = F_{21} = \frac{1}{\sqrt{3}}\frac{1}{k}$$

$$F_{22} = \sum \frac{p_2 p_2 l}{AE} = \frac{1}{k}[1 + 0 + 0] = \frac{1}{k}$$

$$F_{32} = \sum \frac{p_3 p_2 l}{AE} = \frac{1}{k}[0 + 0 + 0] = 0$$

- Elementos da terceira coluna

$$F_{13} = F_{31} = \frac{1}{k}$$

$$F_{23} = F_{32} = 0$$

$$F_{33} = \sum \frac{p_3 p_3 l}{AE} = \frac{1}{k}[0+0+1] = \frac{1}{k}$$

- Matriz de flexibilidade

$$[F] = \frac{1}{k}\begin{bmatrix} 8/3 & 1/\sqrt{3} & 1 \\ 1/\sqrt{3} & 1 & 0 \\ 1 & 0 & 1 \end{bmatrix}$$

- Matriz de rigidez

A estrutura restringida, os coeficientes de rigidez, a forma deformada, o DCL dos membros e as ligações são mostradas na figura 2.13m.

- Elementos da primeira coluna ($D_1 = 1$, $D_2 = D_3 = 0$)

Sejam D_{AB}, D_{BC} e D_{AC} os alongamentos dos membros AB, BC e AC, respectivamente. Um valor negativo indica o encurtamento dos membros. A força desenvolvida nos membros devida a alongamentos é igual ao produto da rigidez dos membros (k) e o alongamento do membro. Os alongamentos e as forças desenvolvidas nos membros são mostrados na figura.

Do DCL da ligação B,

$$K_{11} = k\frac{\sqrt{3}}{2}\cos 30 = \frac{3}{4}k$$

$$K_{21} = -k\frac{\sqrt{3}}{2}\operatorname{sen} 30 = -\frac{\sqrt{3}}{4}k$$

Do DCL da ligação C,

$$K_{31} = -k\frac{\sqrt{3}}{2}\cos 30 = -\frac{3}{4}k$$

- Elementos da segunda coluna ($D_2 = 1$, $D_1 = D_3 = 0$)

Do DCL da ligação B,

$$K_{12} = -\frac{k}{2}\cos 30 = -\frac{\sqrt{3}}{4}k$$

$$K_{22} = k + \frac{k}{2}\operatorname{sen} 30 = \frac{5}{4}k$$

Do DCL da ligação C,

$$K_{32} = \frac{k}{2}\cos 30 = \frac{\sqrt{3}}{4}k$$

- Elementos da terceira coluna ($D_3 = 1$, $D_1 = D_2 = 0$)

Do DCL da ligação B,

$$K_{13} = -\frac{\sqrt{3}}{2}k\cos 30 = -\frac{3}{4}k$$

$$K_{23} = \frac{\sqrt{3}}{2}k\,\text{sen}30 = \frac{\sqrt{3}}{4}k$$

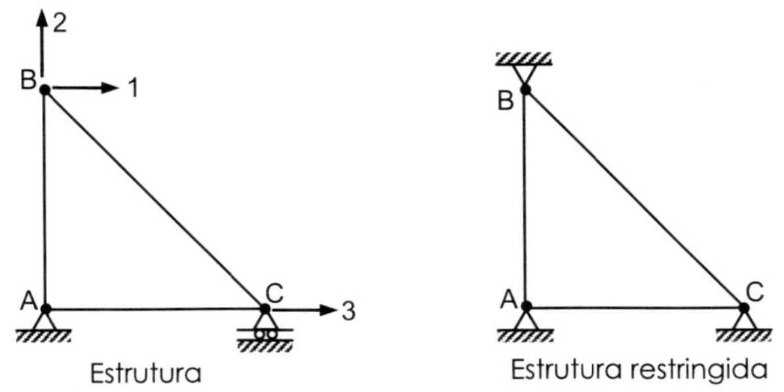

Elementos da primeira coluna ($D_1 = 1$, $D_2 = D_3 = 0$)

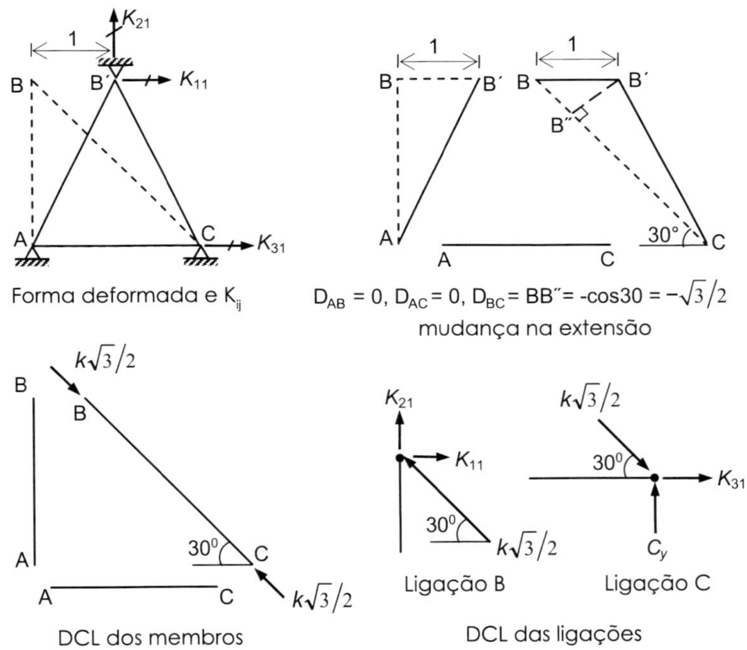

Elementos da segunda coluna ($D_2 = 1$, $D_1 = D_3 = 0$)

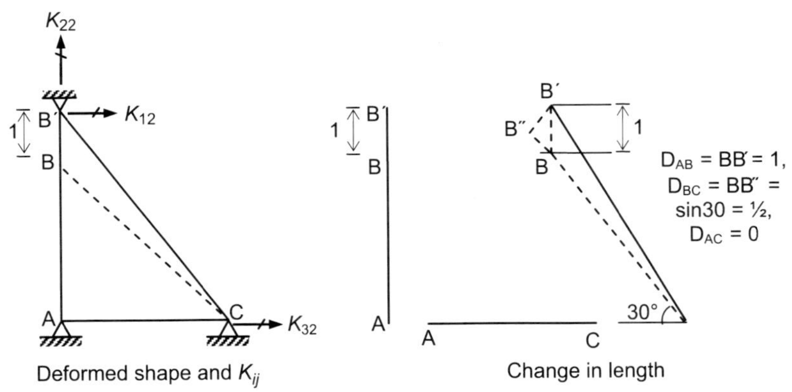

Figura 2.13m - Estrutura restringida e coeficientes de rigidez—estrutura 7.

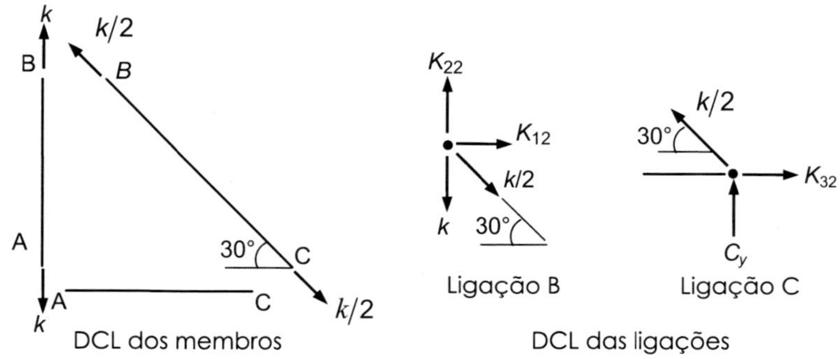

Elementos da terceira coluna (D_3 = 1, D_1 = D_2 = 0)

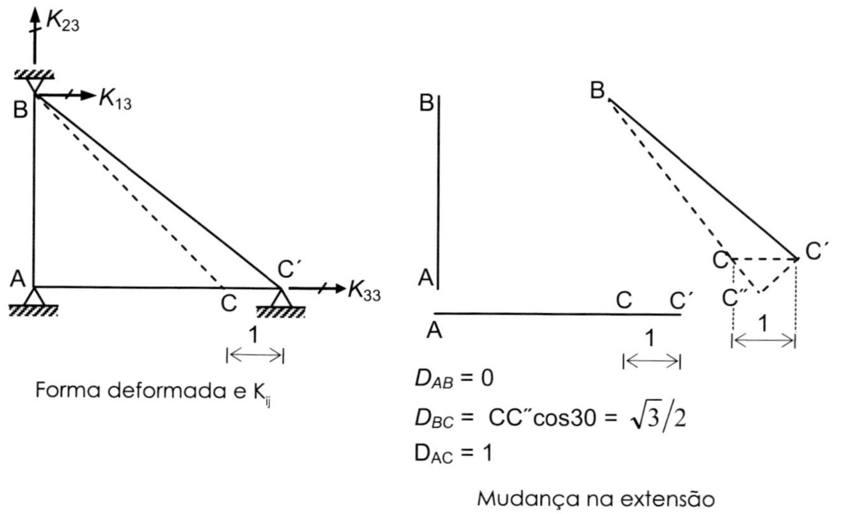

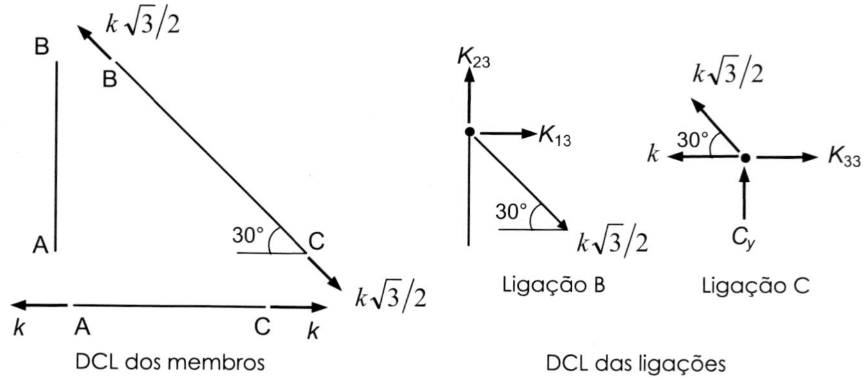

Figura 2.13m (continuação) - Estrutura restringida e coeficientes de rigidez—estrutura 7.

$$K_{33} = k + \frac{\sqrt{3}}{2} k \cos 30 = \frac{7}{4} k$$

- Matriz de rigidez

$$[K] = k \begin{bmatrix} 3/4 & -\sqrt{3}/4 & -3/4 \\ -\sqrt{3}/4 & 5/4 & \sqrt{3}/4 \\ -3/4 & \sqrt{3}/4 & 7/4 \end{bmatrix}$$

Comentários:

- O leitor pode verificar que [K][F] = [I] para todas as estruturas

- Dos exemplos acima, pode-se ver que o desenvolvimento de [K] e [F] para as estruturas usando-se a abordagem clássica, i.e., considerando-se o comportamento da estrutura como um todo (veja-se as estruturas 6 e 7) é difícil e demorado. No entanto, a abordagem por elemento pode ser convenientemente usada para o desenvolvimento das matrizes de flexibilidade e rigidez das estruturas, e os procedimentos para as mesmas são discutidos em capítulos posteriores.

Exemplo 2.2

Desenvolver a matriz de rigidez para os seguintes elementos (figura 2.14a)

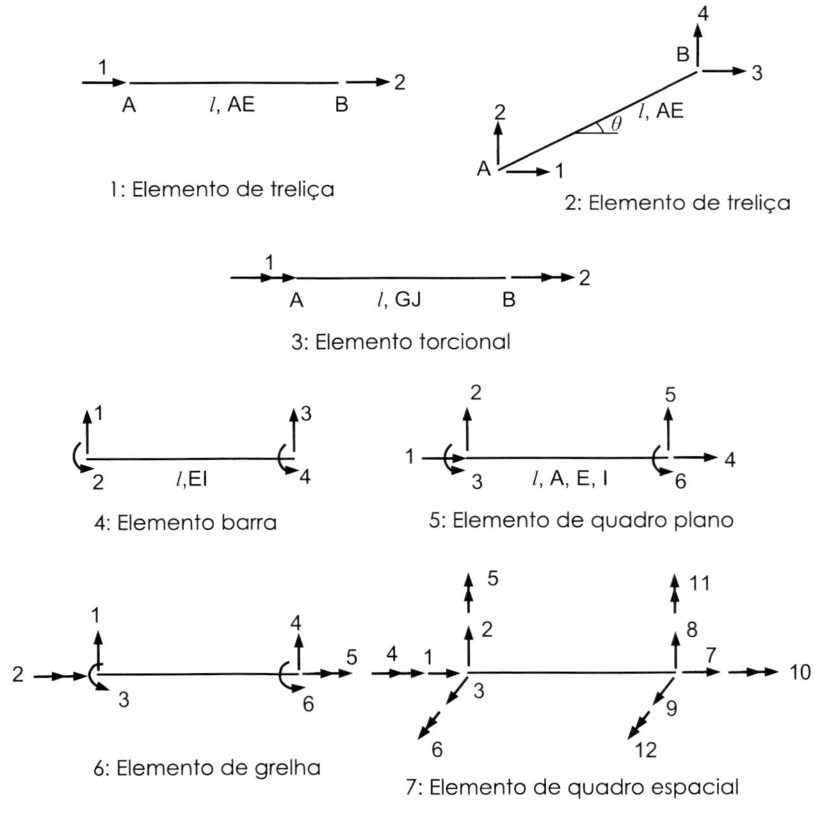

Figura 2.14a - Exemplo 2.2.

Solução

Elemento 1

A estrutura restringida, o DCL do elemento e os nós são mostrados na figura 2.14b.

- Elementos da primeira coluna ($D_1 = 1$, $D_2 = 0$)
  Mudança na extensão do membro $D_{AB} = -1$ (encurtamento do elemento)
  ∴ Força desenvolvida no elemento $P_{AB} = -AE / l$ (força compressiva)
  Do DCL do nó A,

$$K_{11} = AE / l$$

Do DCL do nó B,

$$K_{21} = -AE / l$$

- Elementos da segunda coluna ($D_2 = 1$, $D_1 = 0$)
  $D_{AB} = 1$ (alongamento de membro)
  $P_{AB} = AE / l$ (força tênsil)

Do DCL do nó A,

$$K_{12} = -AE / l$$

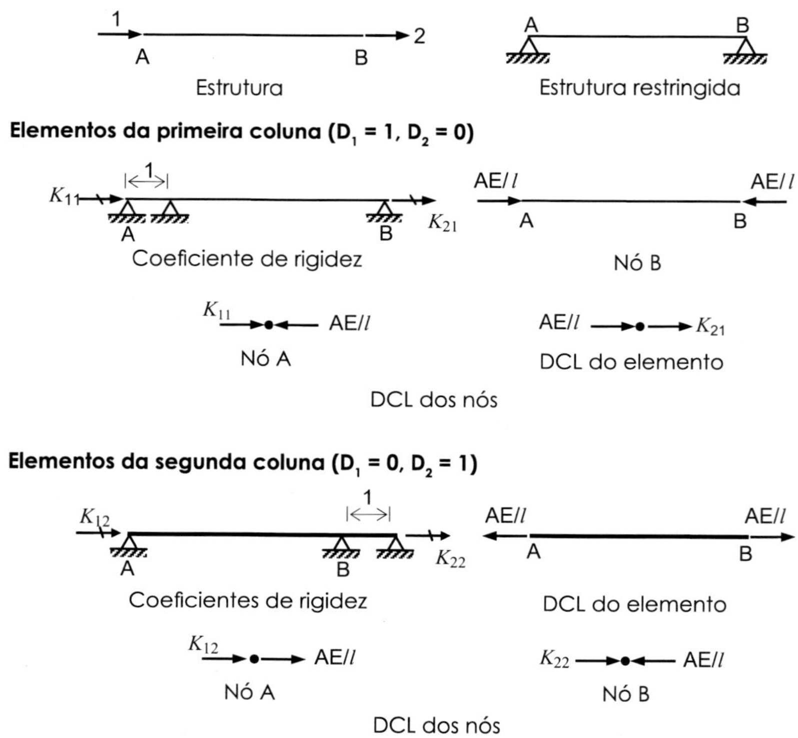

Figura 2.14b - Coeficientes de rigidez – Elemento 1.

$$K_{22} = AE / l$$

Matriz de rigidez

$$[K] = \begin{bmatrix} AE/l & -AE/l \\ -AE/l & AE/l \end{bmatrix} = \frac{AE}{l} \begin{bmatrix} 1 & -1 \\ -1 & 1 \end{bmatrix}$$

Elemento 2

- Elementos da primeira coluna ($D_1 = 1$, $D_2 = D_3 = D_4 = 0$) (figura 2.14c)

$$D_{AB} = A'B - AB = A''B - AB = -AA'' = -\cos\theta = -c$$

$$P_{AB} = \frac{AE}{l} D_{AB} = -\frac{AE}{l} c$$

Do DCL do nó A,

$$K_{11} = \frac{AE}{l} c \times \cos\theta = \frac{AE}{l} c^2$$

$$K_{21} = \frac{AE}{l} c \times \operatorname{sen}\theta = \frac{AE}{l} cs \text{ (onde s = sen } \theta\text{)}$$

Do DCL do nó B,

$$K_{31} = -\frac{AE}{l} c \times \cos\theta = -\frac{AE}{l} c^2$$

$$K_{41} = -\frac{AE}{l} c \times \operatorname{sen}\theta = -\frac{AE}{l} cs$$

- Elementos da segunda coluna ($D_2 = 1$, $D_1 = D_3 = D_4 = 0$)

$$D_{AB} = A'B - AB = A''B - AB = -AA'' = -s$$

$$P_{AB} = -\frac{AE}{l} s$$

Do DCL do nó A,

$$K_{12} = \frac{AE}{l} s \times \cos\theta = \frac{AE}{l} cs$$

$$K_{22} = \frac{AE}{l} s \times \operatorname{sen}\theta = \frac{AE}{l} s^2$$

Do DCL do nó B,

$$K_{32} = -\frac{AE}{l} s \times \cos\theta = -\frac{AE}{l} cs$$

$$K_{42} = -\frac{AE}{l} s \times \operatorname{sen}\theta = -\frac{AE}{l} s^2$$

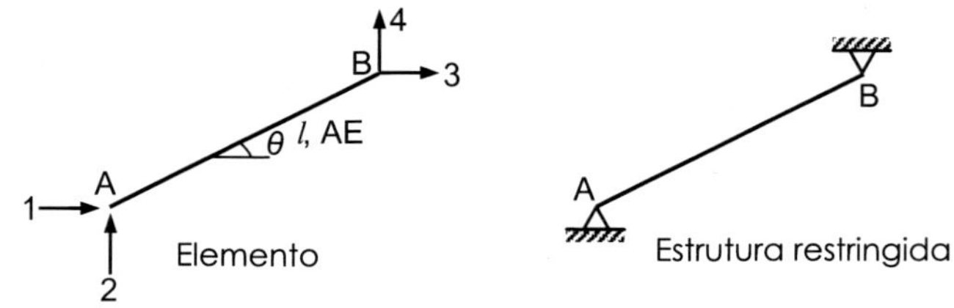

Elementos da primeira coluna (D_1 = 1, D_2 = D_3 = D_4 = 0)

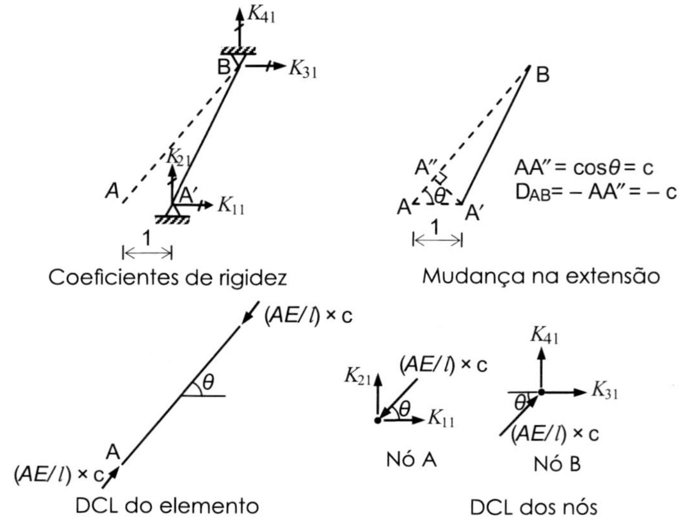

Elementos da segunda coluna (D_2 = 1, D_1 = D_3 = D_4 = 0)

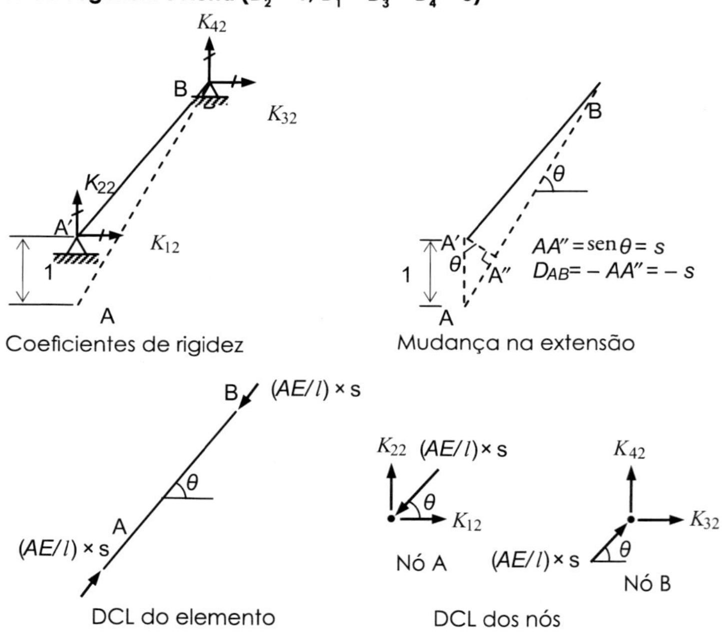

Figura 2.14c - Coeficientes de rigidez – elemento 2.

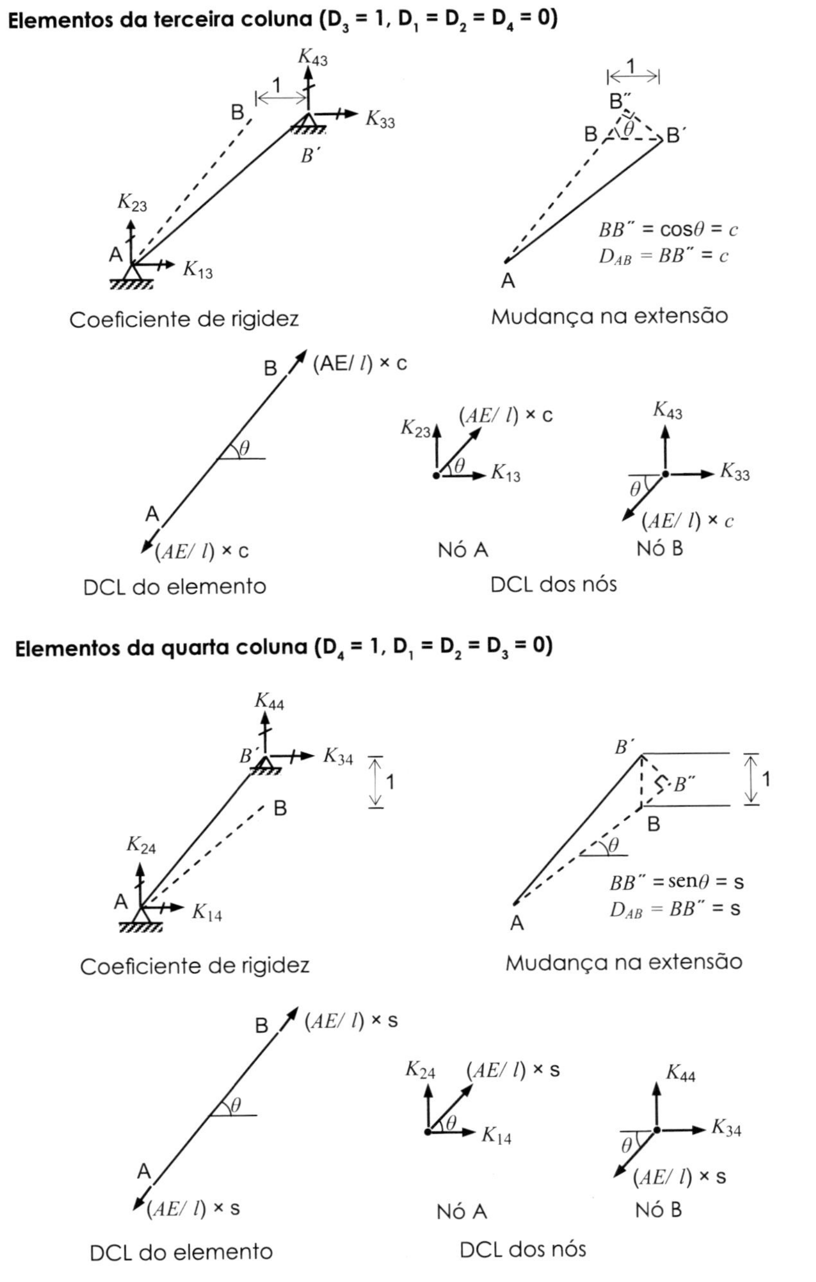

Figura 2.14c (continuação) - Coeficientes de rigidez – elemento 2.

- Elementos da terceira coluna ($D_3 = 1$, $D_1 = D_2 = D_4 = 0$)

$$D_{AB} = AB' - AB = AB'' - AB = BB'' = c$$

$$P_{AB} = \frac{AE}{l}c$$

Do DCL do nó A,

$$K_{13} = -\frac{AE}{l}c \times \cos\theta = -\frac{AE}{l}c^2$$

$$K_{23} = -\frac{AE}{l} c \times \text{sen}\,\theta = -\frac{AE}{l} cs$$

Do DCL do nó B,

$$K_{33} = \frac{AE}{l} c \times \cos\theta = \frac{AE}{l} c^2$$

$$K_{43} = \frac{AE}{l} c \times \text{sen}\,\theta = \frac{AE}{l} cs$$

- Elementos da quarta coluna ($D_4 = 1$, $D_1 = D_2 = D_3 = 0$)

$$D_{AB} = AB' - AB = AB'' - AB = BB'' = s$$

$$P_{AB} = \frac{AE}{l} s$$

Do DCL do nó A,

$$K_{14} = -\frac{AE}{l} s \times \cos\theta = -\frac{AE}{l} cs$$

$$K_{24} = -\frac{AE}{l} s \times \text{sen}\,\theta = -\frac{AE}{l} s^2$$

Do DCL do nó B,

$$K_{34} = \frac{AE}{l} s \times \cos\theta = \frac{AE}{l} cs$$

$$K_{44} = \frac{AE}{l} s \times \text{sen}\,\theta = \frac{AE}{l} s^2$$

- Matriz de rigidez

$$[K] = \frac{AE}{l} \begin{bmatrix} c^2 & cs & -c^2 & -cs \\ cs & s^2 & -cs & -s^2 \\ -c^2 & -cs & c^2 & cs \\ -cs & -s^2 & cs & s^2 \end{bmatrix}$$

Elemento 3

O elemento 3 é um elemento torcional que é usado para modelar estruturas sujeitas a pura torção. Na figura 2.14d, G é o módulo do cisalhamento e J é a constante de torção. O valor de J para típicas seções transversais é dado na tabela 2.5.

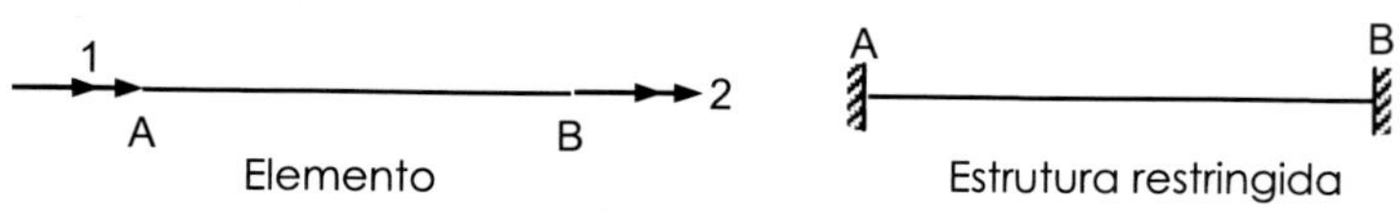

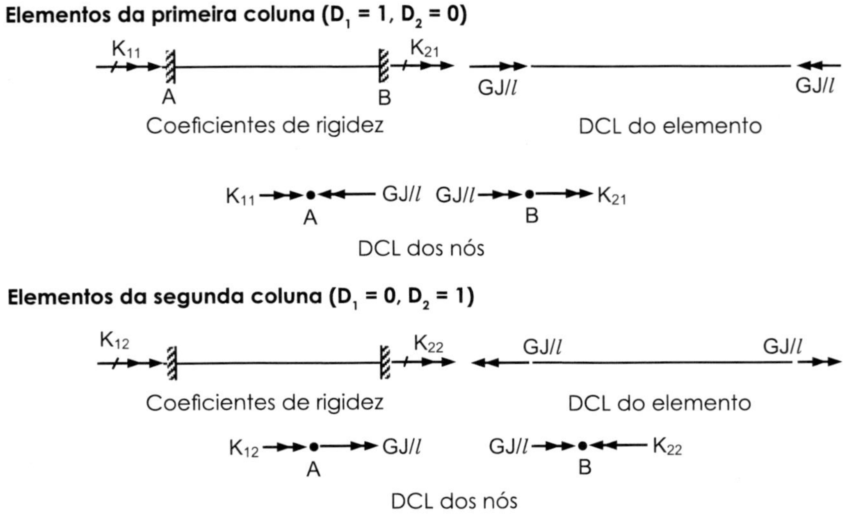

Figura 2.14d - Coeficientes de rigidez do elemento 3.

Tabela 2.5 - Constante de torção

Seção		**Constante de torção J**
Seção circular sólida	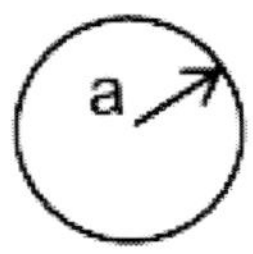	$\frac{1}{2}\pi a^4$
Seção circular oca	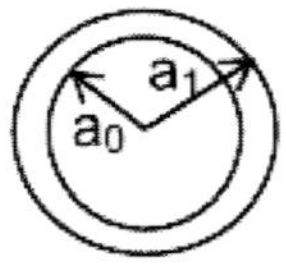	$\frac{1}{2}\pi\left(a_1^4 - a_0^4\right)$
Seção fechada de parede fina	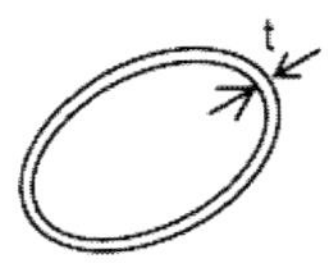	$4A_0^2 t/\Gamma$
Retangular (b = dimensão menor)	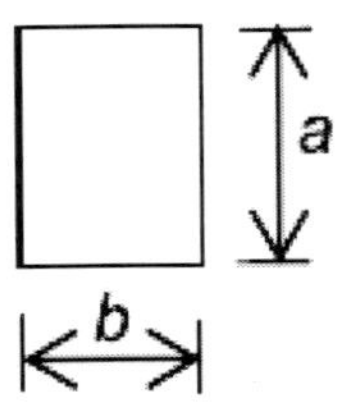	$\frac{ab^3}{3}\left[1 - 0.63\frac{b}{a}\left(1 - \frac{b^4}{12a^4}\right)\right]$

A_0 = área envolta pela linha mediana.
Γ = extensão da linha mediana.

- Elementos da primeira coluna ($D_1 = 1$, $D_2 = 0$)

Do DCL dos nós A e B,

$$K_{11} = GJ / l$$

$$K_{21} = GJ / l$$

- Elementos da segunda coluna ($D_1 = 0$, $D_2 = 1$)

Do DCL dos nós,

$$K_{12} = -GJ / l$$

$$K_{22} = GJ / l$$

- Matriz de rigidez [K]

$$[K] = \begin{bmatrix} GJ/l & -GJ/l \\ -GJ/l & GJ/l \end{bmatrix} = \frac{GJ}{l}\begin{bmatrix} 1 & -1 \\ -1 & 1 \end{bmatrix}$$

Elemento 4

- Elementos da primeira coluna ($D_1 = 1$, $D_2 = D_3 = D_4 = 0$)

Do DCL do nó A (figura 2.14e),

$$K_{11} = 12EI / l^3$$

$$K_{21} = 6EI / l^2$$

Do DCL do nó B,

$$K_{31} = -12EI / l^3$$

$$K_{41} = 6EI / l^2$$

- Elementos da segunda coluna ($D_2 = 1$, $D_1 = D_3 = D_4 = 0$)

Usando-se o DCL dos nós,

$$K_{12} = 6EI / l^2 \text{ , } K_{22} = 4EI / l\text{, } K_{32} = -6EI / l^2 \text{ , } K_{42} = 2EI / l$$

- Elementos da terceira coluna ($D_3 = 1$, $D_1 = D_2 = D_4 = 0$)

Do DCL dos nós,

$$K_{13} = -12EI / l^3\text{, } K_{23} = -6EI / l^2\text{, } K_{33} = 12EI / l^3\text{, } K_{43} = -6EI / l^2$$

- Elementos da quarta coluna ($D_4 = 1$, $D_1 = D_2 = D_3 = 0$)

Do DCL dos nós,

$$K_{14} = 6EI / l^2 \text{ , } K_{24} = 2EI / l\text{, } K_{34} = -6EI / l^2 \text{ , } K_{44} = 4EI / l$$

Elementos da primeira coluna ($D_1 = 1$, $D_2 = D_3 = D_4 = 0$)

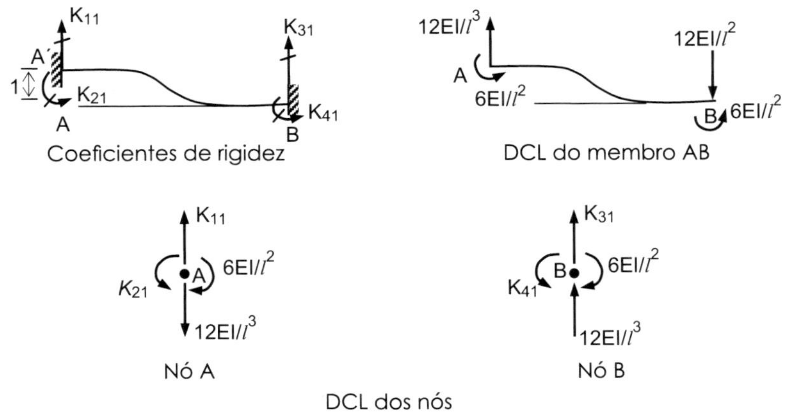

Elementos da segunda coluna ($D_2 = 1$, $D_1 = D_3 = D_4 = 0$)

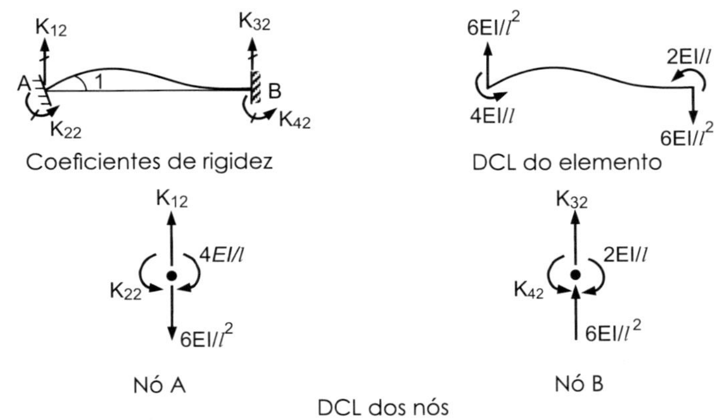

Elementos da terceira coluna ($D_3 = 1$, $D_1 = D_2 = D_4 = 0$)

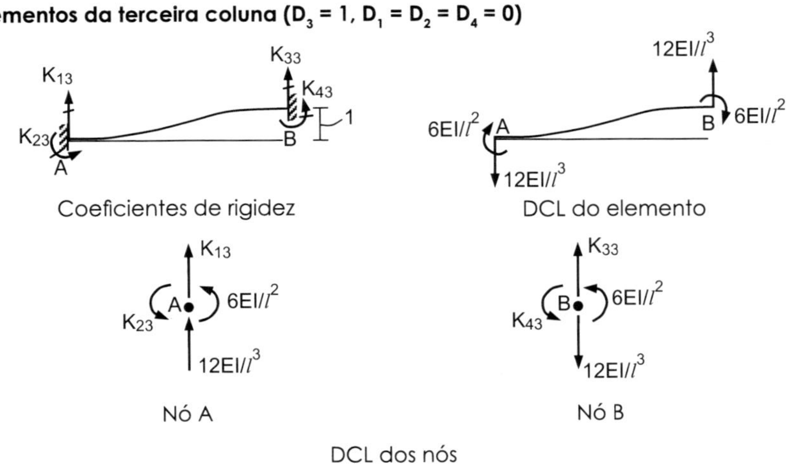

Figura 2.14e - Coeficientes de rigidez – elemento 4.

Elementos da quarta coluna ($D_4 = 1$, $D_1 = D_2 = D_3 = 0$)

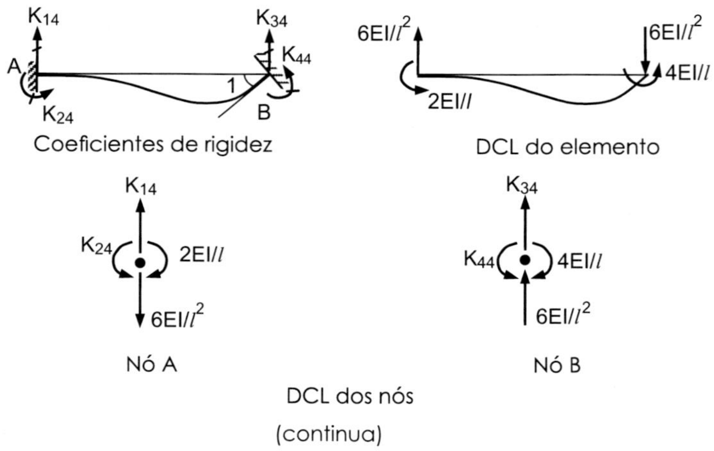

Figura 2.14e (continuação) - Coeficientes de rigidez – elemento 4.

- Matriz de rigidez

$$[K]=\begin{bmatrix} 12EI/l^3 & 6EI/l^2 & -12EI/l^3 & 6EI/l^2 \\ 6EI/l^2 & 4EI/l & -6EI/l^2 & 2EI/l \\ -12EI/l^3 & -6EI/l^2 & 12EI/l^3 & -6EI/l^2 \\ 6EI/l^2 & 2EI/l & -6EI/l^2 & 4EI/l \end{bmatrix}$$

Elemento 5

Não há interação entre os efeitos flexural e axial no elemento. Assim, [K] para o elemento de quadro plano é desenvolvido usando-se o princípio da sobreposição (figura 2.14f).

Portanto, temos

$$[K]=\begin{bmatrix} AE/l & 0 & 0 & -AE/l & 0 & 0 \\ 0 & 12EI/l^3 & 6EI/l^2 & 0 & -12EI/l^3 & 6EI/l^2 \\ 0 & 6EI/l^2 & 4EI/l & 0 & -6EI/l^2 & 2EI/l \\ -AE/l & 0 & 0 & AE/l & 0 & 0 \\ 0 & -12EI/l^3 & -6EI/l^2 & 0 & 12EI/l^3 & -6EI/l^2 \\ 0 & 6EI/l^2 & 2EI/l & 0 & -6EI/l^2 & 4EI/l \end{bmatrix}$$

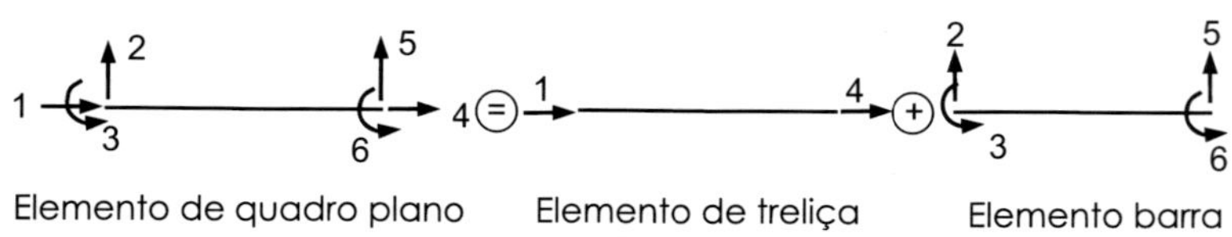

Figura 2.14f - Princípio de sobreposição para elemento de quadro plano.

Elemento 6

As deformações torcionais são independentes das deformações flexurais, ou flechas. Portanto, [K] para o elemento de grelha é obtido usando-se o princípio da sobreposição mostrado na figura 2.14g.

Assim, obtém-se

$$[K]=\begin{bmatrix} 12EI/l^3 & 0 & 6EI/l^2 & -12EI/l^3 & 0 & 6EI/l^2 \\ 0 & GJ/l & 0 & 0 & -GJ/l & 0 \\ 6EI/l^2 & 0 & 4EI/l & -6EI/l^2 & 0 & 2EI/l \\ -12EI/l^3 & 0 & -6EI/l^2 & 12EI/l^3 & 0 & -6EI/l^2 \\ 0 & -GJ/l & 0 & 0 & GJ/l & 0 \\ 6EI/l^2 & 0 & 2EI/l & -6EI/l^2 & 0 & 4EI/l \end{bmatrix}$$

Elemento 7

Sejam P_i e D_i (i = 1 até 12) a força do elemento e o correspondente deslocamento ao longo da i-ésima coordenada (figuras 2.14h e i). Das discussões prévias, vê-se que as deformações axiais (D_1 e D_7) dependem apenas das forças axiais (P_1 e P_7). Da mesma forma, as deformações torcionais (D_4 e D_{10}) dependem apenas dos momentos torcionais (P_4 e P_{10}).

Se os eixos XYZ forem escolhidos arbitrariamente, então as deformações em dobra no plano XY (D_2, D_6, D_8 e D_{12}) não dependem apenas das forças fletoras no plano XY (P_2, P_6, P_8 e P_{12}) mas também das forças fletoras que atuam no plano XZ (P_3, P_5, P_9 e P_{11}). Entretanto, se os planos XY e XZ coincidirem com os eixos da seção transversal, então as forças e os deslocamentos fletores nos dois planos serão independentes uma da outra.

Neste livro, o eixo centróide do elemento é escolhido como eixo X. O eixo principal maior da seção é escolhido como eixo Z e o eixo principal menor é tomado como eixo Y (figura 2.14h).

A matriz de rigidez do elemento de quadro plano é obtida usando-se o princípio da sobreposição (figura 2.14i).

Desta forma, a matriz de rigidez é

$$[K]=\begin{bmatrix} EA/l & 0 & 0 & 0 & 0 & 0 \\ 0 & 12EI_Z/l^3 & 0 & 0 & 0 & 6EI_Z/l^2 \\ 0 & 0 & 12EI_Y/l^3 & 0 & -6EI_Y/l^2 & 0 \\ 0 & 0 & 0 & GJ/l & 0 & 0 \\ 0 & 0 & -6EI_Y/l^2 & 0 & 4EI_Y/l & 0 \\ 0 & 6EI_Z/l^2 & 0 & 0 & 0 & 4EI_Z/l \\ -EA/l & 0 & 0 & 0 & 0 & 0 \\ 0 & -12EI_Z/l^3 & 0 & 0 & 0 & -6EI_Z/l^2 \\ 0 & 0 & -12EI_Y/l^3 & 0 & 6EI_Y/l^2 & 0 \\ 0 & 0 & 0 & -GJ/l & 0 & 0 \\ 0 & 0 & -6EI_Y/l^2 & 0 & 2EI_Y/l & 0 \\ 0 & 6EI_Z/l^2 & 0 & 0 & 0 & 2EI_Z/l \end{bmatrix}$$

$$\left.\begin{matrix}
-EA/l & 0 & 0 & 0 & 0 & 0 \\
0 & -12EI_Z/l^3 & 0 & 0 & 0 & 6EI_Z/l^2 \\
0 & 0 & -12EI_Y/l^3 & 0 & -6EI_Y/l^2 & 0 \\
0 & 0 & 0 & -GJ/l & 0 & 0 \\
0 & 0 & 6EI_Y/l^2 & 0 & 2EI_Y/l & 0 \\
0 & -6EI_Z/l^2 & 0 & 0 & 0 & 2EI_Z/l \\
EA/l & 0 & 0 & 0 & 0 & 0 \\
0 & 12EI_Z/l^3 & 0 & 0 & 0 & -6EI_Z/l^2 \\
0 & 0 & 12EI_Y/l^3 & 0 & 6EI_Y/l^2 & 0 \\
0 & 0 & 0 & GJ/l & 0 & 0 \\
0 & 0 & 6EI_Y/l^2 & 0 & 4EI_Y/l & 0 \\
0 & -6EI_Z/l^2 & 0 & 0 & 0 & 4EI_Z/l
\end{matrix}\right]$$

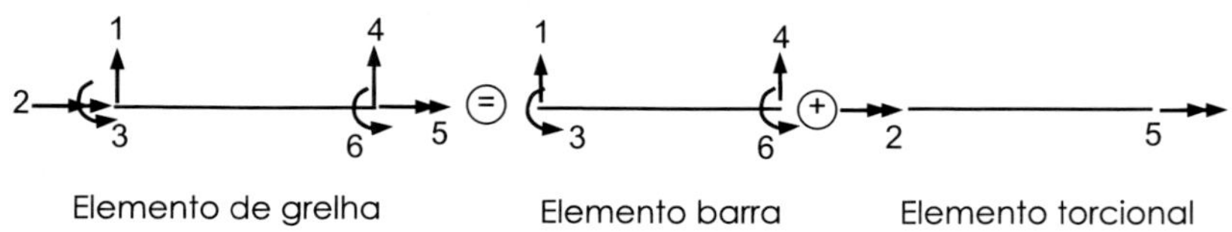

Figura 2.14g - Princípio de sobreposição para elemento de quadro plano.

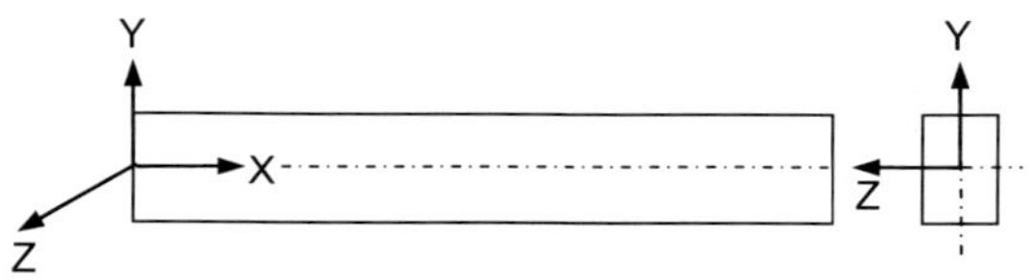

Figura 2.14h - Eixos de coordenadas para elementos.

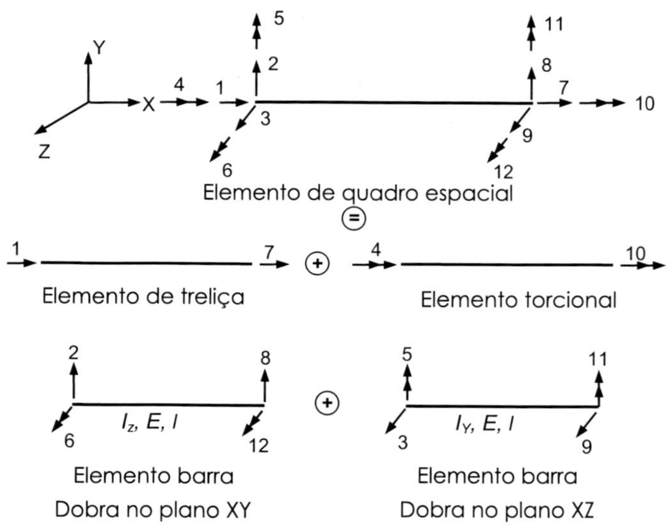

Figura 2.14i - Princípio de sobreposição para elemento de quadro espacial.

Comentários

As matrizes de rigidez dos elementos acima são singulares, i.e., as matrizes não são inversíveis. Se uma linha ou coluna da matriz puder ser escrita como uma combinação linear de outras linhas ou colunas, então a determinante da matriz será zero. Usando-se esta propriedade das matrizes, pode-se ver que a determinante das matrizes de rigidez do elemento são zero. Daí, não existir a inversa. Em outras palavras, a matriz de flexibilidade não existe para estes elementos.

Esta inferência também pode ser obtida observando-se o fato de que os movimentos do corpo rígido dos elementos não são impedidos. Assim, os elementos não são estruturas estáveis. Para se obter os coeficientes de flexibilidade, é necessário aplicar-se carga unitária numa coordenada e encontrar-se os deslocamentos. Uma estrutura instável não pode resistir a nenhuma carga. Portanto, para uma estrutura instável, muito embora a matriz de rigidez possa ser desenvolvida, a matriz de flexibilidade não existe.

Exemplo 2.3
Determinar a matriz de rigidez das estruturas mostradas na figura 2.15a.

Solução

Estrutura 1

A forma deformada da estrutura, o DCL dos membros e as ligações são mostradas na figura 2.15b. Nesta figura, l_{AB} = 5m e l_{BC} = 6m.

Do DCL da ligação,

$$K_{11} = \frac{4EI}{l_{AB}} + \frac{4EI}{l_{BC}} = \frac{22}{15}EI$$

Estrutura 2

- Elementos da primeira coluna ($D_1 = 1$, $D_2 = D_3 = 0$) (figura2.15c)

Do DCL das ligações

$$K_{11} = 37.5EI / l^3,\ K_{21} = 3EI / l^2,\ K_{31} = 1.5EI / l^2$$

- Elementos da segunda coluna ($D_2 = 1$, $D_1 = D_3 = 0$)

Usando-se o DCL das ligações,

$$K_{12} = 3EI / l^2,\ K_{22} = 8EI / l,\ K_{32} = 2EI / l$$

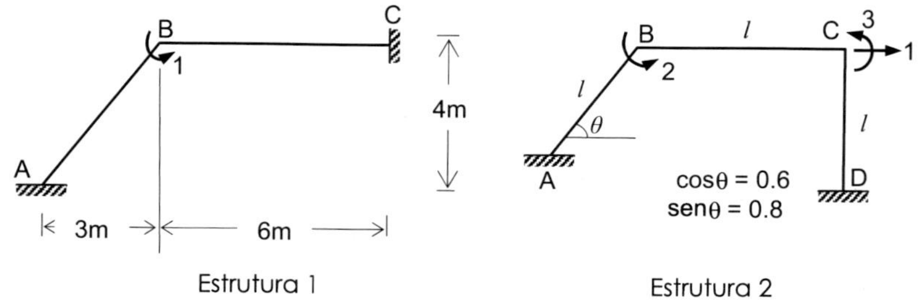

Figura 2.15a - Exemplo 2.3.

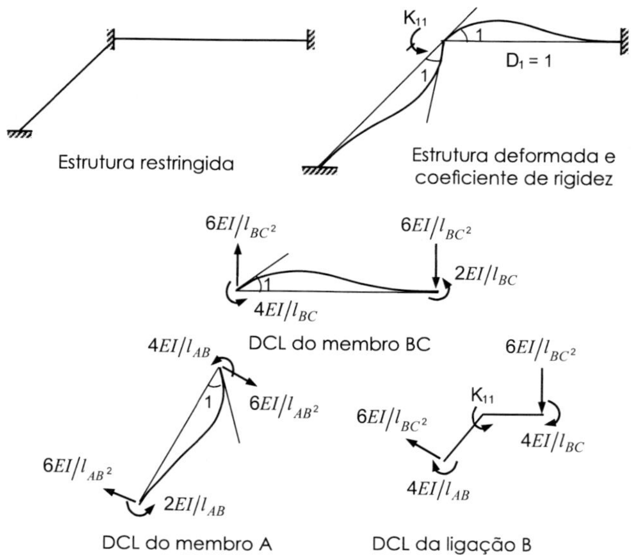

Figura 2.15b - Estrutura restringida e coeficiente de rigidez.

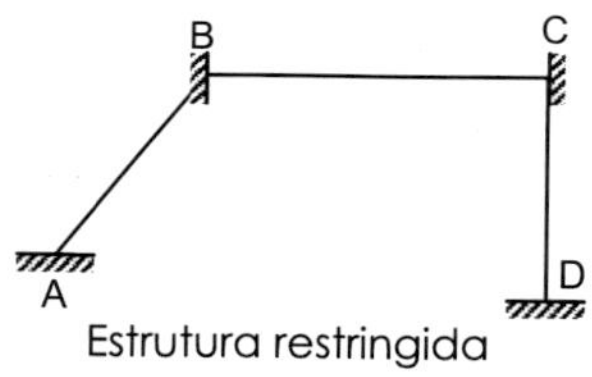

Elementos da primeira coluna ($D_1 = 1$, $D_2 = D_3 = 0$)

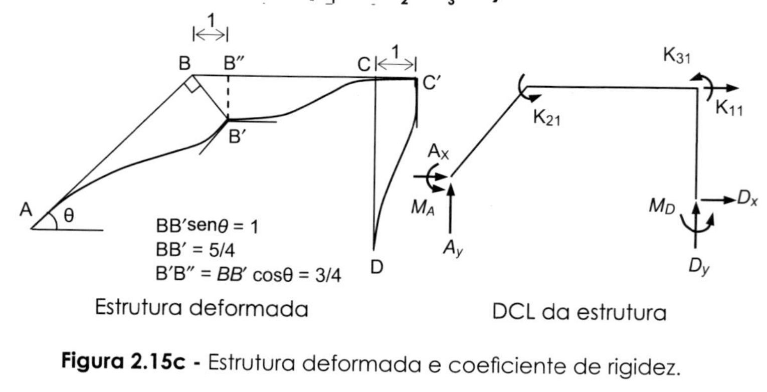

Figura 2.15c - Estrutura deformada e coeficiente de rigidez.

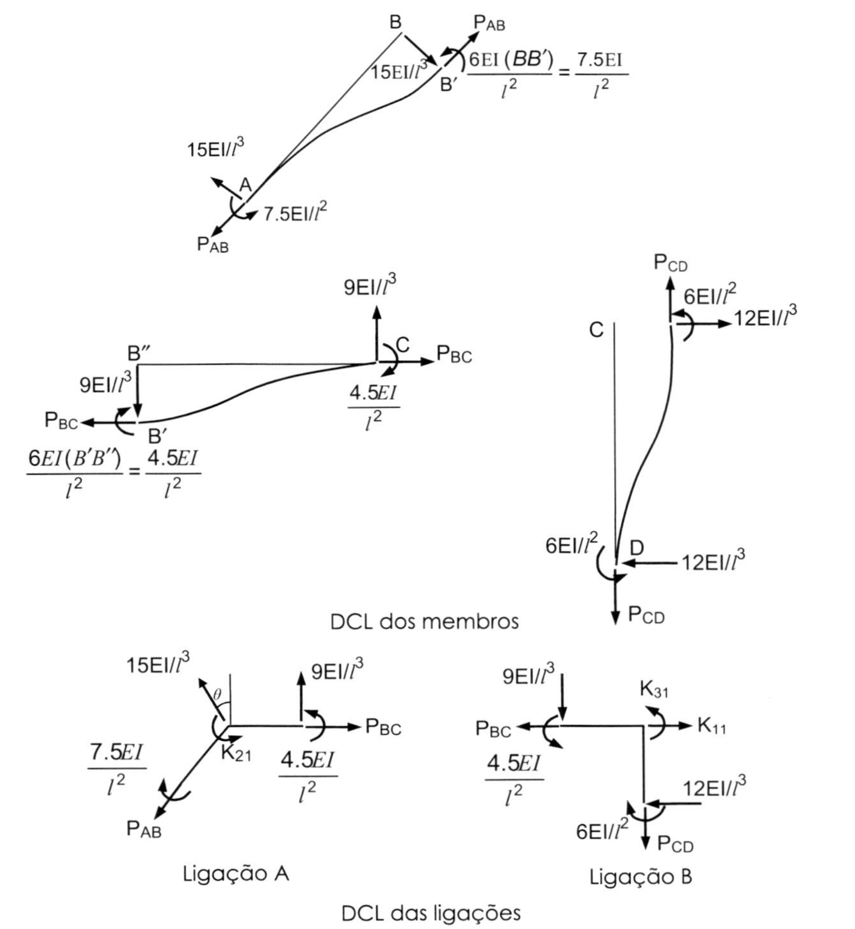

Elementos da segunda coluna ($D_2 = 1$, $D_1 = D_3 = 0$)

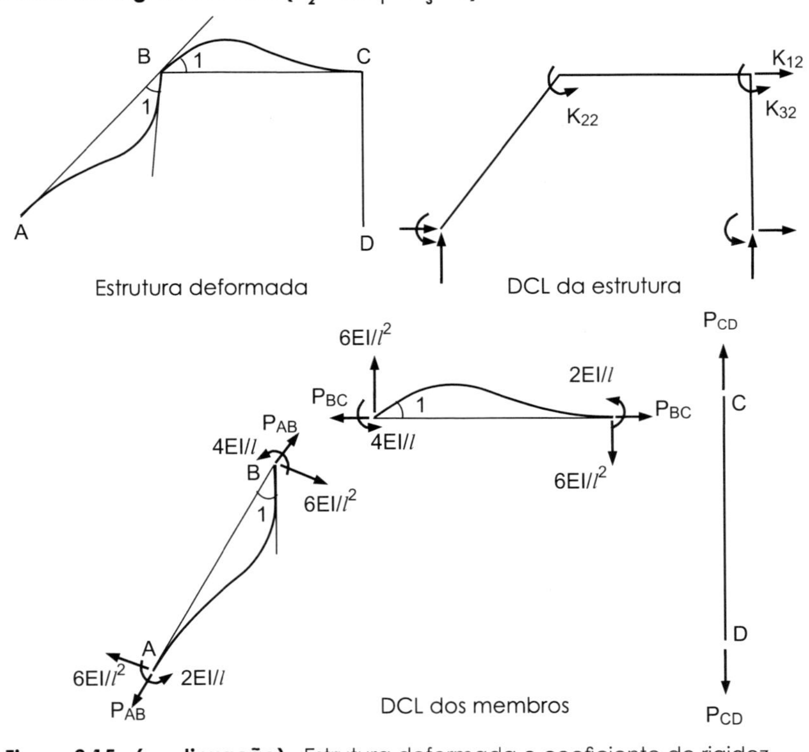

Figura 2.15c (continuação) - Estrutura deformada e coeficiente de rigidez.

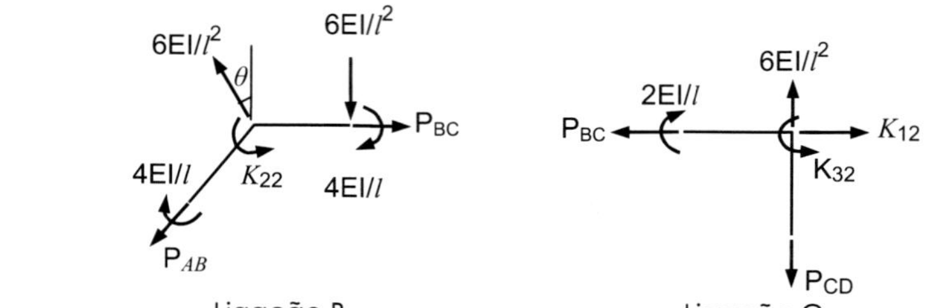

Ligação B | DCL das ligações | Ligação C

Elementos da terceira coluna (D_3 = 1, D_1 = D_2 = 0)

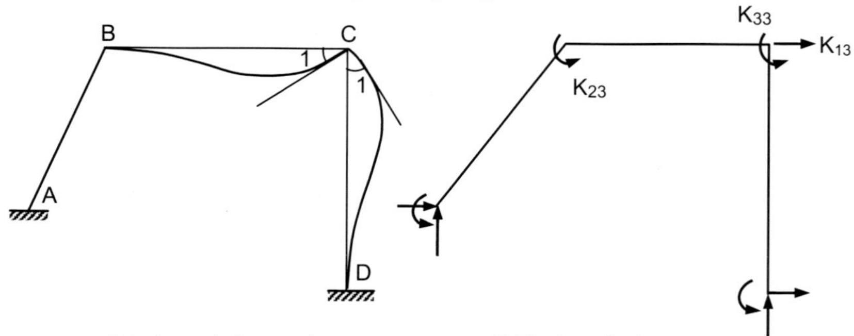

Estrutura deformada | DCL da estrutura

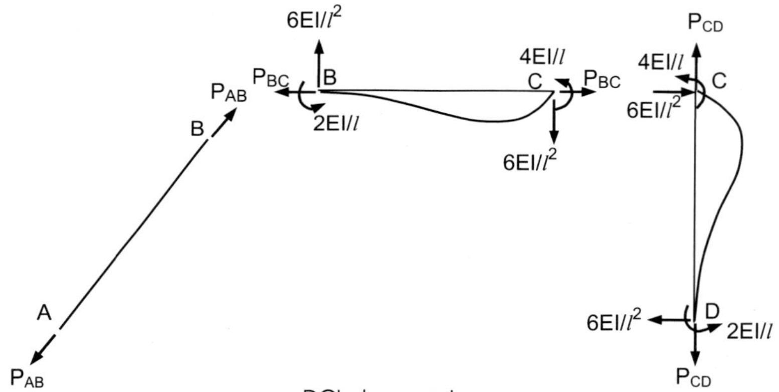

DCL dos membros

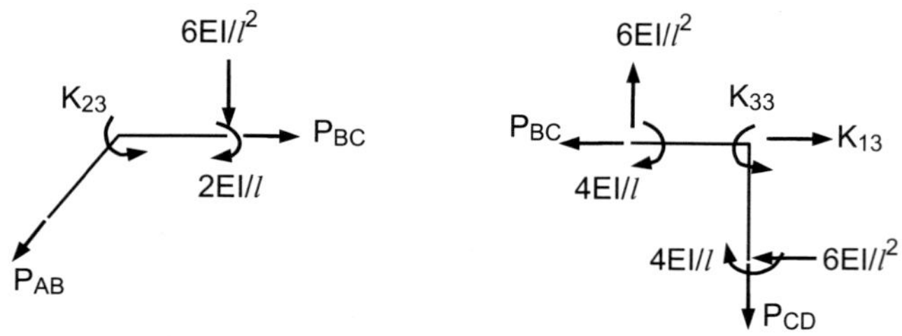

Ligação B | Ligação C

DCL das ligações

Figura 2.15c (continuação) - Estrutura deformada e coeficiente de rigidez.

- Elementos da terceira coluna ($D_3 = 1$, $D_1 = D_2 = 0$)

$K_{13} = 1.5EI / l^2$, $K_{23} = 2EI / l$, $K_{33} = 8EI / l$

- Matriz de rigidez

$$[K] = EI\begin{bmatrix} 37.5/l^3 & 3/l^2 & 1.5/l^2 \\ 3/l^2 & 8/l & 2/l \\ 1.5/l^2 & 2/l & 8/l \end{bmatrix}$$

2.3 Trabalho e energia

2.3.1 Trabalho W

O trabalho dW de uma força P atuando através de uma mudança no deslocamento dD na direção da força é definido como o produto P dD. Para o deslocamento total Dm, o trabalho total W é

$$W = \int_0^{D_m} P\,dD \tag{2.11}$$

A equação 2.11 representa a área entre a curva força–deslocamento e o eixo de deslocamento (figura 2.16a).

Quando a força é constante sobre toda a faixa de deslocamento (figura 2.16b), então o trabalho é

$$W = PD \tag{2.12}$$

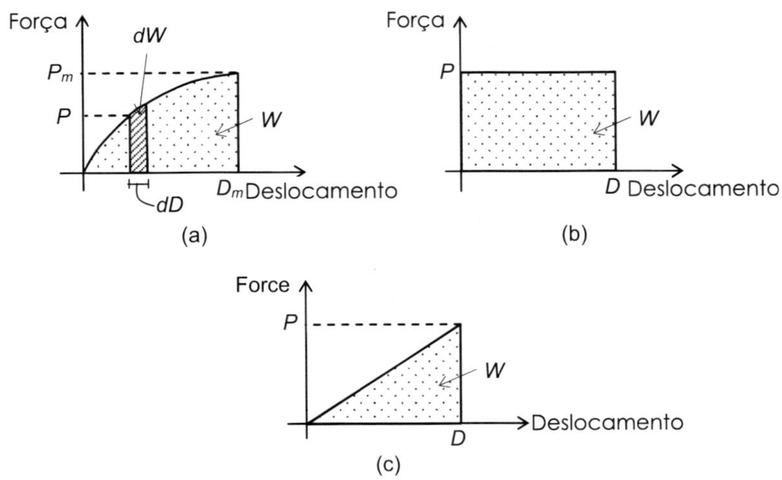

Figura 2.16 - Trabalho.

Para uma relação linear força–deslocamento (figura 2.16c), o trabalho é

$$W = \frac{1}{2}PD \tag{2.13}$$

As equações acima são aplicáveis a uma estrutura que tenha uma única coordenada. Para uma estrutura com n coordenadas, o trabalho total é

$$W = \sum_{i=1}^{n} \int_{0}^{D_i} P_i \, dD_i \tag{2.14}$$

Quando a força é constante, então

$$W = P_1 D_1 + P_2 D_2 + \quad + P_n D_n = \sum_{i=1}^{n} P_i D_i = \{P\}^T \{D\} \tag{2.15}$$

onde $\{P\}^T$ é a transposta do vetor força {P} e {D} é o vetor deslocamento.

Para uma relação linear força–deslocamento,

$$W = \frac{1}{2} P_1 D_1 + \frac{1}{2} P_2 D_2 + \quad + \frac{1}{2} P_n D_n = \frac{1}{2} \sum_{i=1}^{n} P_i D_i = \frac{1}{2} \{P\}^T \{D\} \tag{2.16}$$

2.3.2 Trabalho complementar W*

O incremento do trabalho complementar dW* é o trabalho realizado pela força incremental dP sobre um deslocamento D. Asim,

$$dW^* = D \, dP$$

Para a força total P_m, o trabalho complementar W* é

$$W^* = \int_{0}^{P_m} D \, dP \tag{2.17}$$

A equação 2.17 é a área entre a curva força–deslocamento e o eixo da força (figura 2.17a).

Se o deslocamento for constante sobre toda a faixa da força (figura 2.17b), então

$$W^* = DP \tag{2.18}$$

Para uma relação linear força–deslocamento (figura 2.17c),

$$W^* = \frac{1}{2} DP \tag{2.19}$$

Para um sistema que tenha n coordenadas, o trabalho complementar total W* será

$$W^* = \sum_{i=1}^{n} \int_{0}^{P_i} D_i \, dP_i \tag{2.20}$$

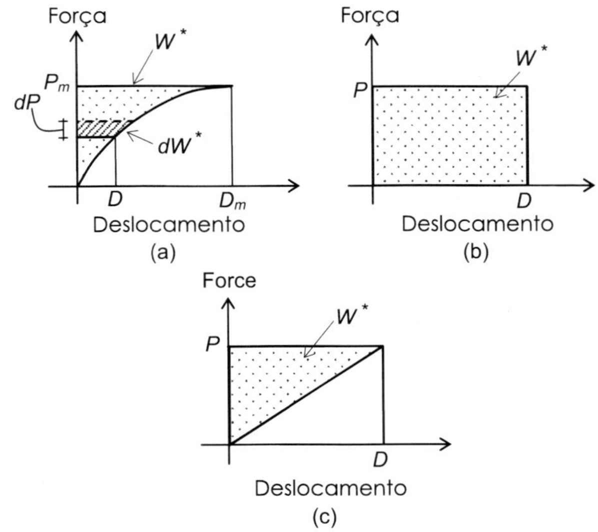

Figura 2.17 - Trabalho complementar.

Deslocamento

Se o deslocamento for constante ao longo de toda a faixa de forças, então

$$W^* = \sum_{i=1}^{n} D_i P_i = \{D\}^T \{P\} \tag{2.21}$$

Para uma relação linear força–deslocamento,

$$W^* = \frac{1}{2}\sum_{i=1}^{n} D_i P_i = \frac{1}{2}\{D\}^T \{P\} \tag{2.22}$$

onde $\{D\}^T$ é a transposta do vetor deslocamento.

Comparando-se as equações 2.16 e 2.22, pode-se ver que para uma relação linear força–deslocamento,

$$W = W^* \tag{2.23}$$

A relação acima também pode ser obtida a partir das figuras 2.16c e 2.17c.

2.3.3 Energia de esforço U

Considere-se um sólido linear elástico submetido a cargas. Os estresses que atuam sobre um cubo elemental de volume dV são mostrado na figura 2.18. As componentes independentes de estresse e os esforços correspondentes são representados pelos vetores colunas $\{\sigma\}$ e $\{\varepsilon\}$. Assim, temos

$$\{\sigma\} = \begin{Bmatrix} \sigma_X \\ \sigma_Y \\ \sigma_Z \\ \tau_{XY} \\ \tau_{YZ} \\ \tau_{ZX} \end{Bmatrix}, \quad \{\varepsilon\} = \begin{Bmatrix} \varepsilon_X \\ \varepsilon_Y \\ \varepsilon_Z \\ \gamma_{XY} \\ \gamma_{YZ} \\ \gamma_{ZX} \end{Bmatrix}$$

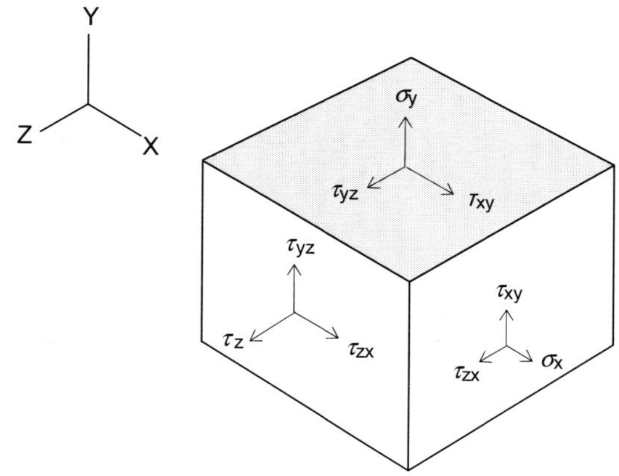

Figura 2.18 - Estresse atuando sobre um elemento infinitesimal.

A energia de esforço u é definida como o trabalho interno dos estresses atuando através de esforços incrementais integrado sobre o esforço total e sobre o volume. Daí,

$$U = \sum_{i=1}^{n_s} \int_V \left(\int_0^{\varepsilon_i} \sigma \, d\varepsilon \right) dv \tag{2.24}$$

onde n_s é o número de componentes de esforço e V é o volume do sólido elástico linear.

$\int_0^{\varepsilon_i} \sigma \, d\varepsilon$ é a área entre a curva estresse–esforço e o eixo do esforço (figura 2.19a) e é conhecida como curva de *densidade de energia de esforço* $\bar{U}$ (i.e., $\bar{U}$ é energia de esforço por volume unitário). Para uma curva de tensão–esforço linear, $\bar{U}$ é 1/2 $\sigma_i \varepsilon_i$ (figura 2.19c). Portanto, a equação 2.24 se torna

$$U = \frac{1}{2} \sum_{i=1}^{n_s} \int_V \sigma_i \varepsilon_i dv = \frac{1}{2} \int_V \{\sigma\}^T \{\varepsilon\} dV \tag{2.25}$$

onde $\{\sigma\}^T$ é a transposta do vetor tensão.

2.3.4 Energia de esforço complementar U*

A energia de esforço complementar U* é definida como o trabalho interno dos esforços que atuam através de esforço incremental sobre as tensões totais e sobre o volume. Assim, temos

$$U^* = \sum_{i=1}^{n_s} \int_V \left(\int_0^{\sigma_i} \varepsilon \, d\sigma \right) dv \tag{2.26}$$

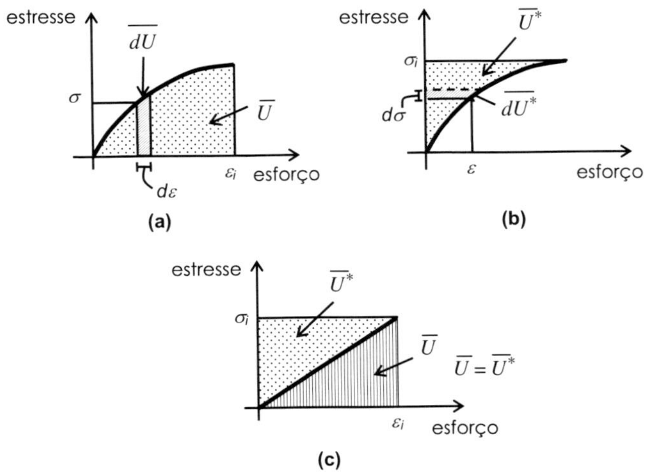

Figura 2.19 - Energia de esforço e energia de esforço complementar: (a) densidade da energia de esforço $\overline{U}$, (b) densidade da energia de esforço $\overline{U}^*$ e (c) $\overline{U}$ e $\overline{U}^*$ para linearmente elástica.

$\int_0^{\sigma_i} \varepsilon d\sigma$ é a área entre a curva de estresse–esforço e o eixo de estresse (figura 2.19b) e é conhecida como *densidade de energia de esforço complementar* $\overline{U}^*$ ($\overline{U}^*$ é a energia de esforço complementar por volume unitário). No caso de materiais linearmente elásticos (a relação σ–ε é linear), $\overline{U}^*$ é $1/2\varepsilon_i\sigma_i$ (figura 2.19c). Portanto,

$$U^* = \frac{1}{2}\sum_{i=1}^{n_s}\int_V \varepsilon_i\sigma_i dv = \frac{1}{2}\int_V \{\varepsilon\}^T \{\sigma\} dV \tag{2.27}$$

Comparando-se as equações 2.25 e 2.27, observa-se que para materiais linearmente elásticos,

$$U = U^* \tag{2.28}$$

2.3.5 Lei de conservação de energia

De acordo com o princípio de conservação de energia, o trabalho W realizado pelas cargas é igual à energia de esforço U armazenada na estrutura. Portanto,

$$W = U \tag{2.29}$$

Da mesma forma, o princípio de conservação de energia complementar leva à condição

$$W^* = U^* \tag{2.30}$$

2.3.5.1 Energia de esforço em termos de matrizes de flexibilidade e de rigidez

Para estruturas linearmente elásticas, as equações 2.29 e 2.30 assumem a forma

$$U = W = \frac{1}{2}\{P\}^T \{D\} \tag{2.31}$$

Também

$$U = U^* = W^* = \frac{1}{2}\{D\}^T \{P\} \tag{2.32}$$

Mas {D} = [F]{P} e {P} = [K]{D} (das equações 2.5 e 2.7).

Assim, temos

$$U = \frac{1}{2}\{P\}^T\{D\} = \frac{1}{2}\{P\}^T[F]\{P\} \tag{2.33}$$

ou

$$U = \frac{1}{2}\{D\}^T\{P\} = \frac{1}{2}\{D\}^T[K]\{D\} \tag{2.34}$$

2.4 Simetria das matrizes de flexibilidade e de rigidez

Da equação 2.31,

$$U = \frac{1}{2}\{P\}^T\{D\}$$

Mas

$$\{P\} = [K]\{D\}$$

$$\Rightarrow \quad \{P\}^T = \{D\}^T[K]^T$$

Daí,

$$U = \frac{1}{2}\{D\}^T[K]^T\{D\} \tag{2.35}$$

Comparando-se as equações 2.34 e 2.35, tem-se

$$[K] = [K]^T \tag{2.36}$$

$$\Rightarrow \quad K_{ij} = K_{ji}$$

Assim, a matriz de rigidez de uma estrutura é simétrica.

Da mesma forma, da equação 2.32,

$$U = \frac{1}{2}\{D\}^T\{P\}$$

Uma vez que

$$\{D\} = [F]\{P\}$$

$$\Rightarrow \quad \{D\}^T = \{P\}^T[F]^T$$

Portanto,

$$U = \frac{1}{2}\{P\}^T[F]^T\{P\} \tag{2.37}$$

Das equações 2.33 e 2.37, pode-se ver que

$$[F]=[F]^T$$

$$\Rightarrow \quad F_{ij} = F_{ji}$$

Então, a matriz de flexibilidade de uma estrutura também é simétrica.

2.5 Relação entre os coeficientes de rigidez e de flexibilidade e a energia de esforço

Considere-se a estrutura com três coordenadas mostrada na figura 2.3. A energia de esforço U para a estrutura, usando-se a equação 2.34 é

$$U = \frac{1}{2}\{D\}^T [K]\{D\}$$

$$= \frac{1}{2}\begin{bmatrix} D_1 & D_2 & D_3 \end{bmatrix} \begin{bmatrix} K_{11} & K_{12} & K_{13} \\ K_{21} & K_{22} & K_{23} \\ K_{31} & K_{32} & K_{33} \end{bmatrix} \begin{Bmatrix} D_1 \\ D_2 \\ D_3 \end{Bmatrix}$$

$$= \frac{1}{2}[K_{11}D_1^2 + K_{12}D_1D_2 + K_{13}D_1D_3 + K_{21}D_2D_1 + K_{22}D_2^2 + K_{23}D_2D_3$$

$$+ K_{31}D_3D_1 + K_{32}D_3D_2 + K_{33}D_3^2]$$

A derivada parcial de U com relação aos deslocamentos dá

$$\frac{\partial U}{\partial D_1} = \frac{1}{2}(2K_{11}D_1 + K_{12}D_2 + K_{13}D_3 + K_{21}D_2 + K_{31}D_3)$$

Como [K] é simétrica, $K_{12} = K_{21}$ e $K_{13} = K_{31}$

$$\Rightarrow \quad \frac{\partial U}{\partial D_1} = K_{11}D_1 + K_{12}D_2 + K_{13}D_3$$

De igual forma,

$$\frac{\partial U}{\partial D_2} = K_{21}D_1 + K_{22}D_2 + K_{23}D_3 \qquad \text{(g)}$$

$$\frac{\partial U}{\partial D_3} = K_{31}D_1 + K_{32}D_2 + K_{33}D_3$$

Diferenciando-se mais uma vez com relação aos deslocamentos, obtém-se

$$\frac{\partial^2 U}{\partial D_1^2} = K_{11}, \quad \frac{\partial^2 U}{\partial D_1 \partial D_2} = \frac{\partial^2 U}{\partial D_2 \partial D_1} = K_{12} = K_{21},$$

$$\frac{\partial^2 U}{\partial D_2^2} = K_{22}, \quad \frac{\partial^2 U}{\partial D_3^2} = K_{33}, \frac{\partial^2 U}{\partial D_1 \partial D_3} = \frac{\partial^2 U}{\partial D_3 \partial D_1} = K_{13} = K_{31} \qquad \text{(h)}$$

$$\frac{\partial^2 U}{\partial D_2 \partial D_3} = \frac{\partial^2 U}{\partial D_3 \partial D_2} = K_{23} = K_{32}$$

Para uma estrutura de n coordenadas, a equação (g) torna-se

$$\frac{\partial U}{\partial D_i} = \sum_{j=1}^{n} K_{ij} D_j \qquad (2.39)$$

Mas, pela equação 2.6b, $\sum_{j=1}^{n} K_{ij} D_j = P_i$. Assim,

$$\frac{\partial U}{\partial D_i} = P_i \qquad (2.40)$$

que é o primeiro teorema de Castigliano.

A equação (h) para uma estrutura com n coordenadas é

$$\frac{\partial^2 U}{\partial D_i \partial D_j} = \frac{\partial^2 U}{\partial D_j \partial D_i} = K_{ij} \qquad (2.41)$$

Destarte, o coeficiente de rigidez K_{ij} é igual à segunda derivada parcial da energia de esforço U com relação aos deslocamentos D_i e D_j.

Da mesma forma, usando-se a equação 2.33, pode-se provar que

$$\frac{\partial U}{\partial P_i} = \sum_{j=1}^{n} F_{ij} D_j \qquad (2.42)$$

Comparando-se com a equação 2.4b, obtém-se

$$\frac{\partial U}{\partial P_i} = D_i \qquad (2.43)$$

que é o segundo teorema de Castigliano.

Diferenciando-se a equação 2.42 com relação à força P_j, obtém-se

$$\frac{\partial^2 U}{\partial P_i \partial P_j} = F_{ij} \qquad (2.44)$$

Portanto, o coeficiente de flexibilidade F_{ij} é igual à segunda derivada parcial da energia de esforço U com relação às forças P_i e P_j.

Exemplo 2.4

Desenvolver a matriz de rigidez dos elementos de treliça e barra usando a equação 2.41.

Solução

Elemento de treliça

- Energia de esforço

Na barra submetida à força axial P mostrada na figura 2.20a,

$$\sigma_x = P/A$$

$$\varepsilon_x = \sigma_x/E = P/AE$$

Daí, a energia de esforço incremental dU é

$$dU = \frac{1}{2}\sigma_x \varepsilon_x dV = \frac{1}{2}\frac{P^2}{A^2E}dV$$

Mas dV = dA dx

$$\Rightarrow \quad dU = \frac{1}{2}\frac{P^2}{A^2E}dAdx$$

$$U = \int_V dU = \frac{1}{2}\int_l \frac{P^2}{A^2E}\left(\int_A dA\right)dx = \frac{1}{2}\int_l \frac{P^2}{AE}dx \quad \left[\because \int_A dA = A\right]$$

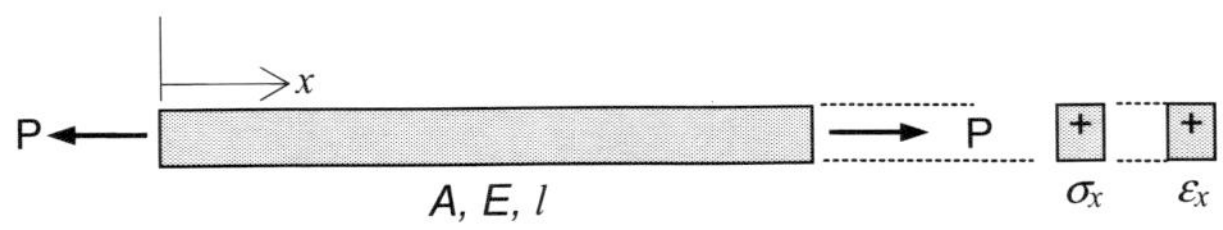

Figura 2.20a - Estresse e esforço numa barra submetida a tensão axial.

Para um elemento prismático com força axial constante,

$$U = \frac{P^2 l}{2AE} \tag{i}$$

Seja u o deslocamento no elemento de treliça numa distância x de a (figura 2.20b). Então,

$$\varepsilon_x = \frac{du}{dx} = u'$$

$$\sigma_x = E\varepsilon_x$$

$$\therefore \quad dU = \frac{1}{2}\sigma_x \varepsilon_x = \frac{1}{2}E\varepsilon_x^2 = \frac{1}{2}E(u')^2$$

$$\Rightarrow \quad U = \frac{1}{2}\int_V E(u')^2 dV = \frac{1}{2}\int_l E(u')^2\left(\int_A dA\right)dx = \frac{1}{2}\int_l AE(u')^2 dx \tag{j}$$

Considera-se que o deslocamento u tem uma variação linear

$$\Rightarrow \quad u = a_0 + a_1 x$$

As constantes a_0 e a_1 são determinadas usando-se as condições, em x = 0, u = D_1, e em x = l, u = D_2.

Daí, $a_0 = D_1$ e $a_1 = (D_2 - D_1) / l$.

Portanto, $u = D_1 + \dfrac{(D_2 - D_1)x}{l}$

$$\Rightarrow \quad u' = \frac{(D_2 - D_1)}{l}$$

Usando-se a equação (j),

$$U = \frac{1}{2}\int_l AE(u')^2 dx = \frac{AE}{2}\int_0^l \left(\frac{D_2 - D_1}{l}\right)^2 dx$$

A energia de esforço

$$\Rightarrow \quad U = \frac{AE}{2l}\left(D_1^2 + D_2^2 - 2D_1D_2\right)$$

- Coeficientes de rigidez

$$K_{11} = \frac{\partial^2 U}{\partial D_1^2} = \frac{AE}{l},\ K_{12} = K_{21} = \frac{\partial^2 U}{\partial D_1\,\partial D_2} = -\frac{AE}{l},\ K_{22} = \frac{\partial^2 U}{\partial D_2^2} = \frac{AE}{l}$$

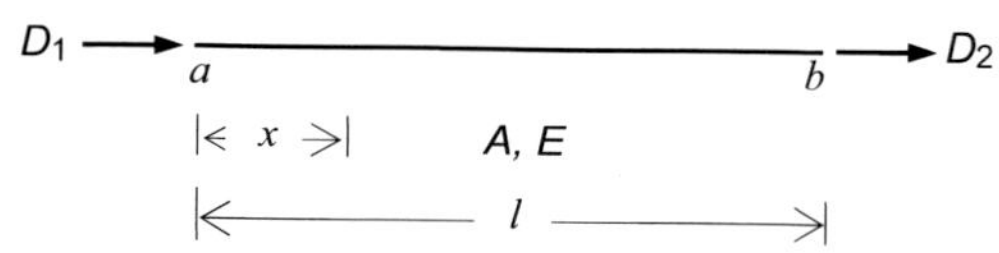

Figura 2.20b - Deslocamentos de extremidades num elemento de treliça.

- Matriz de rigidez

$$[K] = \frac{AE}{l}\begin{bmatrix} 1 & -1 \\ -1 & 1 \end{bmatrix}$$

Elemento barra

- Energia de esforço

Numa barra, a tensão normal σ_x e o esforço normal ε_y a uma distância y do eixo neutro é (figura 2.20c)

$$\sigma_x = -\frac{M}{I}y \text{ and } \varepsilon_x = -\kappa y$$

onde κ = curvatura $\approx d^2v / dx^2 = v''$

v = deslocamento transversal da barra

A energia de esforço incremental dU é

$$dU = \frac{1}{2}\sigma_x \varepsilon_x dV$$

Mas $\varepsilon_x = \sigma_x / E$

$$\Rightarrow \quad dU = \frac{1}{2}\frac{\sigma_x^2}{E}dV = \frac{1}{2}\frac{M^2}{I^2E}y^2 dA dx \quad (\because dV = dAdx)$$

$$U = \int dU = \frac{1}{2}\int_l \frac{M^2}{I^2E}\left(\int_A y^2\, dA\right)dx$$

A energia de esforço

Mas $\int_A y^2\, dA = I$

$$\Rightarrow \quad U = \frac{1}{2}\int_l \frac{M^2}{EI}dx \text{ (k)}$$

Para uma barra prismática submetida a momento fletor constante,

$$U = \frac{M^2 l}{2EI} \tag{l}$$

Alternativamente,

$$dU = \frac{1}{2}\sigma_x \varepsilon_x dV = \frac{1}{2}E\varepsilon_x^2 dV \quad (\because \sigma_x = E\varepsilon_x)$$

$$= \frac{1}{2}Ey^2(v'')^2 dV \quad (\because \varepsilon_x = -yv'')$$

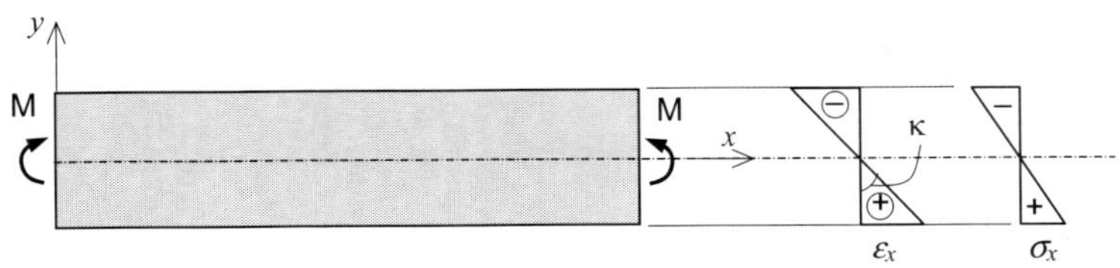

Figura 2.20c - Tensão e esforço numa barra submetida a momento fletor.

Então, $U = \int_V dU = \frac{1}{2}\int_V Ey^2(v'')^2 dA\,dx = \frac{1}{2}\int_l E(v'')^2\left(\int_A y^2\, dA\right)dx$

$$\Rightarrow \quad U = \frac{1}{2}\int_l EI(v'')^2 dx \tag{m}$$

O deslocamento transversal do elemento barra é da forma

$$v = a_0 + a_1x + a_2x_2 + a3x_3$$

onde a_0, a_1, a_2 e a_3 são determinadas usando-se as condições (figura 2.20d), e, x = 0, v = D_1; em x = l, v = D_3; em x = 0, dv / dx = D_2 e em x = l, dv / dx = D_4. Assim, temos

$$v = \left(1 - 3\xi^2 + 2\xi^3\right)D_1 + l\left(\xi - 2\xi^2 + \xi^3\right)D_2 + \left(3\xi^2 - 2\xi^3\right)D_3 + l\left(-\xi^2 + \xi^3\right)D_4$$

onde $\xi = x / l$

Usando-se a equação m, a energia de esforço armazenada no elemento barra é

$$U = \frac{EI}{2l^3}\begin{pmatrix} 12D_1^2 + 4D_2^2 l^2 + 12D_3^2 + 4D_4^2 l^2 + 12D_1 D_2 l - 24D_1 D_3 + 12D_1 D_4 l \\ -12D_2 D_3 l + 4D_2 D_4 l^2 - 12D_3 D_4 l \end{pmatrix}$$

- Coeficientes de rigidez

$$K_{11} = \frac{\partial^2 U}{\partial D_1^2} = 12EI/l^3\,,\; K_{12} = K_{21} = \frac{\partial^2 U}{\partial D_1\,\partial D_2} = -6EI/l^2$$

$$K_{13} = K_{31} = \frac{\partial^2 U}{\partial D_1\,\partial D_3} = -12EI/l^3$$

$$K_{14} = K_{41} = \frac{\partial^2 U}{\partial D_1\,\partial D_4} = 6EI/l^2$$

$$K_{22} = \frac{\partial^2 U}{\partial D_2^2} = 4EI/l\,,\; K_{23} = K_{32} = \frac{\partial^2 U}{\partial D_1\,\partial D_3} = -6EI/l^2$$

$$K_{24} = K_{42} = \frac{\partial^2 U}{\partial D_2\,\partial D_4} = 2EI/l\,,\; K_{33} = \frac{\partial^2 U}{\partial D_3^2} = 12EI/l^3$$

$$K_{34} = K_{43} = \frac{\partial^2 U}{\partial D_3\,\partial D_4} = -6EI/l^2\,,\; K_{44} = \frac{\partial^2 U}{\partial D_4^2} = 4EI/l$$

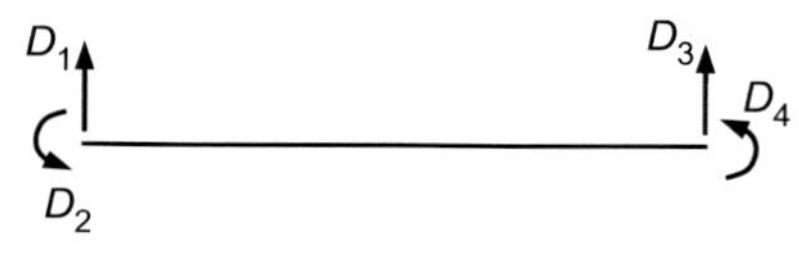

Figura 2.20d - Deslocamentos de extremidades num elemento barra.

- Matriz de rigidez

$$[K] = EI\begin{bmatrix} 12/l^3 & 6/l^2 & -12/l^3 & 6/l^2 \\ 6/l^2 & 4/l & -6/l^2 & 2/l \\ -12/l^3 & -6/l^2 & 12/l^3 & -6/l^2 \\ 6/l^2 & 2/l & -6/l^2 & 4/l \end{bmatrix}$$

Exemplo 2.5

Desenvolver a matriz de flexibilidade das estruturas mostradas na figura 2.21a usando a equação 2.44.

Solução

Estrutura 1

- Energia de esforço U

Seja P_1 a força axial atuando na coordenada 1. O diagrama de corpo livre da estrutura é mostrado na figura 2.21b.

A força axial numa seção x–x é P_1. Então, a energia de esforço da estrutura é (equação i, exemplo 2.4)

$$U = \frac{P^2 l}{2AE} = \frac{P_1^2 l}{2AE}$$

- Coeficiente de flexibilidade e matriz de flexibilidade

$$F_{11} = \frac{\partial^2 U}{\partial P_1^2} = \frac{l}{AE}$$

Daí, a flexibilidade da estrutura é F = l / AE.

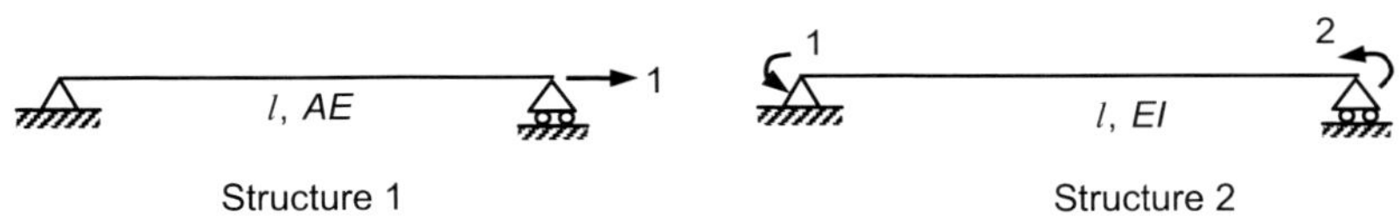

Figura 2.21a - Exemplo 2.5.

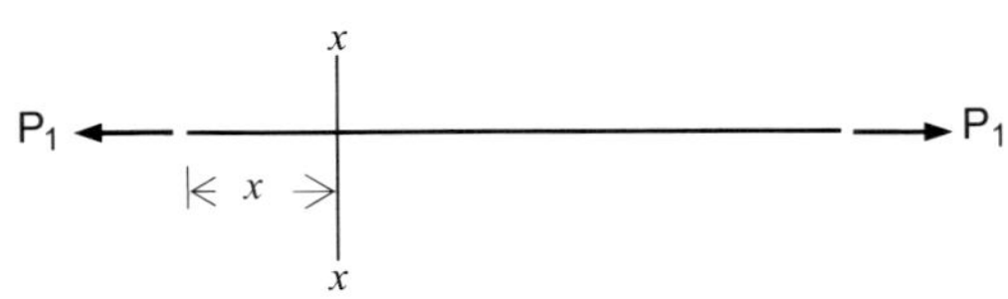

Figura 2.21b - Diagrama de corpo livre da estrutura 1.

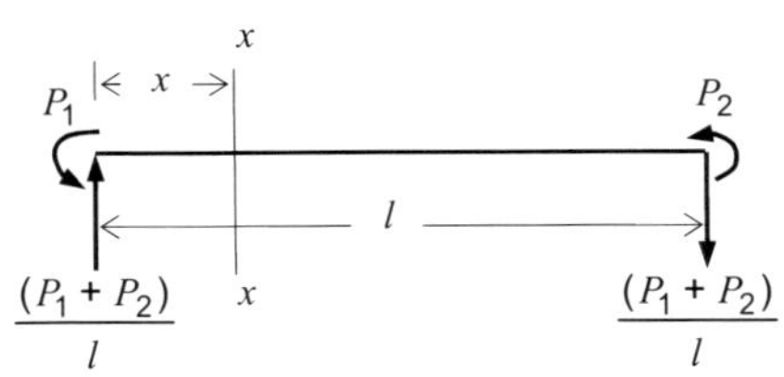

Figura 2.21c - Diagrama de corpo livre da estrutura 2.

Estrutura 2

- Energia de esforço *U*

As forças que atuam nas duas coordenadas são P_1 e P_2, respectivamente. O diagrama de corpo livre da estrutura é mostrado na figura 2.21c.

O momento fletor na seção x–x é

$$M = \frac{(P_1 + P_2)}{l} x - P_1$$

A energia de esforço da estrutura (equação k no exemplo 2.4) é

$$U = \frac{1}{2}\int_0^l \frac{M^2 dx}{2EI} = \frac{1}{2EI}\left[\left(P_1^2 + P_2^2 + 2P_1P_2\right)\frac{l}{3} + P_1^2 l - \left(P_1^2 + P_1P_2\right)l\right]$$

- Coeficientes de flexibilidade

$$F_{11} = \frac{\partial^2 U}{\partial P_1^2} = l/3EI$$

$$F_{12} = F_{21} = \frac{\partial^2 U}{\partial P_1\,\partial P_2} = -l/6EI$$

$$F_{22} = \frac{\partial^2 U}{\partial P_2^2} = l/3EI$$

- Matriz de flexibilidade

$$[F] = \frac{l}{6EI}\begin{bmatrix} 2 & -1 \\ -1 & 2 \end{bmatrix}$$

Problemas

2.1 Determinar as matrizes de flexibilidade e rigidez das estruturas mostradas na figura 2.22.

2.2 Determinar as matrizes de rigidez das estruturas mostradas na figura 2.23.

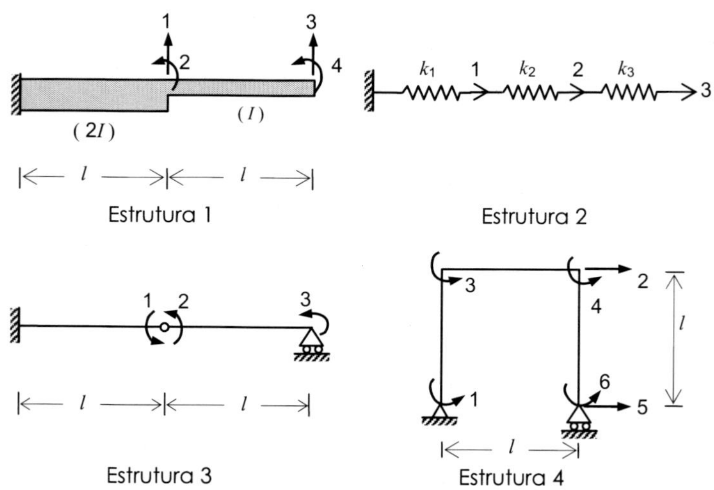

Figura 2.22 - Problema 2.1.

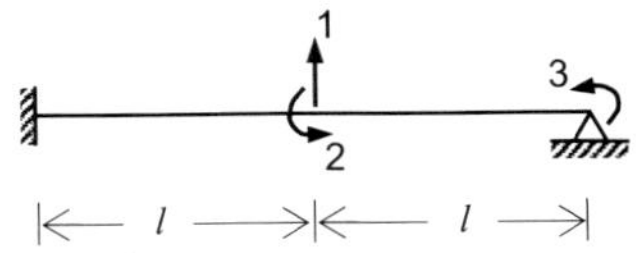

Estrutura 1

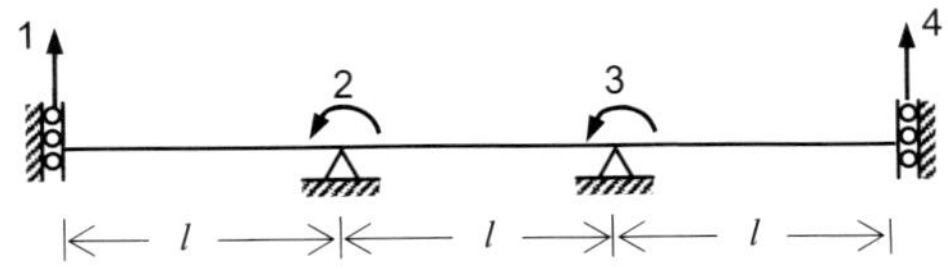

Estrutura 2

Figura 2.23 - Problema 2.2.

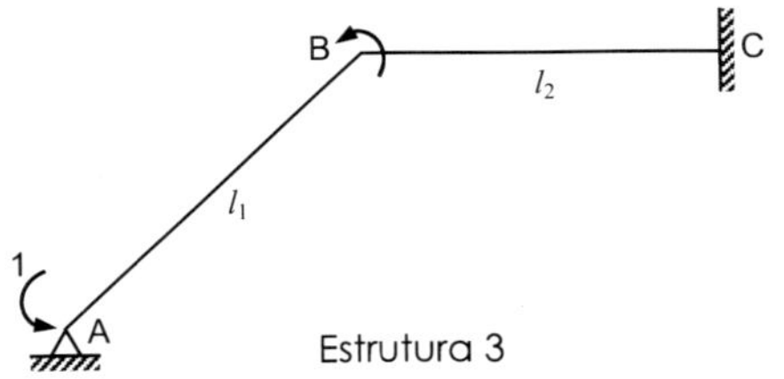

Estrutura 3

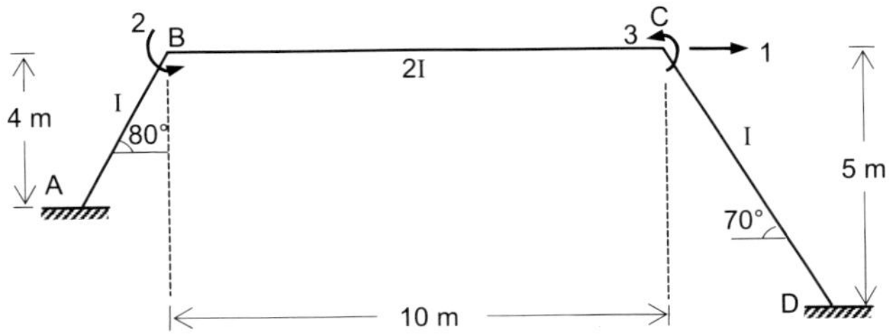

Estrutura 4

Figura 2.23 (continuação) - Problema 2.2.

3
O método da flexibilidade

3.1 Introdução

Para um projetista, um procedimento de análise que forneça diretamente as forças numa estrutura será muito útil. Isso se deve ao fato de que as relações em uma estrutura são normalmente baseadas em forças, em vez de deslocamentos. A abordagem de análise em que equações são escritas em termos de forças incógnitas é conhecida como o método da flexibilidade. Como neste método as incógnitas são forças, este método também é conhecido como *método das forças*. No método da flexibilidade, equações para se encontrar as forças incógnitas (no caso de estruturas estaticamente indeterminadas) são obtidas forçando-se os deslocamentos calculados nas localizações redundantes para serem consistentes com os requisitos de compatibilidade. Daí, essa abordagem ser também conhecida como *método de deformação consistente.*

Para começar, no método da flexibilidade, equações de equilíbrio são escritas para as forças na estrutura e nos elementos. Essas equações isoladas são suficientes para se encontrar as forças incógnitas numa estrutura estaticamente indeterminada. Para este fim, as relações força–deslocamento são escritas usando-se coeficientes de flexibilidade e condições de compatibilidade são usadas para se encontrar as forças redundantes. A ordem em que as equações são usadas no método da flexibilidade é mostrada na figura 3.1.

Neste capítulo, procedimentos necessários para a análise de estruturas tanto estaticamente determinadas quanto indeterminadas usando-se o método da flexibilidade são discutidos. Os procedimentos são explicados considerando-se a análise de estruturas planas.

3.2 Coordenadas para forças e deslocamentos

No método de análise por flexibilidade (ou forças), dá-se importância às forças. Daí, as coordenadas são escolhidas com base nas forças. Uma vez que as coordenadas estejam definidas, elas também indicam a direção dos deslocamentos correspondentes.

3.2.1 Coordenadas globais: coordenadas de ação e redundantes

No método da flexibilidade, as coordenadas globais nos nós indicam a direção das forças $\{P\}$ e correspondentes deslocamentos $\{D\}$ da estrutura. Para a análise de uma estrutura estaticamente indeterminada usando-se o método da flexibilidade, é necessário identificar-se as forças redundantes, de modo a se desenvolver a estrutura primária. Após chegar-se à estrutura primária, ela é submetida a cargas e forças redundantes. Assim, dois tipos de coordenadas globais são necessárias: uma para definir as cargas e a outra para as forças redundantes. As coordenadas globais que identificam as cargas ou ações são chamadas de *coordenadas de ação* e as coordenadas globais que indicam as forças redundantes são chamadas de *coordenadas redundantes.* O analista estrutural tem a liberdade de escolher diferentes tipos de estrutura primária para dada estrutura indeterminada (veja a figura 1.16). Portanto, as coordenadas redundantes dependerão, de fato, do tipo de estrutura primária escolhida. Contudo, o número de coordenadas redundantes, em qualquer caso, será igual ao *grau de hiperestaticidade* (g) da estrutura.

Portanto, no método da flexibilidade, o vetor força {P} é particionado em dois, como

$$\{P\} = \begin{bmatrix} \{P_A\} \\ \hline \{P_X\} \end{bmatrix} \tag{3.1}$$

onde $\{P_A\}$ é o *vetor ação* ou *vetor carga,* que é o vetor conhecido, e $\{P_X\}$ é o *vetor redundante,* que é o vetor desconhecido.

Da mesma forma, o vetor deslocamento {D} também é particionado como

$$\{D\} = \begin{bmatrix} \{D_A\} \\ \hline \{D_X\} \end{bmatrix} \tag{3.2}$$

onde $\{D_A\}$ e $\{D_X\}$ são os vetores deslocamento correspondentes aos vetores força $\{P_A\}$ e $\{P_X\}$, respectivamente. Os deslocamentos correspondentes às forças redundantes são conhecidos, enquanto que os deslocamentos correspondentes às cargas são desconhecidos. Assim, $\{D_X\}$ é o vetor conhecido e $\{D_A\}$ é o vetor desconhecido.

Para se identificar as coordenadas globais de uma estrutura, é necessário desenvolver a estrutura discretizada (i.e., elementos e nós de identidade de uma estrutura). Depois disso, as coordenadas de ação são identificadas nos nós onde cargas são aplicadas e onde deslocamentos devem ser encontrados. Após numerar as coordenadas de ação, as coordenadas redundantes são numeradas. A ordem de numeração das coordenadas é discutida na seção 1.6. As coordenadas globais para algumas estruturas típicas são mostradas na figura 3.2.

A estrutura I (figura 3.2a) é uma estrutura estaticamente determinada. Portanto, não haverá coordenadas redundantes. Nessa estrutura, além de se encontrar as forças de elementos, deve-se encontrar a deflexão vertical na ligação *b*. Assim, duas coordenadas de ação são definidas: uma para a deflexão vertical na ligação *b* (coordenada 1) e a outra para definição do momento aplicado (coordenada 2). Como nenhuma carga está atuando na coordenada 1, $P_1 = 0$.

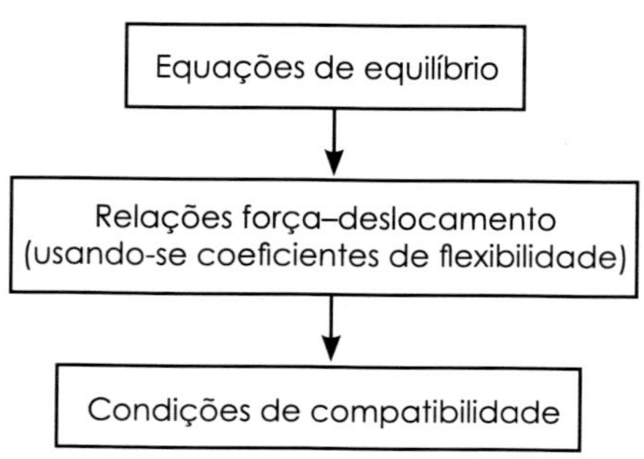

Figura 3.1 - Equações usadas no método da flexibilidade.

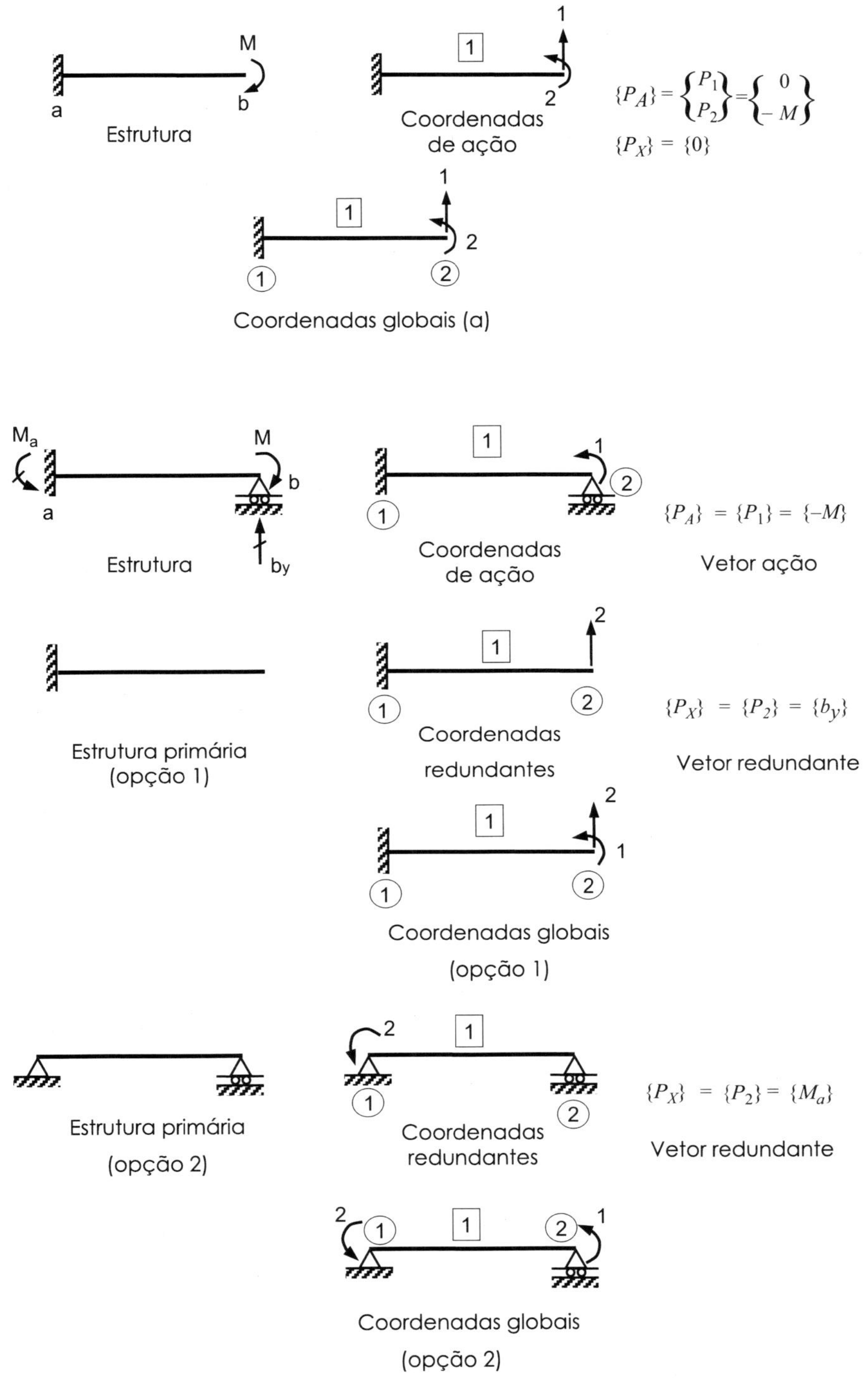

Figura 3.2 - Coordenadas globais – método da flexibilidade. (a) estrutura I, (b) estrutura II, (c) estrutura III, (d) estrutura IV e (e) estrutura V.

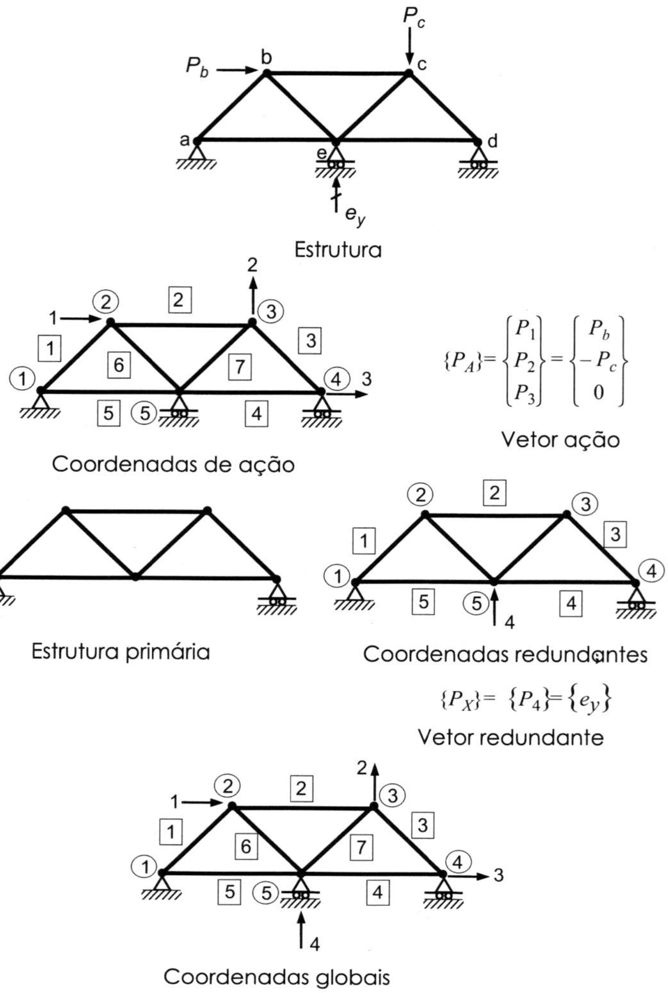

(c)

Figura 3.2 (continuação) - Coordenadas globais – método da flexibilidade. (a) estrutura I, (b) estrutura II, (c) estrutura III, (d) estrutura IV e (e) estrutura V.

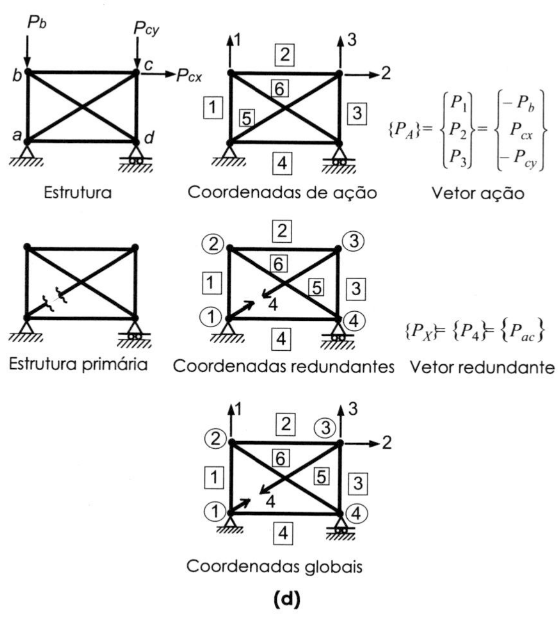

(d)

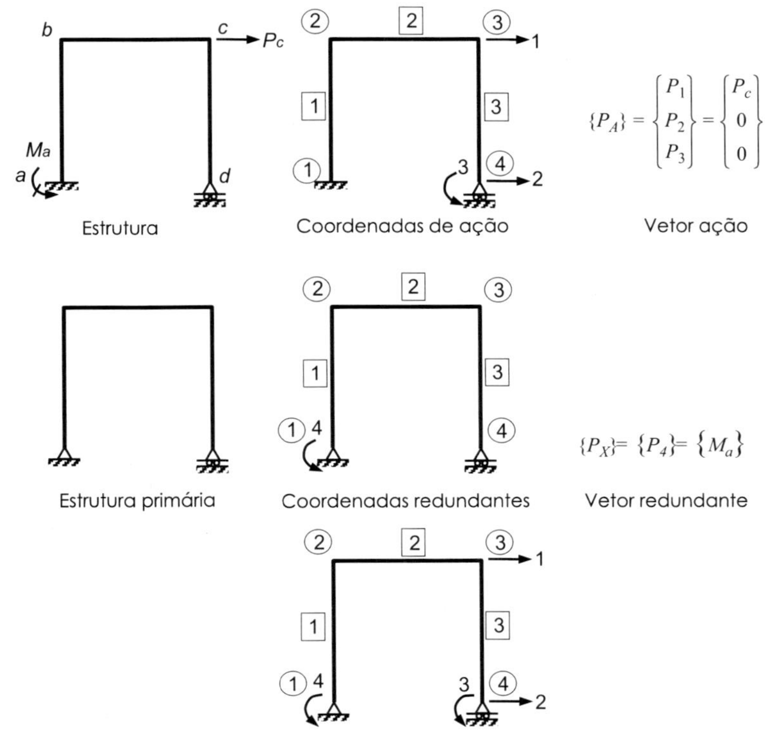

(e)

Figura 3.2 (continuação) - Coordenadas globais – método da flexibilidade. (a) estrutura I, (b) estrutura II, (c) estrutura III, (d) estrutura IV e (e) estrutura V.

As demais estruturas mostradas na figura 3.2 são estaticamente indeterminadas. No caso da estrutura II, após definir-se as coordenadas de ação, duas possíveis estruturas primárias são consideradas. Na primeira (opção 1), a reação vertical b_y é tomada como redundante e na segunda (opção 2), o momento de reação M_a é a redundante. Da figura 3.2b, pode-se ver que o vetor redundante $\{P_X\}$ se modifica conforme a estrutura primária.

A estrutura III é uma treliça estaticamente indeterminada (externamente indeterminada). A coordenada 3 é introduzida de modo a se encontrar o deslocamento horizontal na ligação d. A reação no apoio e (e_y) é tomado como redundante e as coordenadas globais são mostradas na figura 3.2c. A estrutura IV é uma treliça estaticamente indeterminada (internamente indeterminada). A força na barra ac (P_{ac}) é escolhida como a redundante e as coordenadas globais da estrutura são indicadas na figura 3.2d.

No caso da estrutura de quadro plano mostrada na figura 3.2e, as coordenadas 2 e 3 são incluídas de modo a se encontrar os deslocamentos na ligação d. O momento de reação M_a é tomado como redundante e as coordenadas globais são definidas de acordo.

3.2.2 Coordenadas locais

As coordenadas locais são usadas para indicar forças e deslocamentos dos elementos numa estrutura. Os detalhesde elementos usados para modelar uma estrutura plana analisada usando-se o método da flexibilidade são dados abaixo.

3.2.2.1 Tipos de elementos

A figura 3.3a mostra o DCL do elemento num quadro plano. Seja o elemento o *i-ésimo elemento da estrutura. j e k* são os nós próximo e distante do elemento, respectivamente. x_i e y_i são os eixos locais do elemento *i, com a origem no nó próximo j.* As três ações de extremidade (i.e., a força axial N, o esforço cortante V e o momento fletor M) nos nós também são indicados na figura

Partindo-se do DCL do elemento, pode-se ver que se as três ações de extremidade num nó são conhecidas, então essas três ações no outro nó podem ser determinadas usando-se equações de equilíbrio. Da mesma forma, se os momentos de extremidade de ambos os nós e a força axial em qualquer um dos nós for conhecida, as demais ações de extremidade podem ser avaliadas. Portanto, das seis ações de extremidade do elemento, apenas três são as ações de extremidade básicas. As três ações de extremidade básicas consideradas neste capítulo são mostradas na figura 3.3b. A direção positiva das forças de elemento e os correspondentes deslocamentos também são indicados na figura. Assim, a convenção de sinal para as forças de elemento e os correspondentes deslocamentos são as seguintes: momentos de extremidade e rotações de extremidade (θ_j e θ_k) no sentido contrário ao dos ponteiros do relógio são positivos, e uma força axial de tensão e a correspondente translação do nó *k* (Δl_i) ao longo do x_i positivo — direções são quantidades positivas. As outras ações de extremidade podem ser escritas em termos de ações de extremidade básicas usando-se equações de equilíbrio (figura 3.3c).

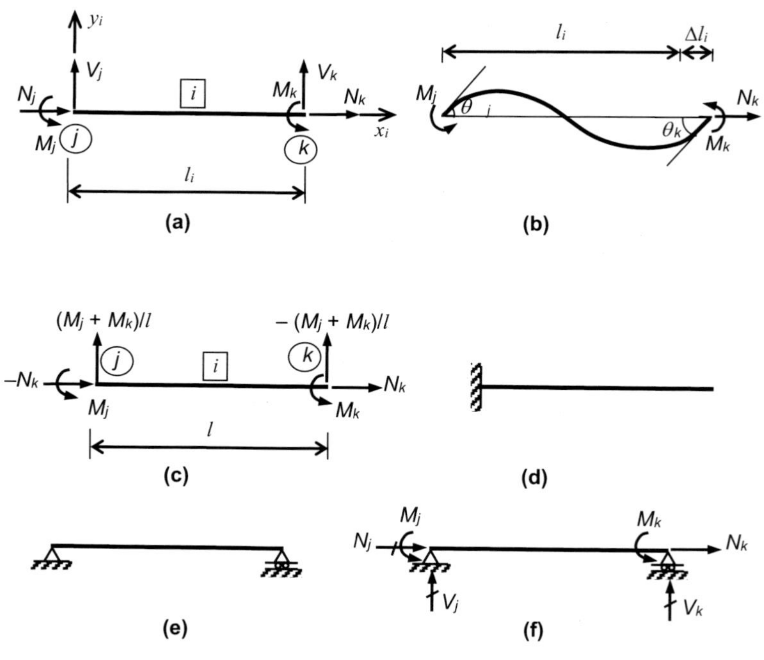

Figura 3.3 - Elemento de quadro plano: (a) DCL do elemento de quadro plano, (b) ação de extremidade básica e correspondente deslocamento de extremidade básica, (c) ação de extremidade, (d) elementos básicos I, (e) elementos básicos II e (f) ações e reações no elemento básico II.

Alternativamente, do exemplo 2.2, observa-se que para se desenvolver a matriz de flexibilidade é necessário ter-se uma estrutura estável. Há duas alternativas para se ter um elemento de quadro plano estável, e elas são mostradas nas figuras 3.3d e e, respectivamente. Se o elemento na figura 3.3d for escolhido, então as ações de extremidade no nó k (N_k, M_k *e* V_k) são as ações de extremidade básicas. Contudo, se o elemento mostrado na figura 3.3e for escolhido, então as ações de extremidade M_j, M_k e N_k são as ações de extremidade básicas e as demais ações de extremidade são as reações de apoio do elemento (figura 3.3f).

Assim, os diferentes tipos de elementos usados para a análise de estruturas bidimensionais usando-se o método da flexibilidade são mostrados na figura 3.4. Se ambas as deformações, flexural e axial, tiverem de ser consideradas, então o elemento de quadro plano (figura 3.4a) será usado. Elementos barra (figura 3.4b) são usados quando deformações axiais são ignoradas e apenas deformações flexurais, ou *flechas*, são consideradas na análise. Se somente a deformação axial precisar ser considerada, então o elemento treliça (figura 3.4c) será usado.

3.2.2.2 Força de elemento e vetores de deslocamento de elemento

As coordenadas locais de diferentes tipos de elementos são mostradas na figura 3.4. As coordenadas locais são numeradas com um sobrescrito para identificar o número do elemento. As coordenadas locais na figura indicam as direções das forças do elemento e os correspondentes deslocamentos de elemento. Por exemplo, no caso do elemento de quadro plano (figura 3.4a), o vetor força do elemento $\{p_i\}$ e o vetor deslocamento do elemento $\{d_i\}$ em coordenadas locais são

$$\{p^i\} = \begin{Bmatrix} p_1^i \\ p_2^i \\ p_3^i \end{Bmatrix} \text{and} \{d^i\} = \begin{Bmatrix} d_1^i \\ d_2^i \\ d_3^i \end{Bmatrix} \tag{3.3}$$

O vetor força e o vetor deslocamento de elemento de todos os elementos da estrutura são montados para se obter o *vetor força combinado de elemento* $\{p\}$ e o *vetor deslocamento combinado de elemento* $\{d\}$. Se houver *n elementos numa estrutura, os vetores força e deslocamento combinados de elemento serão*

$$\{p\} = \begin{Bmatrix} p_1 \\ p_2 \\ p_3 \\ \\ p_n \end{Bmatrix} = \begin{Bmatrix} \{p^1\} \\ \{p^2\} \\ \\ \{p^n\} \end{Bmatrix} \text{ e } \{d\} = \begin{Bmatrix} d_1 \\ d_2 \\ d_3 \\ \\ \end{Bmatrix} = \begin{Bmatrix} \{d^1\} \\ \{d^2\} \\ \\ \{d^n\} \end{Bmatrix} \tag{3.4}$$

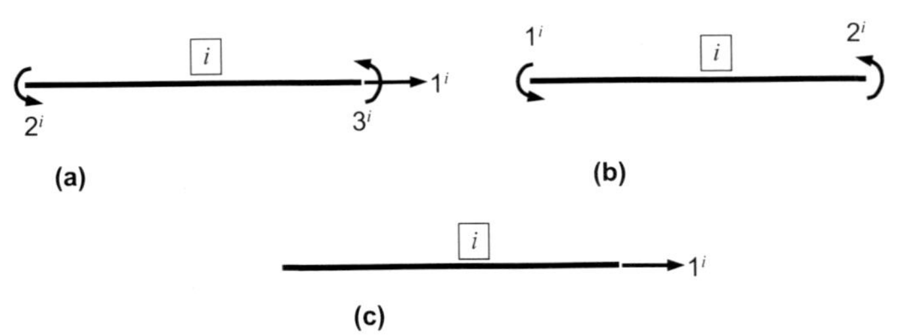

Figura 3.4 - Elementos usados no método da flexibilidade: (a) elemento de quadro plano, (b) elemento barra e (c) elemento de treliça.

Para identificar as forças e deslocamentos combinados de elemento, coordenadas locais combinadas são usadas. As coordenadas locais de todos os elementos são numeradas para se obter coordenadas locais combinadas. As coordenadas locais e as locais combinadas dos elementos em típicas estruturas planas são mostradas na figura 3.5.

As coordenadas local e combinada de uma barra contínua de três lances e de uma treliça plana são mostradas na figura 3.5a e b, respectivamente. O quadro plano mostrado na figura 3.5c pode ser modelado de duas diferentes maneiras. Se ambas as deformações, axial e flexural, forem incluídas na análise, então a estrutura será modelada usando-se elementos de quadro plano (opção 1).

No entanto, se as deformações axiais forem desconsideradas (normalmente feito em cálculos à mão), o quadro será modelado usando-se elementos barra (opção II). Mesmo que o quadro seja analisado usando-se elementos barra, as forças axiais desenvolvidas na estrutura podem ser determinadas usando-se o DCL de elementos e nós (veja o exemplo 3.17).

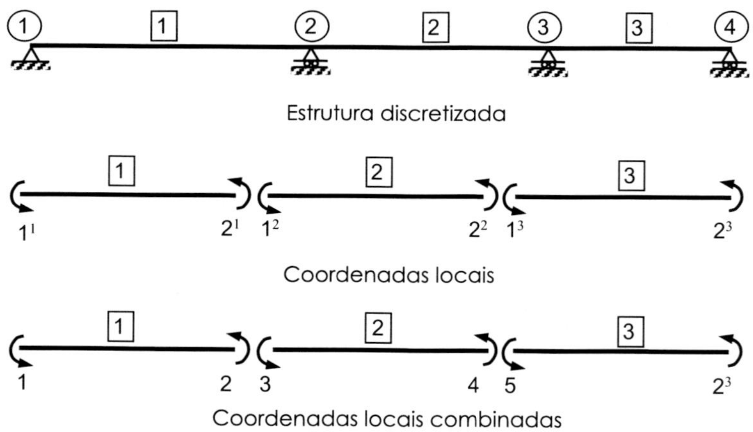

(a)

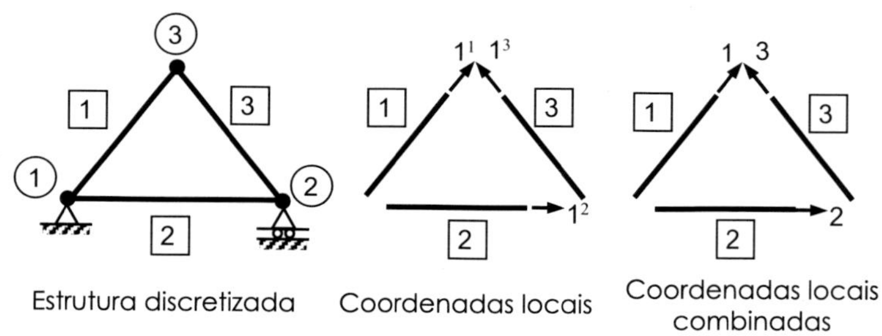

(b)

Figura 3.5 - Coordenadas locais e coordenadas locais combinadas. (a) estrutura I: barra contínua, (b) estrutura II: treliça plana e (c) estrutura III: quadro plano.

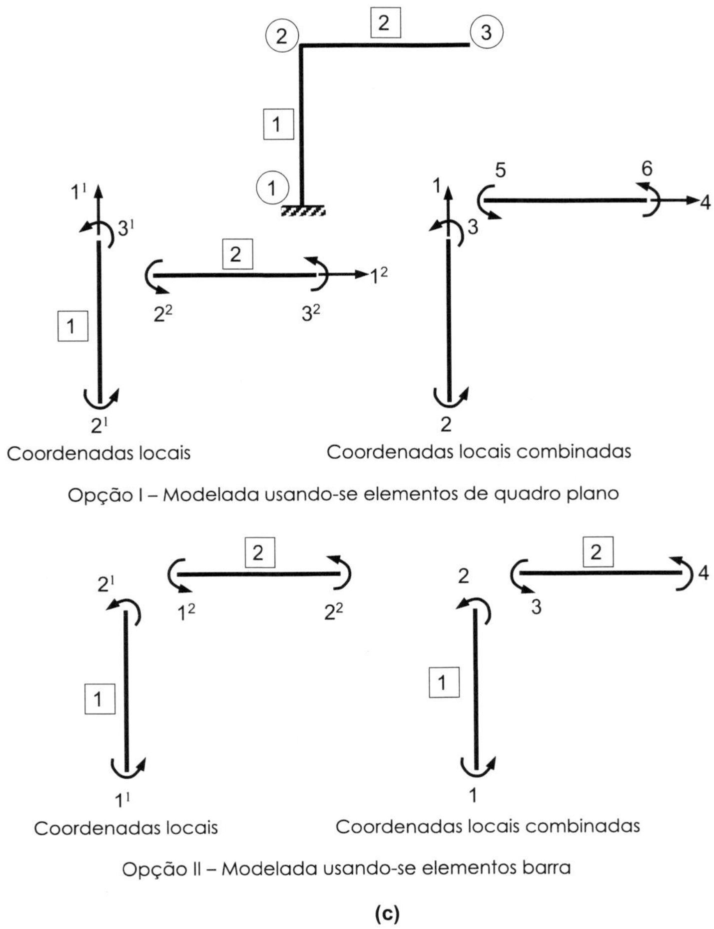

Figura 3.5 (continuação) - Coordenadas locais e coordenadas locais combinadas. (a) estrutura I: barra contínua, (b) estrutura II: treliça plana e (c) estrutura III: quadro plano.

3.3 Equações de equilíbrio e matriz de transformação de forças

As forças de elemento {p} são escritas em termos de forças que atuam sobre a estrutura {P} usando-se equações de equilíbrio. Considere-se uma estrutura que tenha m coordenadas locais combinadas e n coordenadas globais. Neste caso,

$$\begin{aligned} p_1 &= T_{F11}P_1 + T_{F12}P_2 + \quad + T_{F1n}P_n \\ p_2 &= T_{F21}P_1 + T_{F22}P_2 + \quad + T_{F2n}P_n \\ &\cdots\cdots\cdots\cdots\cdots\cdots \\ &\cdots\cdots\cdots\cdots\cdots\cdots \\ p_m &= T_{Fm1}P_1 + T_{Fm2}P_2 + \quad + T_{Fmn}P_n \end{aligned} \tag{a}$$

As equações acima são escritas na forma de matriz como

$$\{p\} = [T_F]\{P\} \tag{3.5}$$

onde {p} é o vetor força combinada de elemento, {P} é o vetor força e

$$[T_F] = \begin{bmatrix} T_{F11} & T_{F12} & \ldots & T_{F1n} \\ T_{F21} & T_{F22} & \ldots & T_{F2n} \\ \ldots & \ldots & \ldots & \ldots \\ T_{Fm1} & T_{Fm2} & \ldots & T_{Fmn} \end{bmatrix}$$

é a matriz de transformação de forças.

Em geral, uma matriz de transformação fornece as inter-relações entre dois sistemas de coordenadas. Neste caso, $[T_F]$ relaciona-se com as forças de elemento (i.e., forças em coordenadas locais) com forças em coordenadas globais usando-se equações de equilíbrio. O coeficiente de influência de transformação de forças T_{Fij} é definido como a força desenvolvida no elemento correspondente à i-ésima coordenada local combinada devida à força unitária na j-ésima coordenada global, enquanto as forças em todas as demais coordenadas globais são iguais a zero.

3.3.1 Desenvolvimento da matriz de transformação de forças

Considere-se o vetor força

$$\{P\} = \begin{bmatrix} P_1 = 1 \\ P_2 = 0 \\ P_3 = 0 \\ \ldots \\ P_n = 0 \end{bmatrix}$$

Para este caso de carga, usando-se a equação a, $p_1 = T_{F11}$, $p_2 = T_{F21}$, $p_3 = T_{F31}$, ..., $p_m = T_{Fm1}$. Portanto, o vetor força combinada de elemento fornece os elementos da primeira coluna de $[T_F]$. Daí, os elementos de $[T_F]$ são obtidos coluna a coluna, como mostrado na figura 3.6. Assim, para se obter o elemento da j-ésima coluna de $[T_F]$, uma força unitária é aplicada na j-ésima coordenada global e a força em todas as demais coordenadas é igual a zero. O vetor força combinada de elemento correspondente fornece os elementos da j-ésima coluna de $[T_F]$.

$$\begin{matrix} & P_1=1 & P_2=1 & & P_j=1 & & P_n=1 \end{matrix}$$

$$[T_F] = \begin{bmatrix} T_{F11} & T_{F12} & \cdots & T_{F1j} & \cdots & T_{F1n} \\ T_{F21} & T_{F22} & \cdots & T_{F2j} & \cdots & T_{F2n} \\ T_{F31} & T_{F32} & \cdots & T_{F3j} & \cdots & T_{F3n} \\ \cdots & \cdots & \cdots & \cdots & \cdots & \cdots \\ \cdots & \cdots & \cdots & \cdots & \cdots & \cdots \\ T_{Fm1} & T_{Fm2} & & T_{Fmj} & & T_{Fmn} \end{bmatrix}$$

Figura 3.6 - Matriz de transformação de forças.

3.3.2 Estrutura estaticamente determinada

No caso de uma estrutura estaticamente determinada, como não há redundantes, $\{P\} = \{P_A\}$. Assim, as forças de elemento {p} são escritas em termos do vetor carga $\{P_A\}$. Portanto,

$$\{p\} = [T_{FA}]\{P_A\} \tag{3.6}$$

onde $[T_{FA}]$ é a matriz de transformação de forças indicando a influência de $\{P_A\}$. Daí, para uma estrutura estaticamente determinada,

$$[T_F] = [T_{FA}] \tag{3.7}$$

3.3.3 Estrutura estaticamente indeterminada

O primeiro passo na análise de estruturas estaticamente indeterminadas é identificar o vetor redundante $\{P_X\}$ e obter a estrutura primária. Em seguida, a estrutura primária é submetida a cargas $\{P_A\}$ e $\{P_X\}$. Assim, as forças de elemento $\{p\}$ são escritas em termos de $\{P_A\}$ e $\{P_X\}$ como

$$\{p\} = [T_{FA}]\{P_A\} + [T_{FX}]\{P_X\} \tag{3.8a}$$

$$= \left[\begin{array}{c:c} [T_{FA}] & [T_{FX}] \end{array}\right] \left\{\begin{array}{c} \{P_A\} \\ \hdashline \{P_X\} \end{array}\right\} \tag{3.8b}$$

$$= [T_F]\{P\} \tag{3.8c}$$

onde $[T_{FA}]$ e $[T_{FX}]$ são as matrizes de transformação de forças que representam as influências de $\{P_A\}$ e $\{P_X\}$ sobre $\{p\}$, respectivamente. Assim, para uma estrutura estaticamente indeterminada,

$$[T_F] = \left[\begin{array}{c:c} [T_{FA}] & [T_{FX}] \end{array}\right] \tag{3.9}$$

Exemplo 3.1

Desenvolver a matriz de transformação de forças para a treliça estaticamente determinada mostrada na figura 3.7a.

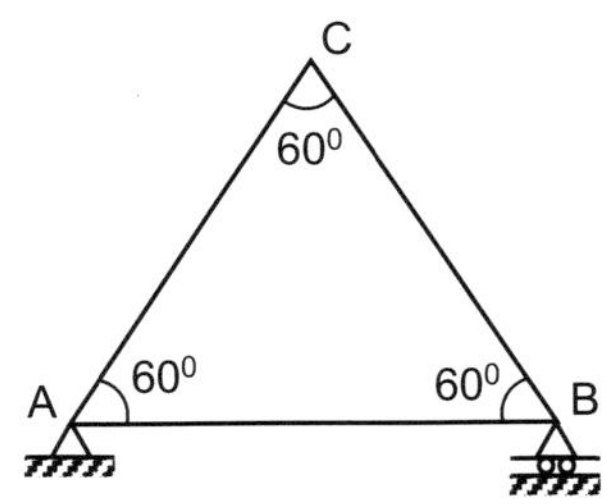

Figura 3.7a - Exemplo 3.1.

Solução

A estrutura discretizada, e as coordenadas globais e locais são mostradas na figura 3.7b.

Método I: usando-se equações de equilíbrio

A relação entre as forças de elemento (figura 3.7d) e as forças nodais (figura 3.7c) pode ser derivada usando-se equações de equilíbrio.

Da figura 3.7c,

$$\sum F_X = 0 \Rightarrow A_X = -P_1 - P_2$$

$$\sum M_1 = 0 \Rightarrow B_Y = \frac{\sqrt{3}}{2} P_2 - \frac{1}{2} P_3$$

$$\sum M_2 = 0 \Rightarrow A_Y = -\frac{\sqrt{3}}{2} P_2 - \frac{1}{2} P_3$$

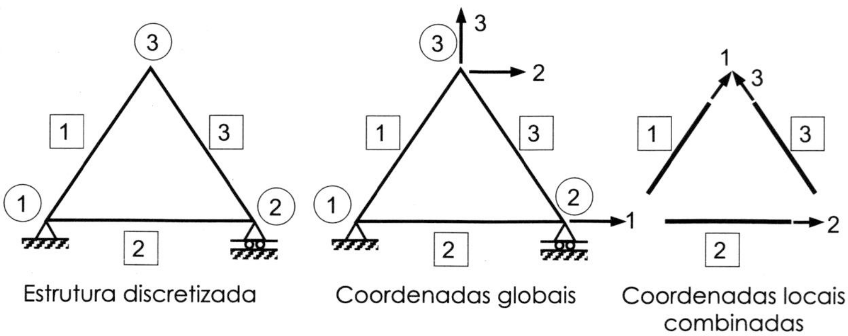

Figura 3.7b - Estrutura discretizada e coordenadas.

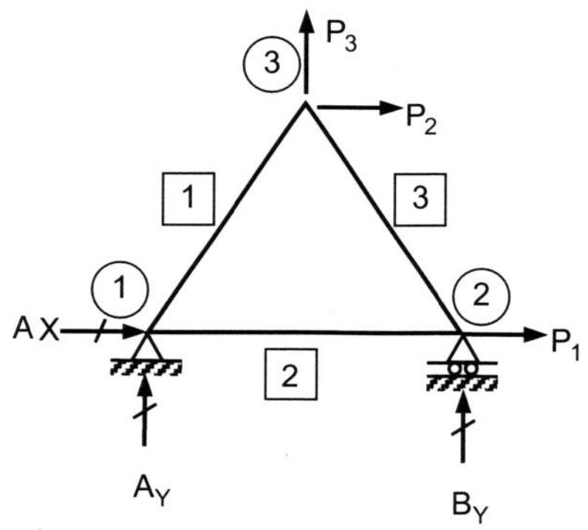

Figura 3.7c - Reações e forças nodais.

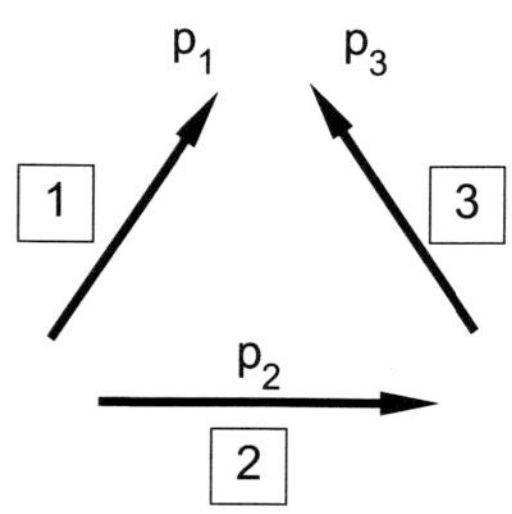

Figura 3.7d - Forças de elemento.

O DCL dos nós 1 e 2 são mostrados na figura 3.7e.

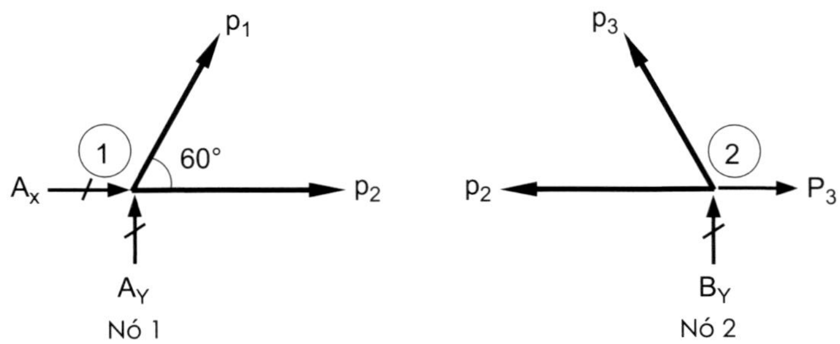

Figura 3.7e - DCL dos nós.

Do DCL do nó 1,

$$\sum F_Y = 0 \Rightarrow p_1 = -\frac{A_Y}{\text{sen}\,60} = -\frac{2}{\sqrt{3}}A_Y = -\frac{2}{\sqrt{3}}\left(-\frac{\sqrt{3}}{2}P_2 - \frac{1}{2}P_3\right)$$

$$\Rightarrow \quad p_1 = P_2 + \frac{1}{\sqrt{3}}P_3 \qquad \text{(a)}$$

$$\sum F_X = 0 \Rightarrow p_2 = -A_X - p_1\cos 60 = -A_X + \frac{2}{\sqrt{3}}A_Y\cos 60$$

$$= (P_1 + P_2) + \frac{\sqrt{3}}{3}\left(-\frac{\sqrt{3}}{2}P_2 - \frac{1}{2}P_3\right) \qquad \text{(b)}$$

$$\Rightarrow \quad p_2 = P_1 + \frac{1}{2}P_2 - \frac{\sqrt{3}}{6}P_3$$

Do DCL do nó 2,

$$\sum F_Y = 0 \Rightarrow p_3 = -\frac{B_Y}{\text{sen}\,60} = -\frac{2}{\sqrt{3}}\left(\frac{\sqrt{3}}{2}P_2 - \frac{1}{2}P_3\right)$$

$$\Rightarrow \quad p_3 = -P_2 + \frac{1}{\sqrt{3}}P_3 \qquad \text{(c)}$$

As equações de a a c em forma de matriz dão

$$\{p\} = [T_{FA}]\{P\}$$

$$\begin{Bmatrix} p_1 \\ p_2 \\ p_3 \end{Bmatrix} = \begin{bmatrix} 0 & 1 & 1/\sqrt{3} \\ 1 & 1/2 & -\sqrt{3}/6 \\ 0 & -1 & 1/\sqrt{3} \end{bmatrix} \begin{Bmatrix} P_1 \\ P_2 \\ P_3 \end{Bmatrix}$$

Portanto, a matriz de transformação de forças $[T_{FA}]$ é

$$[T_{FA}] = \begin{bmatrix} 0 & 1 & 1/\sqrt{3} \\ 1 & 1/2 & -\sqrt{3}/6 \\ 0 & -1 & 1/\sqrt{3} \end{bmatrix}$$

Método II: usando-se a figura 3.6.

- Elementos da primeira coluna de $[T_{FA}]$

Uma carga unitária é aplicada na coordenada global 1 (figura 3.7f). As forças desenvolvidas nos elementos são também mostradas na figura, e são elementos da primeira coluna de $[T_{FA}]$. Na figura, as forças marcadas para fora do nó são de tensão por natureza, e em direção ao nó são de compressão.

As forças de elemento são

$$\{p\} = \begin{Bmatrix} p_1 \\ p_2 \\ p_3 \end{Bmatrix} = \begin{Bmatrix} 0 \\ 1 \\ 0 \end{Bmatrix}$$

- Elementos da segunda coluna de $[T_{FA}]$

As forças de elemento devidas à carga unitária aplicada na segunda coordenada global são

$$\{p\} = \begin{Bmatrix} p_1 \\ p_2 \\ p_3 \end{Bmatrix} = \begin{Bmatrix} 1 \\ 1/2 \\ -1 \end{Bmatrix}$$

- Elementos da terceira coluna de $[T_{FA}]$

As forças nos elementos devida à carga unitária que atua na terceira coordenada global são

$$\{p\} = \begin{Bmatrix} p_1 \\ p_2 \\ p_3 \end{Bmatrix} = \begin{Bmatrix} 1/\sqrt{3} \\ -\sqrt{3}/6 \\ 1/\sqrt{3} \end{Bmatrix}$$

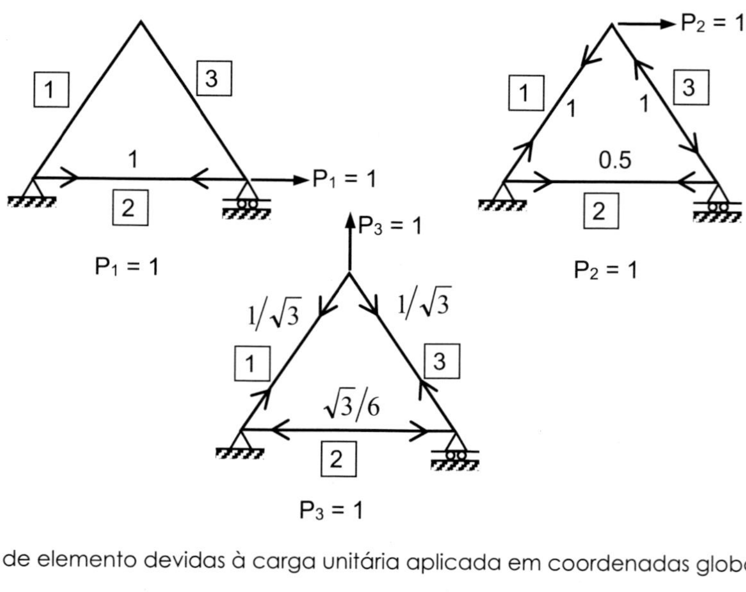

Figura 3.7f - Forças de elemento devidas à carga unitária aplicada em coordenadas globais.

- Matriz de transformação de forças $[T_{FA}]$

$$[T_{FA}] = \begin{bmatrix} 0 & 1 & 1/\sqrt{3} \\ 1 & 1/2 & -\sqrt{3}/6 \\ 0 & -1 & 1/\sqrt{3} \end{bmatrix}$$

3.4 Relações força–deslocamento

As relações força–deslocamento, em nível tanto de elemento quanto global, são derivadas nesta seção.

3.4.1 Para um elemento

A relação força–deslocamento do elemento (veja-se a figura 3.4) é

$$\{d^i\} = [f^i]\{p^i\} \tag{3.10}$$

onde $[f^i]$ é a matriz de flexibilidade de elemento[1].

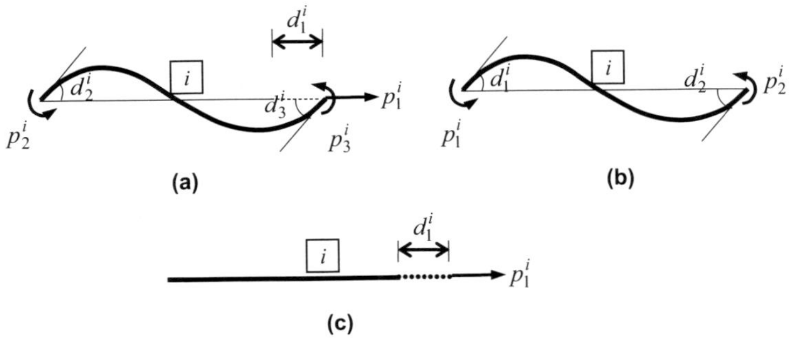

Figura 3.8 - Forças e deslocamentos em elementos: (a) elemento de quadro plano, (b) elemento barra e (c) elemento de treliça.

Para o elemento de quadro plano mostrado na figura 3.8a (estrutura 4 do exemplo 2.1),

$$[f^i] = \begin{bmatrix} l/AE & 0 & 0 \\ 0 & l/3EI & -l/6EI \\ 0 & -l/6EI & l/3EI \end{bmatrix} \tag{3.11}$$

A $[f^i]$ para um elemento barra mostrado na figura 3.8b (estrutura 2 do exemplo 2.1) é

$$[f^i] = \frac{l}{6EI}\begin{bmatrix} 2 & -1 \\ -1 & 2 \end{bmatrix} \tag{3.12}$$

[1] $[f^i]$ para diferentes tipos de elemento são derivadas no capítulo 2 – veja exemplo 2.1.

Para o elemento treliça mostrado na figura 3.8c (estrutura 3 do exemplo 2.1), a matriz de flexibilidade de elemento é

$$[f^i] = \left[\frac{l}{AE}\right] \tag{3.13}$$

3.4.2 Para a estrutura desmontada

Se a estrutura tem n elementos, as relações força–deslocamento dos elementos individuais são

$$\begin{aligned} \{d^1\} &= [f^1]\{p^1\} \\ \{d^2\} &= [f^2]\{p^2\} \\ &\vdots \\ \{d^n\} &= [f^n]\{p^n\} \end{aligned}$$

As equações acima são escritas em forma de matriz como

$$\begin{Bmatrix} \{d^1\} \\ \{d^2\} \\ \\ \{d^n\} \end{Bmatrix} = \begin{bmatrix} [f^1] & 0 & 0 & \cdots & 0 \\ 0 & [f^2] & 0 & \cdots & 0 \\ \cdots & \cdots & \cdots & \cdots & \cdots \\ \cdots & \cdots & \cdots & \cdots & \cdots \\ 0 & 0 & 0 & 0 & [f^n] \end{bmatrix} \begin{Bmatrix} \{p^1\} \\ \{p^2\} \\ \vdots \\ \{p^n\} \end{Bmatrix} \tag{3.14}$$

$$\Rightarrow \{d\} = [f]\{p\}$$

onde {d} e {p} são os vetores deslocamento e força combinados de elemento, e

$$[f] = \begin{bmatrix} [f^1] & 0 & 0 & \cdots & 0 \\ 0 & [f^2] & 0 & \cdots & 0 \\ \cdots & \cdots & \cdots & \cdots & \cdots \\ 0 & 0 & 0 & \cdots & [f^n] \end{bmatrix}$$

é a matriz diagonal com matrizes de flexibilidade de elemento como seus constituintes. Como [f] é obtida pela simples combinação das matrizes de flexibilidade de elemento de todos os elementos constituintes antes da montagem da estrutura, ela é conhecida como matriz de flexibilidade desmontada.

3.4.3 Para a estrutura

A relação força–deslocamento da estrutura é

$$\{D\} = [F]\{P\} \tag{3.15}$$

onde {D} e {P} são os vetores deslocamento e força em coordenadas globais. [F] é a matriz flexibilidade da estrutura.

a. Estrutura estaticamente determinada

No caso de estruturas estaticamente determinadas, $\{D\} = \{D_A\}$ e $\{P\} = \{P_A\}$. Então, a equação 3.15 pode ser escrita como

$$\{D_A\} = [\ F_{AA}\ ]\ \{P_A\} \tag{3.16}$$

Portanto, para uma estrutura estaticamente determinada, a matriz flexibilidade da estrutura é

$$[F] = [F_{AA}] \tag{3.17}$$

b. Estrutura estaticamente indeterminada

Neste caso,

$$\{D\} = \begin{Bmatrix} \{D_A\} \\ \hline \{D_x\} \end{Bmatrix} \text{ and } \{P\} = \begin{Bmatrix} \{P_A\} \\ \hline \{P_x\} \end{Bmatrix}$$

Então,

$$\{D\} = [F]\{P\}$$

$$\begin{Bmatrix} \{D_A\} \\ \hline \{D_X\} \end{Bmatrix} = \left[\begin{array}{c|c} [F_{AA}] & [F_{AX}] \\ \hline [F_{XA}] & [F_{XX}] \end{array}\right] \begin{Bmatrix} \{P_A\} \\ \hline \{P_A\} \end{Bmatrix} \tag{3.18}$$

Portanto,

$$\{D_A\} = [F_{AA}]\{P_A\} + [F_{AX}\ ]\{P_X\} \tag{3.19a}$$

$$\{D_X\} = [F_{XA}\ ]\{P_A\} + [F_{XX}\ ]\ \{P_X\} \tag{3.19b}$$

Para uma estrutura estaticamente indeterminada, a matriz flexibilidade da estrutura é

$$[F] = \left[\begin{array}{c|c} [F_{AA}] & [F_{AX}] \\ \hline [F_{XA}] & [F_{XX}] \end{array}\right] \tag{3.20}$$

Na equação acima, [F] é subdividida em quatro submatrizes para se considerar os efeitos de $\{P_A\}$ e $\{P_X\}$.

3.5 Condições de compatibilidade

A condição de compatibilidade é aquela sobre a continuidade de deslocamentos na estrutura carregada. As equações de equilíbrio sozinhas são insuficientes para a análise de estruturas estaticamente indeterminadas. Na análise desse tipo de estrutura, a condição de compatibilidade é introduzida usando-se $\{D_X\}$, o vetor deslocamento redundante. $\{D_X\}$ é o vetor deslocamento conhecido, correspondente ao vetor redundante incógnito $\{P_X\}$.

As condições de compatibilidade usadas no método de análise por flexibilidade são aquelas numa estrutura primária, a soma de deslocamentos, nas localizações redundantes devidos a cargas e redundantes deve ser igual a $\{D_X\}$.

Se $\{D_{XA}\}$ e $\{D_{XX}\}$ forem os deslocamentos nas coordenadas redundantes devidos ao vetor carga $\{P_A\}$ e redundantes $\{P_X\}$, então as condições de compatibilidade serão

$$\{D_{XA}\} + \{D_{XX}\} = \{D_X\}$$

onde $\{D_{XA}\} = [F_{XA}]\ \{P_A\}$ e $\{D_{XX}\} = [F_{XX}]\ \{P_X\}$

A equação acima é a mesma que a equação 3.19b.

3.6 Matriz de flexibilidade da estrutura

A lei de conservação de energia é usada para se derivar a expressão de [F]. Essa lei afirma que o trabalho realizado pelas cargas W é igual à energia de esforço U armazenada na estrutura. O trabalho realizado pelas cargas W é

$$W = \frac{1}{2}\{P\}^T\{D\}$$

A energia de esforço U é o trabalho realizado pelas forças internas {p} sobre o deslocamento interno {d}. Assim,

$$U = \frac{1}{2}\{p\}^T\{d\}$$

Então,

$$W = U \Rightarrow \frac{1}{2}\{P\}^T\{D\} = \frac{1}{2}\{p\}^T\{d\} \qquad \text{(a)}$$

Mas $\{p\} = [T_F]\ \{P\}$ (equação 3.5)

$$\Rightarrow\ \{p\}^T = \{P\}^T[T_F]^T \qquad \text{(b)}$$

Além disso, $\{d\} = [f]\ \{p\} = [f]\ [T_F]\ \{P\}$ (usando-se as equações 3.14 e 3.5) (c)

Substituindo-se as equações b e c na equação a, tem-se

$$\{P\}^T\{D\} = \{P\}^T[T_F]^T[f][T_F]\{P\}$$

$$\Rightarrow\ \{D\} = [T_F]^T[f][T_F]\{P\}$$

Mas {D} = [F] {P} (equação 3.15).

Então, a matriz flexibilidade da estrutura [F] é

$$[F] = [T_F]^T\ [f]\ [T_F] \qquad (3.21)$$

3.6.1 Matriz flexibilidade de uma estrutura estaticamente determinada

Para uma estrutura estaticamente determinada,

$[T_F] = [T_{FA}]$ e $[F] = [F_{AA}]$ (equações 3.7 e 3.17)

Assim, da equação 3.21,

$$[F] = [F_{AA}] = [T_{FA}]^T [f] [T_{FA}] \tag{3.22}$$

3.6.2 Matriz flexibilidade de uma estrutura estaticamente indeterminada

Neste caso

$$[T_F] = \left[\begin{array}{c:c} [T_{FX}] & [T_{FX}] \end{array} \right] \qquad \text{(equação 3.9)}$$

Então,

$[F] = [T_F]^T [f] [T_F]$

$$= \left[\begin{array}{c} [T_{FA}]^T \\ \hdashline [T_{FX}]^T \end{array} \right] [f] \left[\begin{array}{c:c} [T_{FA}] & [T_{FX}] \end{array} \right]$$

$$= \left[\begin{array}{c:c} [T_{FA}]^T [f][T_{FA}] & [T_{FA}]^T [f][T_{FX}] \\ \hdashline [T_{FX}]^T [f][T_{FA}] & [T_{FX}]^T [f][T_{FX}] \end{array} \right] \tag{3.23}$$

Mas, conforme a equação 3.20,

$$[F] = \left[\begin{array}{c:c} [F_{AA}] & [F_{AX}] \\ \hdashline [F_{XA}] & [F_{XX}] \end{array} \right]$$

Comparando-se as equações 3.20 e 3.23, tem-se

$$[F_{AA}] = [T_{FA}]^T [f][T_{FA}] \tag{3.24a}$$

$$[F_{AX}] = [T_{FA}]^T [f][T_{FX}] \tag{3.24b}$$

$$[F_{XA}] = [T_{FX}]^T [f][T_{FA}] \tag{3.24c}$$

$$[F_{XX}] = [T_{FX}]^T [f][T_{FX}] \tag{3.24d}$$

3.6.3 Relação entre $[F_{AX}]$ e $[F_{XA}]$

Da equação 3.24b,

$[F_{AX}] = [T_{FA}]^T [f] [T_{FX}] = [T_{FA}]^T ([f] [T_{FX}])$

Tomando-se a transposta da matriz,

$$[F_{AX}]^T = ([f]\ [T_{FX}])^T\ ([T_{FA}]^T)$$

$$= [T_{FX}]^T\ [f]^T\ [T_{FA}]$$

Mas $[f]^T = [f]$ ($\therefore [f]$ é a matriz diagonal)

Então,

$$[F_{AX}]^T = [T_{FX}]^T\ [f]\ [T_{FA}] = [F_{XA}]$$

Assim,

$$[F_{AX}]^T = [F_{XA}] \tag{3.25}$$

3.7 Transformações usadas no método da flexibilidade

A figura 3.9 mostra as várias transformações usadas no método da flexibilidade.

Partindo-se da figura 3.9,

$$\{p\} = [T_F]\{P\}$$

$$\{d\} = [f]\ \{p\} = [f]\ [T_F]\{P\}$$

$$\{D\} = [a]\ \{d\} = [T_F]^T\ \{d\}$$

Nota: usando-se o princípio de contragradiente discutido na seção 4.4, pode-se mostrar que se

$\{p\} = [T_F]\ \{P\}$, então $\{D\} = [a]\ \{d\}$, onde $[a] = [T_F]^T$.

Portanto,

$$\{D\} = [T_F]^T\ \{d\} = [T_F]^T\ [f]\ [T_F]\ \{P\} = [F]\ \{P\}$$

$$\therefore\ \{F\} = [T_F]^T\ [f]\ [T_F]$$

(Esta é uma maneira alternativa de derivação da expressão para se encontrar [F]).

3.8 Análise de estrutura estaticamente determinada

As equações de equilíbrio isoladas são suficientes para se determinar as forças de elemento numa estrutura estaticamente determinada e são determinadas usando-se a seguinte equação:

$$\{p\} = [T_{FA}]\{P_A\}$$

Os deslocamentos nodais $\{D_A\}$ são calculados pela equação

$$\{D_A\} = [F_{AA}]\{P_A\}$$

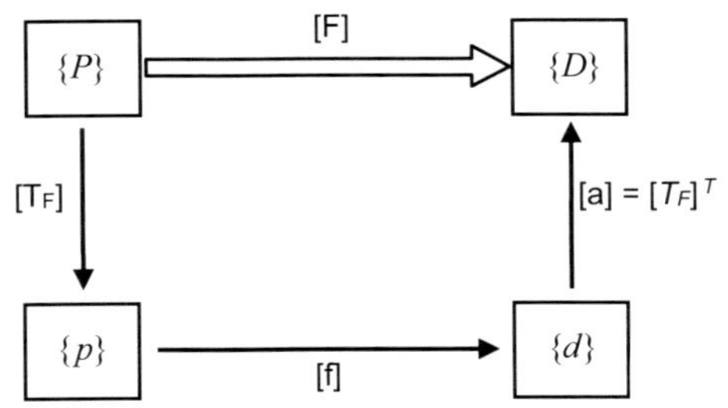

Figura 3.9 - Matrizes de transformação no método da flexibilidade.

Os passos necessários para se analisar uma estrutura estaticamente determinada usando-se o método da flexibilidade são listados abaixo.

I. Identificar os nós e elementos, e traçar a estrutura discretizada;
II. Identificar as coordenadas globais (coordenadas de ação) e definir o vetor carga $\{P_A\}$;
III. Identificar as coordenadas locais. Definir o vetor força de elemento $\{p_i\}$ e o vetor força combinada de elemento $\{p\}$;
IV. Determinar a matriz de transformação de forças $[T_{FA}]$;
V. Encontrar as forças de elemento $\{p\}$ usando-se a equação $\{p\} = [T_{FA}]\{P_A\}$;
VI. Determinar as matrizes de flexibilidade de elemento individuais $[f_1]$, $[f_2]$, ..., $[f_n]$ e desenvolver a matriz de flexibilidade desmontada [f]

$$[f] = \begin{bmatrix} [f^1] & 0 & 0 & \cdots & 0 \\ 0 & [f^2] & 0 & \cdots & 0 \\ \cdots & \cdots & \cdots & \cdots & \cdots \\ 0 & 0 & 0 & \cdots & [f^n] \end{bmatrix}$$

VII. Determinar a matriz de flexibilidade da estrutura $[F_{AA}]$

$$[F_{AA}] = [T_{FA}]^T [f] [T_{FA}]$$

VIII. Calcular o deslocamento nodal $\{D_A\}$ usando-se a equação $\{D_A\} = [F_{AA}]\{P_A\}$.

3.8.1 Estruturas submetidas a cargas de elemento

Como discutido no capítulo 1, as cargas que atuam sobre os elementos são convertidas em cargas nodais equivalentes $\{P_e\}$ ($\{P_e\} = -\{P_F\}$). Após encontrar-se $\{P_e\}$, o vetor força nodal combinada $\{P_C\}$ é calculado ($\{P_C\} = \{P\} + \{P_e\}$).

No caso de estruturas estaticamente determinadas, $\{P_{CA}\}$ (i.e., cargas combinadas ao longo das coordenadas de ação) são usadas no lugar de $\{P_A\}$ nos passos acima.

Usando-se o princípio da sobreposição, as forças de elemento {p} são obtidas como

$$\{p\} = \{p_F\} + \{p_C\} \tag{3.26}$$

onde $\{p_F\}$ é a força de elemento devida às ações de extremidade engastada e $\{p_C\}$ são as forças de elemento devidas às cargas nodais combinadas ($\{p_C\} = [T_{FA}]\{P_{CA}\}$).

As cargas nodais equivalentes são determinadas de tal forma que os deslocamentos nodais devidos a cargas combinadas $\{D_C\}$ sejam os mesmos que os deslocamentos nodais devidos a cargas reais {D}. Assim,

$$\{D_C\} = \{D\}$$

Donde,

$$\{D_C\} = [F]\,\{P_C\}$$

$$\Rightarrow \{D\} = [F]\,\{P_C\}$$

No caso de estrutura estaticamente determinada,

$$\{D_A\} = [F_{AA}]\{P_C\} \quad (\therefore [F] = [F_{AA}] \text{ e } \{D\} = \{D_A\})$$

Exemplo 3.2

Encontrar a deflexão e a rotação nas extremidades livres da barra mostrada na figura 3.10a. E encontrar as forças desenvolvidas na barra.

Solução

Passo 1: Desenvolver a estrutura discretizada
Os nós e elementos são mostrados na figura 3.10b.

Passo 2: Identificar as coordenadas globais e definir o vetor carga
Como é necessário encontrar-se a rotação e deflexão vertical no nó 2, duas coordenadas globais são identificadas nesse nó (figura 3.10c). O vetor carga é

$$\{P_A\} = \begin{Bmatrix} P_1 \\ P_2 \end{Bmatrix} = \begin{Bmatrix} -P \\ 0 \end{Bmatrix}$$

Passo 3: Identificar as coordenadas locais
A estrutura é modelada usando-se um elemento barra. As coordenadas locais combinadas são mostradas na figura 3.10d.

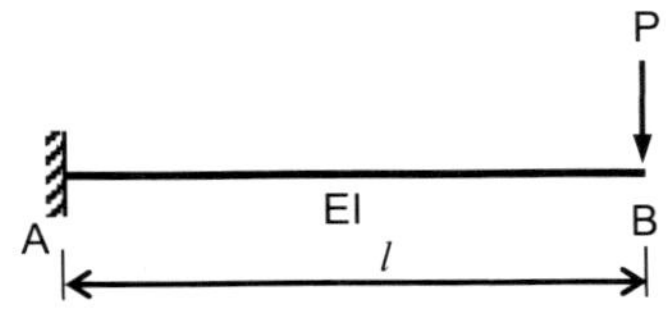

Figura 3.10a - Exemplo 3.2.

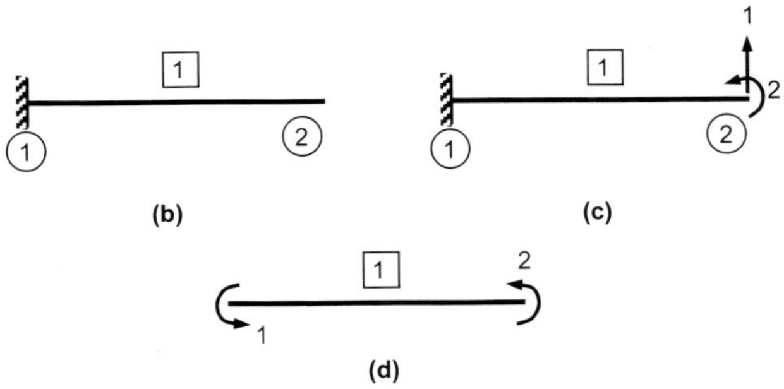

Figura 3.10b–d - Estrutura discretizada e coordenadas. (b) estrutura discretizada. (c) coordenadas globais. (d) coordenadas locais combinadas.

Passo 4: Desenvolver a matriz de transformação de forças $[T_{FA}]$

Cargas unitárias são aplicadas nas duas coordenadas globais e os momentos de extremidade desenvolvidos devidos a essas cargas são mostrados na figura 3.10e. Comparando-se com as coordenadas locais combinadas mostradas na figura 3.10d, a matriz de transformação de forças é obtida como

$$[T_{FA}] = \begin{array}{c} \scriptstyle P_1=1 \quad P_2=1 \\ \begin{bmatrix} -l & -1 \\ 0 & 1 \end{bmatrix} \end{array}$$

Passo 5: Desenvolver a matriz de flexibilidade de elemento $[f^1]$ e a matriz de flexibilidade desmontada [f]

- Matriz de flexibilidade de elemento

$$[f^1] = \frac{l}{6EI}\begin{bmatrix} 2 & -1 \\ -1 & 2 \end{bmatrix}$$

- Matriz de flexibilidade desmontada [f]

Como só há um elemento,

$$[f] = [f^1] = \frac{l}{6EI}\begin{bmatrix} 2 & -1 \\ -1 & 2 \end{bmatrix}$$

Passo 6: Desenvolver a matriz de flexibilidade $[F_{AA}]$

$$[F_{AA}]=[T_{FA}]^T[f][T_{FA}]$$

$$[F_{AA}]=\begin{bmatrix} -l & 0 \\ -1 & 1 \end{bmatrix}\frac{l}{6EI}\begin{bmatrix} 2 & -1 \\ -1 & 2 \end{bmatrix}\begin{bmatrix} -l & -1 \\ 0 & 1 \end{bmatrix}$$

$$=\frac{l}{6EI}\begin{bmatrix} 2l^2 & 3l \\ 3l & 6 \end{bmatrix}$$

Passo 7: Determinar o deslocamento nodal $\{D_A\}$

$$\{D_A\} = [F_{AA}]\{P_A\}$$

$$\{D_A\}=\begin{Bmatrix} D_1 \\ D_2 \end{Bmatrix}=\frac{l}{6EI}\begin{bmatrix} 2l^2 & 3l \\ 3l & 6 \end{bmatrix}\begin{Bmatrix} -P \\ 0 \end{Bmatrix}=\begin{Bmatrix} -Pl^3/3EI \\ -Pl^2/2EI \end{Bmatrix}$$

Portanto, a rotação e deflexão vertical na ponta da barra são $Pl^3 / 3EI$ (para baixo) e $Pl^2 / 2EI$ (no sentido dos ponteiros do relógio).

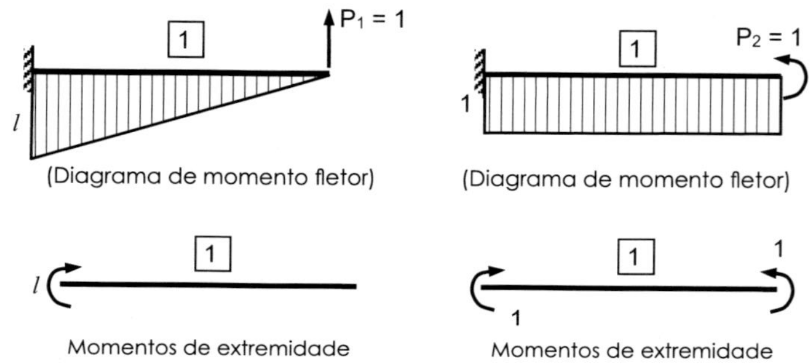

Figura 3.10e - Elementos de $[T_{FA}]$.

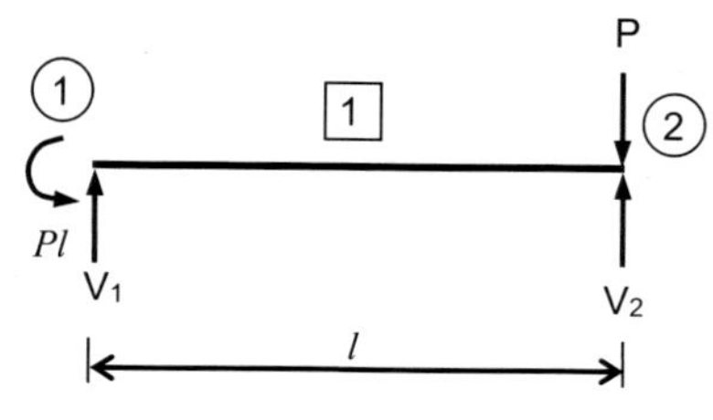

Figura 3.10f - Ações de extremidade no elemento.

Passo 8: Determinar as forças de elemento {p}

$$\{p\}=[T_{FA}]\{P_A\}$$

$$\{p\}=\begin{Bmatrix} p_1 \\ p_2 \end{Bmatrix}=\begin{bmatrix} -l & -1 \\ 0 & 1 \end{bmatrix}\begin{Bmatrix} -P \\ 0 \end{Bmatrix}=\begin{Bmatrix} Pl \\ 0 \end{Bmatrix}$$

Uma vez que {p} seja calculado, as ações de extremidade (figura 3.10f) são determinadas usando-se equações de equilíbrio.

Da figura 3.10f,

$$\sum M_1 = 0 \Rightarrow Pl + lV_2 - lP = 0 \Rightarrow V_2 = 0$$

$$\sum F_Y = 0 \Rightarrow V_1 = P$$

Depois de encontrar-se as ações de extremidade, o diagrama de esforço cortante e o diagrama de momento fletor das estruturas podem ser traçados.

Exemplo 3.3
Determinar a deflexão na extremidade livre da barra cantiléver mostrada na figura 3.11a.

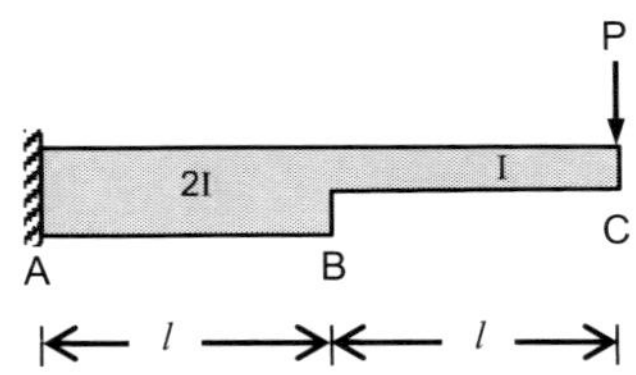

Figura 3.11a - Exemplo 3.3.

Solução

Passo 1: Desenvolver a estrutura discretizada
Como há uma alteração na seção transversal em B, é necessário introduzir-se um nó em B. A barra é modelada usando-se dois elementos barra (figura 3.11b).

Passo 2: Identificar as coordenadas globais e definir o vetor de carga
A coordenada global 1 mostrada na figura 3.11c é suficiente para se definir a carga e a deflexão vertical na ligação C. O vetor carga é

$$\{P_A\} = \{P_1\} = \{-P\}$$

Passo 3: Identificar as coordenadas locais
As coordenadas locais combinadas para os dois elementos são mostradas na figura 3.11d.

Passo 4: Desenvolver a matriz de transformação de forças $[T_{FA}]$
Para se determinar os elementos de $[T_{FA}]$, uma carga unitária é aplicada na coordenada global e as forças de elemento (momentos de extremidade) desenvolvidas devido a essa carga são mostrados na figura 3.11e.

Pela comparação dos momentos desenvolvidos nos elementos (figura 3.11e) com as coordenadas locais combinadas (figura 3.11d), os elementos de $[T_{FA}]$ são

$$[T_{FA}] = \begin{bmatrix} -2l \\ l \\ -l \\ 0 \end{bmatrix}$$

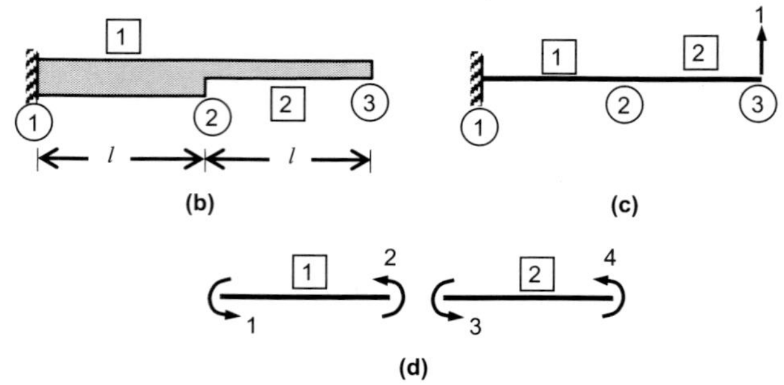

Figura 3.11b–d - Estrutura discretizada e coordenadas. (b) estrutura discretizada. (c) coordenadas globais. (d) coordenadas locais combinadas.

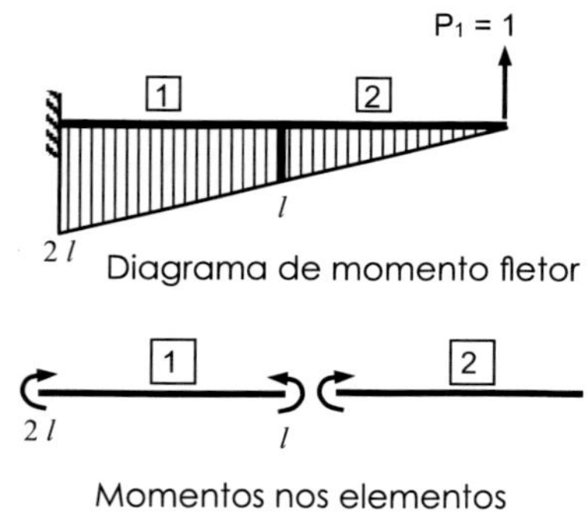

Figura 3.11e - Elementos de $[T_{FA}]$.

Passo 5: Desenvolver a matriz de flexibilidade de elemento [f] e a matriz de flexibilidade desmontada [f]

- Matriz de flexibilidade de elemento

A matriz de flexibilidade do elemento barra é

$$[f^i]=\frac{l_i}{6(EI)_i}\begin{bmatrix} 2 & -1 \\ -1 & 2 \end{bmatrix}$$

Então,

$$[f^1]=\frac{l}{6(2EI)}\begin{bmatrix} 2 & -1 \\ -1 & 2 \end{bmatrix}=\frac{l}{6EI}\begin{bmatrix} 1 & -0.5 \\ -0.5 & 1 \end{bmatrix}$$

$$[f^2]=\frac{l}{6EI}\begin{bmatrix} 2 & -1 \\ -1 & 2 \end{bmatrix}$$

- Matriz de flexibilidade desmontada

$$[f]=\begin{bmatrix} [f^1] & 0 \\ 0 & [f^2] \end{bmatrix}$$

$$= \frac{l}{6EI}\begin{bmatrix} 1 & -0.5 & 0 & 0 \\ -0.5 & 1 & 0 & 0 \\ 0 & 0 & 2 & -1 \\ 0 & 0 & -1 & 2 \end{bmatrix}$$

Passo 6: Desenvolver a matriz de flexibilidade $[F_{AA}]$

$$[F_{AA}] = [T_{FA}]^T [f][T_{FA}]$$

$$= \begin{bmatrix} -2l & l & -l & 0 \end{bmatrix} \frac{l}{6EI}\begin{bmatrix} 1 & -0.5 & 0 & 0 \\ -0.5 & 1 & 0 & 0 \\ 0 & 0 & 2 & -1 \\ 0 & 0 & -1 & 2 \end{bmatrix}\begin{bmatrix} -2l \\ l \\ -l \\ 0 \end{bmatrix}$$

$$= \frac{3}{2}\frac{l^3}{EI}$$

Passo 7: Determinar os deslocamentos nodais $\{D_A\}$

$$\{D_A\} = [F_{AA}]\{P_A\}$$

$$\Rightarrow \{D_A\} = \{D_1\} = \frac{3}{2}\frac{l^3}{EI} \times (-P) = -\frac{3}{2}\frac{Pl^3}{EI}$$

Daí, o deslocamento na ponta da barra é $\frac{3}{2}\frac{Pl^3}{EI}(\downarrow)$

Exemplo 3.4

Determinar a deflexão na extremidade livre da barra mostrada na figura 3.12a.

Solução

Passo 1: Desenvolver a estrutura discretizada
Considere-se que a carga atua num nó. Então, três nós são necessários (em A, B e C). A estrutura discretizada é mostrada na figura 3.12b.

Passo 2: Identificar as coordenadas globais e definir o vetor carga
Para se definir a carga vertical aplicada no nó 2 e a deflexão vertical no nó 3, duas coordenadas globais são usadas (figura 3.12c). O vetor carga $\{P_A\}$ é

$$\{P_A\} = \begin{Bmatrix} P_1 \\ P_2 \end{Bmatrix} = \begin{Bmatrix} -P \\ 0 \end{Bmatrix}$$

Passo 3: Identificar as coordenadas locais
As coordenadas locais combinadas para os dois elementos são mostradas na figura 3.12d.

Passo 4: Desenvolver a matriz de transformação de forças $[T_{FA}]$
Os momentos de extremidade desenvolvidos nos elementos devidos às cargas unitárias que atuam nas coordenadas globais são mostrados na figura 3.12e.

Das figuras 3.12d e e,

$$[T_{FA}] = \begin{bmatrix} -l & -2l \\ 0 & l \\ 0 & -l \\ 0 & 0 \end{bmatrix} \quad (\text{colunas: } P_1 = 1, \; P_2 = 1)$$

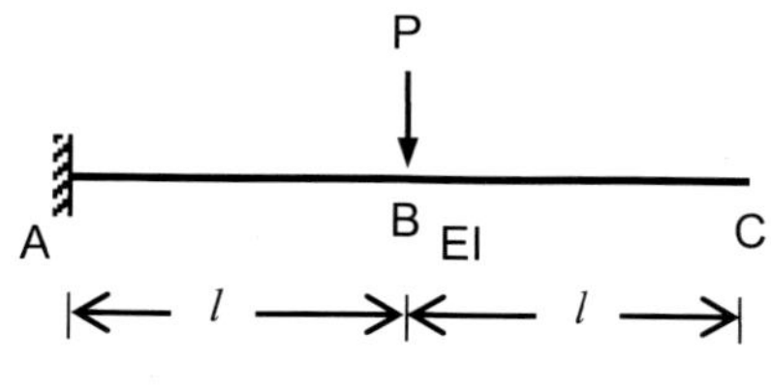

Figura 3.12a - Exemplo 3.4.

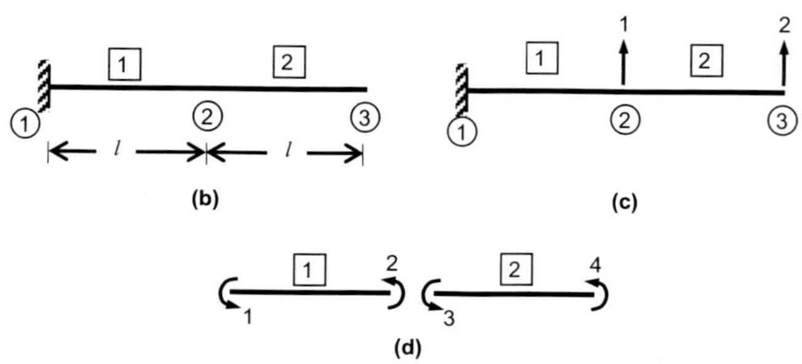

Figura 3.12b–d - Estrutura discretizada e coordenadas. (b) estrutura discretizada. (c) coordenadas globais. (d) coordenadas locais combinadas.

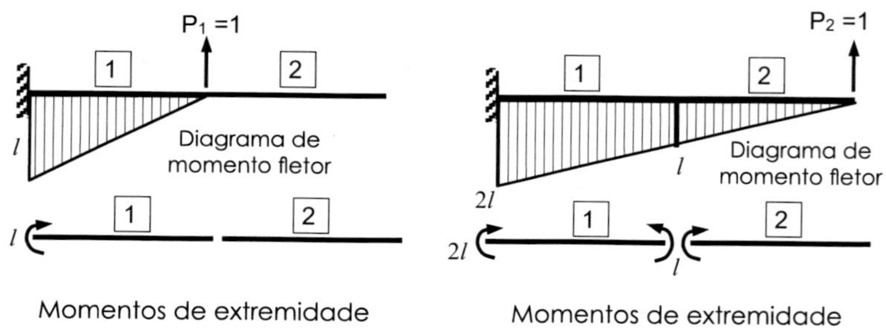

Figura 3.12e - Elementos de $[T_{FA}]$.

Passo 5: Desenvolver a matriz de flexibilidade de elemento $[f^i]$ e a matriz de flexibilidade desmontada [f].

- Matriz de flexibilidade de elemento

A matriz de flexibilidade do elemento barra é

$$[f^1] = [f^2] = \frac{l}{6EI} \begin{bmatrix} 2 & -1 \\ -1 & 2 \end{bmatrix}$$

- Matriz de flexibilidade desmontada

$$[f]=\begin{bmatrix} [f_1] & 0 \\ 0 & [f_2] \end{bmatrix}=\frac{l}{6EI}\begin{bmatrix} 2 & -1 & 0 & 0 \\ -1 & 2 & 0 & 0 \\ 0 & 0 & 2 & -1 \\ 0 & 0 & -1 & 2 \end{bmatrix}$$

Passo 6: Desenvolver a matriz de flexibilidade $[F_{AA}]$

$$[F_{AA}]=[T_{FA}]^T[f][T_{FA}]=\frac{l^3}{6EI}\begin{bmatrix} 2 & 5 \\ 5 & 16 \end{bmatrix}$$

Passo 7: Determinar os deslocamentos nodais $\{D_A\}$

$$\{D_A\}=[F_{AA}]\{P_A\}$$

$$\{D_A\}=\begin{Bmatrix} D_1 \\ D_2 \end{Bmatrix}=\frac{l^3}{6EI}\begin{bmatrix} 2 & 5 \\ 5 & 16 \end{bmatrix}\begin{Bmatrix} -P \\ 0 \end{Bmatrix}=\begin{Bmatrix} -Pl^3/3EI \\ -5Pl^3/6EI \end{Bmatrix}$$

Portanto, a deflexão vertical na extremidade da barra é $\frac{5Pl^3}{6EI}(\downarrow)$

Exemplo 3.5

Encontrar a deflexão vertical na ligação A da estrutura mostrada na figura 3.13a.

Solução

Passo 1: Desenvolver a estrutura discretizada
Os nós e elementos são mostrados na figura 3.13b.

Passo 2: Identificar as coordenadas globais e definir o vetor carga $\{P_A\}$
As coordenadas globais são mostradas na figura 3.13c e o vetor carga é

$$\{P_A\}=\begin{Bmatrix} P_1 \\ P_2 \end{Bmatrix}=\begin{Bmatrix} -5\text{ kN} \\ 2\text{ kNm} \end{Bmatrix}$$

Passo 3: Identificar as coordenadas locais
As coordenadas locais combinadas dos elementos são mostradas na figura 3.13d.

Passo 4: Desenvolver a matriz de transformação de forças $[T_{FA}]$
Os momentos de extremidade (em kNm) desenvolvidos nos elementos devidos à aplicação de cargas unitárias atuando nas coordenadas globais são mostrados na figura 3.13e.

Das figuras 3.13d e e,

$$[T_{FA}] = \begin{bmatrix} P_1=1 & P_2=1 \\ 0 & 1 \\ 1.5 & -1 \\ -1.5 & 1 \\ 2.5 & -1 \end{bmatrix}$$

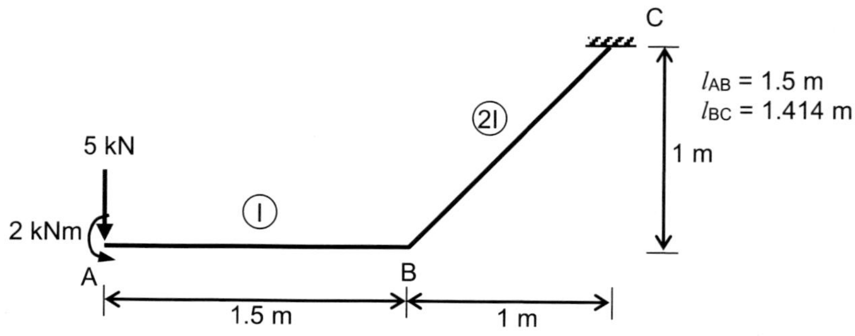

Figura 3.13a - Exemplo 3.5.

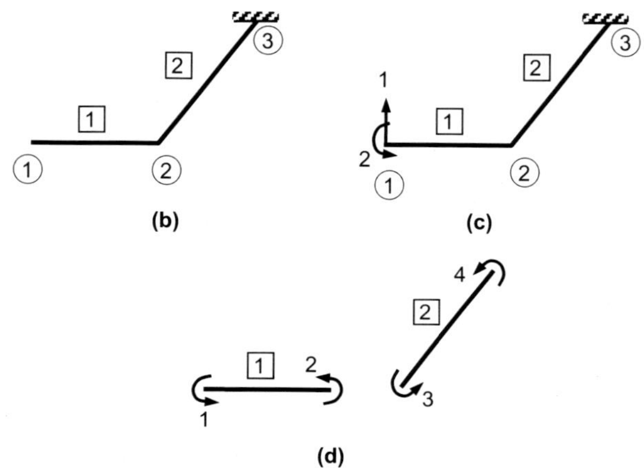

Figura 3.13b–d - Estrutura discretizada e coordenadas. (b) estrutura discretizada. (c) coordenadas globais. (d) coordenadas locais combinadas.

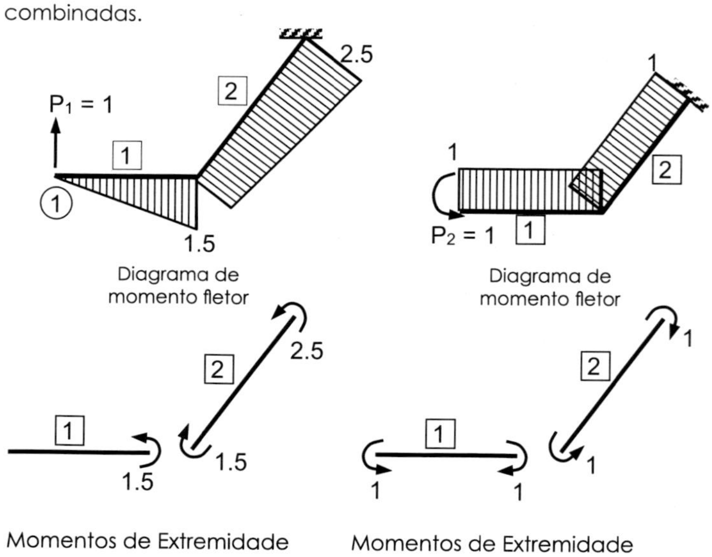

Figura 3.13e - Elementos de $[T_{FA}]$.

Passo 5: Desenvolver a matriz de flexibilidade de elemento [f^i] e a matriz de flexibilidade desmontada [f].

- Matriz de flexibilidade de elemento [f^i]

$$[f^1]=\frac{1.5}{6EI}\begin{bmatrix} 2 & -1 \\ -1 & 2 \end{bmatrix}=\frac{1}{6EI}\begin{bmatrix} 3 & -1.5 \\ -1.5 & 3 \end{bmatrix}$$

$$[f^2]=\frac{1.414}{6(2EI)}\begin{bmatrix} 2 & -1 \\ -1 & 2 \end{bmatrix}=\frac{1}{6EI}\begin{bmatrix} 1.414 & -0.707 \\ -0.707 & 1.414 \end{bmatrix}$$

- Matriz de flexibilidade desmontada

$$[f]=\begin{bmatrix} [f^1] & 0 \\ 0 & [f^2] \end{bmatrix}=\frac{1}{6EI}\begin{bmatrix} 3 & -1.5 & 0 & 0 \\ -1.5 & 3 & 0 & 0 \\ 0 & 0 & 1.414 & -0.707 \\ 0 & 0 & -0.707 & 1.414 \end{bmatrix}$$

Passo 6: Desenvolver a matriz de flexibilidade [F_{AA}]

$$[F_{AA}]=[T_{FA}]^T[f][T_{FA}]=\frac{1}{EI}\begin{bmatrix} 4.012 & -2.539 \\ -2.539 & 2.207 \end{bmatrix}$$

Passo 7: Determinar os deslocamentos nodais {D_A}

$$\{D_A\}=[F_{AA}]\{P_A\}$$

$$\{D_A\}=\begin{Bmatrix} D_1 \\ D_2 \end{Bmatrix}=\frac{1}{EI}\begin{Bmatrix} -25.138 \\ 17.109 \end{Bmatrix}$$

Assim, a deflexão vertical na ligação A é $\frac{25.138}{EI}(\downarrow)$

Exemplo 3.6

Encontrar o deslocamento horizontal na ligação D do quadro mostrado na figura 3.14a.

Solução

Passo 1: Desenvolver a estrutura discretizada
A estrutura discretizada é mostrada na figura 3.14b.

Passo 2: Identificar as coordenadas globais e definir o vetor carga
As coordenadas globais são mostradas na figura 3.14c e o vetor carga é

$$\{P_A\}=\begin{Bmatrix} P_1 \\ P_2 \end{Bmatrix}=\begin{Bmatrix} 20 \\ 0 \end{Bmatrix}\text{kN}$$

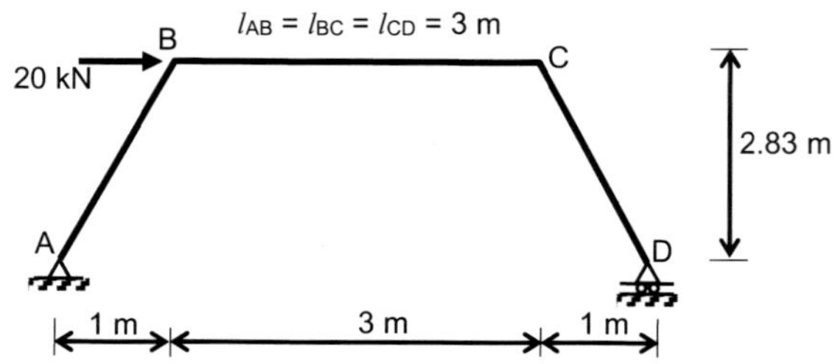

Figura 3.14a - Exemplo 3.6.

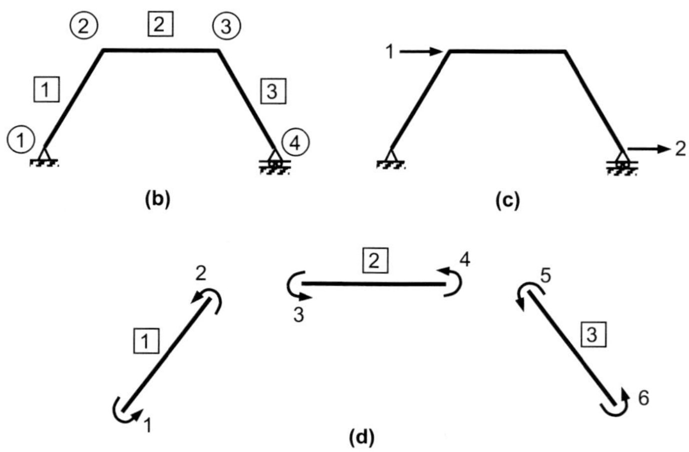

Figura 3.14b–d - Estrutura discretizada e coordenadas. (b) estrutura discretizada. (c) coordenadas globais. (d) coordenadas locais combinadas.

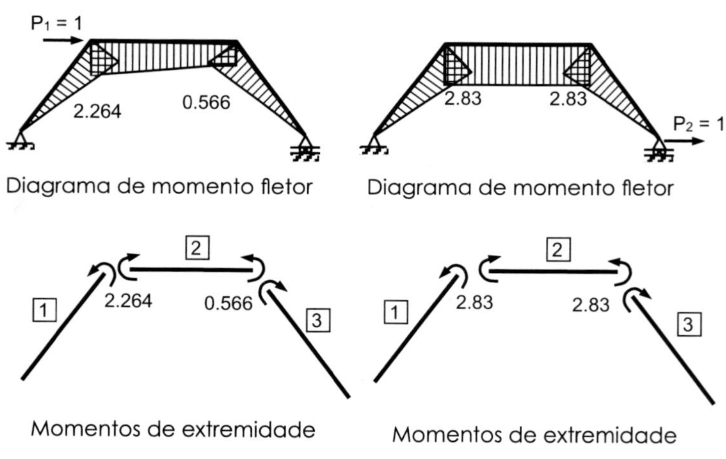

Figura 3.14e - Elementos de $[T_{FA}]$.

Passo 3: Identificar as coordenadas locais

As coordenadas locais combinadas são mostradas na figura 3.14d.

Passo 4: Desenvolver a matriz de transformação de forças $[T_{FA}]$

Os momentos de extremidade (em kNm) desenvolvidos nos elementos devidos a cargas unitárias aplicadas nas coordenadas globais são mostrados na figura 3.14e.

Das figuraws 3.14d e e,

$$[T_{FA}] = \begin{bmatrix} P_1 = 1 & P_2 = 1 \\ 0 & 0 \\ 2.264 & 2.83 \\ -2.264 & -2.83 \\ 0.566 & 2.83 \\ -0.566 & -2.83 \\ 0 & 0 \end{bmatrix}$$

Passo 5: Desenvolver a matriz de flexibilidade de elemento e a matriz de flexibilidade desmontada.

- Matriz de flexibilidade de elemento [f^i]

$$[f^1]=[f^2]=[f^3]=\frac{3}{6EI}\begin{bmatrix} 2 & -1 \\ -1 & 2 \end{bmatrix}=\frac{1}{6EI}\begin{bmatrix} 6 & -3 \\ -3 & 6 \end{bmatrix}$$

- Matriz de flexibilidade desmontada [f]

$$[f]=\begin{bmatrix} [f^1] & 0 & 0 \\ 0 & [f^2] & 0 \\ 0 & 0 & [f^3] \end{bmatrix}=\frac{1}{6EI}\begin{bmatrix} 6 & 3 & 0 & 0 & 0 & 0 \\ -3 & 6 & 0 & 0 & 0 & 0 \\ 0 & 0 & 6 & -3 & 0 & 0 \\ 0 & 0 & -3 & 6 & 0 & 0 \\ 0 & 0 & 0 & 0 & 6 & -3 \\ 0 & 0 & 0 & 0 & -3 & 6 \end{bmatrix}$$

Passo 6: Desenvolver a matriz de flexibilidade [F_{AA}]

$$[F_{AA}]=[T_{FA}]^T[f][T_{FA}]$$

$$=\frac{1}{EI}\begin{bmatrix} 12.174 & 20.022 \\ 20.022 & 40.045 \end{bmatrix}$$

Passo 7: Determinar os deslocamentos nodais

$$\{D_A\}=[F_{AA}]\{P_A\}$$

$$\{D_A\}=\begin{Bmatrix} D_1 \\ D_2 \end{Bmatrix}=\frac{1}{EI}\begin{Bmatrix} 243.471 \\ 400.445 \end{Bmatrix}$$

A deflexão horizontal na ligação D é $\frac{400.445}{EI}(\rightarrow)$

Exemplo 3.7

Encontrar a força desenvolvida na treliça mostrada na figura 3.15a. Além disso, encontrar os deslocamentos correspondentes às cargas aplicadas. A razão entre comprimento (l_i) e a área da seção transversal (A_i) de todos os elementos é a unidade

Solução

Passo 1: Desenvolver a estrutura discretizada
A estrutura discretizada indicando os nós e elementos é mostrada na figura 3.15b.

Passo 2: Identificar as coordenadas globais e definir o vetor carga
As coordenadas globais são mostradas na figura 3.15c e o vetor carga é

$$\{P_A\} = \begin{Bmatrix} P_1 \\ P_2 \end{Bmatrix} = \begin{Bmatrix} -2P \\ P \end{Bmatrix}$$

Passo 3: Identificar as coordenadas locais
As coordenadas locais combinadas são mostradas na figura 3.15d.

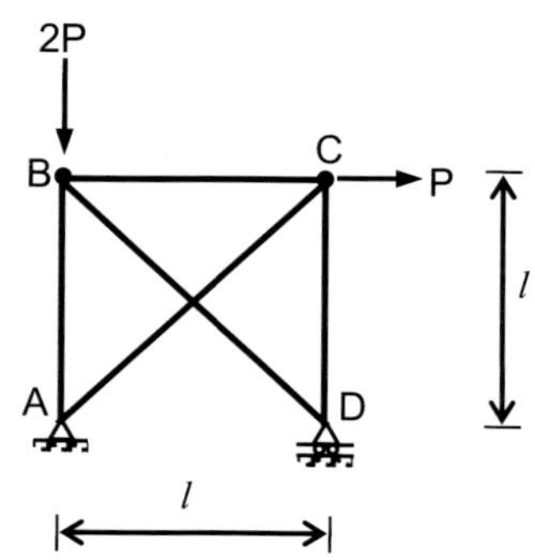

Figura 3.15a - Exemplo 3.7.

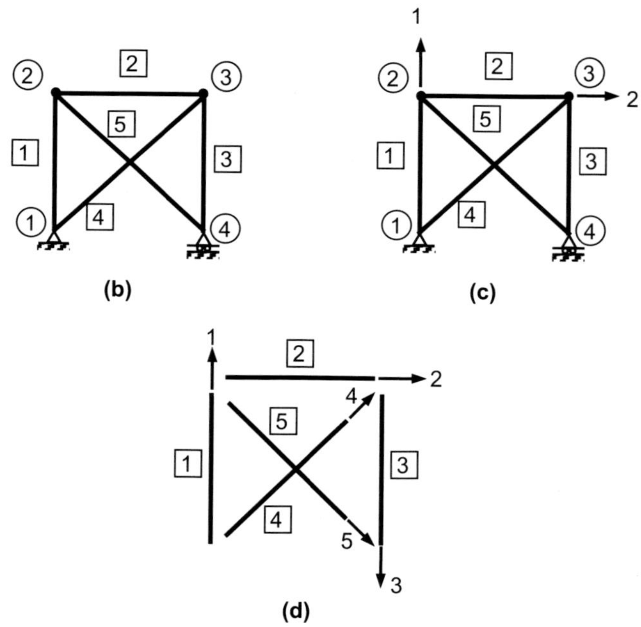

Figura 3.15b–d - Estrutura discretizada e coordenadas. (b) estrutura discretizada. (c) coordenadas globais. (d) coordenadas locais combinadas.

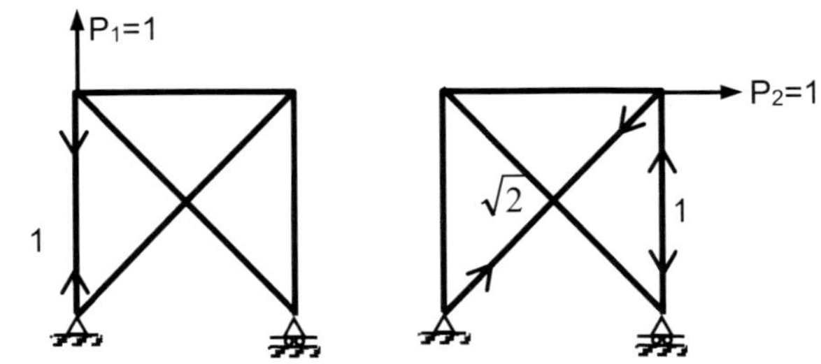

Figura 3.15e - Elementos de $[T_{FA}]$.

Passo 4: Desenvolver a matriz de transformação de forças $[T_{FA}]$

As forças desenvolvidas nos elementos devidas às cargas unitárias aplicadas nas coordenadas globais são mostradas na figura 3.15e.

Dessa figura,

$$[T_{FA}] = \begin{bmatrix} \overset{P_1=1}{1} & \overset{P_2=1}{0} \\ 0 & 0 \\ 0 & -1 \\ 0 & \sqrt{2} \\ 0 & 0 \end{bmatrix}$$

Passo 5: Desenvolver a matriz de flexibilidade de elemento e a matriz de flexibilidade desmontada.

- Matriz de flexibilidade de elemento $[f^i]$

Para um elemento de treliça, $[f^i] = [l_i / A_i E_i]$

$$[f^1] = [f^2] = [f^3] = [f^4] = [f^5] = [1/E]$$

- Matriz de flexibilidade desmontada

$$[f] = \begin{bmatrix} [f^1] & 0 & 0 & 0 & 0 \\ 0 & [f^2] & 0 & 0 & 0 \\ 0 & 0 & [f^3] & 0 & 0 \\ 0 & 0 & 0 & [f^4] & 0 \\ 0 & 0 & 0 & 0 & [f^5] \end{bmatrix} = \frac{1}{E} \begin{bmatrix} 1 & 0 & 0 & 0 & 0 \\ 0 & 1 & 0 & 0 & 0 \\ 0 & 0 & 1 & 0 & 0 \\ 0 & 0 & 0 & 1 & 0 \\ 0 & 0 & 0 & 0 & 1 \end{bmatrix}$$

Passo 6: Desenvolver a matriz de flexibilidade $[F_{AA}]$

$$[F_{AA}] = [T_{FA}]^T [f][T_{FA}] = \frac{1}{E} \begin{bmatrix} 1 & 0 \\ 0 & 3 \end{bmatrix}$$

Passo 7: Determinar os deslocamentos nodais $\{D_A\}$

$$\{D_A\} = [F_{AA}]\{P_A\}$$

$$\{D_A\} = \begin{Bmatrix} D_1 \\ D_2 \end{Bmatrix} = \begin{Bmatrix} -2 \\ 3 \end{Bmatrix} \frac{P}{E}$$

Passo 8: Determinar as forças de elemento {p}

$$\{p\} = [T_{FA}]\{P_A\}$$

$$\{p\} = \begin{Bmatrix} p_1 \\ p_2 \\ p_3 \\ p_4 \end{Bmatrix} = \begin{Bmatrix} -2 \\ 0 \\ -1 \\ \sqrt{2} \\ 0 \end{Bmatrix} P$$

Exemplo 3.8

No exemplo anterior, determinar todos os deslocamentos nodais da treliça.

Solução

Passo 1: Desenvolver a estrutura discretizada

Os nós e elementos são mostrados na figura 3.15b.

Passo 2: Identificar as coordenadas globais e definir o vetor carga

Neste caso, é necessário encontrar-se todos os deslocamentos nodais. Então, as coordenadas ativas são tratadas como coordenadas globais (figura 3.16a) e o vetor carga é

$$\{P_A\} = \begin{Bmatrix} P_1 \\ P_2 \\ P_3 \\ P_4 \\ P_5 \end{Bmatrix} = \begin{Bmatrix} 0 \\ -2P \\ P \\ 0 \\ 0 \end{Bmatrix}$$

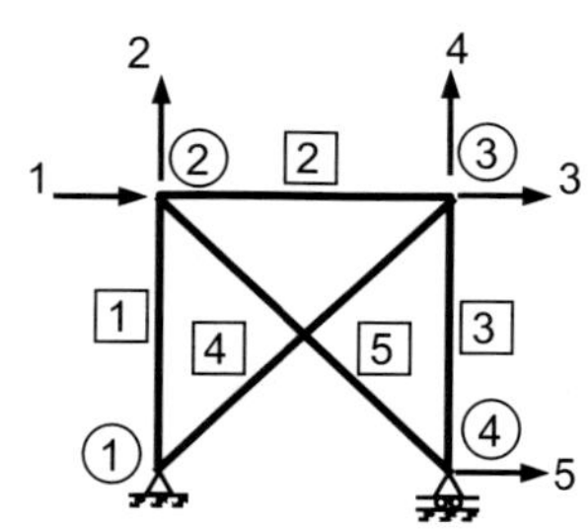

Figura 3.16a - Coordenadas globais.

Passo 3: Identificar as coordenadas locais

As coordenadas locais combinadas são mostradas na figura 3.15d.

Passo 4: Desenvolver a matriz de transformação de forças [T_{FA}]

As forças desenvolvidas na treliça devidas a cargas unitárias aplicadas em diferentes coordenadas globais são mostradas na figura 3.16b.

A matriz de transformação de forças é

$$[T_{FA}] = \begin{bmatrix} \overset{P_1=1}{0} & \overset{P_2=1}{1} & \overset{P_3=1}{0} & \overset{P_4=1}{0} & \overset{P_5=1}{-1} \\ -1 & 0 & 0 & 0 & -1 \\ -1 & 0 & -1 & 1 & -1 \\ \sqrt{2} & 0 & \sqrt{2} & 0 & \sqrt{2} \\ 0 & 0 & 0 & 0 & \sqrt{2} \end{bmatrix}$$

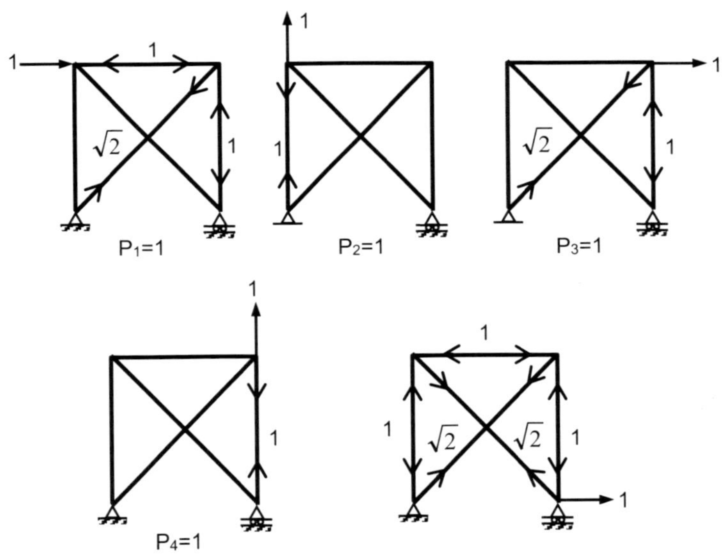

Figura 3.16b - Elementos de [T_{FA}].

Passo 5: Desenvolver [f^i] e [f]

$$[f^i] = [1/E]$$

$$[f] = \frac{1}{E}\begin{bmatrix} 1 & 0 & 0 & 0 & 0 \\ 0 & 1 & 0 & 0 & 0 \\ 0 & 0 & 1 & 0 & 0 \\ 0 & 0 & 0 & 1 & 0 \\ 0 & 0 & 0 & 0 & 1 \end{bmatrix}$$

Passo 6: Desenvolver a matriz de flexibilidade $[F_{AA}]$

$$[F_{AA}] = [T_{FA}]^T [f][T_{FA}]$$

$$= \frac{1}{E}\begin{bmatrix} 4 & 0 & 3 & -1 & 4 \\ 0 & 1 & 0 & 0 & -1 \\ 3 & 0 & 3 & -1 & 3 \\ -1 & 0 & -1 & 1 & -1 \\ 4 & -1 & 3 & -1 & 7 \end{bmatrix}$$

Passo 7: Determinar os deslocamentos nodais $\{D_A\}$

$$\{D_A\} = [F_{AA}]\{P_A\}$$

$$\{D_A\} = \begin{Bmatrix} D_1 \\ D_2 \\ D_3 \\ D_4 \\ D_5 \end{Bmatrix} = \frac{P}{E}\begin{Bmatrix} 3 \\ -2 \\ 3 \\ -1 \\ 5 \end{Bmatrix}$$

Exemplo 3.9

Determinar a deflexão na ligação C da barra mostrada na figura 3.17a. Além disso, traçar o diagrama de esforço cortante e o diagrama de momento fletor.

Solução

Passo 1: Desenvolver a estrutura discretizada.

A carga P é tratada como uma carga de elemento. Assim, a estrutura é modelada usando-se um único elemento barra (figura 3.17b).

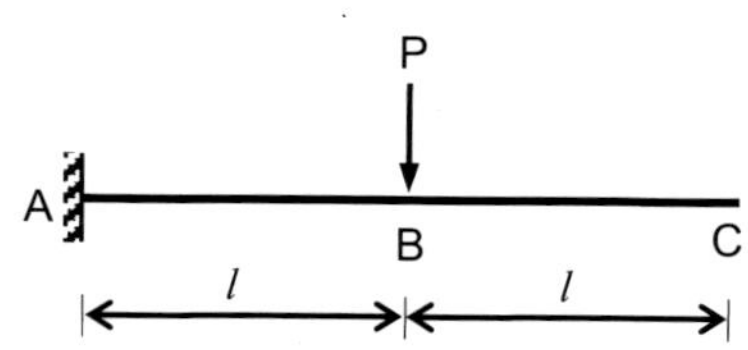

Figura 3.17a - Exemplo 3.9.

Passo 2: Determinar as cargas nodais combinadas.

Como P é tratada como carga de elemento, é necessário substituí-la por suas cargas nodais equivalentes. A estrutura restringida, as ações de extremidade engastada e as cargas nodais equivalentes são mostradas nas figuras 3.17c e d. Como não há outras cargas nodais, as cargas nodais equivalentes mostradas na figura 3.17d serão as cargas nodais combinadas.

Passo 3: Identificar as coordenadas globais e definir o vetor carga.

Para se obter uma resposta de uma estrutura, é necessário que as cargas sejam aplicadas ao longo das coordenadas ativas. Se as cargas forem aplicadas nas coordenadas restringidas (i.e., nos apoios), então elas não causarão nenhuma resposta na estrutura. Essas cargas serão transmitidas diretamente para os apoios. Então, para se determinar a resposta da estrutura, é suficiente considerar-se as cargas que atuam somente nas coordenadas ativas. Neste caso, as cargas no nó 2 estão ao longo da coordenada ativa. Portanto, as duas coordenadas de ação são consideradas (figura 3.17e) e o vetor carga é

$$\{P_{CA}\} = \begin{Bmatrix} P_{C1} \\ P_{C2} \end{Bmatrix} = \begin{Bmatrix} -P/2 \\ Pl/4 \end{Bmatrix}$$

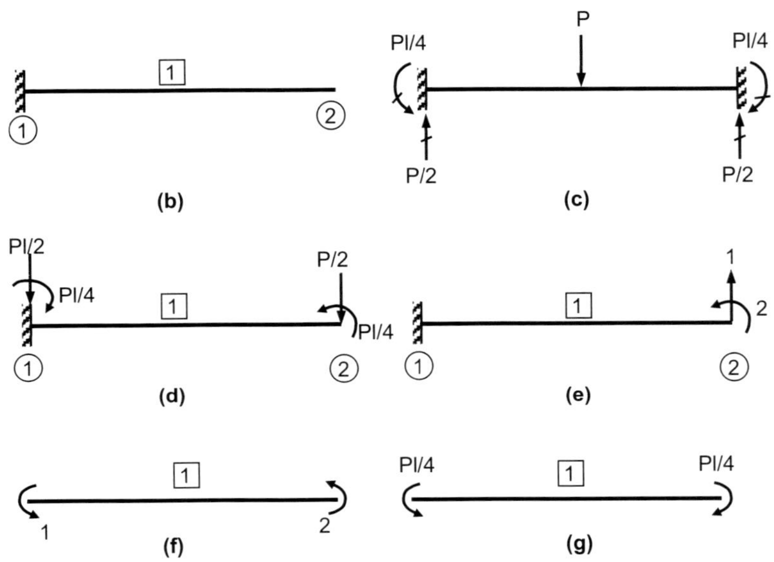

Figura 3.17b–g - Estrutura discretizada, ações de extremidade engastada e coordenadas, (b) estrutura discretizada, (c) estrutura restringida e ações de extremidade engastada, (d) cargas nodais equivalentes, (e) coordenadas globais, (f) coordenadas locais combinadas, (g) momento de extremidade em elementos devido a ações de extremidade engastada.

Passo 4: Identificar as coordenadas locais e encontrar $\{p_F\}$

As coordenadas locais combinadas são mostradas na figura 3.17f.

- Forças de elemento devidas a ações de extremidade engastada $\{p_F\}$

Os momentos de extremidade desenvolvidos no elemento devidos a ações de extremidade engastada (figura 3.17c) são mostrados na figura 3.17g. Comparando-se com a direção de momentos mostrados na figura 3.17f, tem-se,

$$\{p_F\} = \begin{Bmatrix} Pl/4 \\ -Pl/4 \end{Bmatrix}$$

Passo 5: Desenvolver a matriz de transformação de forças $[T_{FA}]$

Os momentos de extremidade desenvolvidos nos elementos devidos à aplicação de cargas unitárias ao longo das coordenadas de ação são mostrados na figura 3.17h.

Então,

$$[T_{FA}]=\begin{bmatrix} -2l & -1 \\ 0 & 1 \end{bmatrix} \quad (P_{C1}=1,\ P_{C2}=1)$$

Passo 6: Desenvolver [f¹] e [f]

- Matriz de flexibilidade de elemento

$$[f^1]=\frac{(2l)}{6EI}\begin{bmatrix} 2 & -1 \\ -1 & 2 \end{bmatrix}=\frac{l}{3EI}\begin{bmatrix} 2 & -1 \\ -1 & 2 \end{bmatrix}$$

- Matriz de flexibilidade desmontada

$$[f]=[f^1]=\frac{l}{3EI}\begin{bmatrix} 2 & -1 \\ -1 & 2 \end{bmatrix}$$

Passo 7: Desenvolver a matriz de flexibilidade $[F_{AA}]$

$$[F_{AA}]=[T_{FA}]^T[f][T_{FA}]$$

$$=\frac{l}{3EI}\begin{bmatrix} 8l^2 & 6l \\ 6l & 6 \end{bmatrix}$$

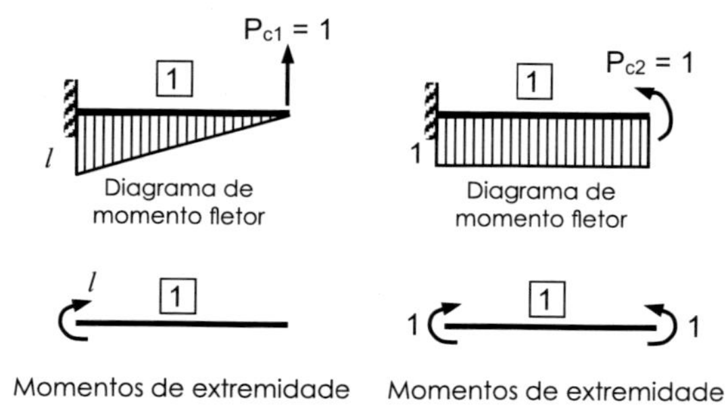

Figura 3.17h - Elementos de $[T_{FA}]$.

Passo 8: Determinar os deslocamentos nodais $\{D_A\}$

$$\{D_A\}=[F_{AA}]\{P_{CA}\}$$

$$=\frac{l}{3EI}\begin{bmatrix} 8l^2 & 6l \\ 6l & 6 \end{bmatrix}\begin{Bmatrix} -P/2 \\ Pl/4 \end{Bmatrix}=\begin{Bmatrix} -5/6 & Pl^3/EI \\ -3/6 & Pl^2/EI \end{Bmatrix}$$

Assim, a deflexão na ligação C é $\frac{5}{6}\frac{Pl^3}{EI}(\downarrow)$

Passo 9: Determinar as forças nos elementos

- Forças de elementos devidas a cargas combinadas $\{p_C\}$

$$[p_C]=[T_{FA}]\{P_{CA}\}$$

$$=\begin{bmatrix} -2l & -1 \\ 0 & 1 \end{bmatrix}\begin{Bmatrix} -P/2 \\ Pl/4 \end{Bmatrix}=\begin{Bmatrix} 3Pl/4 \\ Pl/4 \end{Bmatrix}$$

- Forças de elemento {p}

$$\{p\}=\{P_F\}+\{p_C\}$$

$$=\begin{Bmatrix} Pl/4 \\ -Pl/4 \end{Bmatrix}+\begin{Bmatrix} 3Pl/4 \\ Pl/4 \end{Bmatrix}=\begin{Bmatrix} Pl \\ 0 \end{Bmatrix}$$

- Diagrama de esforço cortante e diagrama de momento fletor

Uma vez que {p} esteja calculado, usando-se o DCL do elemento (figura 3.17i) as forças nos nós (ações de extremidade) do elemento são determinadas usando-se equações de equilíbrio. Após encontrar-se as ações de extremidade, o diagrama de esforço cortante e o diagrama de momento fletor são traçados para o elemento.

$$\sum M_1 = 0 \Rightarrow Pl - Pl + 2lV_2 = 0 \Rightarrow V_2 = 0$$

$$\sum F_Y = 0 \Rightarrow V_1 - P = 0 \Rightarrow V_1 = P$$

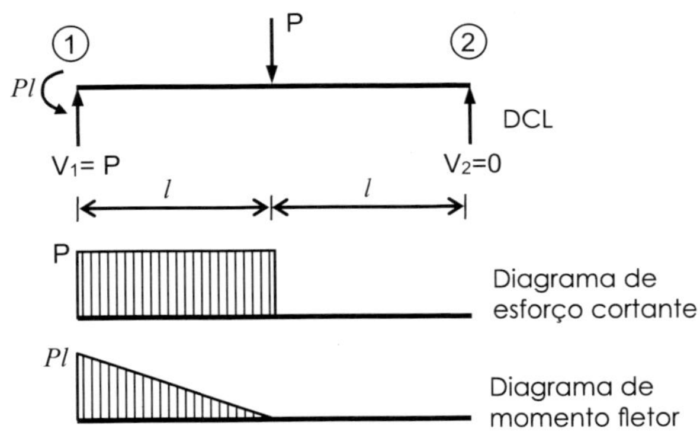

Figura 3.17i - Diagrama de esforço cortante e diagrama de momento fletor

Exemplo 3.10

Determinar a deflexão vertical na ligação B da barra (figura 3.18a) e encontrar as forças desenvolvidas na barra.

Solução

Passo 1: Desenvolver a estrutura discretizada.

A estrutura discretizada é mostrada na figura 3.18b.

Passo 2: Determinar as cargas nodais combinadas

A estrutura restringida, as ações de extremidade engastada e as cargas nodais equivalentes são mostradas nas figuras 3.18c e d. Neste caso, as cargas nodais combinadas são as mesmas que as cargas nodais equivalentes.

Passo 3: Identificar as coordenadas globais e definir o vetor carga,

As coordenadas globais são mostradas na figura 3.18e e o vetor carga é

$$\{P_{CA}\} = \left\{ \begin{array}{c} P_{C1} \\ P_{C2} \end{array} \right\} = \left\{ \begin{array}{c} -wl/2 \\ wl^2/12 \end{array} \right\}$$

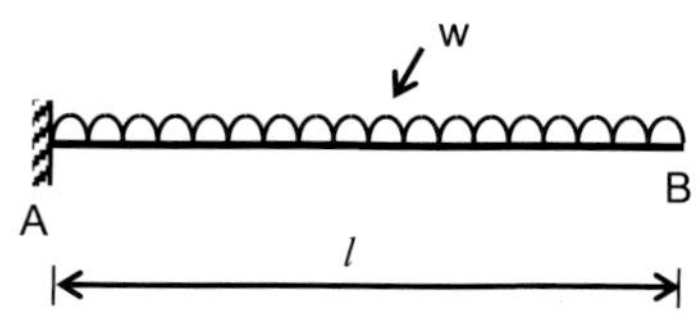

Figura 3.18a - Exemplo 3.10.

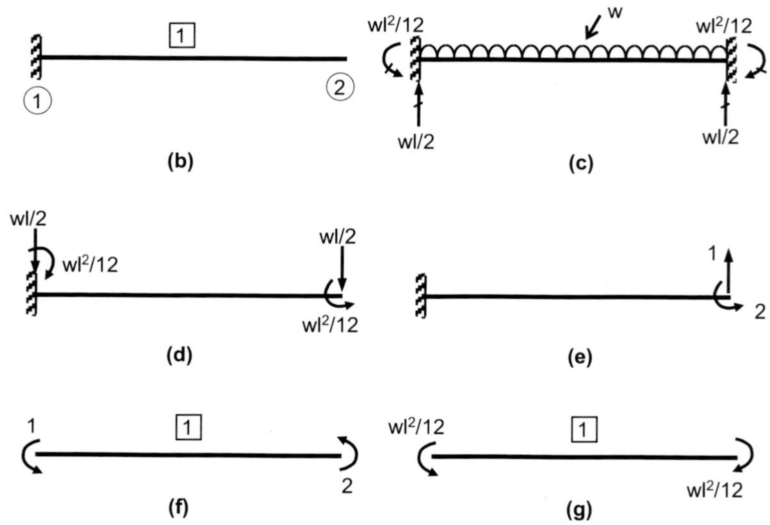

Figura 3.18b–g - Estrutura discretizada, ações de extremidade engastada e coordenadas, (b) estrutura discretizada, (c) ações de extremidade engastada e estrutura restringida, (d) cargas nodais equivalentes, (e) coordenadas globais, (f) coordenadas locais combinadas, (g) momentos de extremidade em elementos devidos a ações de extremidade engastada.

Passo 4: Identificar as coordenadas locais e encontrar $\{p_F\}$

As coordenadas locais combinadas são mostradas na figura 3.18f e as forças de elemento devidas a ações de extremidade engastada (figura 3.18g) são

$$\{P_F\} = \left\{ \begin{array}{c} wl^2/12 \\ -wl^2/12 \end{array} \right\}$$

Passo 5: Desenvolver a matriz de transformação de forças $[T_{FA}]$

Os momentos de extremidade desenvolvidos nos elementos devidos a cargas unitárias aplicadas em coordenadas globais são mostrados na figura 3.18h.

A matriz de transformação de forças é

$$[T_{FA}] = \begin{array}{c} \scriptstyle P_{C1}=1 \quad P_{C2}=1 \\ \left[\begin{array}{c|c} -l & -1 \\ 0 & 1 \end{array}\right] \end{array}$$

Passo 6: Desenvolver [f^1] e [f]

- Matriz de flexibilidade de elemento [f^1]

$$\left[f^1\right] = \frac{l}{6EI}\begin{bmatrix} 2 & -1 \\ -1 & 2 \end{bmatrix}$$

- Matriz de flexibilidade desmontada

$$[f] = \left[f^1\right] = \frac{l}{6EI}\begin{bmatrix} 2 & -1 \\ -1 & 2 \end{bmatrix}$$

Passo 7: Desenvolver a matriz de flexibilidade $[F_{AA}]$

$$[F_{AA}] = [T_{FA}]^T[f][T_{FA}]$$

$$= \frac{l}{6EI}\begin{bmatrix} 2l^2 & 3l \\ 3l & 6 \end{bmatrix}$$

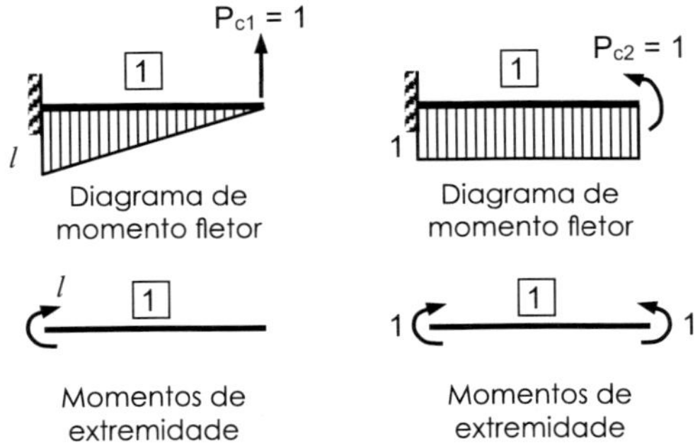

Figura 3.18h - Elementos de $[T_{FA}]$.

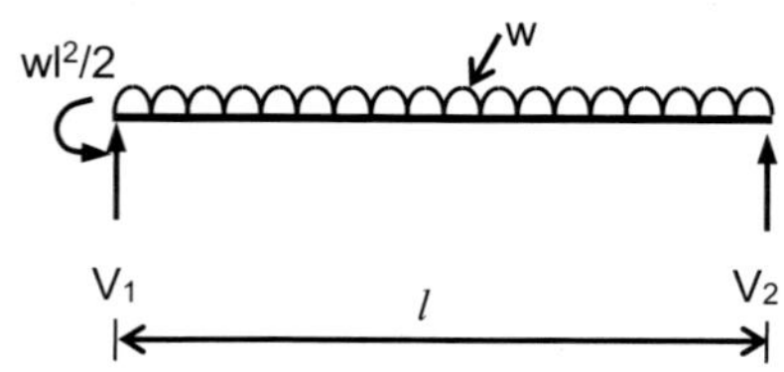

Figura 3.18i - DCL do elemento

Passo 8: Determinar os deslocamentos nodais $\{D_A\}$

$$\{D_A\} = [F_{AA}]\{P_{CA}\}$$

$$\{D_A\} = \begin{Bmatrix} D_1 \\ D_2 \end{Bmatrix} = \begin{Bmatrix} -wl^4 / 8EI \\ -wl^3 / 6EI \end{Bmatrix}$$

Portanto, a deflexão vertical na ligação B é $\dfrac{wl^4}{8EI}(\downarrow)$

Passo 9: Determinar as forças nos elementos

- Forças de elemento devidas a cargas combinadas $\{p_C\}$

$$[p_C] = [T_{FA}]\{P_{CA}\}$$

$$= \begin{bmatrix} -l & -1 \\ 0 & 1 \end{bmatrix} \begin{Bmatrix} -wl/2 \\ wl^2/12 \end{Bmatrix} = \begin{Bmatrix} 5wl^2/12 \\ wl^2/12 \end{Bmatrix}$$

- Forças de elemento $\{p\}$

$$\{p\} = \{P_F\} + \{p_C\}$$

$$= \begin{Bmatrix} wl^2/12 \\ -wl^2/12 \end{Bmatrix} + \begin{Bmatrix} 5wl^2/12 \\ wl^2/12 \end{Bmatrix} = \begin{Bmatrix} wl^2/2 \\ 0 \end{Bmatrix}$$

O DCL do elemento é mostrado na figura 3.18i.
Usando-se equações de equilíbrio, pode-se mostrar que

$$V_1 = wl \text{ e } V_2 = 0$$

Exemplo 3.11

Encontrar a deflexão na ligação C da barra mostrada na figura 3.19a. Além disso, encontrar as forças de elemento.

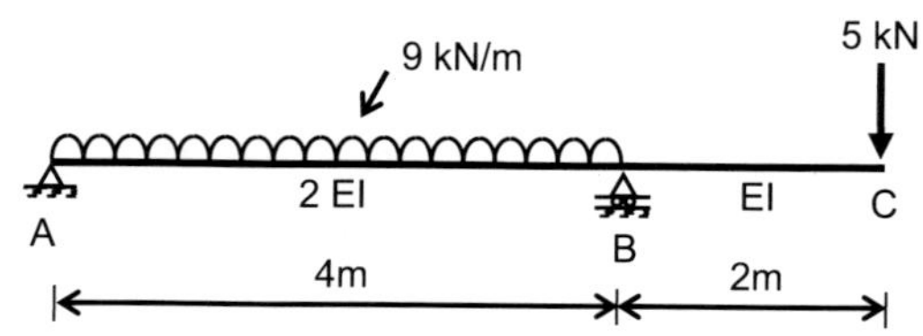

Figura 3.19a - Exemplo 3.11.

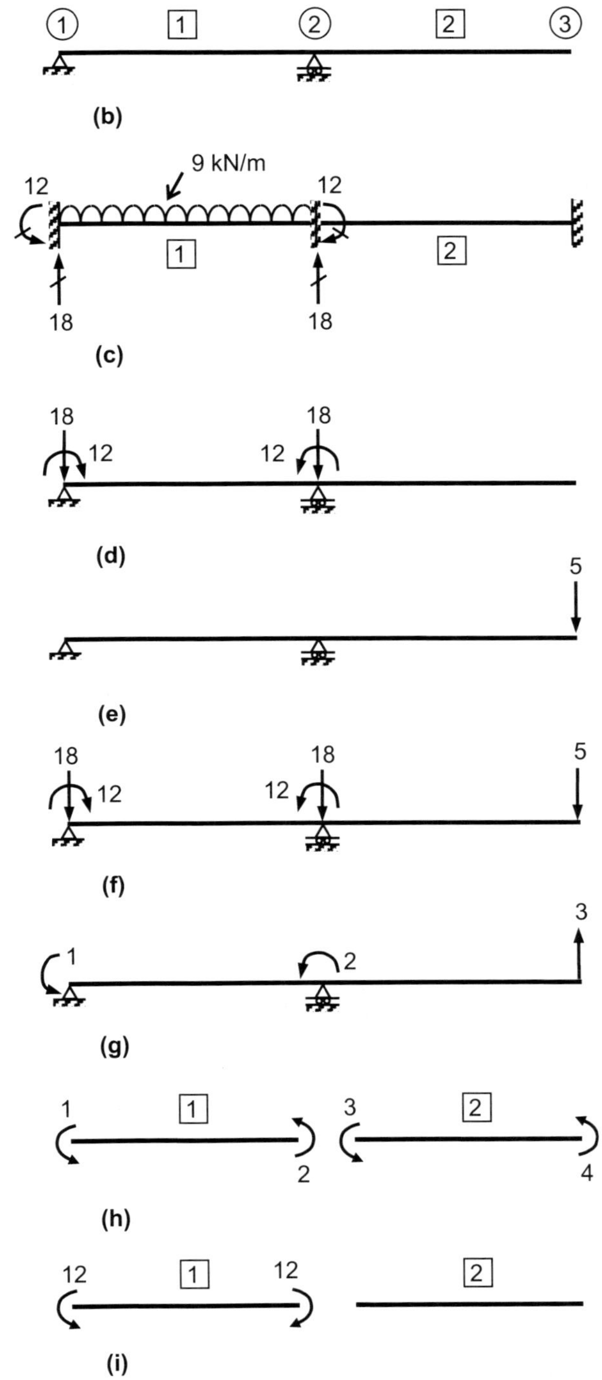

Figura 3.19b–i - Estrutura discretizada, ações de extremidade engastada e coordenadas, (b) estrutura discretizada, (c) estrutura restringida e ações de extremidade engastada, (d) cargas nodais equivalentes, (e) cargas nodais, (f) coordenadas locais combinadas (d) + (e), (g) coordenadas globais, (h) coordenadas locais combinadas, (i) momentos de extremidade em elementos devidos a ações de extremidade engastada.

Solução

Passo 1: Desenvolver a estrutura discretizada.

A estrutura discretizada é mostrada na figura 3.19b.

Passo 2: Determinar as cargas nodais combinadas

A estrutura restringida e as ações de extremidade engastada são mostradas na figura 3.19c. As cargas nodais equivalentes são obtidas pela reversão das ações de extremidade engastada (figura 3.19d).

As cargas nodais reais são mostradas na figura 3.19e. As cargas nodais combinadas são obtidas somando-se as cargas nodais equivalentes com as cargas nodais reais (figura 3.19f).

Passo 3: Identificar as coordenadas globais e definir o vetor carga

As coordenadas globais são mostradas na figura 3.19g e o vetor carga é

$$\{P_{AC}\} = \begin{Bmatrix} P_{C1} \\ P_{C2} \\ P_{C3} \end{Bmatrix} = \begin{Bmatrix} -12 \\ 12 \\ -5 \end{Bmatrix}$$

Passo 4: Identificar as coordenadas locais e encontrar $\{p_F\}$

As coordenadas locais combinadas são mostradas na figura 3.19h e os momentos de extremidade devidos a ações de extremidade engastada são indicados na figura 3.19i. Daí,

$$\{p_F\} = \begin{Bmatrix} 12 \\ -12 \\ 0 \\ 0 \end{Bmatrix}$$

Passo 5: Desenvolver a matriz de transformação de forças $[T_{FA}]$

Os momentos de extremidade desenvolvidos nos elementos devidos a cargas unitárias aplicadas em coordenadas globais são mostrados na figura 3.19j.

Dessa figura,

$$[T_{FA}] = \begin{bmatrix} \overset{P_{C1}=1}{1} & \overset{P_{C2}=1}{0} & \overset{P_{C3}=1}{0} \\ 0 & 1 & 2 \\ 0 & 0 & -2 \\ 0 & 0 & 0 \end{bmatrix}$$

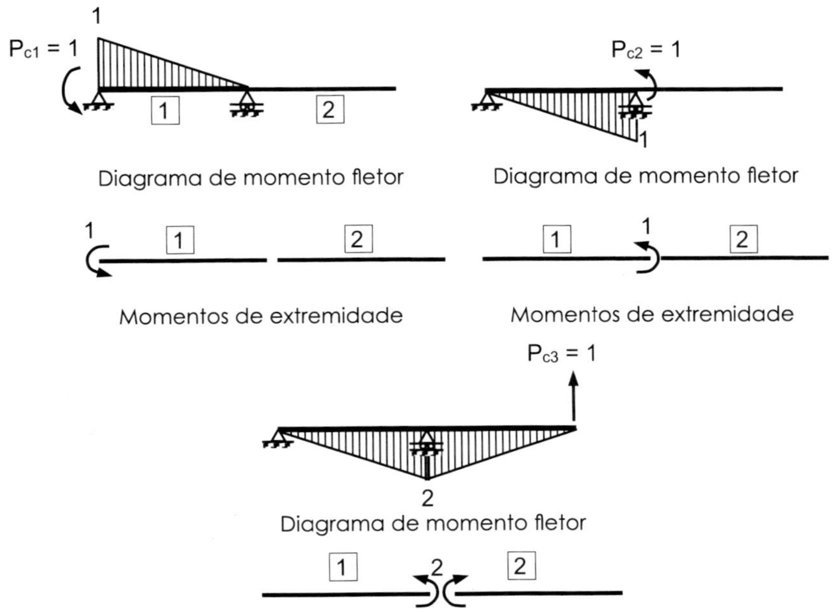

Figura 3.19j - Elementos de $[T_{FA}]$

Passo 6: Desenvolver $[f^i]$ e $[f]$

- Matriz de rigidez de elemento $[f^i]$

$$[f^1] = \frac{4}{6(2EI)} \begin{bmatrix} 2 & -1 \\ -1 & 2 \end{bmatrix} = \frac{1}{6EI} \begin{bmatrix} 4 & -2 \\ -2 & 4 \end{bmatrix}$$

$$[f^2] = \frac{2}{6(EI)} \begin{bmatrix} 2 & -1 \\ -1 & 2 \end{bmatrix} = \frac{1}{6EI} \begin{bmatrix} 4 & -2 \\ -2 & 4 \end{bmatrix}$$

- Matriz de flexibilidade desmontada

$$[f] = \begin{bmatrix} [f^1] & 0 \\ 0 & [f^2] \end{bmatrix} = \frac{1}{6EI} \begin{bmatrix} 4 & -2 & 0 & 0 \\ -2 & 4 & 0 & 0 \\ 0 & 0 & 4 & -2 \\ 0 & 0 & -2 & 4 \end{bmatrix}$$

Passo 7: Desenvolver a matriz de flexibilidade $[F_{AA}]$

$$[F_{AA}] = [T_{FA}]^T [f][T_{FA}]$$

$$= \frac{1}{6EI} \begin{bmatrix} 4 & -2 & -4 \\ -2 & 4 & 8 \\ -4 & 8 & 32 \end{bmatrix}$$

Passo 8: Determinar os deslocamentos nodais $\{D_A\}$

$$\{D_A\} = [F_{AA}]\{P_{CA}\}$$

$$\{D_A\} = \begin{Bmatrix} D_1 \\ D_2 \\ D_3 \end{Bmatrix} = \frac{1}{EI} \begin{Bmatrix} -8.67 \\ 5.33 \\ -2.67 \end{Bmatrix}$$

Passo 9: Determinar as forças nos elementos

- Forças de elemento devidas a cargas combinadas $\{p_C\}$

$$[p_C] = [T_{FA}]\{P_{CA}\}$$

$$= \begin{bmatrix} -12 \\ 2 \\ 10 \\ 0 \end{bmatrix}$$

- Forças de elemento $\{p\}$

$$\{p\} = \{P_F\} + \{p_C\}$$

$$= \begin{Bmatrix} 0 \\ -10 \\ 10 \\ 0 \end{Bmatrix}$$

Os DCL dos dois membros são mostrados abaixo (figura 3.19k).

Usando-se equações de equilíbrio,

$$V_A = 15.5 \text{ kN},\ V_{B,L} = 20.5 \text{ kN},\ V_{B,R} = 5 \text{ kN},\ \text{e } V_C = 0 \text{ kN}$$

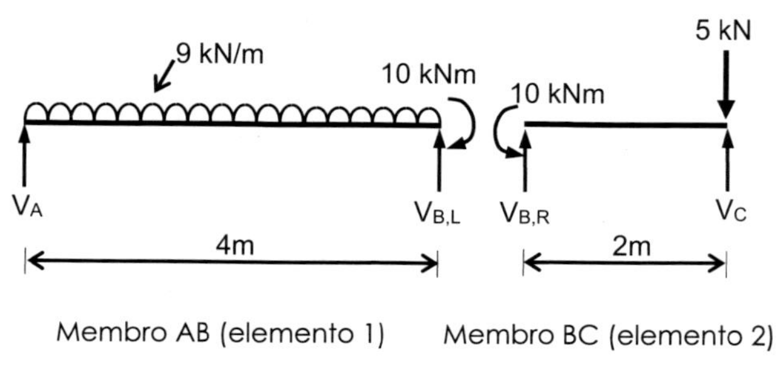

Figura 3.19k - DCL de membros.

3.9 Análise de estruturas estaticamente indeterminadas

No caso de estruturas estaticamente indeterminadas, as forças de elementos $\{p\}$ e o vetor de deslocamento de ação $\{D_A\}$ só podem ser calculados após encontrar-se o vetor redundante $\{P_X\}$. Destarte, nos estágios iniciais da análise, $\{P_X\}$ é determinado usando-se a equação 3.19b.

$$\{D_X\} = [F_{XA}]\{P_A\} + [F_{XX}]\{P_X\}$$

$$\Rightarrow \quad \{P_X\} = [F_{XX}]^{-1}\left(\{D_X\} - [F_{XA}]\{P_A\}\right) \tag{3.27a}$$

Se $\{D_X\} = \{0\}$, então

$$\{P_X\} = -[F_{XX}]^{-1}[F_{XA}]\{P_A\} \tag{3.27b}$$

As forças de elemento {p} são calculadas usando-se a equação 3.8a.

$$\{p\} = [T_{FA}]\{P_A\} + [T_{FX}]\{P_X\}$$

O vetor deslocamento de ação $\{D_A\}$ é determinado usando-se a equação 3.19a.

$$\{D_A\} = [F_{AA}]\{P_A\} + [F_{AX}]\{P_X\}$$

O procedimento passo a passo para a análise de estruturas estaticamente indeterminadas é:

i. Identificar os nós e elementos, e traçar a estrutura discretizada;
ii. Escolher as redundantes e obter a estrutura primária;
iii. Identificar as coordenadas globais (coordenadas de ação e redundantes). Definir o vetor carga $\{P_A\}$ e o vetor redundante $\{P_X\}$;
iv. Identificar as coordenadas locais e as coordenadas locais combinadas. Definir o vetor força combinada de elemento {p};
v. Determinar as matrizes de transformação de forças $[T_{FA}]$ e $[T_{FX}]$;
vi. Desenvolver as matrizes de flexibilidade de elemento individual $[f^1]$, $[f^2]$, ... e obter a matriz de flexibilidade desmontada [f];
vii. Calcular $[F_{XA}]$ usando-se a equação $[F_{XA}] = [T_{FX}]^T [f] [T_{FA}]$;
viii. Calcular $[F_{XX}]$ usando-se a equação $[F_{XX}] = [T_{FX}]^T [f] [T_{FX}]$;
ix. Determinar o vetor redundante $\{P_X\} = [F_{XX}]^{-1} (\{D_X\} - [F_{XA}] \{P_A\})$;
x. Calcular as forças de elemento {p};

$$\{p\} = [T_{FA}]\{P_A\} + [T_{FX}] \{P_X\}$$

xi. Calcular os deslocamentos nodais $\{D_A\}$ usando-se a equação

$$\{D_A\} = [F_{AA}]\{P_A\} + [F_{AX}]\{P_X\}$$

onde $[F_{AX}] = [T_{FA}]^T [f] [T_{FX}] = [F_{XA}]^T$

3.9.1 Análise de estruturas submetidas a cargas de elementos

No caso de estruturas indeterminadas, o vetor força combinada $\{P_C\}$ é particionado como

$$\{P_C\} = \left\{\begin{array}{c} \{P_{CA}\} \\ \hdashline \{P_{CX}\} \end{array}\right\}$$

onde $\{P_{CA}\}$ e $\{P_{CX}\}$ são as forças combinadas ao longo das coordenadas de ação e redundantes, respectivamente.

Para a análise de estruturas estaticamente indeterminadas submetidas a cargas de elementos nos passos acima, $\{P_{CA}\}$ e $\{P_{CX}\}$ devem ser usados, em vez de $\{P_A\}$ e $\{P_X\}$. As forças de elemento causadas pelas cargas combinadas $\{p_C\}$ é determinada como

$$\{p_C\} = [T_{FA}]\,\{P_{CA}\} + [T_{FX}]\{P_{CX}\} \tag{3.28}$$

Após encontrar-se $\{p_C\}$, as forças de elemento devidas a cargas reais $\{p\}$ são calculadas como

$$\{p\} = \{p_F\} + \{p_C\}$$

Os deslocamentos nodais $\{D_A\}$ são calculados usando-se a seguinte equação:

$$\{D_A\} = [F_{AA}]\,\{P_{CA}\} + [F_{AX}]\{P_{CX}\} \tag{3.29}$$

Exemplo 3.12

Analisar a estrutura mostrada na figura 3.20a.

Solução

Passo 1: Desenvolver a estrutura discretizada

A estrutura discretizada é mostrada na figura 3.20b.

Passo 2: Determinar as cargas nodais combinadas

A estrutura restringida, as ações de extremidade engastada e as cargas nodais equivalentes são mostradas nas figuras 3.20c e d. Neste caso, as cargas nodais combinadas são as mesmas que as cargas equivalentes.

Passo 3: Identificar as coordenadas globais e definir o vetor carga

A componente de reação B_y (figura 3.20d) é tomada como redundante. As coordenadas de ação, a estrutura primária, as coordenadas redundantes e as coordenadas globais são mostradas nas figuras 3.20e–h. A figura 3.20i indica as cargas que atuam sobre a estrutura primária ao longo das coordenadas globais. Assim,

- Vetor ação

$$\{P_{CA}\} = \{P_{C1}\} = \left\{\frac{wl^2}{12}\right\}$$

- Vetor redundante

$$\{P_{CX}\} = \{P_{C2}\} = \{B_y - wl/2\}$$

Passo 4: Identificar as coordenadas locais e encontrar $\{p_F\}$

As coordenadas locais combinadas são mostradas na figura 3.20j e as forças de elemento devidas a ações de extremidade engastada são (figura 3.20k)

$$\{p_F\} = \begin{Bmatrix} wl^2/12 \\ -wl^2/12 \end{Bmatrix}$$

Passo 5: Desenvolver a matriz de transformação de forças

- Elementos de $[T_{FA}]$

Os momentos de extremidade desenvolvidos no elemento devidos a P_{C1} = 1 são mostrados na figura 3.20l.

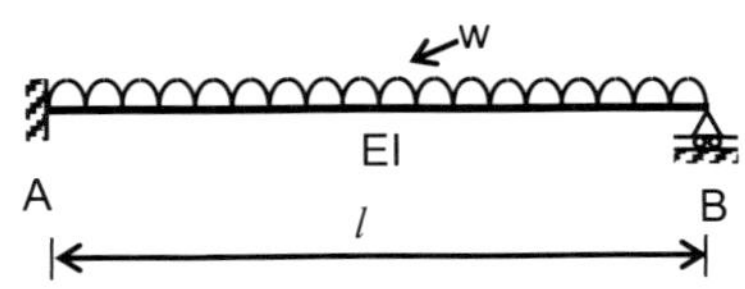

Figura 3.20a - Exemplo 3.12.

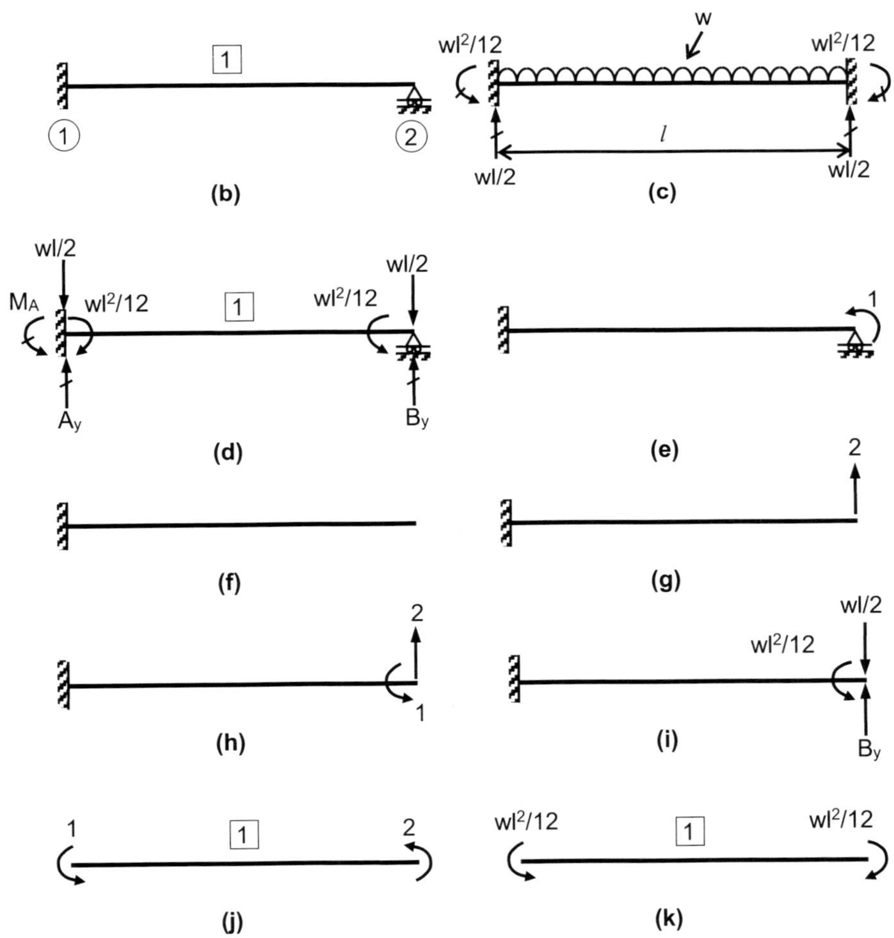

Figura 3.20b–k - Estrutura discretizada, ações de extremidade engastada e coordenadas, (b) estrutura discretizada, (c) estrutura restringida e ações de extremidade engastada, (d) cargas nodais equivalentes, (e) coordenadas de ação, (f) estrutura primária (grau de hiperestaticidade = 1), (g) coordenadas redundantes, (h) coordenadas globais, (i) carga atuando sobre a estrutura primária, (j) coordenadas locais combinadas, (k) momentos de extremidade devidos a ações de extremidade engastada.

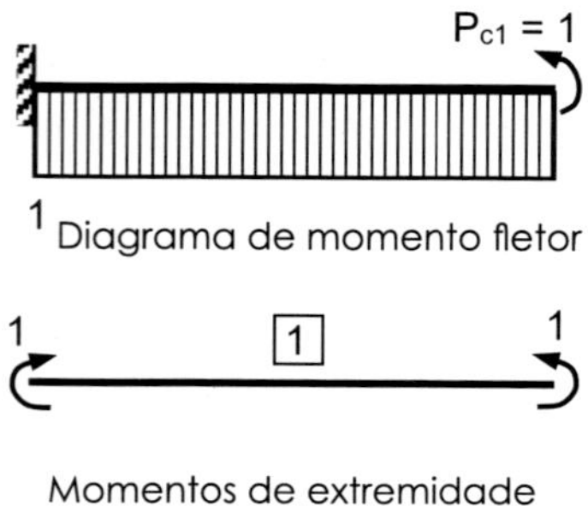

Figura 3.20l - Elementos de $[T_{FA}]$.

Portanto,

$$[T_{FA}] = \begin{Bmatrix} -1 \\ 1 \end{Bmatrix}$$

- Elementos de $[T_{FX}]$

Da figura 3.20m,

$$[T_{FX}] = \begin{Bmatrix} -l \\ 0 \end{Bmatrix}$$

Passo 6: Desenvolver $[f^i]$ e $[f]$

- Matriz de rigidez de elemento $[f^i]$

$$\left[f^1\right] = \frac{l}{6EI}\begin{bmatrix} 2 & -1 \\ -1 & 2 \end{bmatrix}$$

- Matriz de flexibilidade desmontada

$$[f] = \left[f^1\right] = \frac{l}{6EI}\begin{bmatrix} 2 & -1 \\ -1 & 2 \end{bmatrix}$$

Passo 7: Encontrar $[F_{AA}]$, $[F_{XX}]$, $[F_{XA}]$, $[F_{AX}]$

$$[F_{AA}] = [T_{FA}]^T[f][T_{FA}] = \frac{l}{EI}$$

$$[F_{XX}] = [T_{FX}]^T[f][T_{FX}] = \frac{l^3}{3EI}$$

$$[F_{XA}] = [T_{FX}]^T[f][T_{FA}] = \frac{l^2}{EI}$$

$$[F_{AX}] = [F_{XA}]^T = \frac{l^2}{2EI}$$

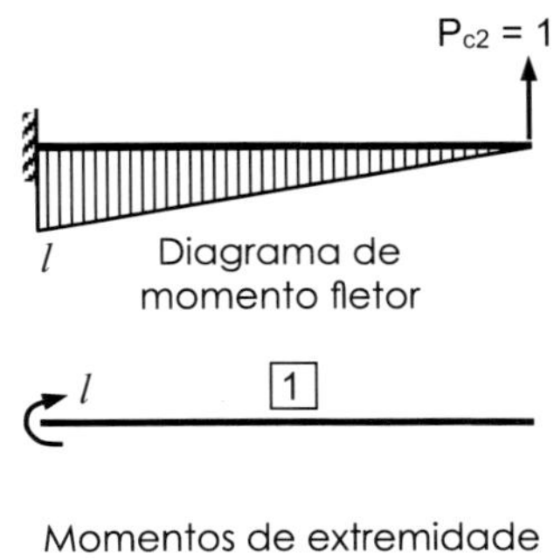

Figura 3.20m - Elementos de $[T_{FX}]$.

Passo 8: Determinar o vetor redundante $\{P_{CX}\}$

Neste exemplo, não há posição de apoio. Então, $\{D_X\} = \{0\}$.

Daí,

$$\{P_{CX}\} = -[F_{XX}]^{-1}[F_{XA}]\{P_{CA}\}$$

$$\{P_{CX}\} = P_{C2} = -\frac{3EI}{l^3} \times \frac{l^2}{2EI} \times \frac{wl^2}{12} = -\frac{wl}{8}$$

Passo 9: Determinar as reações de apoio

Do passo 8,

$$P_{C2} = B_y - \frac{wl}{2} = -\frac{wl}{8}$$

$$\Rightarrow \quad B_y = \frac{3}{8}wl$$

Após encontrar-se B_y, o DCL mostrado na figura 3.20d é usado para se encontrar as demais componentes de reação. Da figura,

$$\sum F_Y = 0 \Rightarrow A_y + B_y = wl \Rightarrow A_y = \frac{5}{8}wl$$

$$\sum M_1 = 0 \Rightarrow M_A - \frac{wl^2}{12} + \frac{wl^2}{12} + \left(\frac{3}{8}wl\right)l - \left(\frac{wl}{2}\right)l = 0$$

$$\Rightarrow M_A = \frac{wl^2}{8}$$

Passo 10: Encontrar os deslocamentos nodais $\{D_A\}$

$$\{D_A\} = [F_{AA}]\{P_{CA}\} + [F_{AX}]\{P_{CX}\}$$

$$\{D_A\} = D_1 = \left(\frac{l}{EI} \times \frac{wl^2}{12}\right) + \left(\frac{l^2}{2EI} \times \left(\frac{-wl}{8}\right)\right) = \frac{wl^3}{48EI}$$

Passo 11: Determinar as forças nos elementos

- Forças de elemento devidas a cargas combinadas $\{p_C\}$

$$\{p_C\} = [T_{FA}]\{P_{CA}\} + [T_{FX}]\{P_{CX}\}$$

$$= \begin{Bmatrix} -1 \\ 1 \end{Bmatrix} \frac{wl^2}{12} + \begin{Bmatrix} -l \\ 0 \end{Bmatrix} \left(\frac{-wl}{8} \right) = \begin{Bmatrix} wl^2/24 \\ wl^2/12 \end{Bmatrix}$$

- Forças de elemento $\{p\}$

$$\{p\} = \{p_F\} + \{p_C\}$$

$$= \begin{Bmatrix} wl^2/12 \\ -wl^2/12 \end{Bmatrix} + \begin{Bmatrix} wl^2/24 \\ wl^2/12 \end{Bmatrix} = \begin{Bmatrix} wl^2/8 \\ 0 \end{Bmatrix}$$

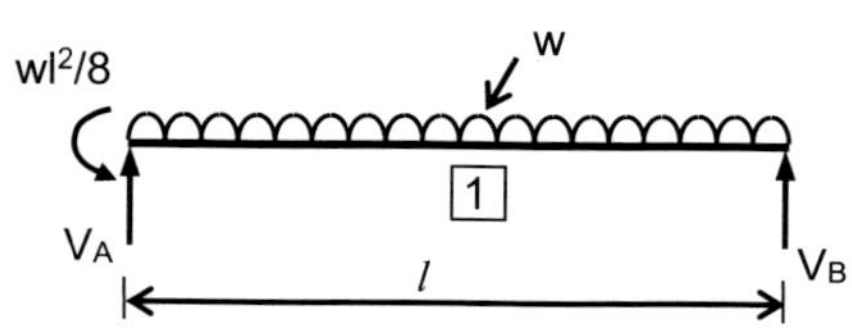

Figura 3.20n - DCL do elemento.

O DCL do elemento é mostrado na figura 3.20n.

As ações de extremidade V_A e V_B são determinadas usando-se equações de equilíbrio. Assim,

$$V_A = \frac{5}{8} wl \text{ e } V_B = \frac{3}{8} wl$$

O diagrama de esforço cortante e o diagrama de momento fletor do elemento podem ser traçados usando-se o DCL.

Exemplo 3.13

Encontrar as forças desenvolvidas na estrutura mostrada na figura 3.21a, se uma rotação de 70/EI na direção contrária à dos ponteiros do relógio ocorrer no apoio A.

Solução

Passo 1: Desenvolver a estrutura discretizada

A estrutura discretizada é mostrada na figura 3.21b.

Passo 2: Determinar as cargas nodais combinadas

As cargas nodais combinadas são mostradas na figura 3.21d.

Passo 3: Identificar as coordenadas globais e definir o vetor força

O momento de apoio em A é tomado como redundante. As coordenadas de ação, a estrutura primária, as coordenadas redundantes e as coordenadas globais são mostradas nas figuras 3.21e–h. As cargas correspondentes são indicadas na figura 3.21i.

- Vetor ação

$$\{P_{CA}\} = \{P_{C1}\} = \{30\} \text{ kNm}$$

- Vetor redundante

$$\{P_{CX}\} = \{P_{C2}\} = \{M_A - 30\} \text{ kNm}$$

Passo 4: Identificar as coordenadas locais e encontrar $\{p_F\}$

As coordenadas locais combinadas são mostradas na figura 3.21j. Da figura 3.21k,

$$\{p_F\} = \begin{Bmatrix} 30 \\ -30 \end{Bmatrix} \text{kNm}$$

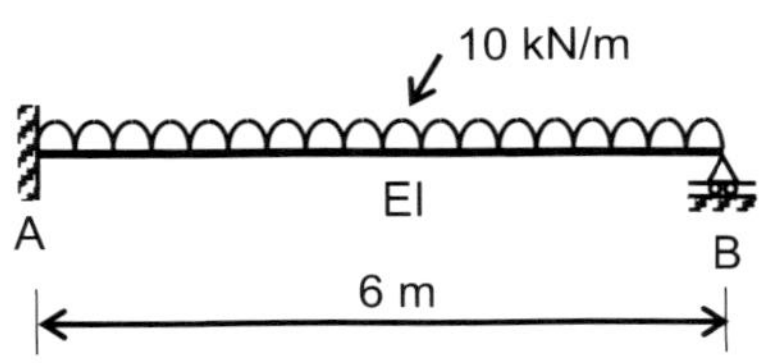

Figura 3.21a - Exemplo 3.13.

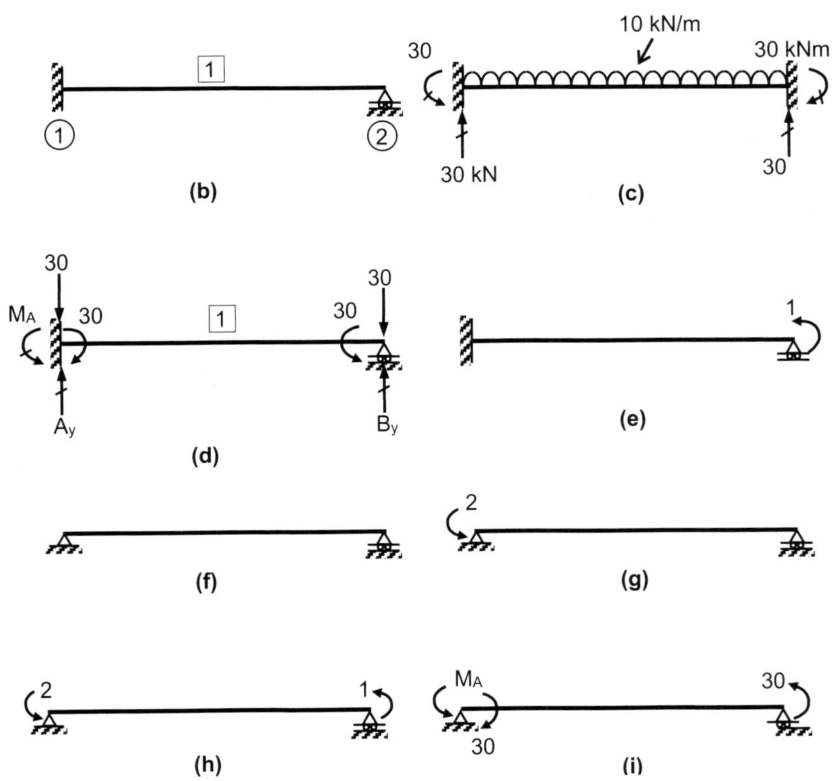

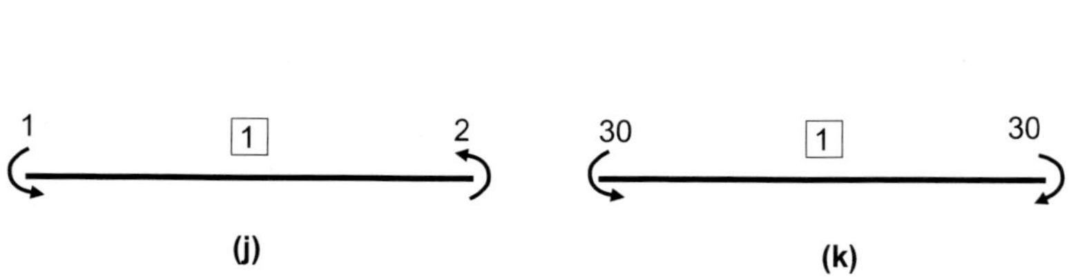

Figura 3.21b–k - Estrutura discretizada, ações de extremidade engastada e coordenadas. (b) estrutura discretizada, (c) estrutura restringida e ações de extremidade engastada, (d) cargas nodais equivalentes e reações, (e) coordenadas de ação, (f) estrutura primária (grau de hiperestaticidade = 1), (g) coordenadas redundantes, (h) coordenadas globais, (i) carga atuando sobre a estrutura primária, (j) coordenadas locais combinadas, (k) momentos de extremidade devidos a ações de extremidade engastada.

As coordenadas locais combinadas são mostradas na Figura 3.21j. Da Figura 3.21k

$$\{p_F\} = \begin{Bmatrix} 30 \\ -30 \end{Bmatrix} \text{kNm}$$

Passo 5: Desenvolver $[T_{FA}]$ e $[T_{FX}]$

- $[T_{FA}]$
  Da figura 3.21l,

$$[T_{FA}] = \begin{Bmatrix} 0 \\ 1 \end{Bmatrix}$$

- $[T_{FX}]$
  Da figura 3.21m,

$$[T_{FX}] = \begin{Bmatrix} 1 \\ 0 \end{Bmatrix}$$

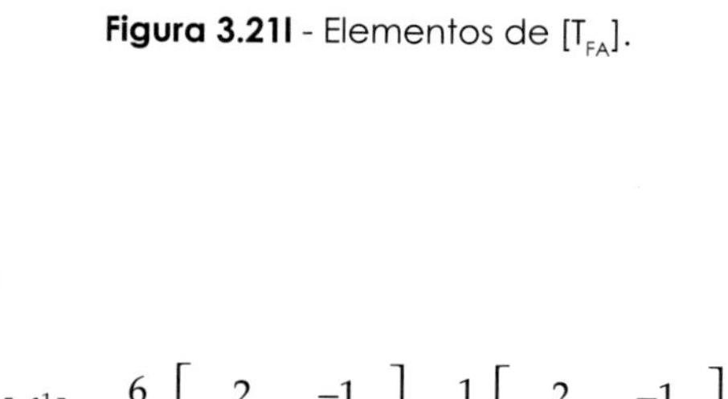

Figura 3.21l - Elementos de $[T_{FA}]$.

Passo 6: Desenvolver $[f^i]$ e $[f]$

- Matriz de rigidez de elemento

$$[f^1] = \frac{6}{6EI}\begin{bmatrix} 2 & -1 \\ -1 & 2 \end{bmatrix} = \frac{1}{EI}\begin{bmatrix} 2 & -1 \\ -1 & 2 \end{bmatrix}$$

- Matriz de flexibilidade desmontada

$$[f]=[f^1]=\frac{1}{EI}\begin{bmatrix} 2 & -1 \\ -1 & 2 \end{bmatrix}$$

Passo 7: Encontrar $[F_{XX}]$ e $[F_{XA}]$

$$[F_{XX}] = [T_{FX}]^T [f][T_{FX}] = 2 / EI$$

$$[F_{XA}] = [T_{FX}]^T [f][T_{FA}] = -1 / EI$$

Passo 8: Determinar o vetor redundante $\{P_{CX}\}$

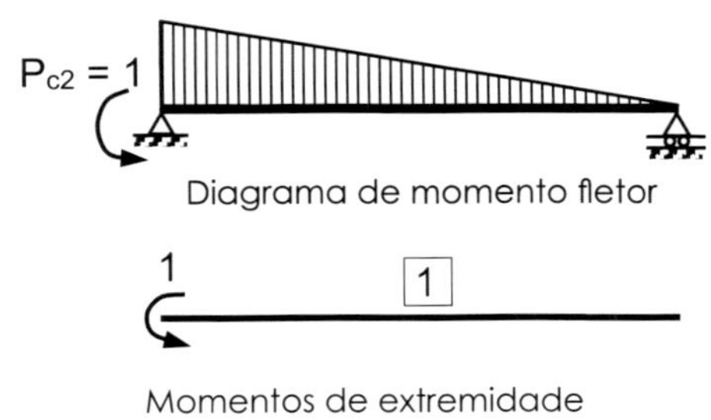

Figura 3.21m - Elementos de $[T_{FX}]$.

$$\{D_X\} = D_2 = \frac{70}{EI}$$

$$\{P_{CX}\} = [F_{XX}]^{-1}\left(\{D_X\} - [F_{XA}]\{P_{CA}\}\right)$$

$$\therefore \{P_{CX}\} = P_{C2} = \frac{EI}{2}\left(\frac{70}{EI} + \frac{30}{EI}\right) = 50 \text{ kNm}$$

Passo 9: Determinar as forças nos elementos

- Forças de elemento devidas a $\{P_C\}$

$$\{p_C\} = [T_{FA}]\{P_{CA}\} + [T_{FX}]\{P_{CX}\} = \begin{Bmatrix} 50 \\ 30 \end{Bmatrix} \text{kNm}$$

- Forças de elemento $\{p\}$

$$\{p\} = \{p_F\} + \{p_C\} = \begin{Bmatrix} 80 \\ 0 \end{Bmatrix} \text{kNm}$$

Uma vez que os momentos de extremidade tenham sido obtidos, as demais ações de extremidade são determinadas usando-se o DCL do membro.

Método alternativo

Alternativamente, as posições de apoio podem ser convertidas em ações de extremidade engastada (figura 3.21n).

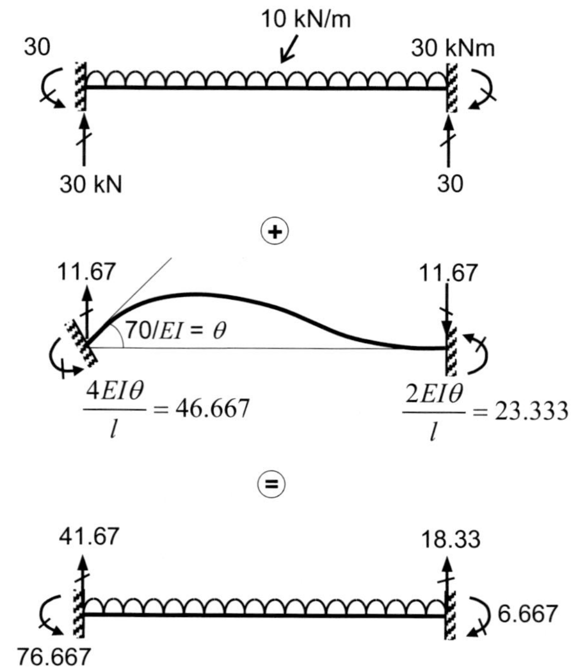

Figura 3.21n - Ações de extremidade engastada.

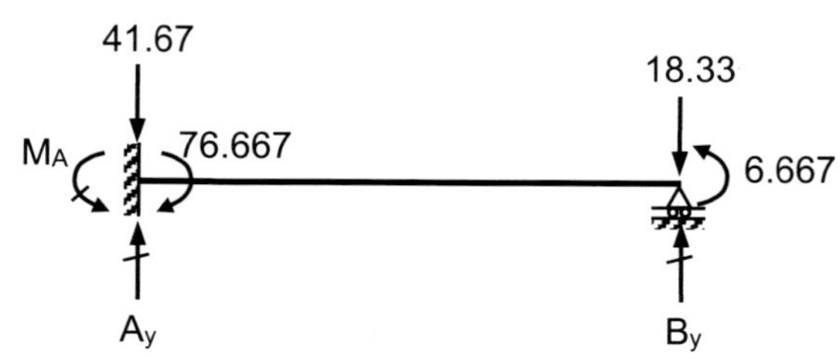

Figura 3.21o - Cargas nodais combinadas.

Então,

$$\{p_F\} = \begin{Bmatrix} 76.667 \\ -6.667 \end{Bmatrix}$$

As cargas nodais combinadas são mostradas na figura 3.21o.

$$\{P_{CA}\} = P_{C1} = 6.667$$

$$\{P_{CX}\} = P_{C2} = M_A - 76.667$$

Como o efeito da posição de apoio está incluída nas cargas nodais combinadas, $\{D_X\} = \{0\}$.

Portanto, o vetor redundante é

$$\{P_{CX}\} = -[F_{XX}]^{-1}\,[F_{XA}]\{P_{CA}\}$$

$$\{P_{CX}\} = P_{C2} = 3.334 \text{ kNm}$$

O vetor força de elemento é

$$\{p\} = \{p_F\} + [T_{FA}]\{P_{CA}\} + [T_{FX}]\{P_{CX}\} = \begin{Bmatrix} 80 \\ 0 \end{Bmatrix} \text{kNm}$$

Exemplo 3.14

Encontrar as forças desenvolvidas na barra mostrada na figura 3.21a, se o apoio A for rotacionado em 70 / EI na direção contrária à dos ponteiros do relógio e o apoio B baixar por 100 / EI.

Solução

Passo 1: Desenvolver a estrutura discretizada

A estrutura discretizada é mostrada na figura 3.21b.

Passo 2: Determinar as cargas nodais combinadas

As posições de apoio são convertidas em ações de extremidade engastada (figura 3.22[a]) e as cargas nodais combinadas são mostradas na figura 3.22b.

Passo 3: Identificar as coordenadas globais e definir o vetor força

As coordenadas globais são mostradas na figura 3.21h. As cargas que atuam sobre a estrutura primária são indicadas na figura 3.22c.

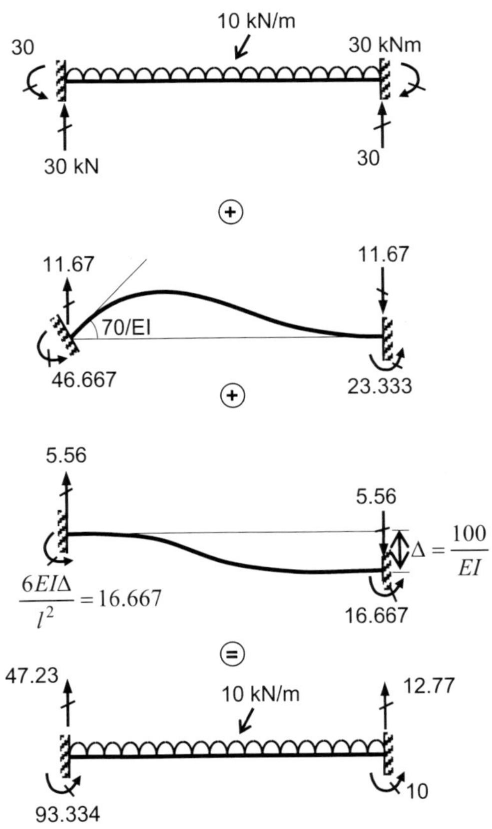

Figura 3.22a - Ações de extremidade engastada.

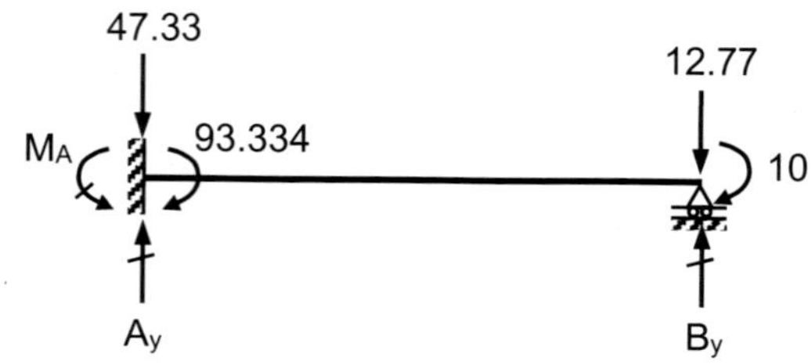

Figura 3.22b - Reações e cargas nodais combinadas.

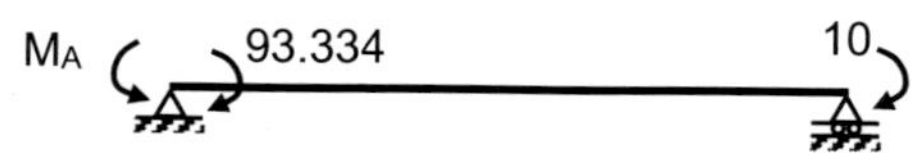

Figura 3.22c - Cargas na estrutura primária.

- Vetor ação

$$\{P_{CA}\} = P_{C1} = -10 \text{ kNm}$$

- Vetor redundante

$$\{P_{CX}\} = P_{C2} = M_A - 93.334 \text{ kNm}$$

Passo 4: Identificar as coordenadas locais e encontrar $\{p_F\}$

As coordenadas locais combinadas são mostradas na figura 3.21j.

Da figura 3.22d,

$$\{p_F\} = \begin{Bmatrix} 93.334 \\ 10 \end{Bmatrix} \text{kNm}$$

Passo 5: Desenvolver $[T_{FA}]$ e $[T_{FX}]$

Das figuras 3.21l e m,

$$[T_{FA}] = \begin{Bmatrix} 0 \\ 1 \end{Bmatrix}$$

$$[T_{FX}] = \begin{Bmatrix} 1 \\ 0 \end{Bmatrix}$$

Passo 6: Desenvolver $[f^i]$ e $[f]$

- Matriz de rigidez de elemento

$$[f^1]=\frac{1}{EI}\begin{bmatrix} 2 & -1 \\ -1 & 2 \end{bmatrix}$$

$$[f]=\frac{1}{EI}\begin{bmatrix} 2 & -1 \\ -1 & 2 \end{bmatrix}$$

Passo 7: Encontrar $[F_{XX}]$, $[F_{XA}]$

$$[F_{XX}] = 2\ /\ EI$$

$$[F_{XA}] = -1\ /\ EI$$

Passo 8: Determinar o vetor redundante $\{P_{CX}\}$

$$\{D_X\} = \{0\}$$

$$\{P_{CX}\} = -[F_{XX}]^{-1}\ [F_{XA}]\{P_{CA}\}$$

$$\{P_{CX}\} = P_{C2} = -5\ \text{kNm}$$

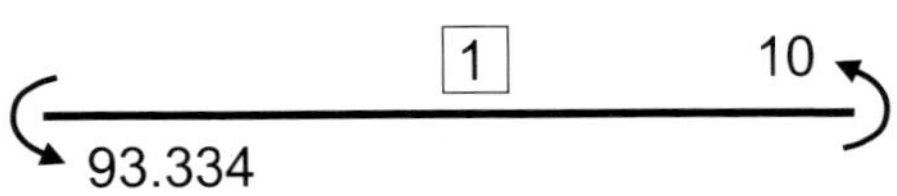

Figura 3.22d - Momentos de extremidade devidos a ações de extremidade engastada.

Passo 9: Determinar o vetor força de elemento {p}

$$\{p\}=\{p_F\}+[T_{FA}]\{P_{CA}\}+[T_{FX}]\{P_{CX}\}=\begin{Bmatrix} 88.334 \\ 0 \end{Bmatrix}\text{kNm}$$

Exemplo 3.15

Encontrar as forças desenvolvidas na barra mostrada na figura 3.23a, se os apoios B e C baixarem por 100 / EI e 50 / EI, respectivamente.

Solução

Passo 1: Desenvolver a estrutura discretizada

Os nós e elementos são mostrados na figura 3.23b. As cargas são tratadas como cargas de elemento.

Passo 2: Determinar as cargas nodais combinadas

A estrutura restringida e as ações de extremidade engastada para elementos individuais e estrutura são mostradas nas figuras 3.23c–e. As cargas combinadas são mostradas na figura 3.23f.

Passo 3: Identificar as coordenadas globais e o vetor força

As coordenadas de ação, a estrutura primária, as coordenadas redundantes e as coordenadas globais são mostradas nas figuras 3.23g–j. As reações verticais nos apoios B e C são escolhidas coo redundantes.

Da figura 3.23k,

$$\{P_{CA}\} = \begin{Bmatrix} P_{C1} \\ P_{C2} \end{Bmatrix} = \begin{Bmatrix} 5 \\ 5 \end{Bmatrix}$$

$$\{P_{CX}\} = \begin{Bmatrix} P_{C3} \\ P_{C4} \end{Bmatrix} = \begin{Bmatrix} B_y - 15 \\ C_y - 5 \end{Bmatrix}$$

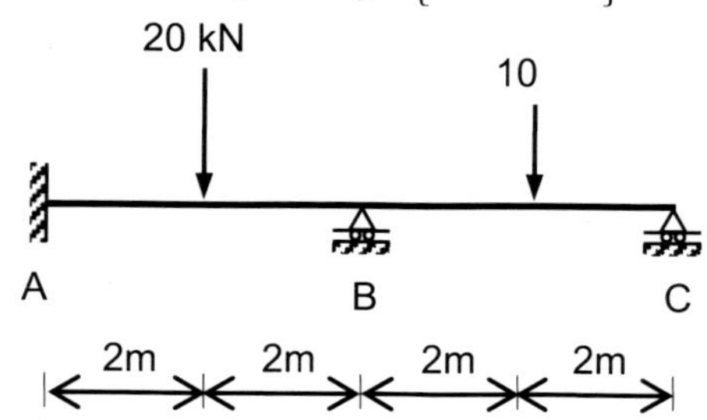

Figura 3.23a - Exemplo 3.15.

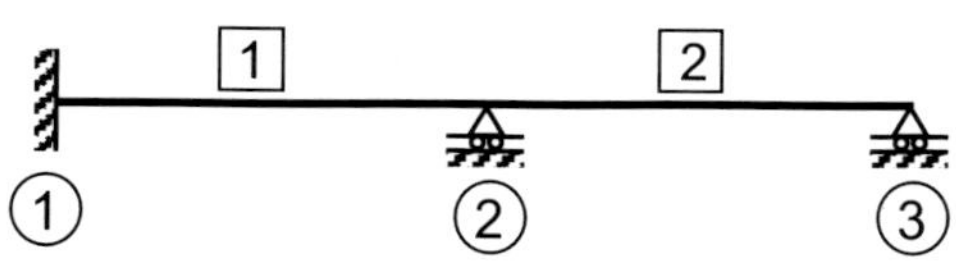

Figura 3.23b - Estrutura discretizada.

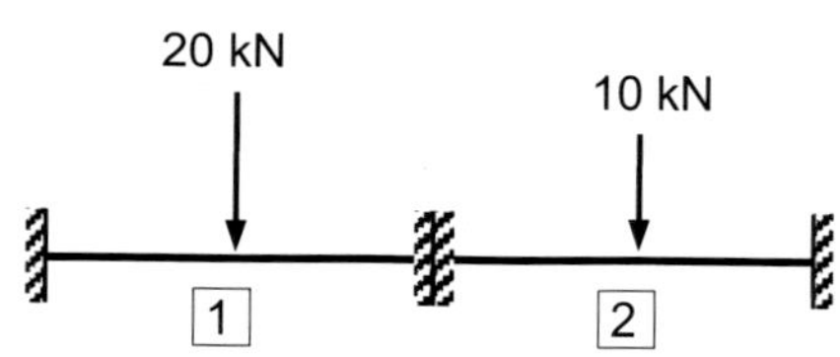

Figura 3.23c - Estrutura restringida.

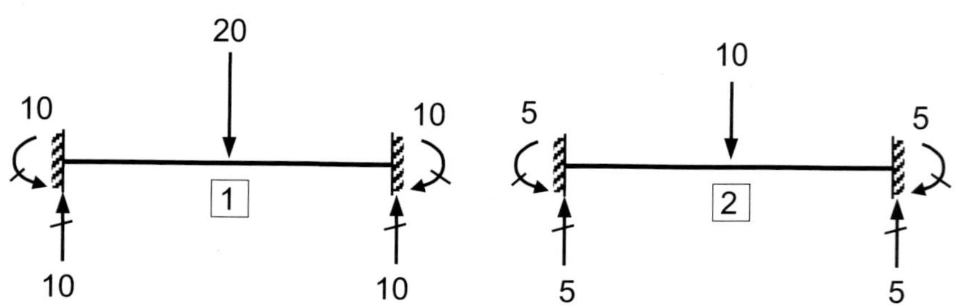

Figura 3.23d - Ações de extremidade engastada de elementos individuais.

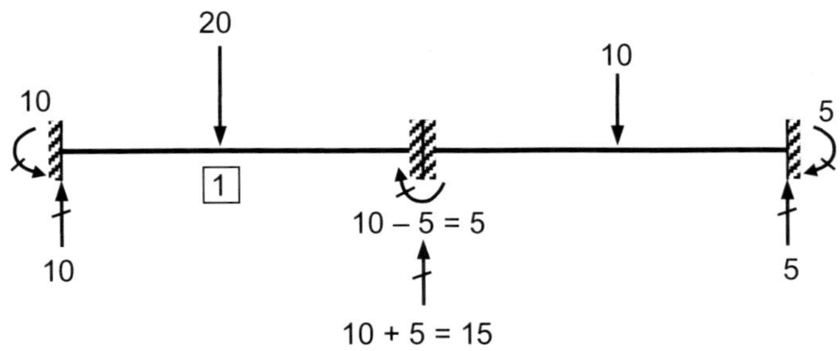

Figura 3.23e - Ações de extremidade engastada da estrutura.

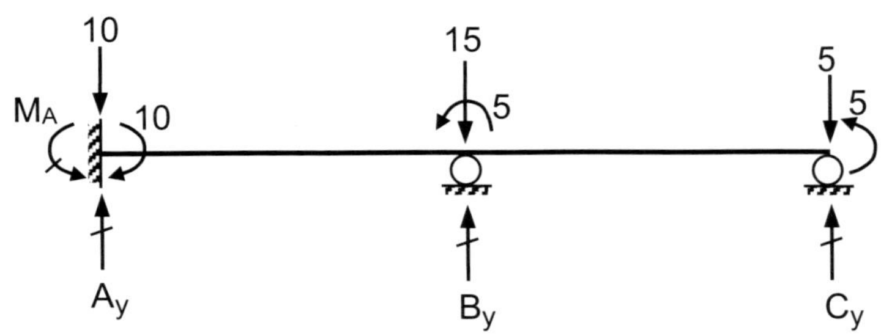

Figura 3.23f - Reações e cargas nodais equivalentes.

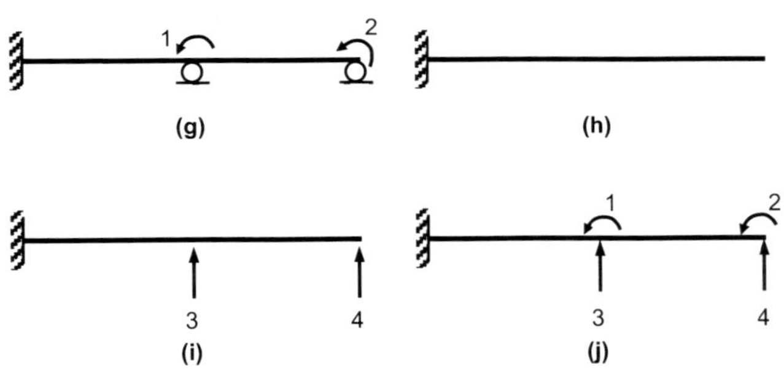

Figura 3.23g–j - Estrutura primária e coordenadas. (g) coordenadas de ação, (h) estrutura primária, (i) coordenadas redundantes, (j) coordenadas globais.

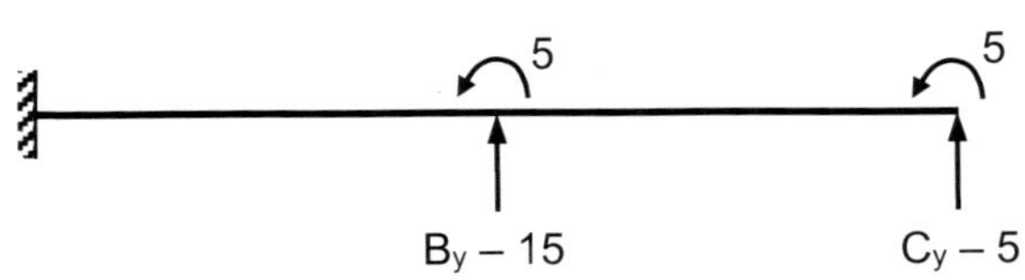

Figura 3.23k - Cargas na estrutura primária.

Passo 4: Identificar as coordenadas locais e encontrar $\{p_F\}$

As coordenadas locais combinadas são indicadas na figura 3.23l. As forças de elemento devidas a ações de extremidade engastada (figura 3.23d) são mostradas na figura 3.23m. Assim,

$$\{p_F\} = \begin{Bmatrix} 10 \\ -10 \\ 5 \\ -5 \end{Bmatrix}$$

Figura 3.23l - Coordenadas locais combinadas.

Figura 3.23m - Momentos de extremidade devidos a ações de extremidade engastada.

Passo 5: Desenvolver $[T_{FA}]$ e $[T_{FX}]$

Da figura 3.23n,

$$[T_{FA}] = \begin{bmatrix} -1 & -1 \\ 1 & 1 \\ 0 & -1 \\ 0 & 1 \end{bmatrix}$$

Da figura 3.23o,

$$[T_{FX}] = \begin{bmatrix} -4 & -8 \\ 0 & 4 \\ 0 & -4 \\ 0 & 0 \end{bmatrix}$$

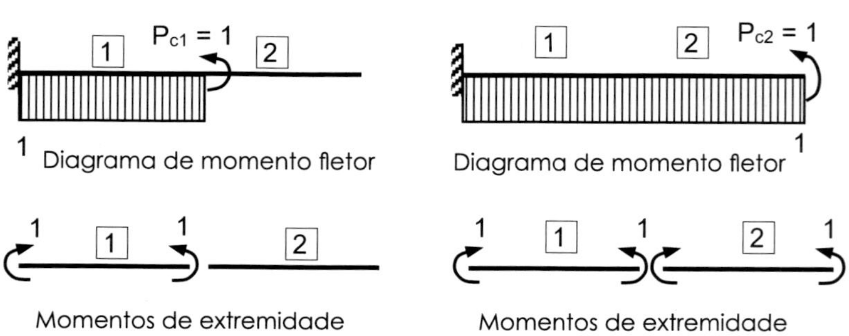

Figura 3.23n - Elementos de $[T_{FA}]$.

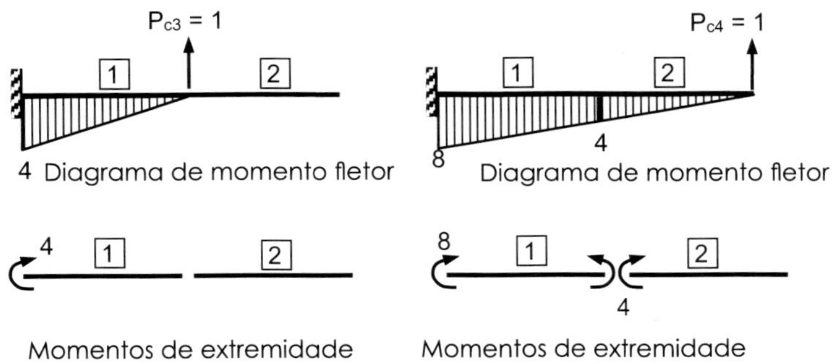

Figura 3.23o - Elementos de $[T_{FX}]$.

Passo 6: Desenvolver [f'] e [f]

- Matriz de rigidez de elemento

$$[f^1]=[f^2]=\frac{4}{6EI}\begin{bmatrix} 2 & -1 \\ -1 & 2 \end{bmatrix}=\frac{2}{3EI}\begin{bmatrix} 2 & -1 \\ -1 & 2 \end{bmatrix}$$

- Matriz de flexibilidade desmontada

$$[f]=\frac{2}{3EI}\begin{bmatrix} 2 & -1 & 0 & 0 \\ -1 & 2 & 0 & 0 \\ 0 & 0 & 2 & -1 \\ 0 & 0 & -1 & 2 \end{bmatrix}$$

Passo 7: Encontrar $[F_{XX}]$ e $[F_{XA}]$

$$[F_{XX}]=\frac{1}{EI}\begin{bmatrix} 21.33 & 53.33 \\ 53.33 & 170.67 \end{bmatrix}$$

$$[F_{XA}]=\frac{1}{EI}\begin{bmatrix} 8 & 8 \\ 24 & 32 \end{bmatrix}$$

Passo 8: Determinar $\{P_{CX}\}$

$$D_X=\begin{Bmatrix} D_3 \\ D_4 \end{Bmatrix}=\frac{1}{EI}\begin{Bmatrix} -100 \\ -50 \end{Bmatrix}$$

$$\{P_{CX}\}=[F_{XX}]^{-1}\left(\{D_X\}-[F_{XA}]\{P_{CA}\}\right)$$

$$\{P_{CX}\}=\begin{Bmatrix} P_{C3} \\ P_{C4} \end{Bmatrix}=\begin{Bmatrix} -16.473 \\ 3.214 \end{Bmatrix}$$

Passo 9: Determinar os momentos de extremidade nos elementos {p}

$$\{p\}=\{p_F\}+[T_{FA}]\{P_{CA}\}+[T_{FX}]\{P_{CX}\}=\begin{Bmatrix} 40.179 \\ 12.857 \\ -12.857 \\ 0 \end{Bmatrix}\text{kNm}$$

Método alternativo

A posição de apoios pode ser convertida em ações de extremidade engastada. A figura 3.23p mostra as posições relativas (Δ_{AB} e Δ_{BC}) dos dois membros da barra.

As ações de extremidade engastada devidas a posições relativas para os dois elementos estão indicadas na figura 3.23q.

Para tanto, as ações de extremidade engastada devidas às cargas de elemento (figura 3.23d) são adicionadas e as ações de extremidade engastada totais dos elementos da estrutura são mostrados nas figuras 3.23r e s.

As cargas nodais combinadas e as reações de apoio são mostradas na figura 3.23t.

As cargas correspondentes às coordenadas globais indicadas na figura 3.23j são

$$\{P_{CA}\} = \begin{Bmatrix} P_{C1} \\ P_{C2} \end{Bmatrix} = \begin{Bmatrix} -13.75 \\ 23.75 \end{Bmatrix}$$

$$\{P_{CX}\} = \begin{Bmatrix} P_{C3} \\ P_{C4} \end{Bmatrix} = \begin{Bmatrix} B_y - 13.125 \\ C_y - 14.375 \end{Bmatrix}$$

O vetor força do elemento devido a ações de extremidade engastada (figura 3.23r) é

$$\{P_F\} = \begin{Bmatrix} 47.5 \\ 27.5 \\ -13.75 \\ -23.75 \end{Bmatrix} \text{kNm}$$

Como as definições de apoio são convertidas em ações de extremidade engastada, $\{D_X\} = \{0\}$. Assim, o vetor força redundante é

$$\{P_{CX}\} = -[F_{XX}]^{-1}[F_{XA}]\{P_{CA}\}$$

$$= \begin{Bmatrix} 11.652 \\ -6.161 \end{Bmatrix} \text{kN}$$

e os momentos de extremidade nos elementos são

$$\{p\} = \{p_F\} + [T_{FA}]\{P_{CA}\} + [T_{FX}]\{P_{CX}\}$$

$$= \begin{Bmatrix} 40.179 \\ 12.857 \\ -12.857 \\ 0 \end{Bmatrix} \text{kNm}$$

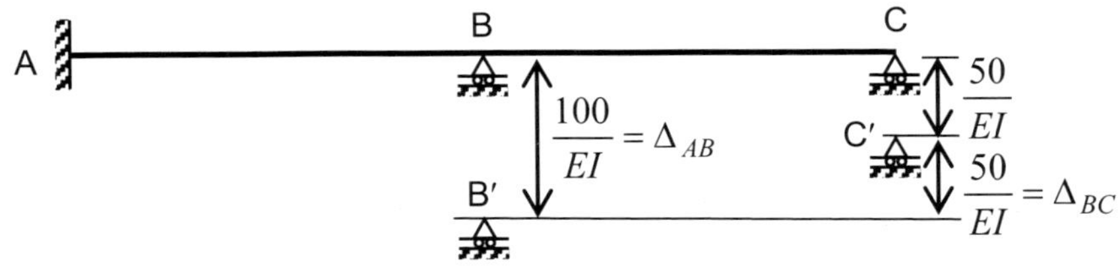

Figura 3.23p - Posições relativas dos membros.

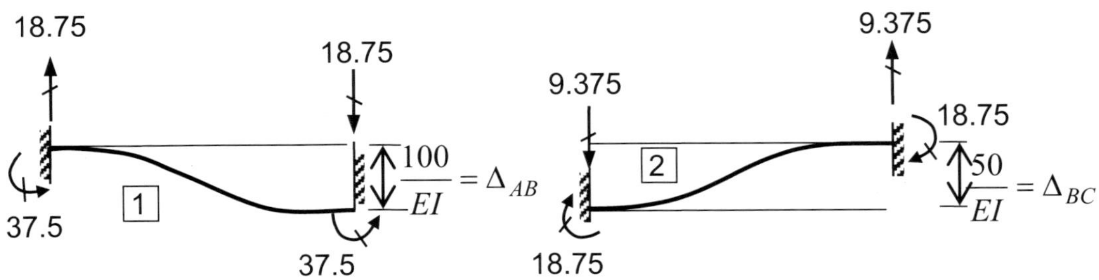

Figura 3.23q - Ações de extremidade engastada devidas a posições relativas.

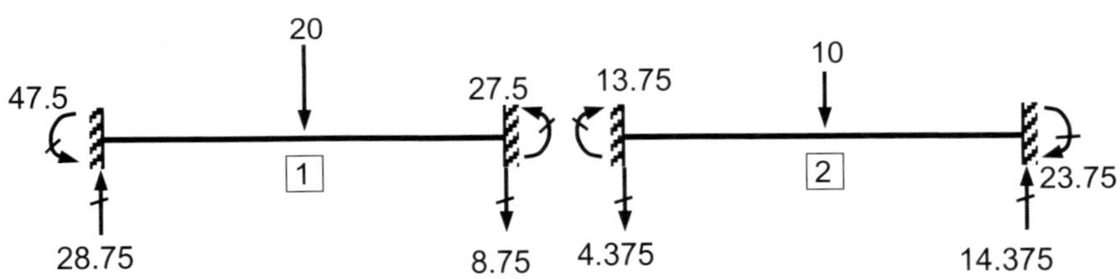

Figura 3.23r - Ações de extremidade engastada de elementos.

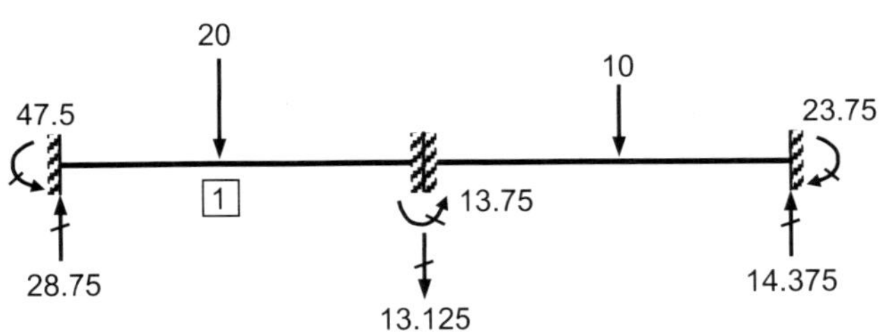

Figura 3.23s - Ações de extremidade engastada da estrutura.

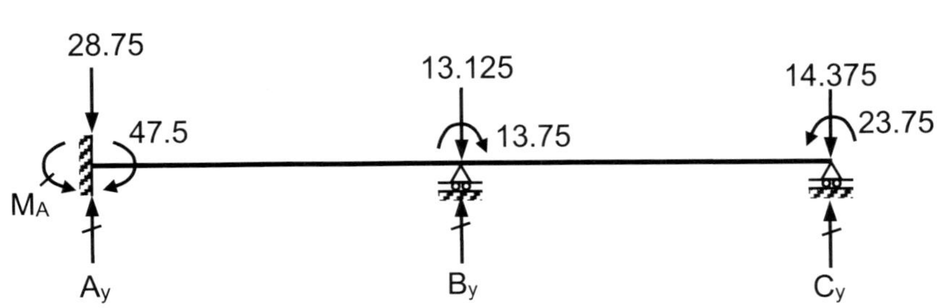

Figura 3.23t - Cargas nodais combinadas e reações.

Exemplo 3.16

Determinar as forças desenvolvidas na barra mostrada na figura 3.24a.

Solução

Passo 1: Desenvolver a estrutura discretizada.

A barra é modelada usando-se dois elementos como mostrado na figura 3.24b.

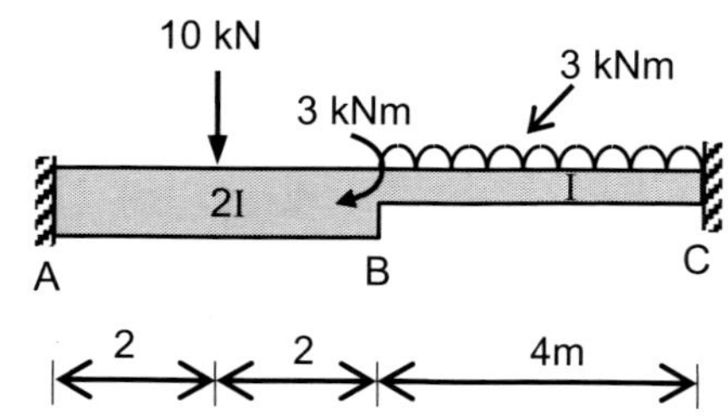

Figura 3.24a - Exemplo 3.16.

Passo 2: Determinar as cargas nodais combinadas.

As cargas aplicadas são agrupadas em cargas nodais e cargas de elemento (figura 3.24c). As cargas de elemento são aplicadas sobre a estrutura restringida (figura 3.24d) e as ações de extremidade engastada são determinadas (figuras 3.24e e f). As cargas nodais equivalentes são mostradas na figura 3.24g. Para isso, a carga nodal (figura 3.24c) é adicionada para se obter as cargas nodais combinadas (figura 3.24h).

Passo 3: Identificar as coordenadas globais e o vetor força

As coordenada globais são mostradas na figura 3.24i. As reações no apoio C (C_y e M_c) são tomadas como redundantes.

Da figura 3.24j,

$$\{P_{CA}\} = \begin{Bmatrix} P_{C1} \\ P_{C2} \end{Bmatrix} = \begin{Bmatrix} -11 \\ -2 \end{Bmatrix}$$

$$\{P_{CX}\} = \begin{Bmatrix} P_{C3} \\ P_{C4} \end{Bmatrix} = \begin{Bmatrix} C_y - 6 \\ 4 - M_c \end{Bmatrix}$$

Passo 4: Identificar as coordenadas locais e enontrar $\{p_F\}$.

As coordenadas locais combinadas são mostradas na figura 3.24k.

Das figuras 3.24 e e l,

$$\{p_F\} = \begin{Bmatrix} 5 \\ -5 \\ 4 \\ -4 \end{Bmatrix} \text{kNm}$$

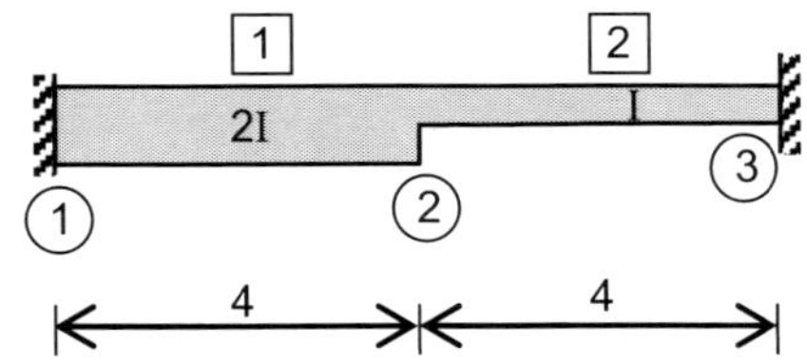

Figura 3.24b - Estrutura discretizada.

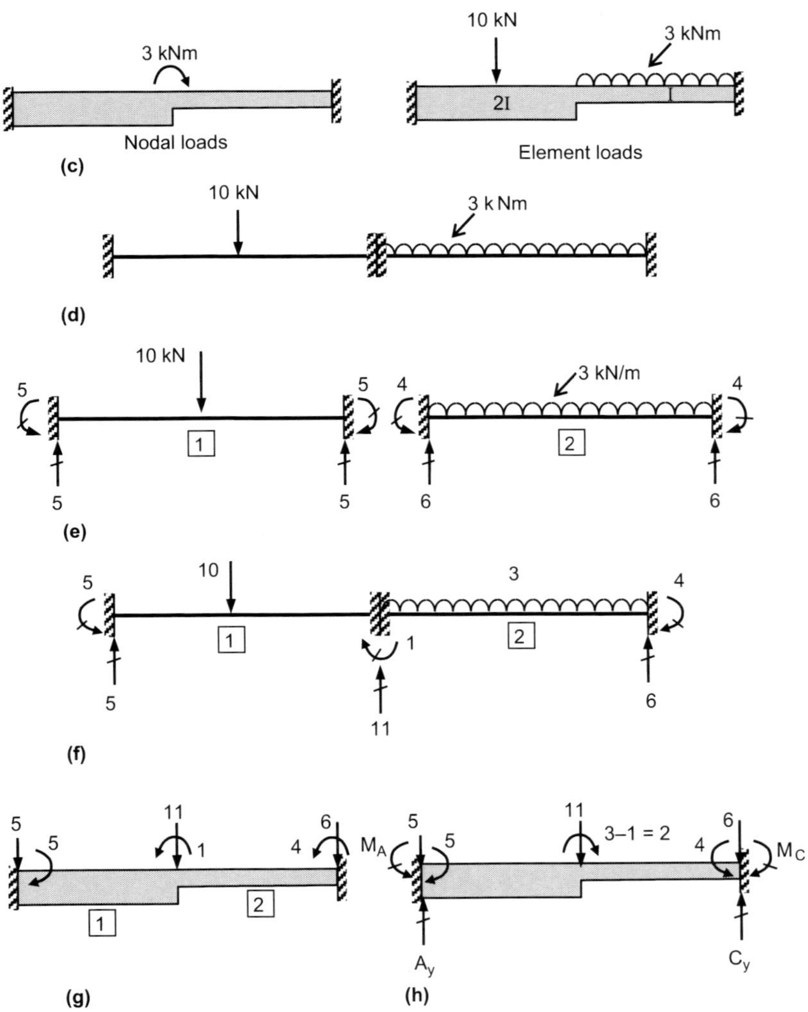

Figura 3.24c–h - Cargas e ações de extremidade engastada. (c) carga na barra, (d) estrutura restringida submetida a cargas de elemento, (e) ações de extremidade engastada de elementos, (f) ações de extremidade engastada para a estrutura, (g) cargas nodais equivalentes, (h) cargas nodais combinadas e reações.

Passo 5: Desenvolver $[T_{FA}]$ e $[T_{FX}]$

Das figuras 3.24m e n,

$$[T_{FA}]=\begin{bmatrix} -4 & -1 \\ 0 & 1 \\ 0 & 0 \\ 0 & 0 \end{bmatrix} \quad [T_{FX}]=\begin{bmatrix} -8 & -1 \\ 4 & 1 \\ -4 & -1 \\ 0 & 1 \end{bmatrix}$$

Passo 6: Desenvolver [f¹] e [f]

- Matriz de rigidez de elemento

$$\left[f^1\right]=\frac{4}{6(2EI)}\begin{bmatrix} 2 & -1 \\ -1 & 2 \end{bmatrix}=\frac{1}{6EI}\begin{bmatrix} 4 & -2 \\ -2 & 4 \end{bmatrix}$$

$$\left[f^2\right]=\frac{4}{6EI}\begin{bmatrix} 2 & -1 \\ -1 & 2 \end{bmatrix}=\frac{1}{6EI}\begin{bmatrix} 8 & -4 \\ -4 & 8 \end{bmatrix}$$

- Matriz de flexibilidade desmontada

$$[f]=\begin{bmatrix} [f^1] & 0 \\ 0 & [f^2] \end{bmatrix}=\frac{1}{6EI}\begin{bmatrix} 4 & -2 & 0 & 0 \\ -2 & 4 & 0 & 0 \\ 0 & 0 & 8 & -4 \\ 0 & 0 & -4 & 8 \end{bmatrix}$$

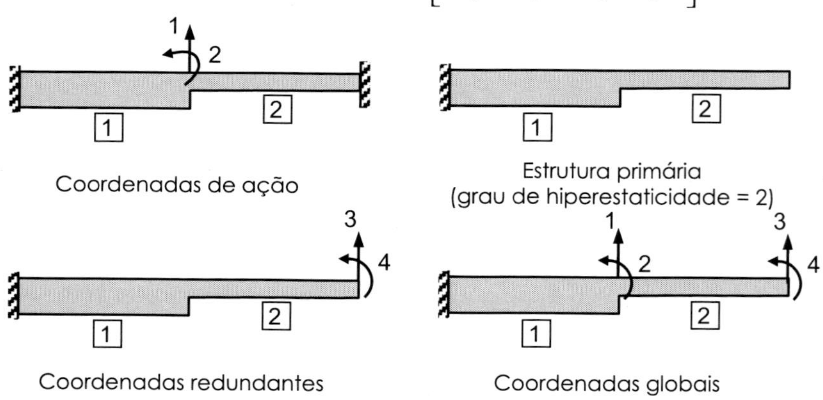

Figura 3.24i - Estrutura primária e coordenadas globais.

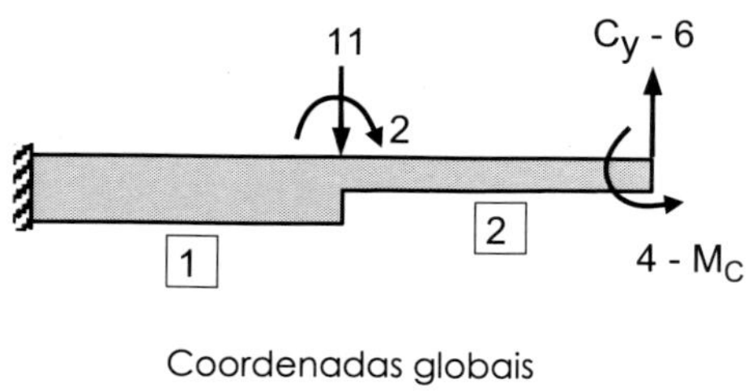

Figura 3.24j - Cargas na estrutura primária.

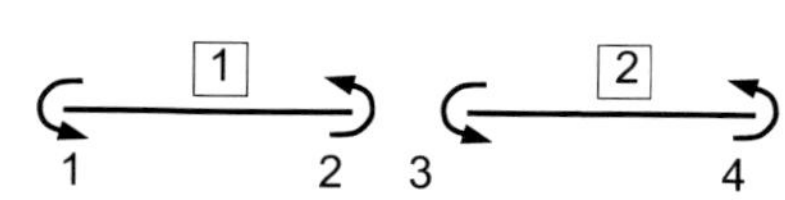

Figura 3.24k - Coordenadas locais combinadas.

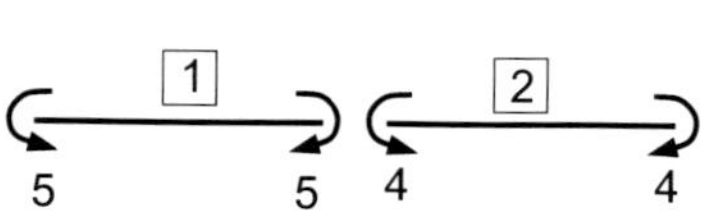

Figura 3.24l - Elementos de $\{p_F\}$.

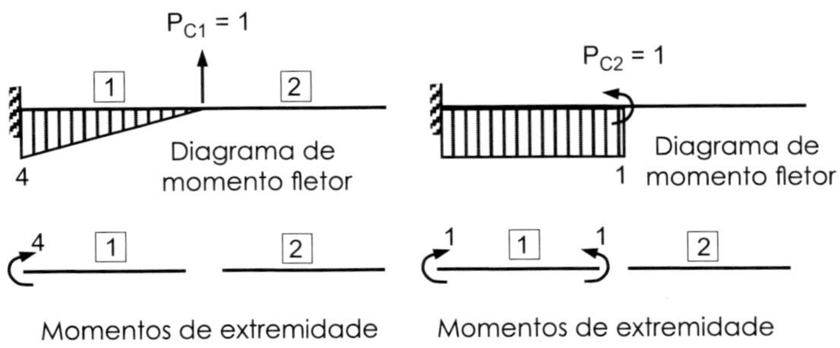

Figura 3.24m - Elementos de $[T_{FA}]$.

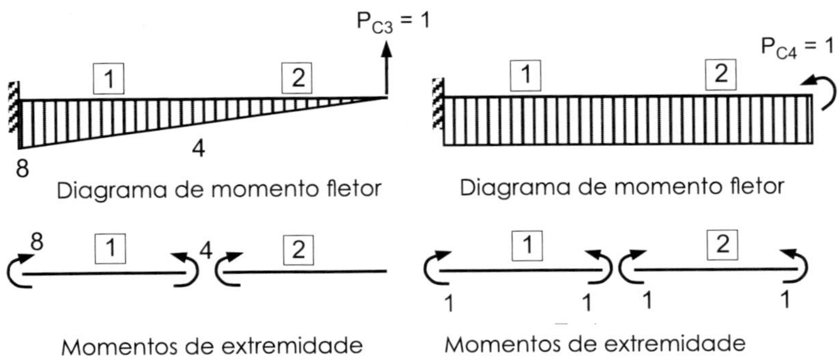

Figura 3.24m - Elementos de $[T_{FX}]$.

Passo 7: Encontrar $[F_{XX}]$ e $[F_{XA}]$

$$[F_{XX}] = \frac{1}{EI}\begin{bmatrix} 96 & 20 \\ 20 & 6 \end{bmatrix}$$

$$[F_{XA}] = \frac{1}{EI}\begin{bmatrix} 26.667 & 12 \\ 4 & 2 \end{bmatrix}$$

Passo 8: Determinar $\{P_{CX}\}$

$$\{D_X\} = \{0\}$$

$$\{P_{CX}\} = \begin{Bmatrix} P_{C3} \\ P_{C4} \end{Bmatrix} = \begin{Bmatrix} 5.364 \\ -9.879 \end{Bmatrix}$$

Passo 9: Determinar os momentos de extremidade nos elementos {p}

$$\{p\} = \{p_F\} + [T_{FA}]\{P_{CA}\} + [T_{FX}]\{P_{CX}\} = \begin{Bmatrix} 17.97 \\ 4.576 \\ -7.576 \\ -13.879 \end{Bmatrix} \text{kNm}$$

Exemplo 3.17

Determinar as forças desenvolvidas no quadro plano mostrado na figura 3.25a.

Solução

Passo 1: Desenvolver a estrutura discretizada.

Os elementos e nós são mostrados na figura 3.25b.

Passo 2: Determinar as cargas nodais combinadas.

As cargas, a estrutura restringida, as ações de extremidade engastada, as cargas nodais equivalentes e as cargas nodais combinadas são mostradas nas figuras 3.25c–h.

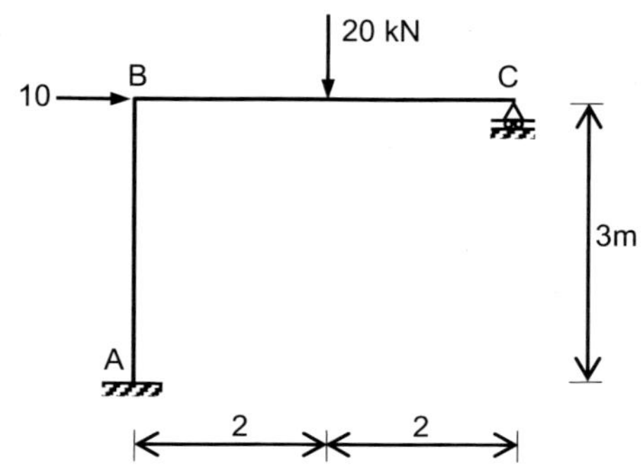

Figura 3.25a - Exemplo 3.17.

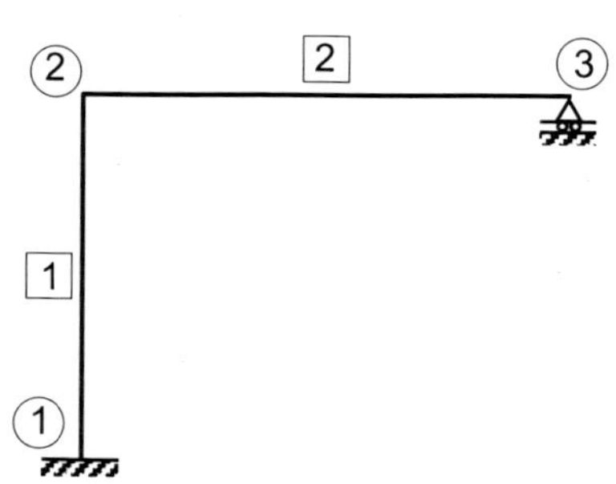

Figura 3.25b - Estrutura discretizada.

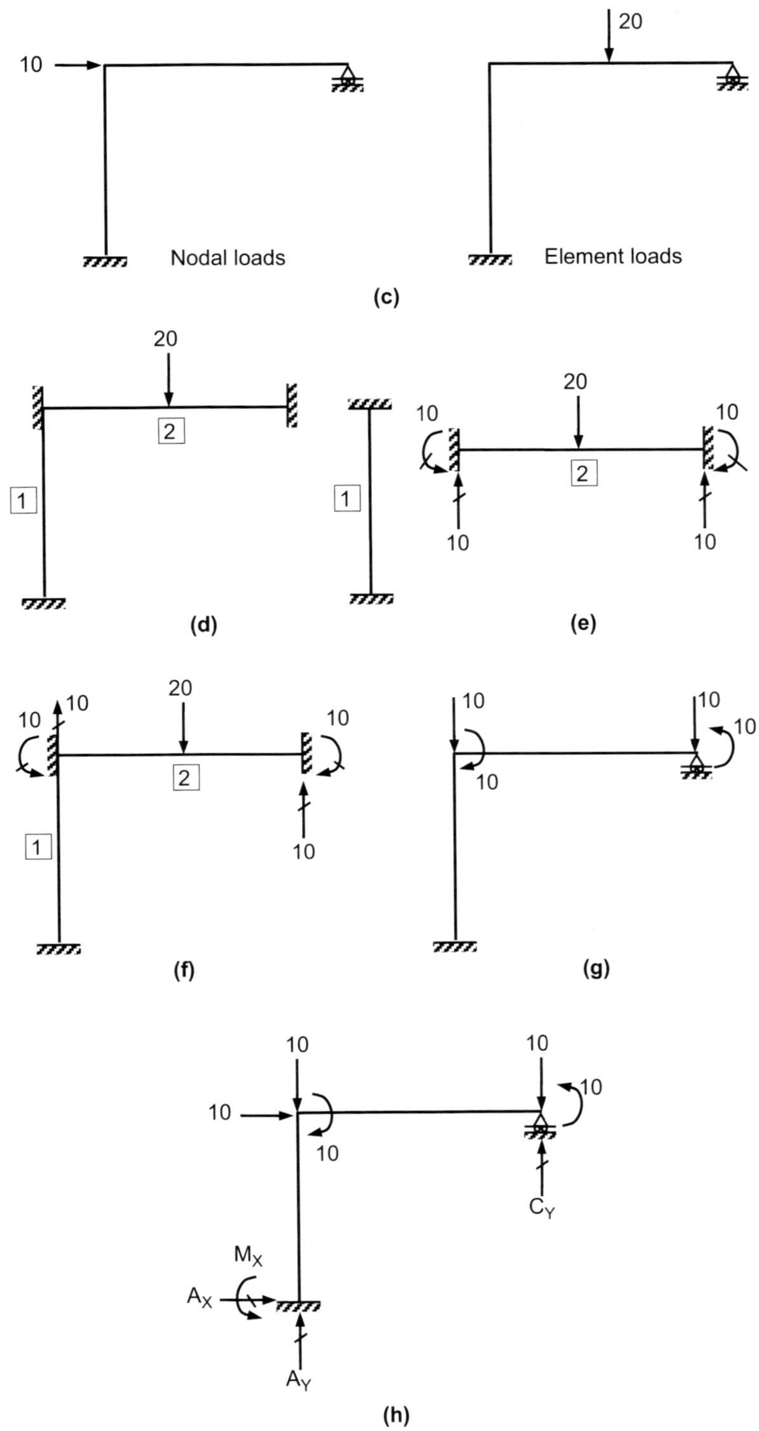

Figura 3.25c–h - Cargas e ações de extremidade engastada. (c) cargas na estrutura, (d) estrutura restringida, (e) ações de extremidade engastada de elementos, (f) ações de extremidade engastada para a estrutura, (g) cargas nodais equivalentes, (h) cargas nodais combinadas e reações.

Passo 3: Identificar as coordenadas globais e o vetor força.

As coordenadas globais e as cargas correspondentes são mostradas nas figuras 3.25i e j.

O vetor força é

$$\{P_{CA}\} = \begin{Bmatrix} P_{C1} \\ P_{C2} \\ P_{C3} \end{Bmatrix} = \begin{Bmatrix} 10 \\ -10 \\ 10 \end{Bmatrix}$$

$$\{P_{CX}\} = \{P_{C4}\} = \{C_y - 10\}$$

Passo 4: Identificar as coordenadas locais e encontrar $\{p_F\}$.

As coordenadas locais combinadas são indicadas na figura 3.25k.

Das figuras 3.25e e l,

$$\{p_F\} = \begin{Bmatrix} 0 \\ 0 \\ 10 \\ -10 \end{Bmatrix}$$

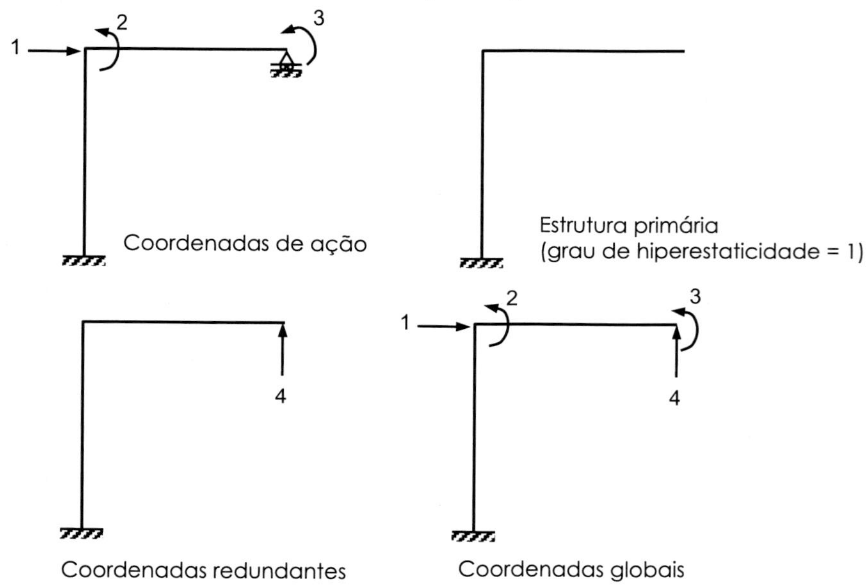

Figura 3.25i - Estrutura primária e coordenadas globais.

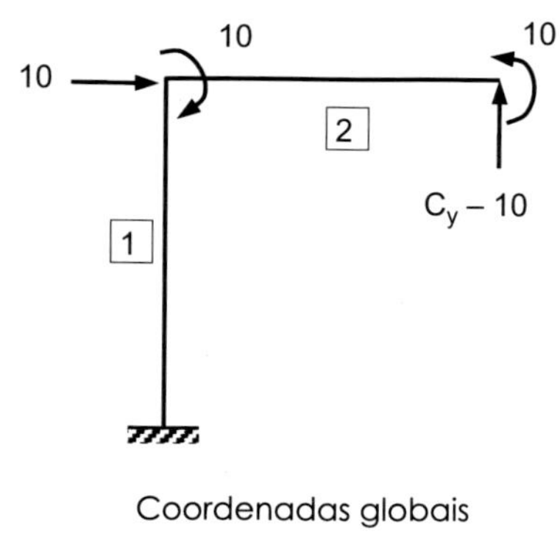

Figura 3.25j - Cargas na estrutura primária.

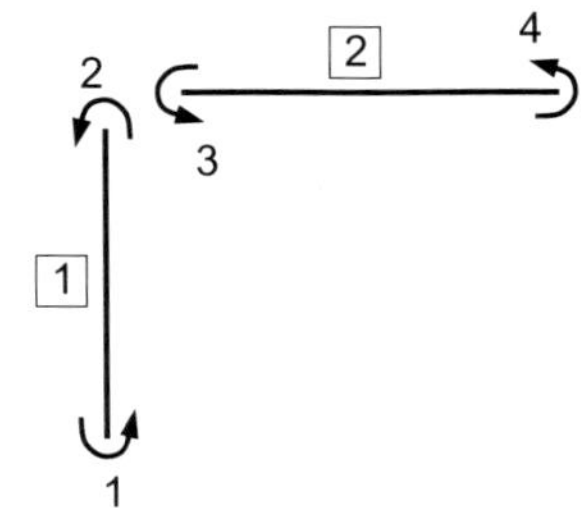

Figura 3.25k - Coordenadas locais combinadas.

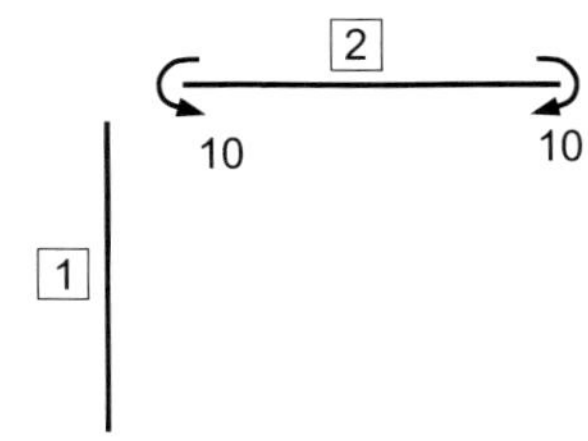

Figura 3.25l - Elementos de $\{p_F\}$.

Passo 5: Desenvolver $[T_{FA}]$ e $[T_{FX}]$

Das figuras 3.25m e n,

$$[T_{FA}] = \begin{bmatrix} 3 & -1 & -1 \\ 0 & 1 & 1 \\ 0 & 0 & -1 \\ 0 & 0 & 1 \end{bmatrix} \text{and } [T_{FX}] = \begin{bmatrix} -4 \\ 4 \\ -4 \\ 0 \end{bmatrix}$$

Passo 6: Desenvolver $[f^i]$ e $[f]$

- Matriz de rigidez de elemento

$$[f^1] = \frac{3}{6EI}\begin{bmatrix} 2 & -1 \\ -1 & 2 \end{bmatrix} = \frac{1}{6EI}\begin{bmatrix} 6 & -3 \\ -3 & 6 \end{bmatrix}$$

$$[f^2] = \frac{4}{6EI}\begin{bmatrix} 2 & -1 \\ -1 & 2 \end{bmatrix} = \frac{1}{6EI}\begin{bmatrix} 8 & -4 \\ -4 & 8 \end{bmatrix}$$

- Matriz de flexibilidade desmontada

$$[f] = \frac{1}{6EI}\begin{bmatrix} 6 & -3 & 0 & 0 \\ -3 & 6 & 0 & 0 \\ 0 & 0 & 8 & -4 \\ 0 & 0 & -4 & 8 \end{bmatrix}$$

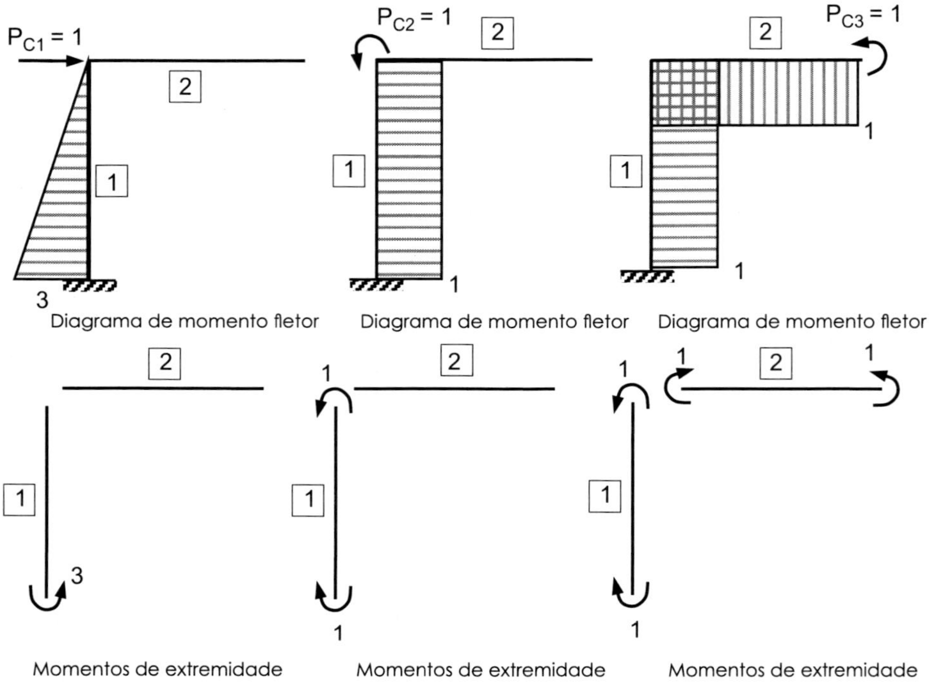

Figura 3.25m - Elementos de $[T_{FA}]$.

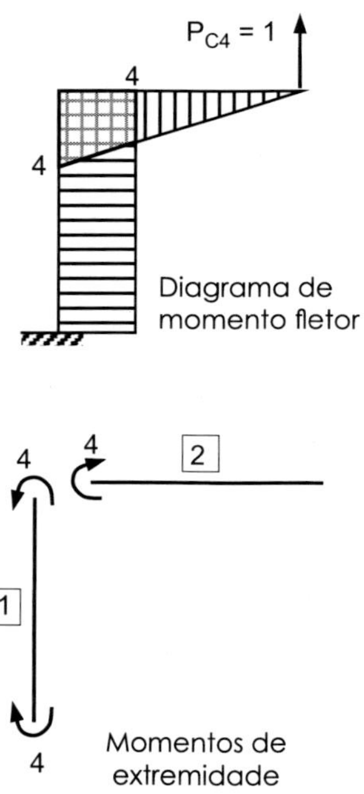

Figura 3.25n - Elementos de $[T_{FX}]$.

Passo 7: Encontrar $[F_{XX}]$ e $[F_{XA}]$

$$[F_{XX}] = \left[\frac{69.333}{EI}\right]$$

$$[F_{XA}] = \frac{1}{EI}\left[\begin{array}{ccc} -18 & 12 & 30 \end{array}\right]$$

Passo 8: Determinar $\{P_{CX}\}$

$$\{D_X\} = \{0\}$$

$$\{P_{CX}\} = P_{C4} = 1.44 \text{ kN}$$

Passo 9: Determinar os momentos de extremidade nos elementos {p}

$$\{p\} = \{p_F\} + [T_{FA}]\{P_{CA}\} + [T_{FX}]\{P_{CX}\} = \begin{Bmatrix} 24.231 \\ 5.769 \\ -5.769 \\ 0 \end{Bmatrix} \text{kNm}$$

Passo 10: Determinar as forças nos elementos

Os diagramas de corpo livre (DCL) de membros e ligações são mostrados na figura 3.25o.

- DCL do membro BC

$$\sum M_B = 0 \Rightarrow 4V_C = (2 \times 20) + 5.679 \Rightarrow V_C = 11.42 \text{ kN}$$

$$\sum F_Y = 0 \Rightarrow V_{BC} = 20 - V_C = 8.58 \text{ kN}$$

$$\sum F_X = 0 \Rightarrow N_{BC} + N_C = 0$$

- DCL da ligação C

$$\sum F_X = 0 \Rightarrow N_C = 0 \Rightarrow N_{BC} = 0$$

$$\sum F_Y = 0 \Rightarrow C_Y = V_C = 11.42 \text{ kN}$$

- DCL da ligação B

$$\sum F_X = 0 \Rightarrow V_{BA} + 10 - N_{BC} = 0$$

$$\because N_{BC} = 0, V_{BA} = -10 \text{ kN}$$

$$\sum F_Y = 0 \Rightarrow N_{BA} + V_{BC} = 0 \Rightarrow N_{BA} = -V_{BC} = -8.58 \text{ kN}$$

- DCL do membro AB

$$\sum F_X = 0 \Rightarrow V_A = -V_{BA} = 10 \text{ kN}$$

$$\sum F_Y = 0 \Rightarrow N_A + N_{BA} = 0 \Rightarrow N_A = -N_{BA} = 8.58 \text{ kN}$$

- DCL da ligação A

$$\sum F_Y = 0 \Rightarrow A_Y = N_A = 8.58 \text{ kN}$$

$$\sum F_X = 0 \Rightarrow A_X = -V_A = -10$$

$$\sum M_A = 0 \Rightarrow M_A = 24.231$$

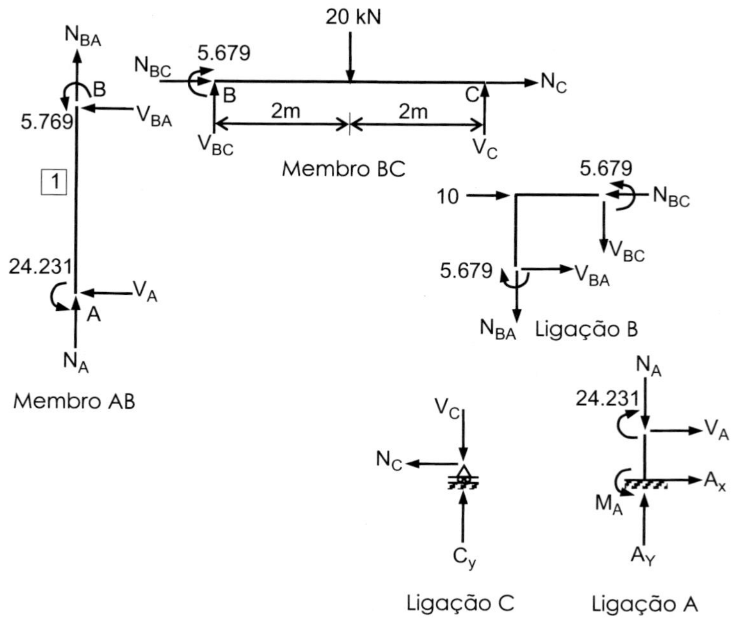

Figura 3.25o - DCL das ligações e membros.

Desta forma, as ações de extremidade nos membros e as reações de apoio podem ser determinadas usando-se o DCL de membros e ligações. Ainda que o elemento barra seja usado para modelar a estrutura de quadro plano, as forças axiais desenvolvidas nos membros serão encontradas usando-se equações de equilíbrio.

Exemplo 3.18

Determinar as forças desenvolvidas no quadro plano mostrado na figura 3.26a.

Solução

Passo 1: Desenvolver a estrutura discretizada

A estrutura discretizada é mostrada na figura 3.26b.

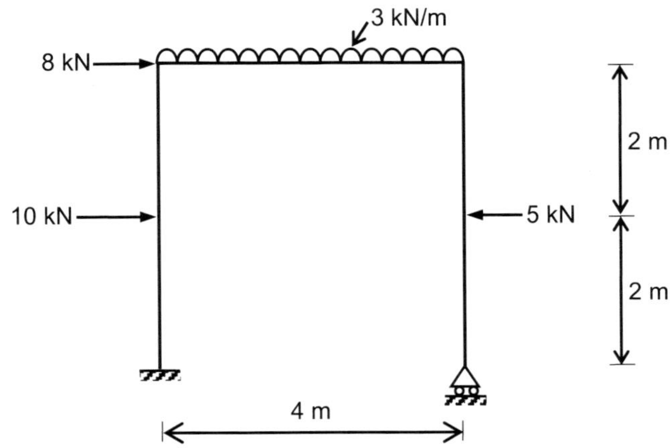

Figura 3.26a - Exemplo 3.18.

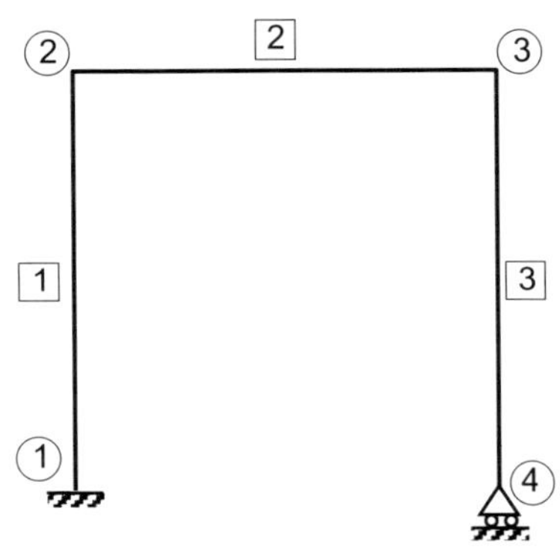

Figura 3.26b - Estrutura discretizada.

Passo 2: Determinar as cargas nodais combinadas

As cargas, ações de extremidade engastada, cargas nodais equivalentes e cargas nodais combinadas são mostradas nas figuras 3.26c–h.

Passo 3: Identificar as coordenadas globais e o vetor força

Das figuras 3.26i e j,

$$\{P_{CA}\} = \begin{Bmatrix} P_{C1} \\ P_{C2} \\ P_{C3} \\ P_{C4} \\ P_{C5} \end{Bmatrix} = \begin{Bmatrix} 1 \\ 1.5 \\ 10.5 \\ -2.5 \\ 2.5 \end{Bmatrix} \quad \text{e} \quad \{P_{CX}\} = \{P_{C6}\} = \{D_y - 6\}$$

Passo 4: Identificar as coordenadas locais e encontrar $\{p_F\}$.

As coordenadas locais combinadas são indicadas na figura 3.26k.

Das figuras 3.26e e l,

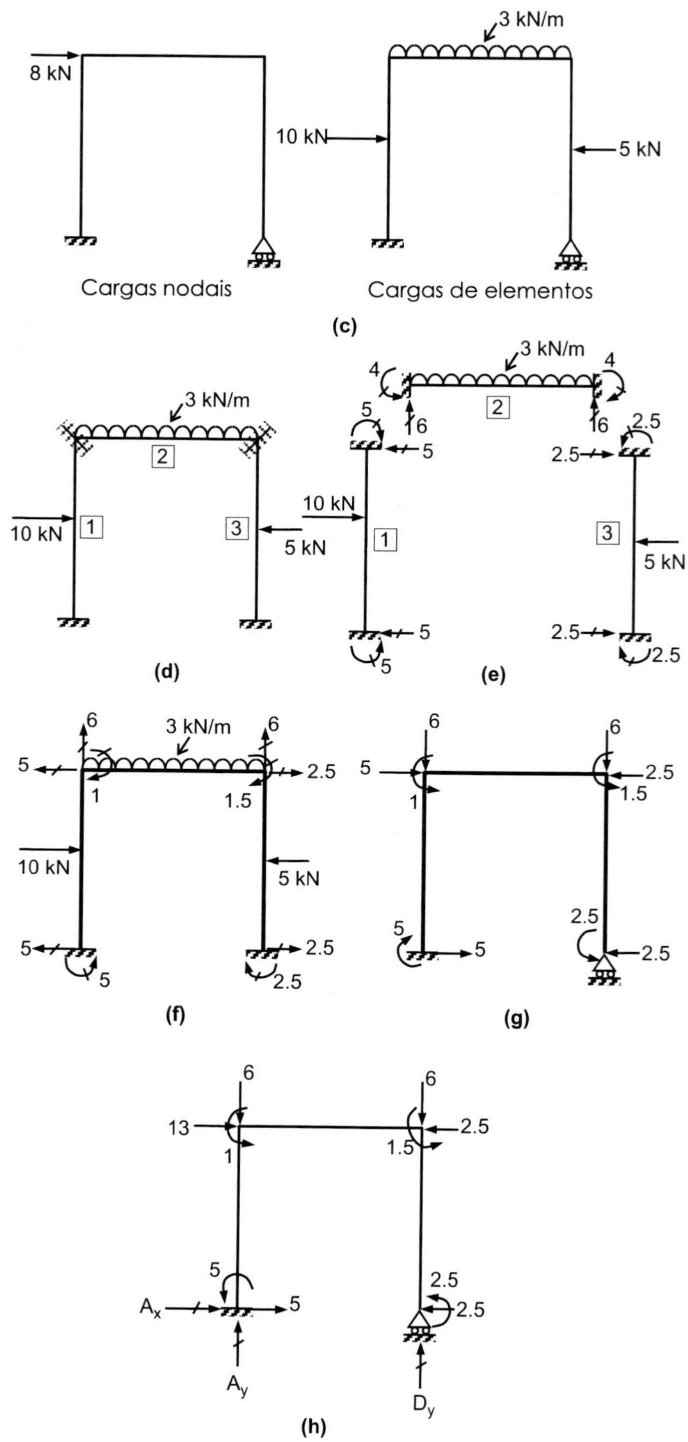

Figura 3.26c–h - Cargas e ações de extremidade engastada. (c) cargas na estrutura, (d) estrutura restringida, (e) ações de extremidade engastada de elementos, (f) ações de extremidade engastada da estrutura, (g) cargas nodais equivalentes, (h) cargas nodais combinadas.

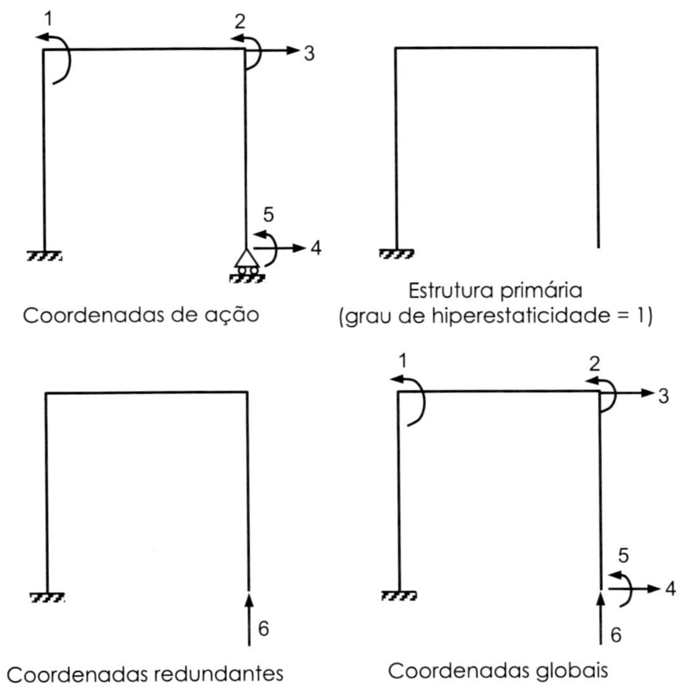

Figura 3.26i - Estrutura primária e coordenadas globais.

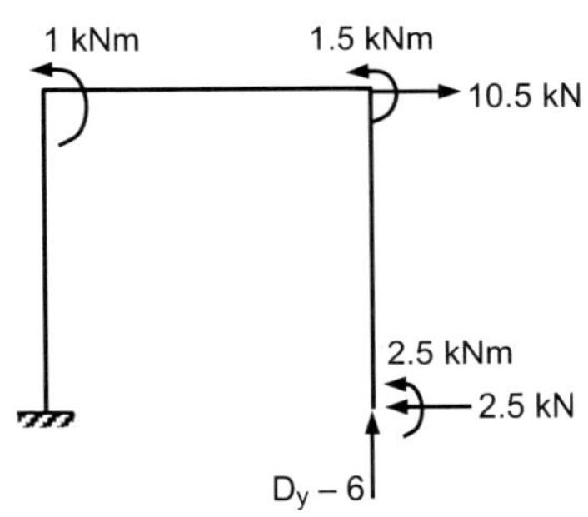

Figura 3.26j - Cargas na estrutura primária.

$$\{p_F\} = \begin{Bmatrix} 5 \\ -5 \\ 4 \\ -4 \\ 2.5 \\ -2.5 \end{Bmatrix}$$

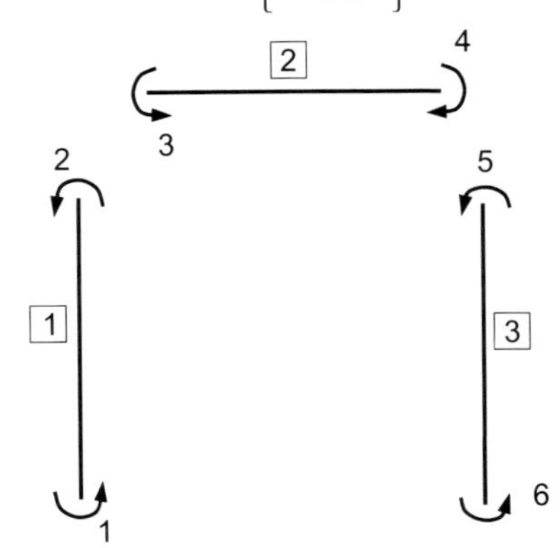

Figura 3.26k - Coordenadas locais combinadas.

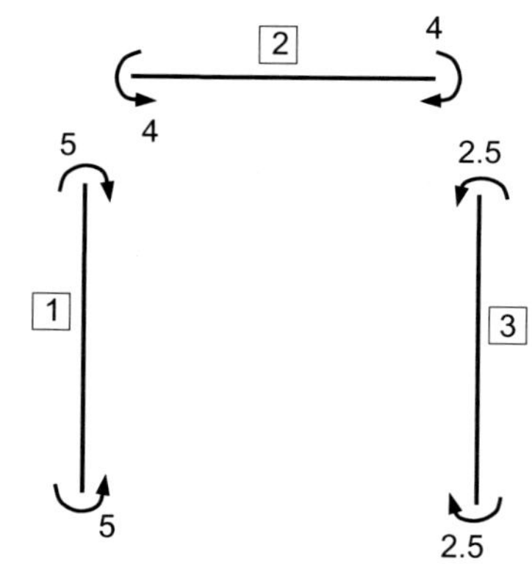

Figura 3.26l - Elementos de $[p_F]$.

Passo 5: Desenvolver $[T_{FA}]$ e $[T_{FX}]$

Das figuras 3.26m e n,

$$[T_{FA}]=\begin{bmatrix} -1 & -1 & 4 & 0 & -1 \\ 1 & 1 & 0 & 4 & 1 \\ 0 & -1 & 0 & -4 & -1 \\ 0 & 1 & 0 & 4 & 1 \\ 0 & 0 & 0 & -4 & -1 \\ 0 & 0 & 0 & 0 & 1 \end{bmatrix} \quad \text{e} \quad [T_{FX}]=\begin{bmatrix} -4 \\ 4 \\ -4 \\ 0 \\ 0 \\ 0 \end{bmatrix}$$

Passo 6: Desenvolver $[f^i]$ e $[f]$

- Matriz de rigidez de elemento

$$[f^1]=[f^2]=[f^3]=\frac{4}{6EI}\begin{bmatrix} 2 & -1 \\ -1 & 2 \end{bmatrix}=\frac{2}{3EI}\begin{bmatrix} 6 & -3 \\ -3 & 6 \end{bmatrix}$$

- Matriz de flexibilidade desmontada

$$[f]=\frac{2}{3EI}\begin{bmatrix} 2 & -1 & 0 & 0 & 0 & 0 \\ -1 & 2 & 0 & 0 & 0 & 0 \\ 0 & 0 & 2 & -1 & 0 & 0 \\ 0 & 0 & -1 & 2 & 0 & 0 \\ 0 & 0 & 0 & 0 & 2 & -1 \\ 0 & 0 & 0 & 0 & -1 & 2 \end{bmatrix}$$

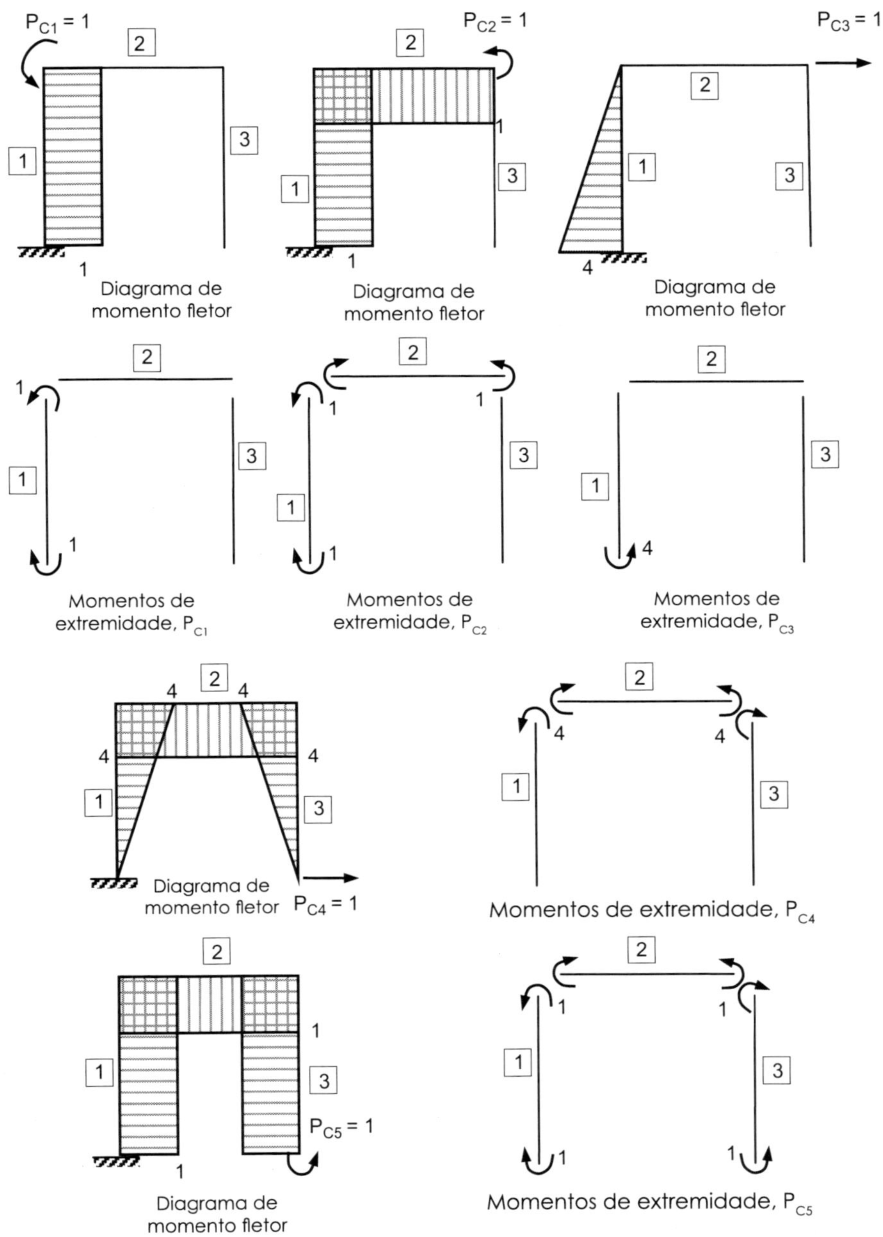

Figura 3.26m - Elementos de $[T_{FA}]$.

Passo 7: Encontrar $[F_{XX}]$ e $[F_{XA}]$

$$[F_{XX}] = \left[\frac{85.333}{EI} \right]$$

$$[F_{XA}] = \frac{1}{EI} \begin{bmatrix} 16 & 24 & -32 & 64 & 24 \end{bmatrix}$$

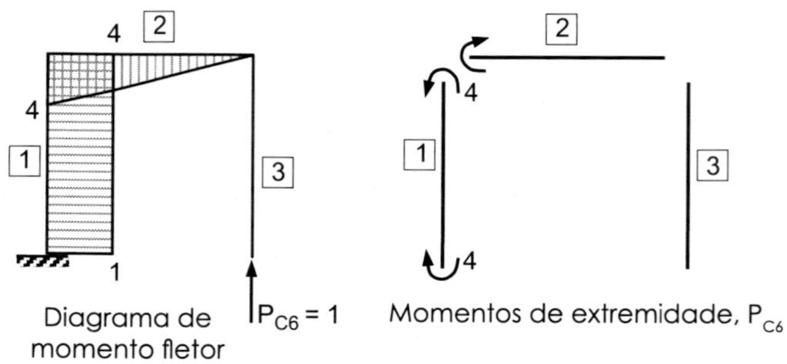

Figura 3.26n - Elementos de $[T_{FX}]$.

Passo 8: Determinar $\{P_{CX}\}$

$$\{D_X\} = \{0\}$$

$$\{P_{CX}\} = P_{C6} = 4.5 \text{ kN}$$

Passo 9: Determinar os momentos de extremidade nos elementos {p}

$$\{p\} = \begin{Bmatrix} 24 \\ 8 \\ -8 \\ -10 \\ 10 \\ 0 \end{Bmatrix} \text{kNm}$$

Exemplo 3.19

Encontrar as forças desenvolvidas na treliça mostrada na figura 3.27a. Além disso, encontrar os deslocamentos horizontal e vertical na ligação A. A rigidez de todos os membros é (AE / l) 50 kN/mm.

Solução

Passo 1: Desenvolver a estrutura discretizada

A estrutura discretizada é mostrada na figura 3.27b.

Passo 2: Identificar as coordenadas globais e o vetor força

O grau de hiperestaticidade da estrutura é 1. A força no membro AC (P_{AC}) é tomada como redundante. As coordenadas globais, a estrutura primária e as cargas são mostradas nas figuras 3.27c–g.

Da figura 3.27g,

$$\{P_A\} = \begin{Bmatrix} P_1 \\ P_2 \end{Bmatrix} = \begin{Bmatrix} 0 \\ -10 \end{Bmatrix} \text{kN}$$

$$\{P_X\} = \{P_3\} = \{P_{AC}\}$$

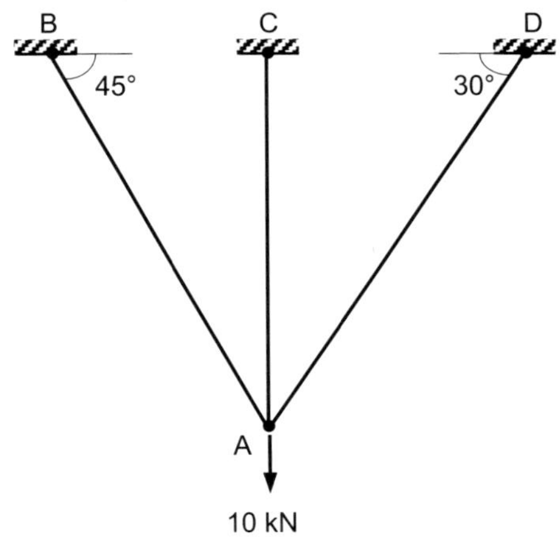

Figura 3.27a - Exemplo 3.19.

Passo 3: Identificar as coordenadas locais

As coordenadas locais combinadas são indicadas na figura 3.27h.

Passo 4: Desenvolver $[T_{FA}]$ e $[T_{FX}]$.

As forças desenvolvidas nos elementos da treliça quando cargas unitárias são aplicadas nas coordenadas globais são mostradas nas figuras 3.27i e j. Dessas figuras,

$$[T_{FA}]=\begin{bmatrix} 0.518 & -0.897 \\ 0 & 0 \\ -0.732 & -0.732 \end{bmatrix} \quad \text{e} \quad [T_{FX}]=\begin{bmatrix} -0.897 \\ 1 \\ -0.732 \end{bmatrix}$$

Passo 5: [f'] e [f]

- Matriz de rigidez de elementos

$$\left[f^1\right]=\left[f^2\right]=\left[f^3\right]=\frac{l}{AE}=\frac{1}{50}\ \text{mm/kN}$$

- Matriz de flexibilidade desmontada

$$[f]=\frac{l}{AE}\begin{bmatrix} 1 & 0 & 0 \\ 0 & 1 & 0 \\ 0 & 0 & 1 \end{bmatrix}$$

Passo 6: Encontrar $[F_{XX}]$, $[F_{XA}]$ e $[F_{AA}]$

$$[F_{XX}]=\frac{l}{AE}[2.340]$$

$$[F_{XA}]=\frac{l}{AE}\begin{bmatrix} 0.071 & 1.34 \end{bmatrix}$$

$$[F_{AA}]=\frac{l}{AE}\begin{bmatrix} 0.804 & 0.0712 \\ 0.0712 & 1.340 \end{bmatrix}$$

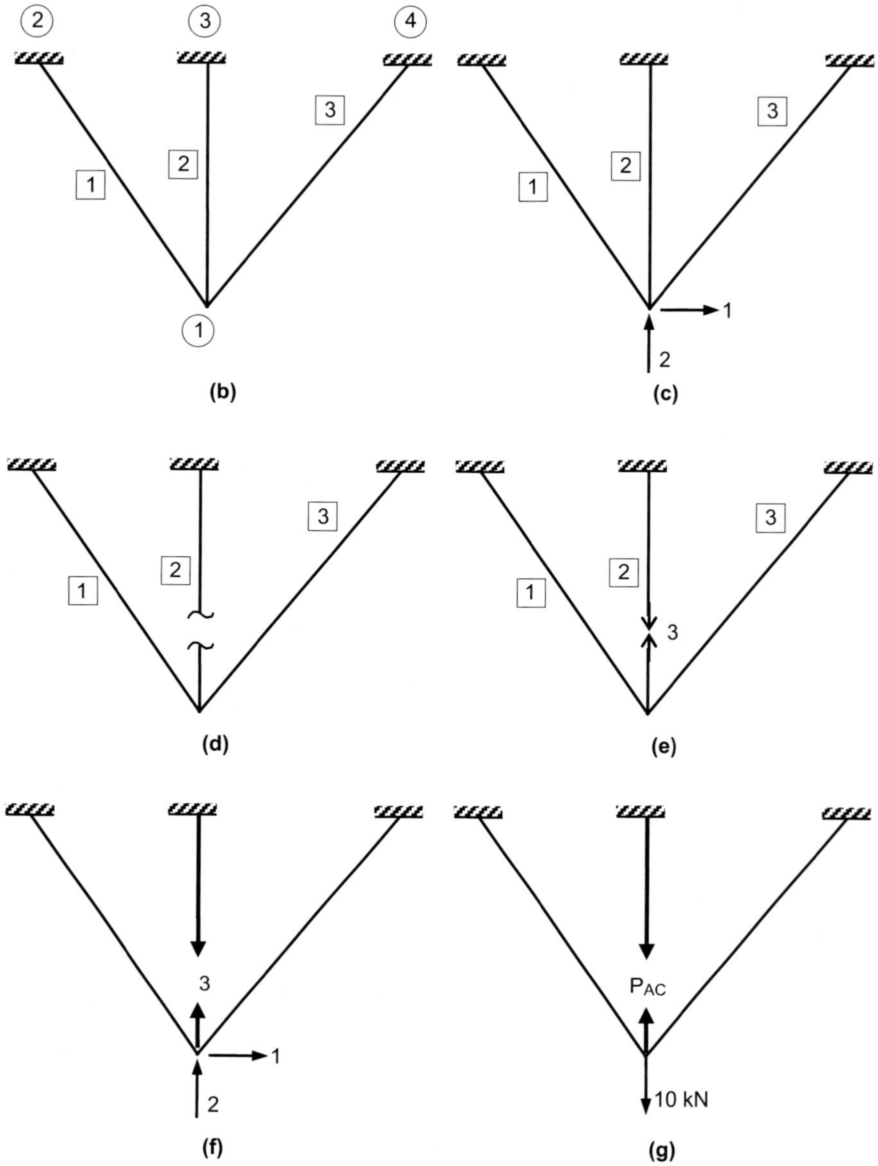

Figura 3.27b–g - Estrutura discretizada, cargas e coordenadas globais. (b) estrutura discretizada, (c) coordenadas de ação, (d) estrutura primária (grau de hiperestaticidade = 1), (e) coordenadas redundantes, (f) coordenadas globais, (g) cargas na estrutura primária.

Passo 7: Determinar $\{P_X\}$

$$\{D_X\} = \{0\}$$

$$\{P_X\} = P_3 = 5.727 \text{ kN}$$

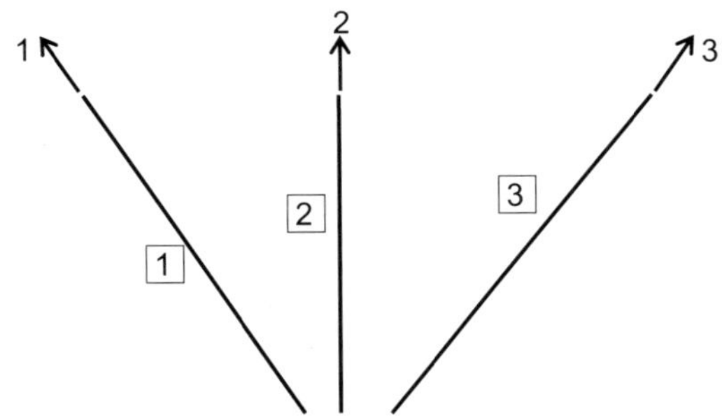

Figura 3.27h - Coordenadas locais combinadas.

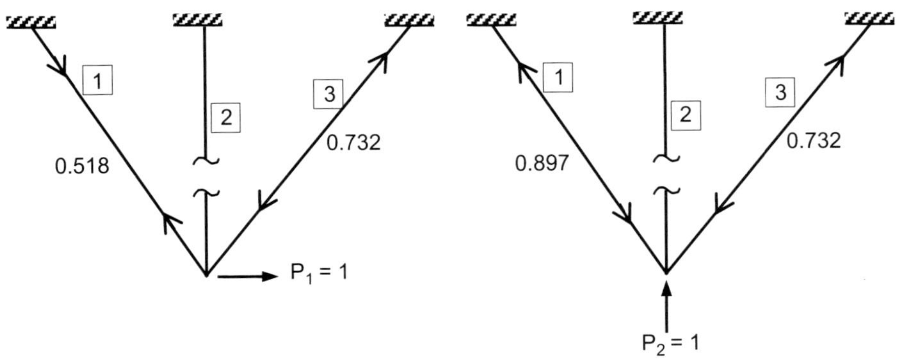

Figura 3.27i - Elementos de $[T_{FA}]$.

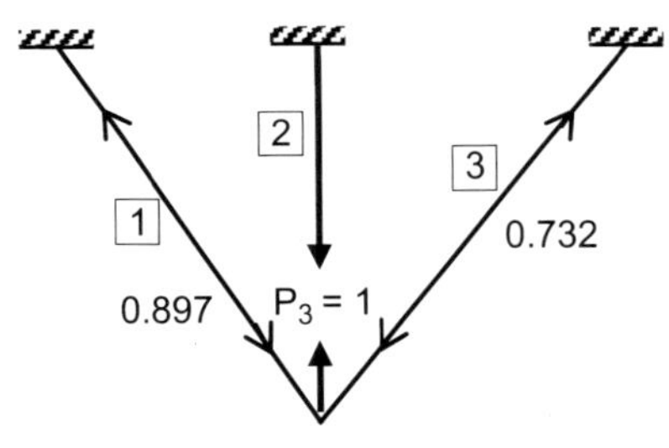

Figura 3.27j - Elementos de $[T_{FX}]$.

Passo 8: Determinar a força nos elementos da treliça {p}

$$\{p\} = [T_{FA}]\{P_A\} + [T_{FX}]\{P_X\}$$

$$\{p\} = \begin{Bmatrix} p_1 \\ p_2 \\ p_3 \end{Bmatrix} = \begin{Bmatrix} 3.833 \\ 5.727 \\ 3.128 \end{Bmatrix} \text{kN}$$

Passo 9: Determinar os deslocamentos nodais $\{D_A\}$

$$\{D_A\} = [F_{AA}]\{P_A\} + [F_{AX}]\{P_X\}$$

$$\{D_A\} = \begin{Bmatrix} D_1 \\ D_2 \end{Bmatrix} = \frac{l}{AE}\begin{Bmatrix} -0.304 \\ -5.727 \end{Bmatrix} = \begin{Bmatrix} -0.006 \\ -0.115 \end{Bmatrix} \text{mm}$$

Exemplo 3.20

Encontrar as forças desenvolvidas nos membros da treliça mostrada na figura 3.28a. Além disso, encontrar todos os deslocamentos nas ligações. AE é constante para todos os membros.

Solução

Passo 1: Desenvolver a estrutura discretizada.

A estrutura discretizada é mostrada na figura 3.28b.

Passo 2: Identificar as coordenadas globais e o vetor força. O diagrama de hiperestaticidade (DIE) da treliça é 2 (DIE_i = 1, DIE_e = 1). A força no membro BD (P_{BD}) e a reação no apoio C (C_X) são tomadas como redundantes.

Como é necessário encontrar-se todos os deslocamentos nodais, todas as coordenadas ativas são tomadas como coordenadas de ação. As coordenadas globais, a estrutura primária e as cargas são mostradas na figura 3.28c–g. Os vetores força são

$$\{P_A\} = \begin{Bmatrix} P_1 \\ P_2 \\ P_3 \\ P_4 \end{Bmatrix} = \begin{Bmatrix} -P \\ -2P \\ 0 \\ 0 \end{Bmatrix}$$

$$\{P_X\} = \begin{Bmatrix} P_5 \\ P_6 \end{Bmatrix} = \begin{Bmatrix} -C_X \\ P_{BD} \end{Bmatrix}$$

Passo 3: Identificar as coordenadas locais

As coordenadas locais combinadas são mostradas na figura 3.28h.

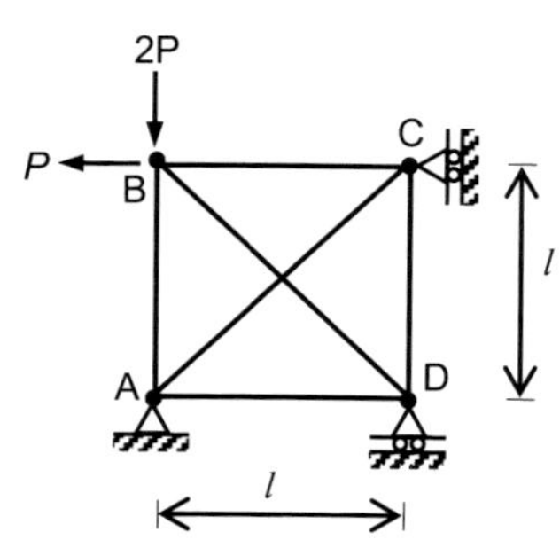

Figura 3.28a - Exemplo 3.20.

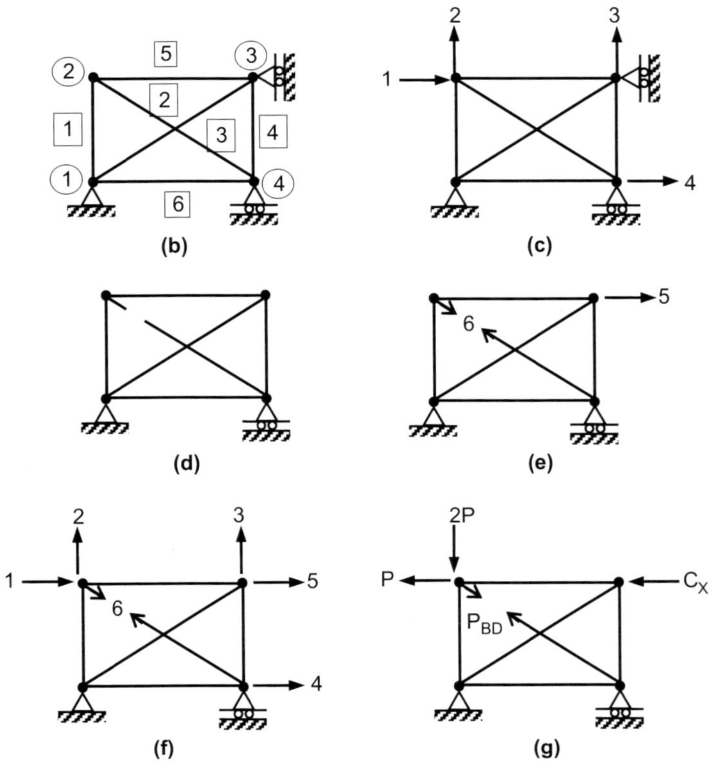

Figura 3.28b–g - Estrutura discretizada, cargas e coordenadas globais. (b) estrutura discretizada, (c) coordenadas de ação, (d) estrutura primária (DIE = 2, DIE_i = 1, DIE_e = 1), (e) coordenadas redundantes, (f) coordenadas globais, (g) cargas na estrutura primária.

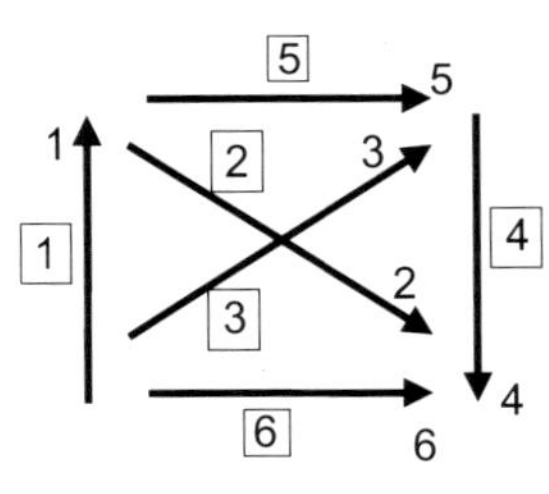

Figura 3.28h - Coordenadas locais combinadas.

Passo 4: Desenvolver $[T_{FA}]$ e $[T_{FX}]$

As forças desenvolvidas na treliça devidas à aplicação de cargas unitárias nas coordenadas globais são mostradas nas figuras 3.28i e j. Dessas figuras,

$$[T_{FA}] = \begin{bmatrix} 0 & 1 & 0 & 0 \\ 0 & 0 & 0 & 0 \\ \sqrt{2} & 0 & 0 & 0 \\ -1 & 0 & 1 & 0 \\ -1 & 0 & 0 & 0 \\ 0 & 0 & 0 & 1 \end{bmatrix}$$

$$[T_{FX}] = \begin{bmatrix} 0 & -1/\sqrt{2} \\ 0 & 1 \\ \sqrt{2} & 1 \\ -1 & -1/\sqrt{2} \\ 0 & -1/\sqrt{2} \\ 0 & -1/\sqrt{2} \end{bmatrix}$$

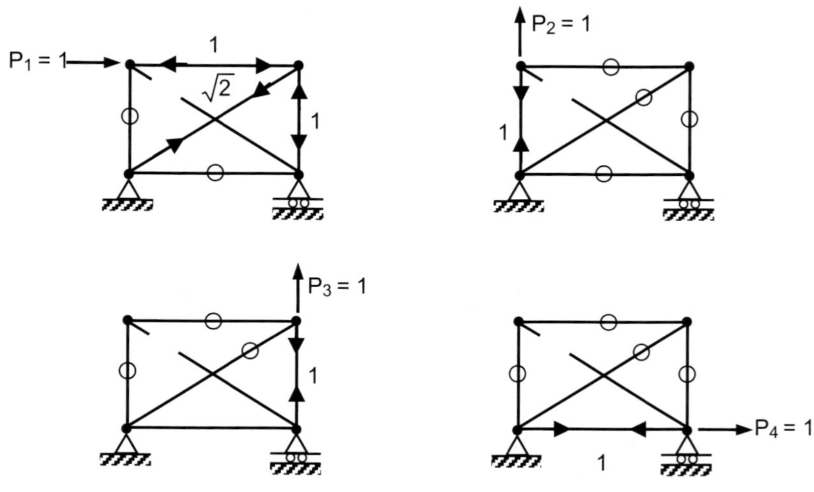

Figura 3.28i - Elementos de $[T_{FA}]$.

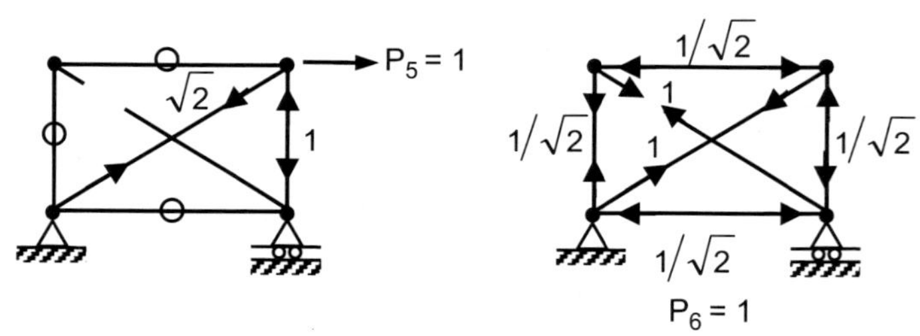

Figura 3.28j - Elementos de $[T_{FX}]$.

Passo 5: Desenvolver [f'] e [f]

- Matriz de flexibilidade de elemento

$$f^1 = f^4 = f^5 = f^6 = \frac{l}{AE}$$

$$f^2 = f^3 = \frac{\sqrt{2}l}{AE}$$

- Matriz de flexibilidade desmontada

$$[f]=\frac{l}{AE}\begin{bmatrix} 1 & 0 & 0 & 0 & 0 & 0 \\ 0 & \sqrt{2} & 0 & 0 & 0 & 0 \\ 0 & 0 & \sqrt{2} & 0 & 0 & 0 \\ 0 & 0 & 0 & 1 & 0 & 0 \\ 0 & 0 & 0 & 0 & 1 & 0 \\ 0 & 0 & 0 & 0 & 0 & 1 \end{bmatrix}$$

Passo 6: Encontrar $[F_{XX}]$, $[F_{XA}]$, $[F_{AA}]$ e $[F_{AX}]$

$$[F_{AA}]=\frac{l}{AE}\begin{bmatrix} 4.828 & 0 & -1 & 0 \\ 0 & 1 & 0 & 0 \\ -1 & 0 & 1 & 0 \\ 0 & 0 & 0 & 1 \end{bmatrix}$$

$$[F_{XX}]=\frac{l}{AE}\begin{bmatrix} 3.828 & 2.707 \\ 2.707 & 4.828 \end{bmatrix}$$

$$[F_{XA}]=\frac{l}{AE}\begin{bmatrix} 3.828 & 0 & -1 & 0 \\ 3.414 & -0.707 & -0.707 & -0.707 \end{bmatrix}$$

$$[F_{AX}]=[F_{XA}]^T=\frac{l}{AE}\begin{bmatrix} 3.828 & 3.414 \\ 0 & -0.707 \\ -1 & -0.707 \\ 0 & -0.707 \end{bmatrix}$$

Passo 7: Determinar $\{P_X\}$

$$\{D_X\}=\{0\}$$

$$\{P_X\}=\begin{Bmatrix} 1.172P \\ -0.243P \end{Bmatrix}$$

Passo 8: Encontrar a força nos elementos da treliça $\{p\}$

$$\{p\}=[T_{FA}]\{P_A\}+[T_{FX}]\{P_X\}$$

$$\{p\}=\begin{Bmatrix} p_1 \\ p_2 \\ p_3 \\ p_4 \\ p_5 \\ p_6 \end{Bmatrix}=\begin{Bmatrix} -1.828P \\ -0.243P \\ 0 \\ 0 \\ 1.172P \\ 0.172P \end{Bmatrix}$$

Passo 9: Determinar os deslocamentos nodais $\{D_A\}$

$$\{D_A\}=[F_{AA}]\{P_A\}+[F_{AX}]\{P_X\}$$

$$\{D_A\} = \begin{Bmatrix} D_1 \\ D_2 \\ D_3 \\ D_4 \end{Bmatrix} = \frac{Pl}{AE} \begin{Bmatrix} -1.172 \\ -1.828 \\ 0 \\ 0.172 \end{Bmatrix}$$

3.10 Análise de treliças com variações térmicas e erros de fabricação

Para a análise de treliças com variações térmicas e erros de fabricação, as forças nodais (ações de extremidade engastada) necessárias para impedir o movimento dos nós do elemento da treliça devido a mudança de temperatura ou a erros de fabricação são encontradas. Em seguida, forças iguais e opostas (cargas nodais equivalentes) são aplicadas nos nós da treliça e esta é analisada com relação a essas cargas. A força real no elemento da treliça é obtida adicionando-se as forças de elemento obtidas nos dois casos de carga acima. Este procedimento é similar à análise de estruturas submetidas a cargas de elemento.

Se um elemento de treliça de comprimento l_i for aumentado em Δl_i (figura 3.29a), então a força nodal (ação de extremidade engastada) necessária para trazer o elemento para seu comprimento de design l_i é $-k_i\Delta l_i$, onde k_i é a rigidez do elemento da treliça ($k_i = A_iE_i / l_i$). O sinal negativo indica que uma força compressiva é aplicada ao elemento (figura 3.29b).

No caso de análise de treliças devido a aumento na temperatura ΔT, o aumento no comprimento é $\Delta l_i = l_i\alpha\Delta T$, onde α é o coeficiente de expansão térmica.

As forças mostradas na figura 3.29b estão relacionadas com os eixos locais. Essas forças são transformadas para a direção dos eixos globais para se obter as ações de extremidade engastada. Depois disso, os procedimentos discutidos na seção 3.8 e 3.9 são usados para a análise de treliças.

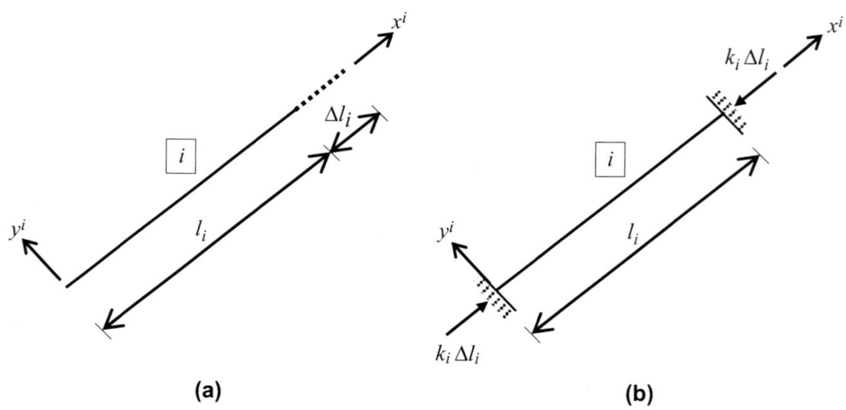

Figura 3.29 - Elemento de treliça com erro de fabricação: (a) elemento de treliça e (b) ações de extremidade engastada (ao longo de eixos locais).

Exemplo 3.21

Determinar as forças e deslocamentos de ligações da treliça mostrada na figura 3.30a. Os membros AB e CB foram aumentados em 5 mm e diminuído em 2 mm antes dela ser montada. Tomar AE / l = 100 kN/mm.

Solução

Passo 1: Desenvolver a estrutura discretizada

Os nós e elementos são mostrados na figura 3.30b.

Passo 2: Determinar as cargas nodais combinadas

As ações de extremidade engastada e cargas nodais equivalentes são indicadas nas figuras 3.30d–f. Como nenhuma carga nodal atua sobre a estrutura, as cargas nodais combinadas são iguais às cargas nodais equivalentes.

Passo 3: Identificar as coordenadas globais e o vetor força

A estrutura é estaticamente determinada. As coordenadas globais e as cargas na direção das coordenadas globais são mostradas nas figuras 3.30g e h. O vetor força é

$$\{P_{CA}\} = \begin{Bmatrix} P_{C1} \\ P_{C2} \end{Bmatrix} = \begin{Bmatrix} 358.579 \\ -141.421 \end{Bmatrix} \text{kN}$$

Passo 4: Identificar as coordenadas locais e $\{p_F\}$

As coordenadas locais combinadas e as forças de elemento devidas a ações de extremidade engastada são mostradas nas figuras 3.30i e j respectivamente.

Das figuras 3.30d, i e j

$$\{p_F\} = \begin{Bmatrix} -500 \\ 200 \end{Bmatrix} \text{kN}$$

Passo 5: Desenvolver $[T_{FA}]$

As forças desenvolvidas na treliça devidas à aplicação de cargas unitárias em diferentes coordenadas globais são mostradas na figura 3.30k.

Assim,

$$[T_{FA}] = \begin{bmatrix} 1 & -1 \\ 0 & 1.414 \end{bmatrix}$$

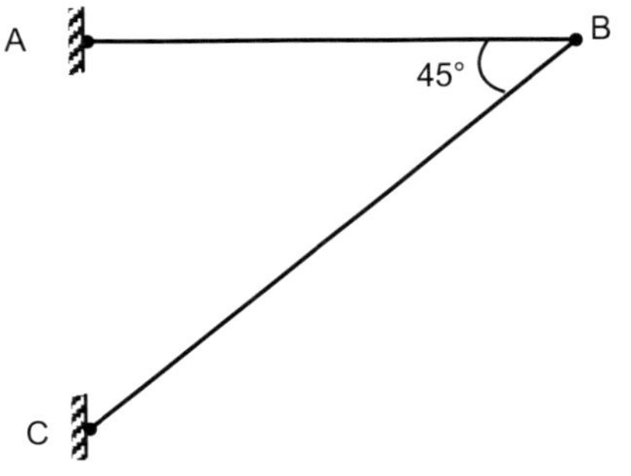

Figura 3.30a - Exemplo 3.21.

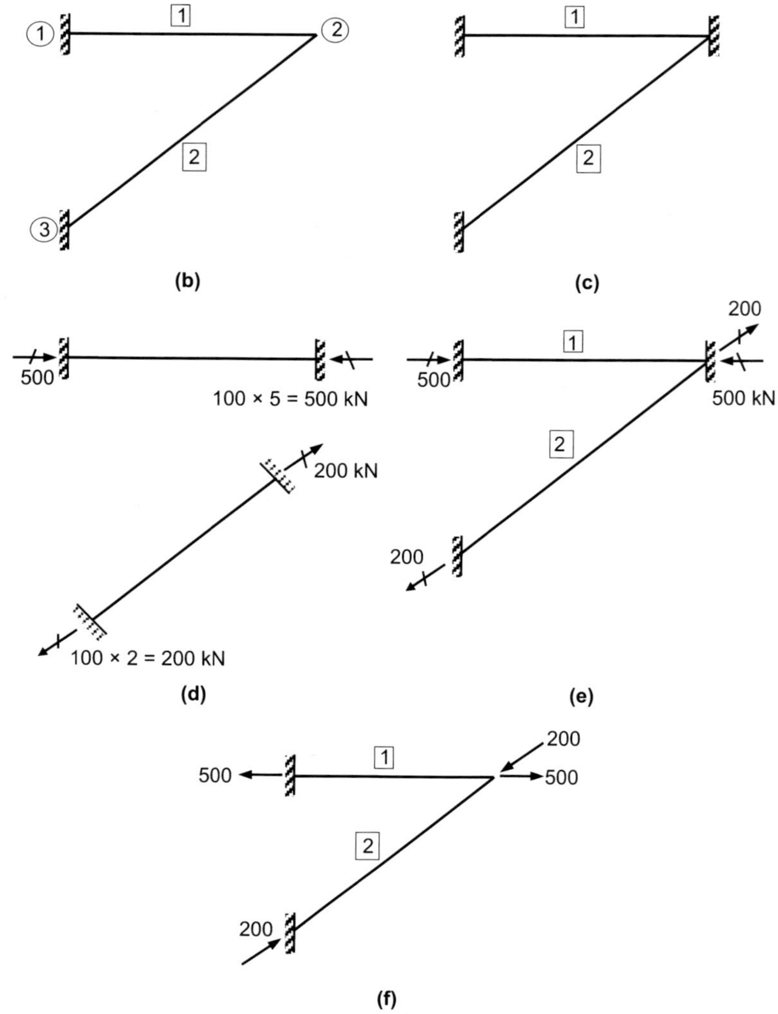

Figura 3.30b–f - Estrutura discretizada, cargas e coordenadas globais. (b) estrutura discretizada, (c) estrutura restringida, (d) ações de extremidade engastada de elementos, (e) ações de extremidade engastada da estrutura, (f) cargas nodais equivalentes.

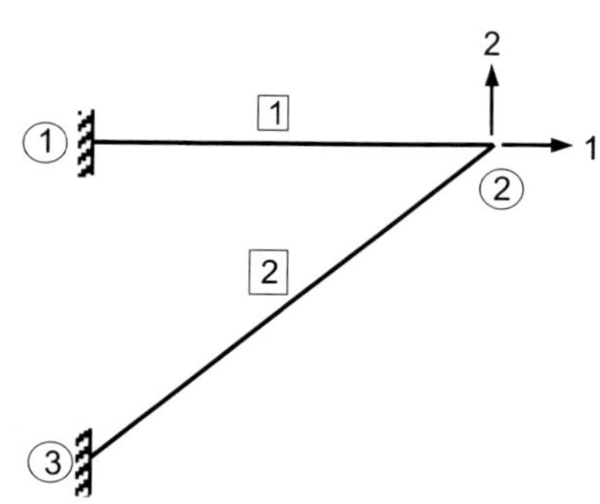

Figura 3.30g - Coordenadas globais.

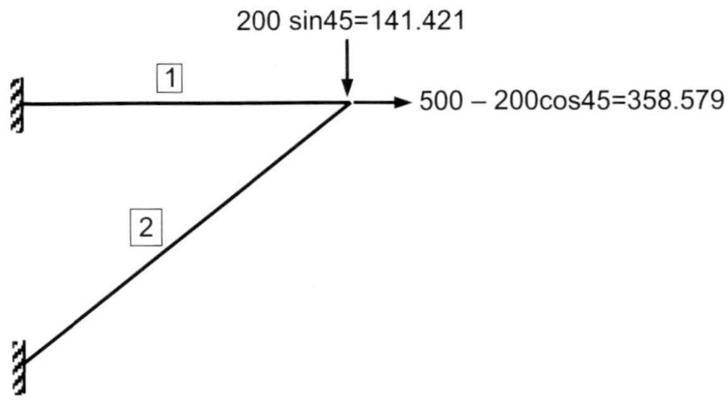

Figura 3.30h - Cargas ao longo das coordenadas globais.

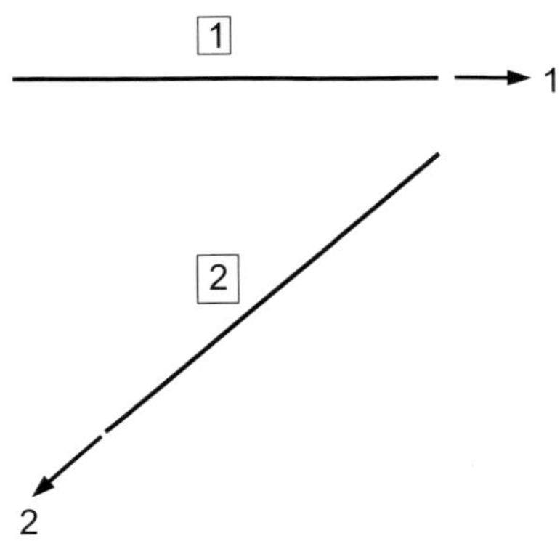

Figura 3.30i - Coordenadas locais combinadas.

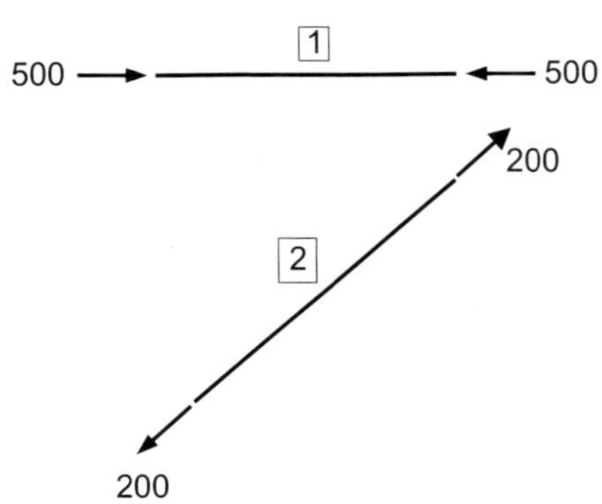

Figura 3.30j - Cargas de elemento devidas a ações de extremidade engastada.

Passo 6: Desenvolver [f[i]] e [f]

- Matriz de flexibilidade de elemento

$$f^1 = f^2 = \frac{l}{AE} = \frac{1}{100} \text{ mm/kN}$$

- Matriz de flexibilidade desmontada

$$[f]=\frac{1}{100}\begin{bmatrix} 1 & 0 \\ 0 & 1 \end{bmatrix}$$

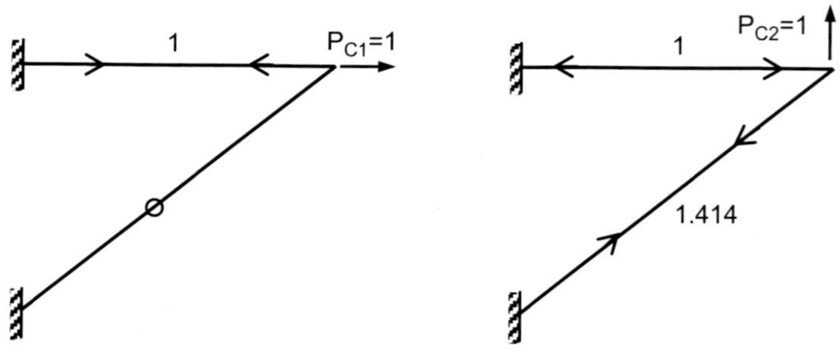

Figura 3.30k - Elementos de $[T_{FA}]$.

Passo 7: Encontrar $[F_{AA}]$

$$[F_{AA}]=[T_{FA}]^T[f][T_{FA}]$$

$$=\frac{1}{100}\begin{bmatrix} 1 & -1 \\ -1 & 3 \end{bmatrix}$$

Passo 8: Determinar os deslocamentos nodais $\{D_A\}$

$$\{D_A\}=[F_{AA}]\{P_{CA}\}$$

$$\{D_A\}=\begin{Bmatrix} D_1 \\ D_2 \end{Bmatrix}=\begin{Bmatrix} 5 \\ -7.828 \end{Bmatrix}\text{mm}$$

Passo 9: Determinar a força nos elementos {p}

$$\{p\}=\{p_F\}+[T_{FA}]\{P_{CA}\}+[T_{FX}]\{P_{CX}\}$$

$$\{p\}=\begin{Bmatrix} p_1 \\ p_2 \end{Bmatrix}=\begin{Bmatrix} 0 \\ 0 \end{Bmatrix}$$

Comentários

Do exemplo acima, pode-se ver que erros de fabricação ou variações na temperatura dos elementos não levam ao desenvolvimento de forças de elemento numa estrutura estaticamente determinada. Da mesma forma, pode-se mostrar que posicionamento de apoios numa estrutura estaticamente detrminada não desenvolverá forças de elemento.

Exemplo 3.22

Determinar as forças desenvolvidas e os deslocamentos de ligações da treliça mostrada na figura 3.31a se os membros AB, AC e AE forem encurtados em 5 mm, alongado em 1 mm e encurtado em 2 mm antes da fabricação da treliça. Tomar AE / l = 100 kN / mm.

Solução

Passo 1: Desenvolver a estrutura discretizada

Os nós e elementos são mostrados na figura 3.31b.

Passo 2: Determinar as cargas nodais combinadas

A estrutura restringida, as ações de extremidade engastada e as cargas nodais combinadas são mostradas nas figuras 3.31c–f.

Passo 3: Identificar as coordenadas globais e o vetor força

O DIE da treliça é 2 ($DIE_i = 2$). As forças nos membros AD e AE (P_{AD} e P_{AE}) são escolhidas como forças redundantes.

A estrutura primária, as coordenadas globais e as cargas são mostradas nas figuras 3.31g–l. Os vetores força são

$$\{P_{CA}\} = \begin{Bmatrix} P_{C1} \\ P_{C2} \end{Bmatrix} = \begin{Bmatrix} -180.34 \\ 353.55 \end{Bmatrix} \text{kN}$$

$$\{P_{CX}\} = \begin{Bmatrix} P_{C3} \\ P_{C4} \end{Bmatrix} = \begin{Bmatrix} P_{AD} \\ P_{AE} \end{Bmatrix}$$

Passo 4: Identificar as coordenadas locais e $\{p_F\}$

As coordenadas locais combinadas são mostradas na figura 3.31m. Das figuras 3.31d e n,

$$\{p_F\} = \begin{Bmatrix} 500 \\ -100 \\ 0 \\ 200 \end{Bmatrix} \text{kN}$$

Passo 5: Desenvolver $[T_{FA}]$ e $[T_{FX}]$

Das figuras 3.31o e p,

$$[T_{FA}] = \begin{bmatrix} 1.414 & 0 \\ -1 & -1 \\ 0 & 0 \\ 0 & 0 \end{bmatrix} \quad \text{e} \quad [T_{FX}] = \begin{bmatrix} 0.707 & 1.225 \\ -1.366 & -1.366 \\ 1 & 0 \\ 0 & 1 \end{bmatrix}$$

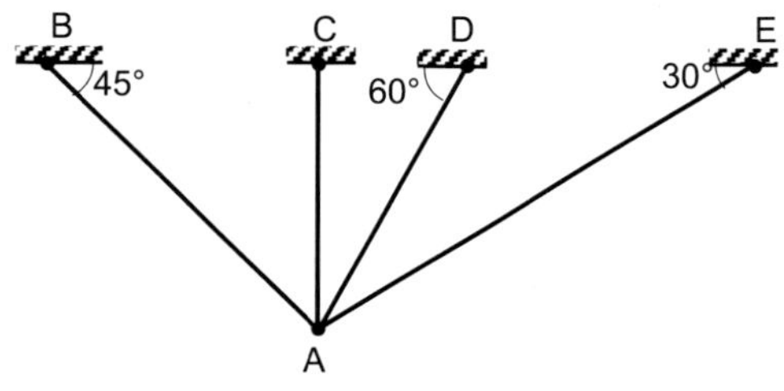

Figura 3.31a - Exemplo 3.22.

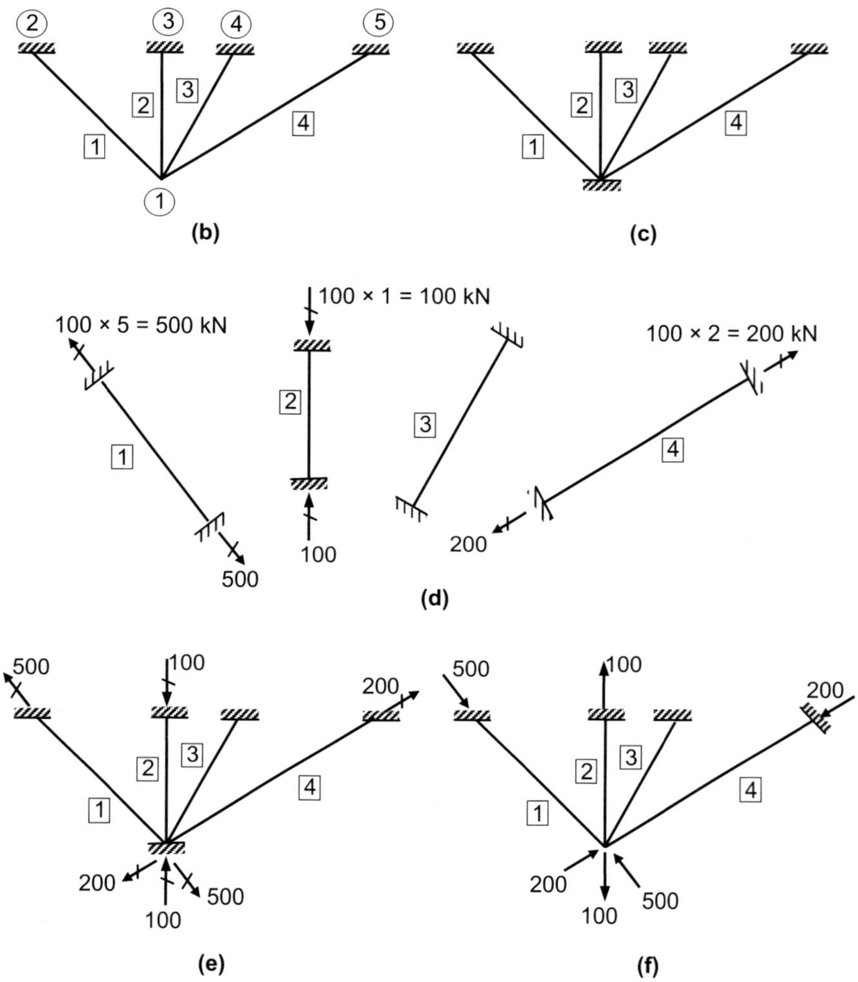

Figura 3.31b–f - Estrutura discretizada, cargas e coordenadas globais. (b) estrutura discretizada, (c) estrutura restringida, (d) ações de extremidade engastada de elementos, (e) ações de extremidade engastada da estrutura, (f) cargas nodais equivalentes.

Passo 6: Desenvolver [f^i] e [f]

- Matriz de flexibilidade de elemento

$$f^1 = f^2 = f^3 = f^4 = \frac{l}{AE} = \frac{1}{100}\ \text{mm/kN}$$

- Matriz de flexibilidade desmontada

$$[f] = \frac{1}{100}\begin{bmatrix} 1 & 0 & 0 & 0 \\ 0 & 1 & 0 & 0 \\ 0 & 0 & 1 & 0 \\ 0 & 0 & 0 & 1 \end{bmatrix}$$

Passo 7: Encontrar $[F_{XX}]$, $[F_{XA}]$ e $[F_{AA}]$

$$[F_{XX}] = \begin{bmatrix} 0.0337 & 0.0273 \\ 0.0273 & 0.0437 \end{bmatrix}$$

$$[F_{XA}] = \begin{bmatrix} 0.0237 & 0.0137 \\ 0.0310 & 0.0137 \end{bmatrix}$$

$$[F_{AA}] = \begin{bmatrix} 0.03 & 0.01 \\ 0.01 & 0.01 \end{bmatrix}$$

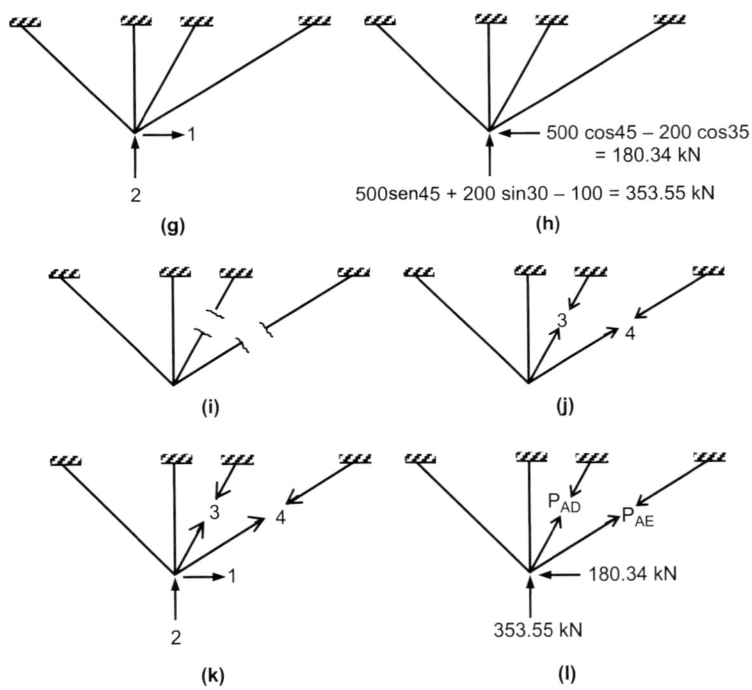

Figura 3.31g–l - Coordenadas globais e cargas. (g) coordenadas de ação, (h) cargas ao longo de coordenadas de ação, (i) estrutura primária, (j) coordenadas redundantes, (k) coordenadas globais, (l) cargas na estrutura primária.

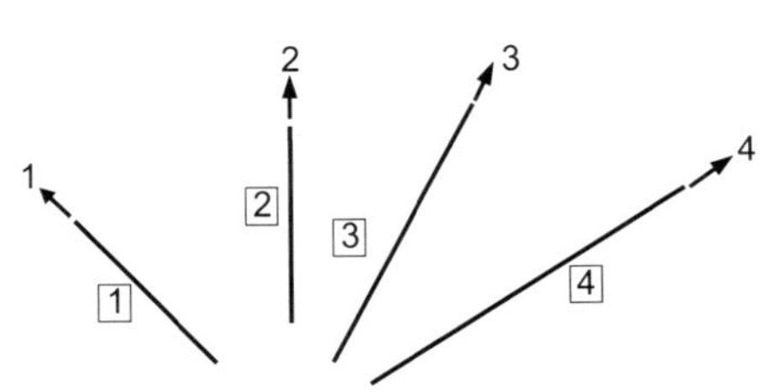

Figura 3.31m - Coordenadas locais combinadas.

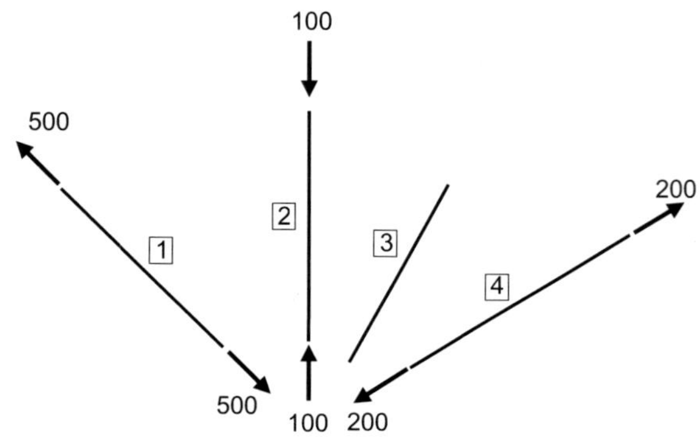

Figura 3.31n - Forças de elemento devidas a ações de extremidade engastada.

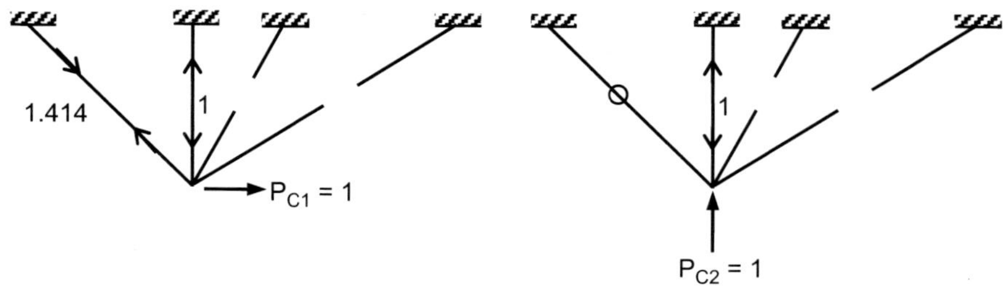

Figura 3.31o - Elementos de $[T_{FA}]$.

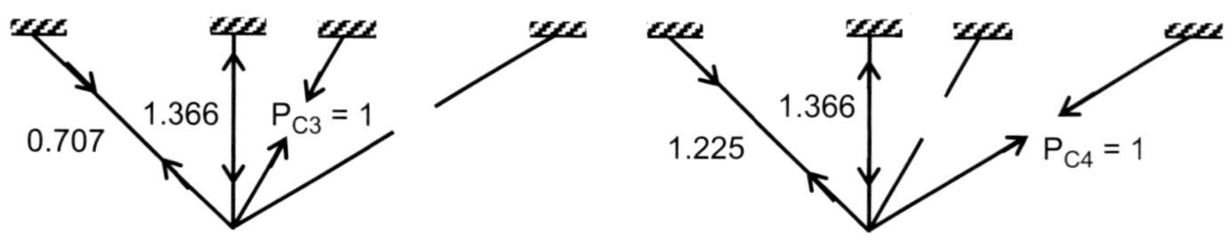

Figura 3.31p - Elementos de $[T_{FX}]$.

Passo 8: Determinar $\{P_{CX}\}$

$$\{D_A\} = \{0\}$$

$$\{P_{CX}\} = \begin{Bmatrix} P_{C3} \\ P_{C4} \end{Bmatrix} = \begin{Bmatrix} -62.62 \\ 56.53 \end{Bmatrix}$$

Passo 9: Determinar a força nos elementos $\{p\}$

$$\{p\} = \{p_F\} + [T_{FA}]\{P_{CA}\} + [T_{FX}]\{P_{CX}\}$$

$$\{p\} = \begin{Bmatrix} p_1 \\ p_2 \\ p_3 \\ p_4 \end{Bmatrix} = \begin{Bmatrix} 269.98 \\ -264.9 \\ -62.62 \\ 256.53 \end{Bmatrix}$$

Passo 10: Determinar os deslocamentos nodais $\{D_A\}$

$$\{D_A\} = [F_{AA}]\{P_{CA}\} + [F_{AX}]\{P_{CX}\}$$

$$\{D_A\} = \begin{Bmatrix} D_1 \\ D_2 \end{Bmatrix} = \begin{Bmatrix} -1.604 \\ 1.649 \end{Bmatrix} \text{mm}$$

Problema

3.1 Analisar as seguintes estruturas (figura 3.32) usando o método da flexibilidade.

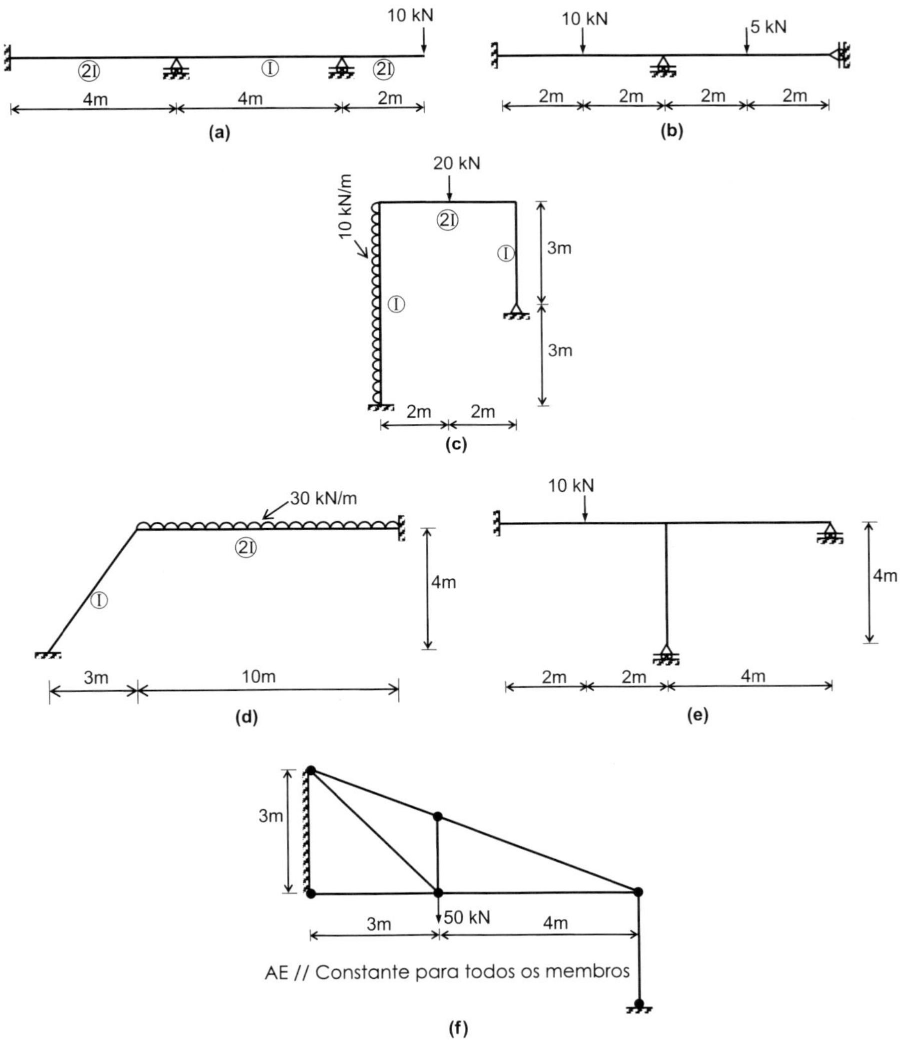

Figura 3.32 - Problema 3.1.

4

O método da rigidez

4.1 Introdução

Nos capítulos anteriores, o método da flexibilidade foi usado para a análise de estruturas. Viu-se que, na abordagem da flexibilidade, diferentes procedimentos são necessários para a análise de estruturas estaticamente determinadas e indeterminadas. Além do mais, pela escolha de diferentes forças redundantes, há muitas maneiras pelas quais uma estrutura estaticamente indeterminada pode ser analisada. Em outras palavras, a escolha de incógnitas (i.e., forças redundantes) não é única no método da flexibilidade. Todos esses aspectos tornam o método da flexibilidade inviável para a programação de computadores.

As limitações acima, do método da flexibilidade, podem ser evitadas pelo uso do método da rigidez. Neste método, os graus de liberdade ativos da estrutura são as incógnitas básicas, que são únicas para uma dada estrutura. Além disso, o procedimento para análise permanece o mesmo para todos os tipos de estrutura. Assim, o método da rigidez é mais cabível para a análise automática de estruturas.

No método da rigidez, antes de mais nada, as condições de compatibilidade são usadas para relacionar os deslocamentos de extremidades dos elementos com os deslocamentos nodais da estrutura. Então, as relações força–deslocamento usando coeficientes de rigidez são estabelecidas entre as ações de extremidade e os deslocamentos dos elementos, e entre as forças nodais e os deslocamentos da estrutura. Por fim, das equações de equilíbrio usando-se o DCL dos nós, os deslocamentos nodais desconhecidos (grau de liberdade ativo) são determinados. Usando-se isso, as reações de apoio, as forças de elemento e os deslocamentos de elemento são encontrados. A ordem em que as três equações básicas são usadas no método de análise por rigidez são mostradas na figura 4.1.

Neste capítulo, as equações necessárias para análise usando-se o método da rigidez são derivadas e o procedimento para análise é explicado considerando-se barras, quadros planos e treliças planas.

4.2 Coordenadas para deslocamentos e forças

No método da rigidez, os deslocamentos são tratados como variáveis independentes. Portanto, neste método, coordenadas indicam deslocamentos. Uma vez escolhidas as coordenadas, elas também indicam a direção das forças correspondentes.

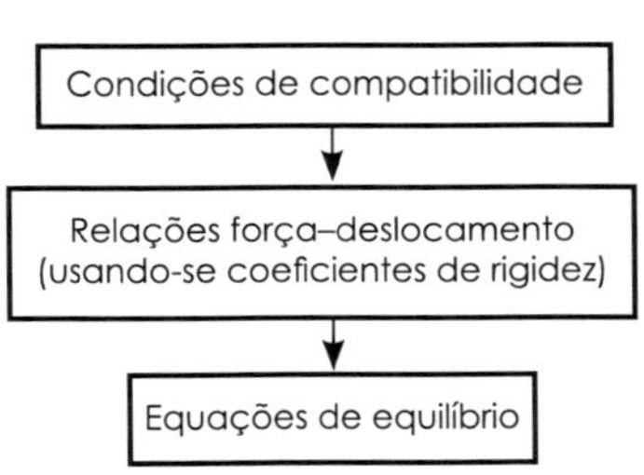

Figura 4.1 - Equações básicas usadas no método da rigidez.

4.2.1 Coordenadas globais: coordenadas ativas e restringidas

Coordenadas globais indicam os deslocamentos nodais da estrutura, i.e., elas definem os graus de liberdade (GdL) da estrutura. Como discutido na seção 1.10, há dois tipos de GdL, quais sejam, ativos e restringidos. As coordenadas correspondentes a GdL ativos e restringidos são conhecidas como *coordenadas ativas e coordenadas restringidas. Assim, no método da rigidez, o vetor deslocamento nodal {D} é particionado como*

$$\{D\} = \left\{ \begin{array}{c} \{D_A\} \\ \hdashline \{D_R\} \end{array} \right\} \tag{4.1}$$

onde $\{D_A\}$ é o vetor deslocamento ativo, e é a incógnita primária no método da rigidez. O número de elementos em $\{D_A\}$ é igual ao grau de indeterminação cinemática da estrutura. $\{D_R\}$ é o vetor deslocamento restringido, e é o vetor desconhecido.

O vetor força {P} no método da rigidez é particionado como

$$\{P\} = \left\{ \begin{array}{c} \{P_A\} \\ \hdashline \{P_R\} \end{array} \right\} \tag{4.2}$$

onde $\{P_A\}$ e $\{P_R\}$ são os vetores força correspondentes a $\{D_A\}$ e $\{D_R\}$, respectivamente. As coordenadas ativas também indicam as localizações em que as cargas atuam numa estrutura. Portanto, $\{P_A\}$ é conhecido como vetor carga, que é uma quantidade conhecida. As forças ao longo das coordenadas restringidas são as reações, que não são conhecidas. Desta forma, $\{P_R\}$ é chamado de vetor reação.

Para se particionar as coordenadas globais em coordenadas ativas e restringidas, ao tempo da numeração das coordenadas globais, os GdL ativos são numerados antes dos GdL restringidos. As coordenadas globais para típicas estruturas em quadro são mostradas na figura 4.2.

$$\{P_A\} = \left\{ \begin{array}{c} P_1 \\ P_2 \\ P_3 \\ P_4 \\ P_5 \\ P_6 \\ P_7 \end{array} \right\} = \left\{ \begin{array}{c} 0 \\ -P_c \\ 0 \\ 0 \\ 0 \\ P_{bx} \\ -P_{by} \end{array} \right\} \qquad \{P_R\} = \left\{ \begin{array}{c} P_8 \\ P_9 \\ P_{10} \end{array} \right\} = \left\{ \begin{array}{c} a_x \\ a_y \\ e_y \end{array} \right\}$$

Vetor carga (estrutura 1) Vetor reação (estrutura 1)

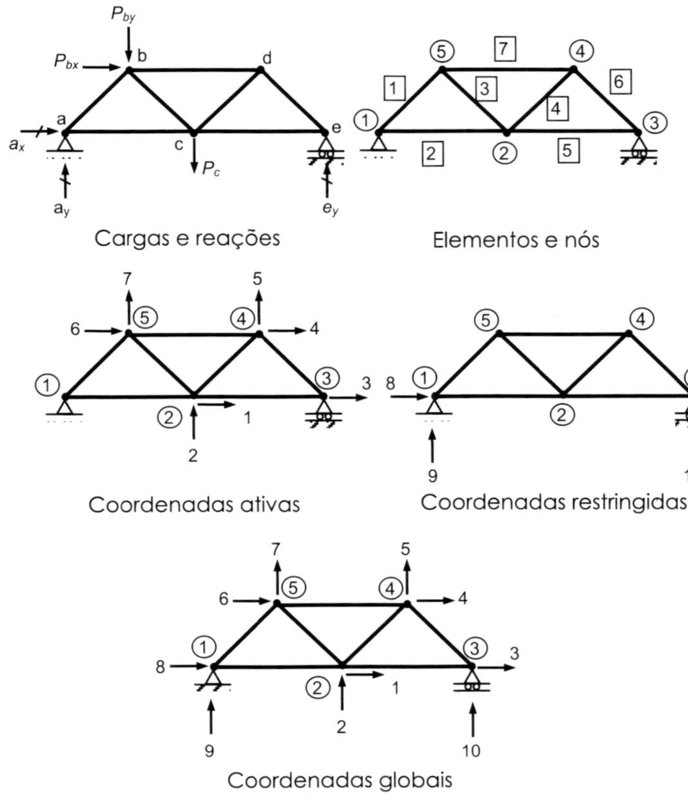

(a) Estrutura 1

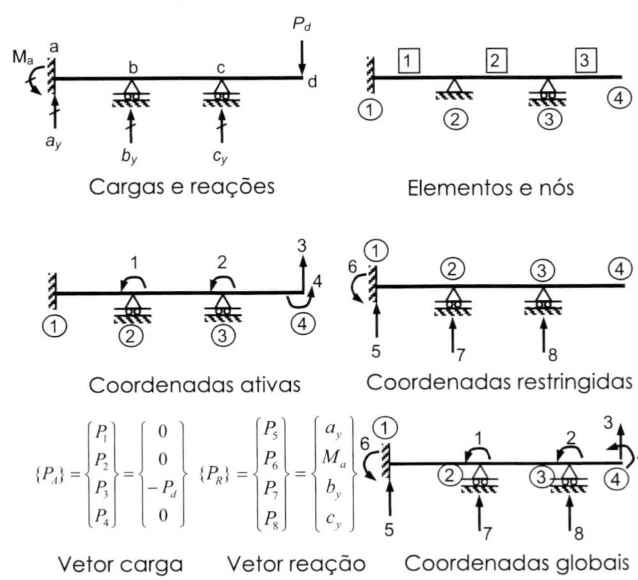

(b) Estrutura 2

Figura 4.2 - Coordenadas globais – método da rigidez.

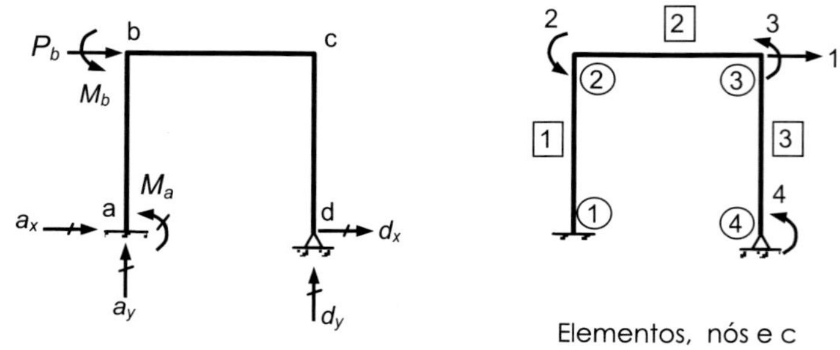

Cargas e reações

Elementos, nós e c oordenadas ativas

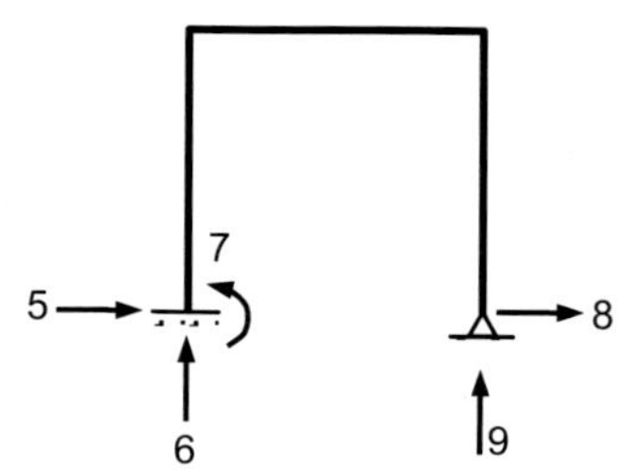

Coordenadas restringidas

$$\{P_A\} = \begin{Bmatrix} P_1 \\ P_2 \\ P_3 \\ P_4 \end{Bmatrix} = \begin{Bmatrix} P_b \\ M_b \\ 0 \\ 0 \end{Bmatrix} \qquad \{P_R\} = \begin{Bmatrix} P_5 \\ P_6 \\ P_7 \\ P_8 \\ P_9 \end{Bmatrix} = \begin{Bmatrix} a_x \\ a_y \\ M_a \\ d_x \\ d_y \end{Bmatrix}$$

Vetor carga   Vetor reação

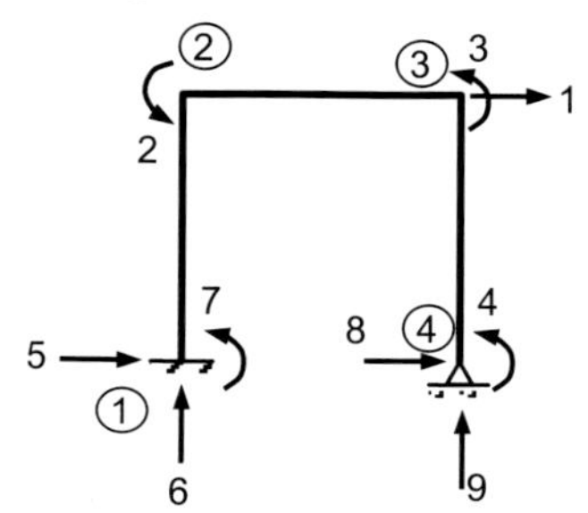

Coordenadas globais
(c) Estrutura 3

Figura 4.2 (continuação) - Coordenadas globais – método da rigidez.

A estrutura 1 (figura 4.2a) é uma treliça plana. Então, há dois GdL num nó. As coordenadas ativas e restringidas e os vetores força são mostrados na figura. As coordenadas globais da barra (estrutura 2) são mostradas na figura 4.2b. Para uma barra, o número de GdL num nó é, mais uma vez, 2. As coordenadas de um quadro plano (estrutura 3) são mostradas na figura 4.2c. Os GdL por nó são 3. As coordenadas globais, ignorando-se deformações axiais, são indicadas na figura.

Comentários

O leitor deve entender a diferença entre as coordenadas de ação usadas no método da flexibilidade e as coordenadas ativas introduzidas no método da rigidez. Ambas as coordenadas são ao longo dos GdL livres. Entretanto, nem todos os GdL livres precisam ser escolhidos como coordenadas de ação. As cargas só podem ser aplicadas ao longo dos GdL livres. Destarte, no método da flexibilidade, os GdL livres em que as cargas são aplicadas e as coordenadas em que deslocamentos nodais devem ser encontrados são escolhidos como coordenadas de ação. No método da rigidez, por outro lado, os GdL nodais livres são as incógnitas básicas. O número de GdL livres é o grau de indeterminação cinemática da estrutura. Portanto, todos os GdL livres devem ser escolhidos como coordenadas ativas para que os deslocamentos nodais desconhecidos sejam determinados. Portanto, num caso geral, o número de coordenadas de ação será menor que o número de coordenadas ativas. Mas, quando for necessário escolher-se todos os GdL livres como coordenadas de ação, em tais casos, as coordenadas de ação e ativas serão as mesmas para a estrutura.

4.2.2 Coordenadas locais

4.2.2.1 Elementos, coordenadas e matriz de rigidez

A figura 4.3 mostra as ações de extremidade e os correspondentes deslocamentos de extremidade de um elemento de quadro plano, elemento barra e elemento de treliça. As matrizes de rigidez $[k^i]$ desses elementos são derivadas no exemplo 2.2. As relações força–deslocamento desses elementos são

$$\{p^i\} = [k^i]\{d^i\}$$

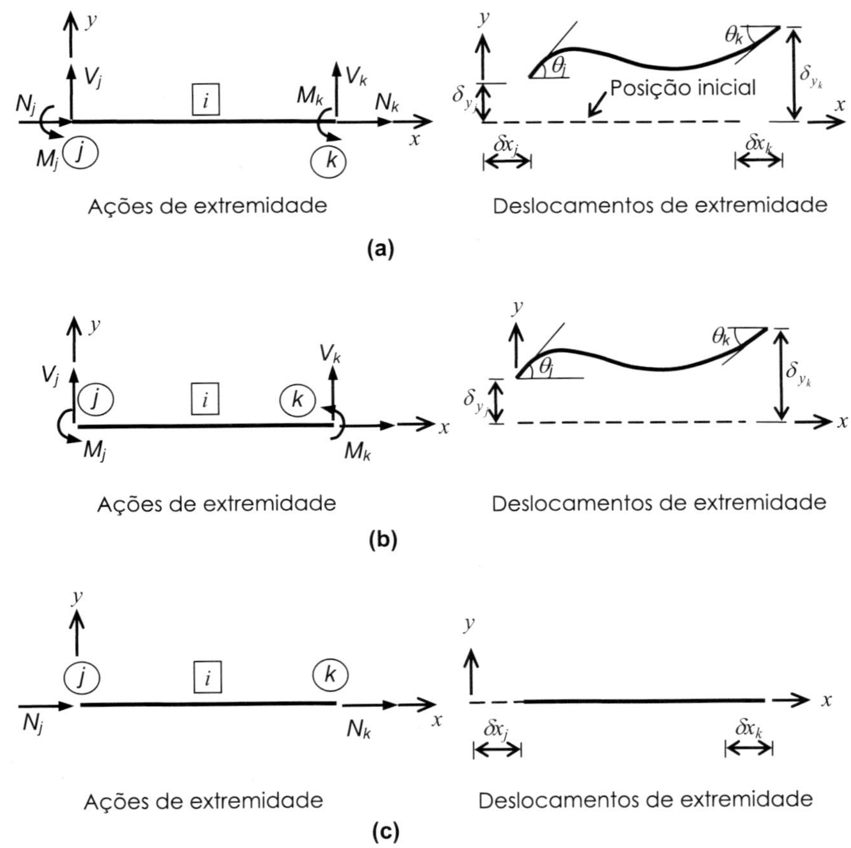

Figura 4.3 - Ações de extremidade e deslocamentos de extremidade gerais em elementos: (a) elemento de quadro plano, (b) elemento barra e (c) elemento de treliça plana.

- Elemento de quadro plano

$$\begin{Bmatrix} N_j \\ V_j \\ M_j \\ N_k \\ V_k \\ M_k \end{Bmatrix} = \begin{bmatrix} AE/l & 0 & 0 & -AE/l & 0 & 0 \\ 0 & 12EI/l^3 & 6EI/l^2 & 0 & -12EI/l^3 & 6EI/l^2 \\ 0 & 6EI/l^2 & 4EI/l & 0 & -6EI/l^2 & 2EI/l \\ -AE/l & 0 & 0 & AE/l & 0 & 0 \\ 0 & -12EI/l^3 & -6EI/l^2 & 0 & 12EI/l^3 & -6EI/l^2 \\ 0 & 6EI/l^2 & 2EI/l & 0 & -6EI/l^2 & 4EI/l \end{bmatrix} \begin{Bmatrix} \delta_{xj} \\ \delta_{yj} \\ \theta_j \\ \delta_{xk} \\ \delta_{yk} \\ \theta_k \end{Bmatrix} \quad (4.3a)$$

- Elemento barra

$$\begin{Bmatrix} V_j \\ M_j \\ V_k \\ M_k \end{Bmatrix} = \begin{bmatrix} 12EI/l^3 & 6EI/l^2 & -12EI/l^3 & 6EI/l^2 \\ 6EI/l^2 & 4EI/l & -6EI/l^2 & 2EI/l \\ -12EI/l^3 & -6EI/l^2 & 12EI/l^3 & -6EI/l^2 \\ 6EI/l^2 & 2EI/l & -6EI/l^2 & 4EI/l \end{bmatrix} \begin{Bmatrix} \delta_{yj} \\ \theta_j \\ \delta_{yk} \\ \theta_k \end{Bmatrix} \tag{4.3b}$$

- Elemento de treliça

$$\begin{Bmatrix} N_j \\ N_k \end{Bmatrix} = \begin{bmatrix} AE/l & -AE/l \\ -AE/l & AE/l \end{bmatrix} \begin{Bmatrix} \delta_{xj} \\ \delta_{xk} \end{Bmatrix} \tag{4.3c}$$

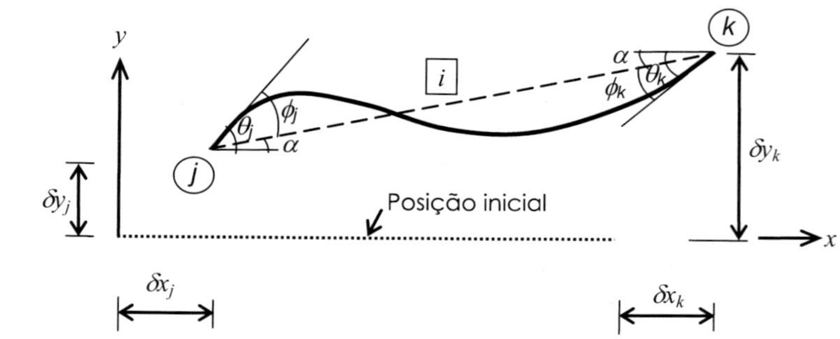

Figura 4.4 - Deslocamentos básicos e gerais.

4.2.2.2 Ações de extremidade básicas, deslocamentos e matriz de rigidez

Na seção 3.2.2, viu-se que para um elemento de quadro plano, apenas três de seis ações de extremidade são independentes ou básicas, N_k, M_j e M_k foram escolhidas como ações de extremidade básicas. Da figura 4.4, observa-se que a deformação axial causada devida a deslocamentos δ_{xj} e δ_{xk} é adequadamente representada por ε. Aqui, ε é o prolongamento do elemento e é definido como

$$\varepsilon = \delta_{xk} - \delta_{xj} \tag{4.4a}$$

De igual forma, as deformações flexurais, ou flechas, do elemento, suficientemente descritas pelas rotações ϕ_j e ϕ_k, *são medidas com relação à corda que conecta as extremidades do elemento. Entretanto, as rotações* θ_j e θ_k são medidas com relação ao eixo x local. Da figura

$$\theta_j = \phi_j + \alpha \tag{4.4b}$$

$$\theta_k = \phi_k + \alpha \tag{4.4c}$$

onde

$$\alpha = \frac{\delta_{yk} - \delta_{yj}}{l} \tag{4.4d}$$

ε, ϕ_j e ϕ_k são os deslocamentos de extremidade básicos, e N_k, M_j e N_k são as correspondentes ações de extremidade. As ações e deslocamentos de extremidade básicos de diferentes tipos de elementos são mostrados na figura 4.5.

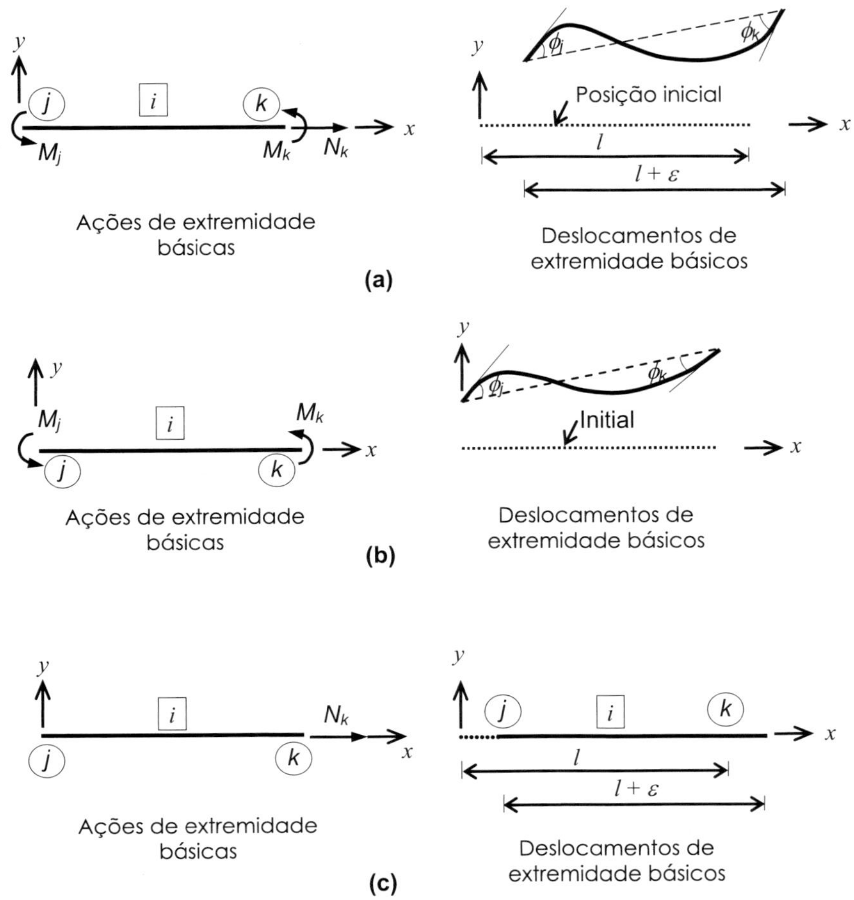

Figura 4.5 - Ações e deslocamentos de extremidade básicos de elementos: (a) elemento de quadro plano, (b) elemento barra e (c) elemento de treliça plana.

As relações que conectam as ações e os deslocamentos de extremidade básicos podem ser derivadas usando-se a equação 4.3. Para um elemento de quadro plano, da equação 4.3a,

$$
\begin{aligned}
N_k &= -\frac{AE}{l}\delta_{xj} + \frac{AE}{l}\delta_{xk} = \frac{AE}{l}(\delta_{xk} - \delta_{xj}) = \frac{AE}{l}\varepsilon \\
M_j &= \frac{6EI}{l^2}\delta_{yj} + \frac{4EI}{l}\theta_j - \frac{6EI}{l^2}\delta_{yk} + \frac{2EI}{l}\theta_k \\
&= -\frac{6EI}{l}\frac{(\delta_{yk} - \delta_{yj})}{l} + \frac{4EI}{l}\theta_j + \frac{2EI}{l}\theta_k
\end{aligned}
\qquad \text{(a)}
$$

Da equação 4.4,

$$\frac{(\delta_{yk} - \delta_{yj})}{l} = \alpha, \quad \theta_j = \theta_j + \alpha \text{ e } \theta_k = \phi_k + \alpha$$

Substituindo-se na equação para M_j, tem-se

$$\begin{aligned} M_j &= -\frac{6EI}{l}\alpha + \frac{4EI}{l}(\theta_j + \alpha) + \frac{2EI}{l}(\theta_k + \alpha) \\ &= \frac{4EI}{l}\phi_j + \frac{2EI}{l}\phi_k \end{aligned} \tag{b}$$

De igual forma,

$$\begin{aligned} M_k &= \frac{6EI}{l^2}\delta_{yj} + \frac{2EI}{l}\theta_j - \frac{6EI}{l^2}\delta_{yk} + \frac{4EI}{l}\theta_k \\ &= -\frac{6EI}{l^2}(\delta_{yk} - \delta_{yj}) + \frac{2EI}{l}\theta_j + \frac{4EI}{l}\theta_k \\ &= \frac{2EI}{l}\phi_j + \frac{4EI}{l}\phi_k \end{aligned} \tag{c}$$

As equações de A a C em forma de matriz dão

$$\begin{Bmatrix} N_k \\ M_j \\ M_k \end{Bmatrix} = \begin{bmatrix} AE/l & 0 & 0 \\ 0 & 4EI/l & 2EI/l \\ 0 & 2EI/l & 4EI/l \end{bmatrix} \begin{Bmatrix} \varepsilon \\ \phi_j \\ \phi_k \end{Bmatrix} \tag{4.5a}$$

ou

$$\{p^i\} = [k^i]\{d^i\}$$

Para um elemento barra,

$$\begin{Bmatrix} M_j \\ M_k \end{Bmatrix} = \begin{bmatrix} 4EI/l & 2EI/l \\ 2EI/l & 4EI/l \end{bmatrix} \begin{Bmatrix} \phi_j \\ \phi_k \end{Bmatrix} \tag{4.5b}$$

e para um elemento de treliça plana,

$$N_k = \frac{AE}{l}\varepsilon \tag{4.5c}$$

Nas equações acima, $[k^i]$, que relaciona as ações de extremidade básicas com os deslocamentos de extremidade básicos é conhecida como matriz básica de rigidez de elemento. Comparada com a matriz de rigidez de elemento dada na equação 4.3, o tamanho da matriz de rigidez de elemento é reduzido quando ações e deslocamentos de extremidade básicos são usados. Daí, $[k^i]$ na equação 4.5 também é conhecida como matriz reduzida de rigidez de elemento.

O número de coordenadas para os elementos se reduz de seis para três, para um elemento de quadro plano, de quatro para dois, num elemento barra e de dois para um, para um elemento de treliça. Em outras palavras, o esforço computacional é grandemente reduzido se a equação 4.5 for usada. Então, neste capítulo, para se reduzir o trabalho computacional manual, apenas as ações e deslocamentos de extremidade básicos são considerados na análise. Assim, as coordenadas locais e coordenadas locais combinadas discutidas no método da flexibilidade (veja-se a figura 3.5) são também aplicáveis no método de análise por rigidez.

4.3 Condições de compatibilidade e matriz de transformação de deslocamentos

A condição de compatibilidade usada no método da rigidez é que a geometria da deformação deve ser tal que os elementos deformados da estrutura devem caber juntos nos nós. Para que isso aconteça, os deslocamentos de extremidade dos elementos (i.e., deslocamentos em coordenadas locais) devem ser relacionados com os deslocamentos nodais da estrutura (i.e., deslocamentos em coordenadas globais). Portanto, cada deslocamento de elemento é escrito em termos de todos os deslocamentos nodais como

$$
\begin{aligned}
d_1 &= T_{D11}D_1 + T_{D12}D_2 + \quad + T_{D1n}D_n \\
d_2 &= T_{D21}D_1 + T_{D22}D_2 + \quad + T_{D2n}D_n \\
&\cdots\cdots\cdots\cdots\cdots\cdots \\
&\cdots\cdots\cdots\cdots\cdots\cdots \\
d_m &= T_{Dm1}D_1 + T_{Dm2}D_2 + \quad + T_{Dmn}D_n
\end{aligned}
\qquad \text{(a)}
$$

ou

$$\{d\} = [T_D]\{D\} \qquad (4.6)$$

onde {d} é o vetor deslocamento de elemento combinado (veja-se a seção 3.2.2), {D} é o vetor deslocamento e

$$[T_D] = \begin{bmatrix} T_{D11} & T_{D12} & \dots & T_{D1n} \\ T_{D21} & T_{D22} & \dots & T_{D2n} \\ \dots & \dots & \dots & \dots \\ T_{Dm1} & T_{Dm2} & \dots & T_{Dmn} \end{bmatrix}$$

é a matriz de transformação de deslocamentos.

$$[T_D] = \begin{matrix} D_1=1 & D_2=1 & & D_j=1 & & D_n=1 \\ \end{matrix}$$
$$[T_D] = \begin{bmatrix} T_{D11} & T_{D12} & \cdots & T_{D1j} & \cdots & T_{D1n} \\ T_{D21} & T_{D22} & \cdots & T_{D2j} & \cdots & T_{D2n} \\ T_{D31} & T_{D32} & \cdots & T_{D3j} & \cdots & T_{D3n} \\ \dots & \dots & \dots & \dots & \dots & \dots \\ T_{Dm1} & T_{Dm2} & \cdots & T_{Dmj} & \cdots & T_{Dmn} \end{bmatrix}$$

Figura 4.6 - Desenvolvimento de $[T_D]$.

$[T_D]$ é uma matriz de transformação que transforma os deslocamentos de coordenadas globais em coordenadas locais. O coeficiente de influência de transformação de deslocamento T_{Dij} é definido como o deslocamento desenvolvido no elemento correspondente à i-ésima coordenada local combinada devido a um deslocamento unitário na j-ésima coordenada global, enquanto que os deslocamentos em todas as demais coordenadas globais são zero. Similar à matriz de transformação de forças, a matriz de transformação de deslocamentos é desenvolve coluna a coluna. Para se obter a j-ésima coluna de $[T_D]$, um deslocamento unitário é aplicado na j-ésima coordenada global e os deslocamentos nas demais coordenadas globais são tornados zero pela introdução de condições apropriadas de apoio.[1] Da forma deformada da estrutura causada por esses deslocamentos nodais, os deslocamentos de elemento são determinados. Os vetores de deslocamento de elemento combinado para este caso serão os elementos da j-ésima coluna de $[T_D]$ (figura 4.6).

[1] Alternativamente, isso é equivalente a aplicar-se um deslocamento unitário na j-ésima coordenada global da estrutura restringida.

A matriz de transformação de deslocamentos $[T_D]$ é particionada em duas submatrizes $[T_{DA}]$ e $[T_{DR}]$ para indicar as influências separadas de $\{D_A\}$ e $\{D_R\}$. Assim, a equação 4.6 pode ser reescrita como

$$[T_D] = \left[\ [T_{DA}] \ \vdots\ [T_{DR}]\ \right]$$

$$\Rightarrow \quad [d] = \left[\ [T_{DA}] \ \vdots\ [T_{DR}]\ \right] \left\{ \begin{array}{c} \{D_A\} \\ \hdashline \{D_R\} \end{array} \right\} \tag{4.7a}$$

ou

$$[d] = [T_{DA}]\{D_A\} + [T_{DR}]\{D_R\}] \tag{4.7b}$$

Exemplo 4.1

Desenvolver a matriz de transformação de deslocamentos para as estruturas mostradas na figura 4.7a.

Solução

Estrutura I

A estrutura discretizada, as coordenadas globais, as coordenadas locais e a estrutura restringida são mostradas na figura 4.7b.

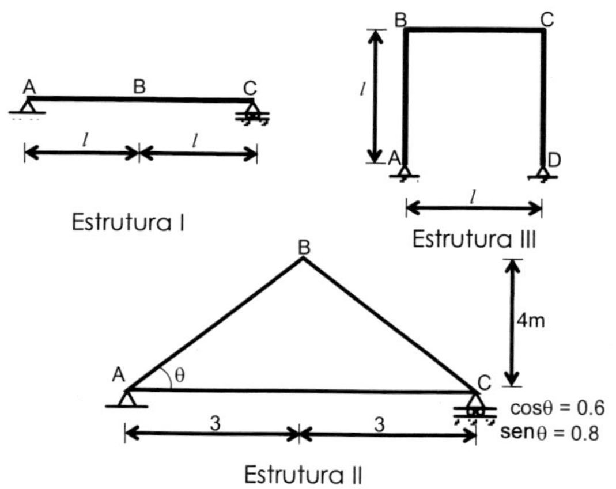

Figura 4.7a - Exemplo 4.1.

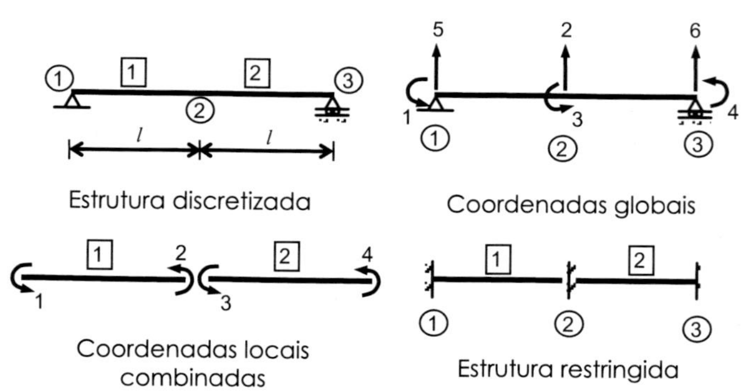

Figura 4.7b - Estrutura discretizada e coordenadas—estrutura I.

- Elementos da primeira coluna de $[T_D]$

Para se obter os elementos da primeira coluna de $[T_D]$, um deslocamento unitário é aplicado na coordenada global 1 ($D_1 = 1$) e os deslocamentos nas demais coordenadas são tornados zero. Condições apropriadas de apoio são introduzidas para se obter a condição deformada exigida para a estrutura. Isso é o mesmo que aplicar-se um deslocamento unitário na primeira coordenada global na estrutura restringida (figura 4.7c).

As deformações do elemento são obtidas da forma deformada da estrutura. Nas estruturas deformadas, o ângulo é medido da corda até a tangente. As coordenadas locais combinadas (figura 4.7b) indicam a direção positiva das deformações de elementos. Da figura 4.7c ($D_1 = 1$),

$$d_1 = T_{D11} = 1,\ d_2 = T_{D21} = 0,\ d_3 = T_{D31} = 0,\ d_4 = T_{D41} = 0$$

- Elementos da segunda coluna de $[T_D]$

Da figura 4.7c ($D_2 = 1$), pode-se ver que d_1 e d_2 estão na direção dos ponteiros do relógio. Portanto, eles são quantidades negativas. d_3 e d_4 estão na direção oposta dos ponteiros do relógio. Então, são positivas.

$$d_1 = T_{D12} = -1 / l,\ d_2 = T_{D22} = -1 / l,\ d_3 = T_{D32} = 1 / l,\ d_4 = T_{D42} = 1 / l$$

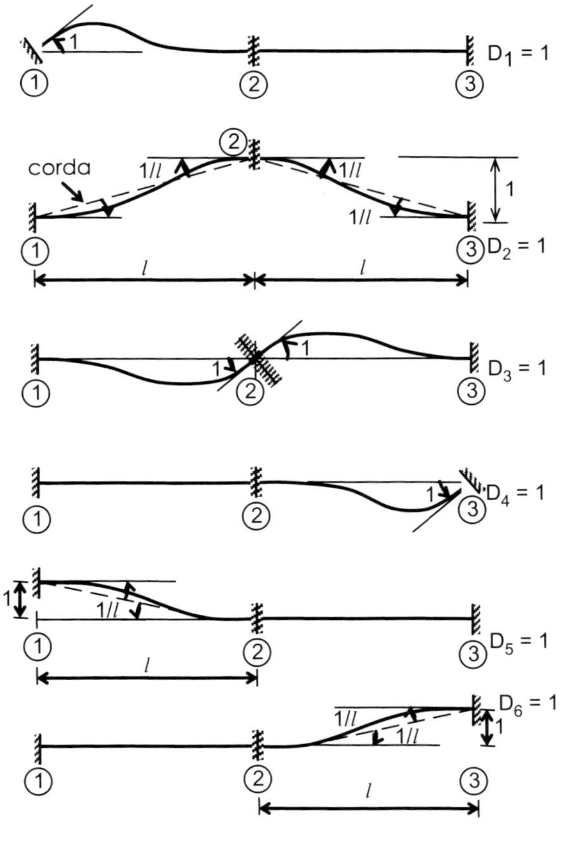

Figura 4.7c - Elementos de $[T_D]$—Estrutura I.

- Elementos da terceira coluna de $[T_D]$
  Da figura 4.7c ($D_3 = 1$),

$$d_1 = T_{D13} = 0,\ d_2 = T_{D23} = 1,\ d_3 = T_{D33} = 1,\ d_4 = T_{D43} = 0$$

- Elementos da quarta coluna de $[T_D]$
  Da figura 4.7c ($D_4 = 1$),

$$d_1 = T_{D14} = 0,\ d_2 = T_{D24} = 0,\ d_3 = T_{D34} = 0,\ d_4 = T_{D44} = 1$$

- Elementos da quinta coluna de $[T_D]$
  Da figura 4.7c ($D_5 = 1$),

$$d_1 = T_{D15} = 1/l,\ d_2 = T_{D25} = 1/l,\ d_3 = T_{D35} = 0,\ d_4 = T_{D45} = 0$$

- Elementos da sexta coluna de $[T_D]$
  Da figura 4.7c ($D_6 = 1$),

$$d_1 = T_{D16} = 0,\ d_2 = T_{D26} = 0,\ d_3 = T_{D36} = -1/l,\ d_4 = T_{D46} = -1/l$$

Matriz de transformação de deslocamentos $[T_D]$

- $[T_{DA}]$
  Neste caso, as coordenadas ativas são de 1 a 4. Então,

$$[T_{DA}] = \begin{array}{c} \scriptstyle D_1=1 \quad D_2=1 \quad D_3=1 \quad D_4=1 \\ \left[\begin{array}{c:c:c:c} 1 & -1/l & 0 & 0 \\ 0 & -1/l & 1 & 0 \\ 0 & 1/l & 1 & 0 \\ 0 & 1/l & 0 & 1 \end{array}\right] \end{array}$$

- $[T_{DR}]$
  As coordenadas globais 5 e 6 são coordenadas restringidas. Daí,

$$[T_{DR}] = \begin{array}{c} \scriptstyle D_5=1 \quad D_6=1 \\ \left[\begin{array}{c:c} 1/l & 0 \\ 1/l & 0 \\ 0 & -1/l \\ 0 & -1/l \end{array}\right] \end{array}$$

- $[T_D]$

$$[T_D] = \left[\begin{array}{c:c} [T_{DA}] & [T_{DR}] \end{array}\right]$$

$$
= \begin{bmatrix} 1 & -1/l & 0 & 0 & 1/l & 0 \\ 0 & -1/l & 1 & 0 & 1/l & 0 \\ 0 & 1/l & 1 & 0 & 0 & 1/l \\ 0 & 1/l & 0 & 1 & 0 & -1/l \end{bmatrix}
$$

(colunas: $D_1=1$, $D_2=1$, $D_3=1$, $D_4=1$, $D_5=1$, $D_6=1$)

Estrutura II

A estrutura discretizada, as coordenadas globais, as coordenadas locais e a estrutura restringida são mostradas na figura 4.7d.

A forma deformada da estrutura devida à aplicação de deslocamentos unitários nas coordenadas globais é mostrada na figura 4.7e.

- Deformações de elementos devidas a $D_1 = 1$

$$d_1 = 1/l,\ d_2 = 1/l,\ d_3 = 0,\ d_4 = 0,\ d_5 = 1/l,\ d_6 = 1/l$$

- Deformações de elementos devidas a $D_2 = 1$

$$d_1 = 0,\ d_2 = 1,\ d_3 = 1,\ d_4 = 0,\ d_5 = 0,\ d_6 = 0$$

- Deformações de elementos devidas a $D_3 = 1$

$$d_1 = 0,\ d_2 = 0,\ d_3 = 0,\ d_4 = 1,\ d_5 = 1,\ d_6 = 0$$

- Deformações de elementos devidas a $D_4 = 1$

$$d_1 = 0,\ d_2 = 0,\ d_3 = 0,\ d_4 = 0,\ d_5 = 0,\ d_6 = 1$$

- Deformações de elementos devidas a $D_5 = 1$

$$d_1 = -1/l,\ d_2 = -1/l,\ d_3 = 0,\ d_4 = 0,\ d_5 = 0,\ d_6 = 0$$

- Deformações de elementos devidas a $D_6 = 1$

$$d_1 = 0,\ d_2 = 0,\ d_3 = 1/l,\ d_4 = 1/l,\ d_5 = 0,\ d_6 = 0$$

- Deformações de elementos devidas a $D_7 = 1$

$$d_1 = 1,\ d_2 = 0,\ d_3 = 0,\ d_4 = 0,\ d_5 = 0,\ d_6 = 0$$

- Deformações de elementos devidas a $D_8 = 1$

$$d_1 = 0,\ d_2 = 0,\ d_3 = 0,\ d_4 = 0,\ d_5 = -1/l,\ d_6 = -1/l$$

- Deformações de elementos devidas a $D_9 = 1$

$$d_1 = 0,\ d_2 = 0,\ d_3 = -1/l,\ d_4 = -1/l,\ d_5 = 0,\ d_6 = 0$$

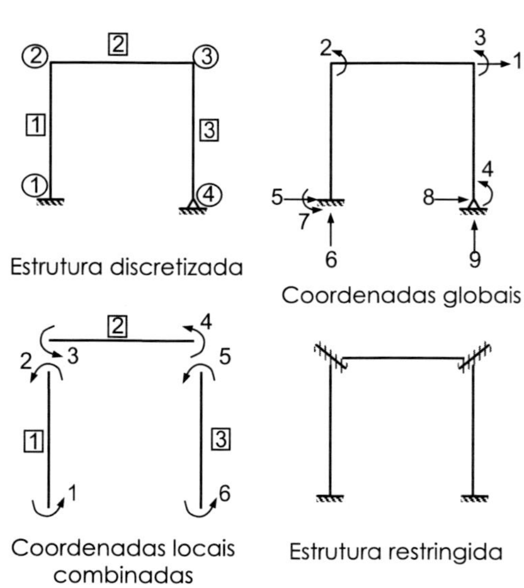

Figura 4.7d - Estrutura discretizada e coordenadas–estrutura II.

Matriz de transformação de deslocamentos

As coordenadas globais de 1 a 4 são ativas e as demais são restringidas

- $[T_{DA}]$

$$[T_{DA}] = \begin{bmatrix} \overset{D_1=1}{1/l} & \overset{D_2=1}{0} & \overset{D_3=1}{0} & \overset{D_4=1}{0} \\ 1/l & 1 & 0 & 0 \\ 0 & 1 & 0 & 0 \\ 0 & 0 & 1 & 0 \\ 1/l & 0 & 1 & 0 \\ 1/l & 0 & 0 & 1 \end{bmatrix}$$

- $[T_{DR}]$

$$[T_{DR}] = \begin{bmatrix} \overset{D_5=1}{-1/l} & \overset{D_6=1}{0} & \overset{D_7=1}{1} & \overset{D_8=1}{0} & \overset{D_9=1}{0} \\ -1/l & 0 & 0 & 0 & 0 \\ 0 & 1/l & 0 & 0 & -1/l \\ 0 & 1/l & 0 & 0 & -1/l \\ 0 & 0 & 0 & -1/l & 0 \\ 0 & 0 & 0 & -1/l & 0 \end{bmatrix}$$

- $[T_D]$

$$[T_D] = \left[\ [T_{DA}] \ \vdots\ [T_{DR}]\ \right]$$

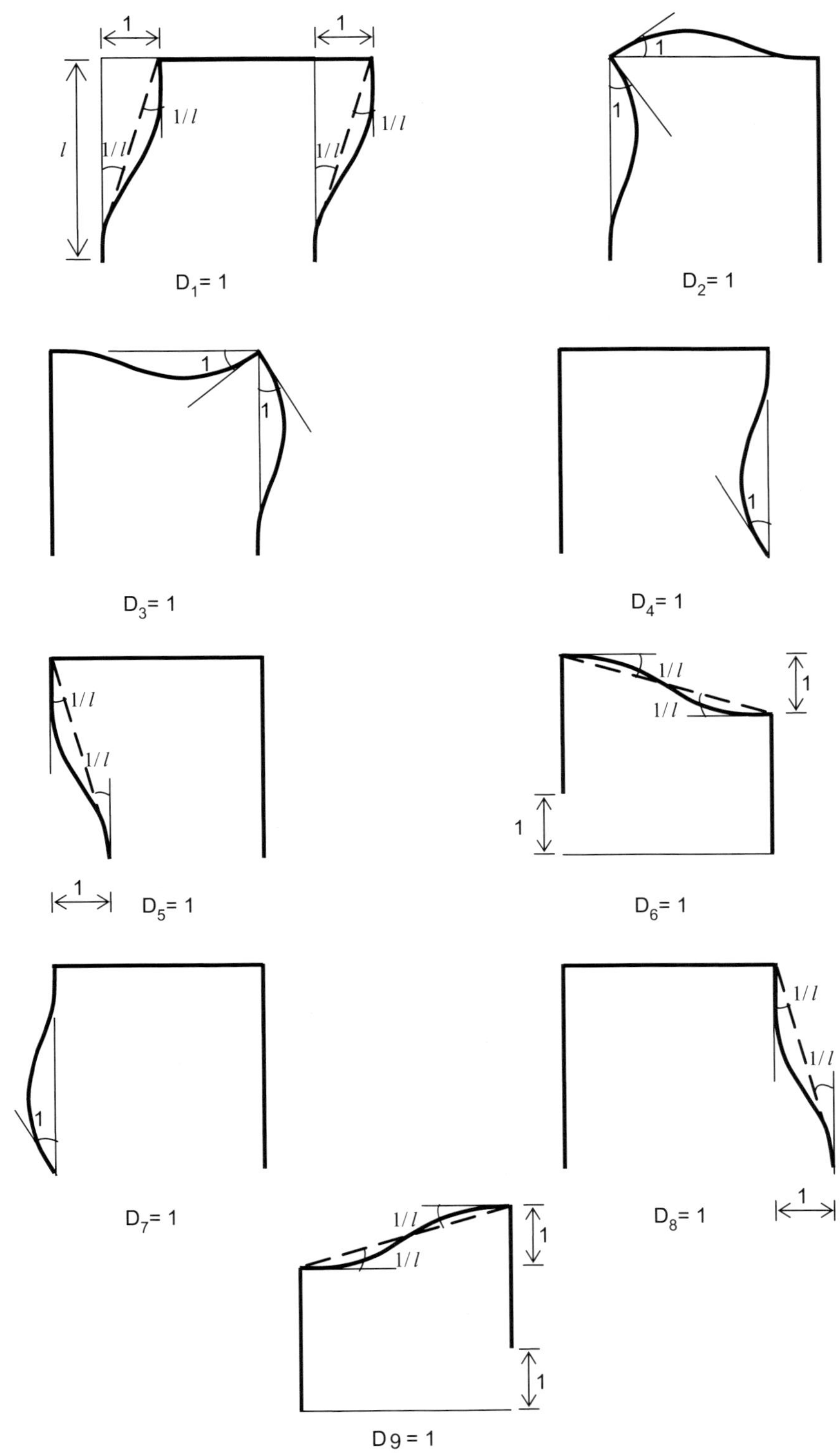

Figura 4.7e - Forma deformada da estrutura II.

Estrutura III

A estrutura discretizada, as coordenadas e a estrutura restringida são mostradas na figura 4.7f. A forma deformada da estrutura e as deformações de elemento são mostradas na figura 4.7g.

- Deformações de elemento devidas a $D_1 = 1$

$$d_1 = \cos\theta = 0{,}6,\ d_2 = -\cos\theta = -0{,}6,\ d_3 = 0$$

Um valor positivo da deformação de elemento indica que ela ocorre ao longo da direção positiva das coordenadas locais. No caso de elemento de treliça, ele também indica o alongamento do elemento. Da mesma forma, uma deformação de elemento negativa indica o encurtamento do elemento da treliça.

- Deformações de elemento devidas a $D_2 = 1$

$$d_1 = \text{sen}\,\theta = 0.8,\ d_2 = \text{sen}\,\theta = 0.8,\ d_3 = 0$$

- Deformações de elemento devidas a $D_3 = 1$

$$d_1 = 0,\ d_2 = \cos\theta = 0.6,\ d_3 = 1$$

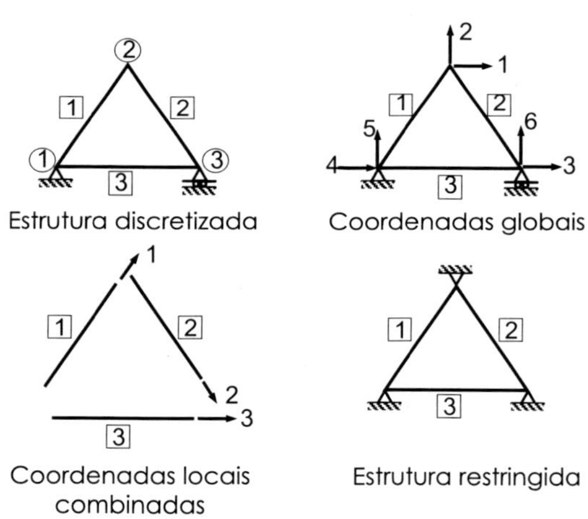

Figura 4.7f - Estrutura discretizada e coordenadas–estrutura III.

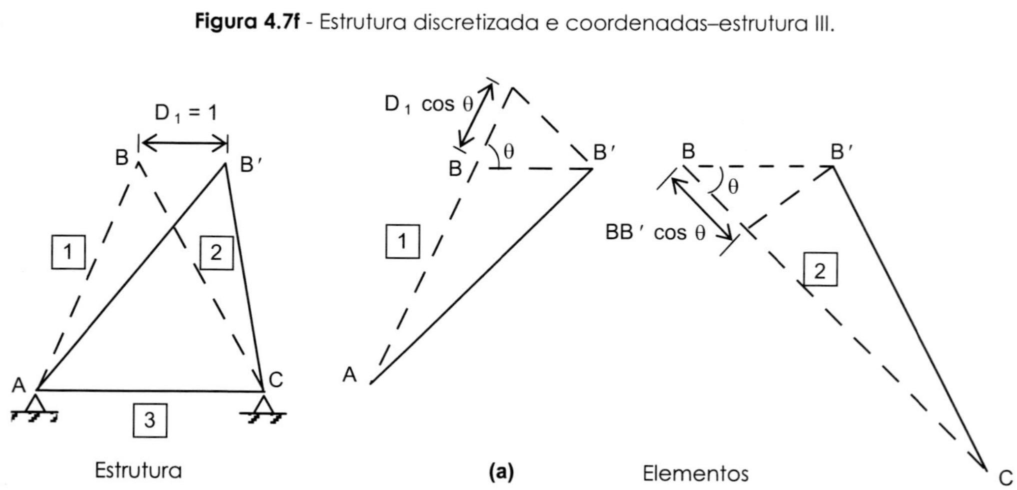

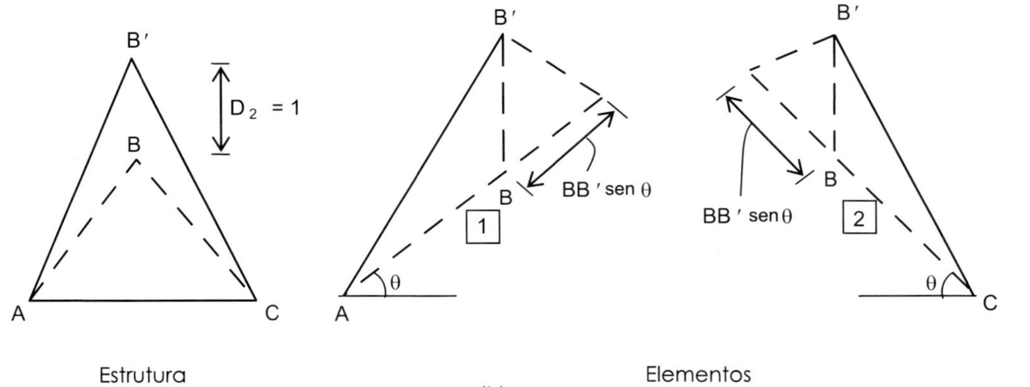

(b)

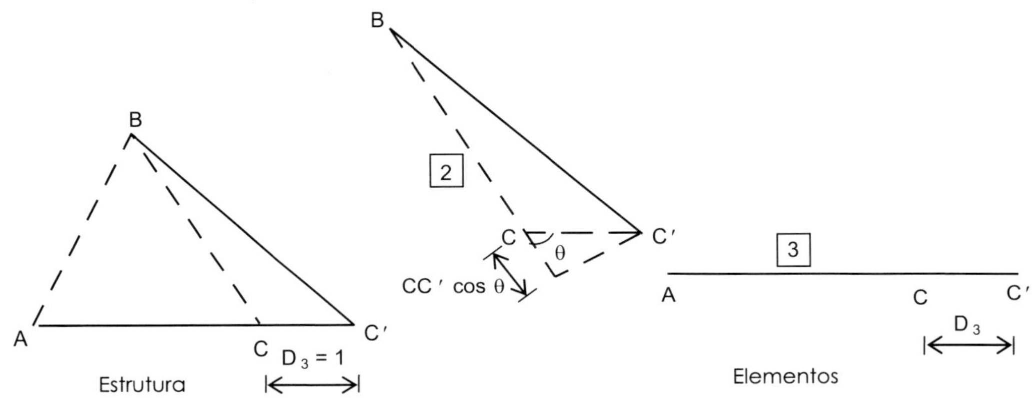

(c)

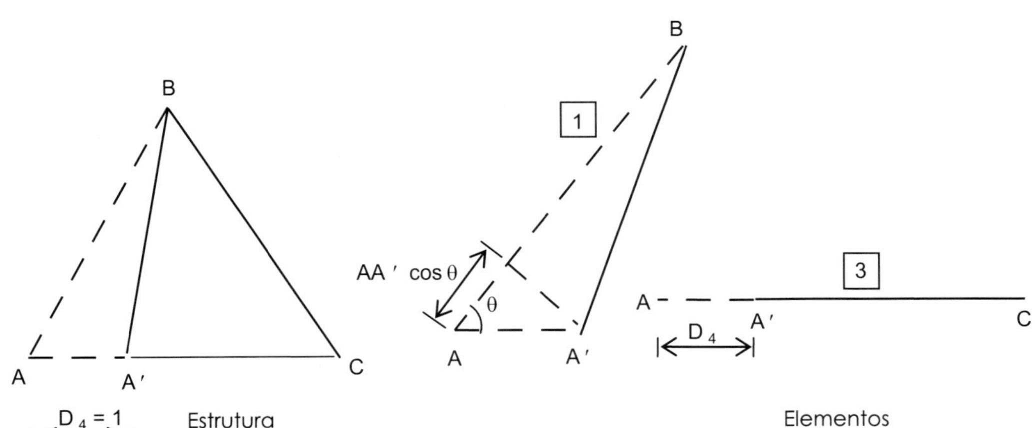

(d)

Figura 4.7g - Deformações da estrutura e elementos:
(a) $D_1 = 1$, (b) $D_2 = 1$, (c) $D_3 = 1$, (d) $D_4 = 1$, (e) $D_5 = 1$ e (f) $D_6 = 1$.
(contiua)

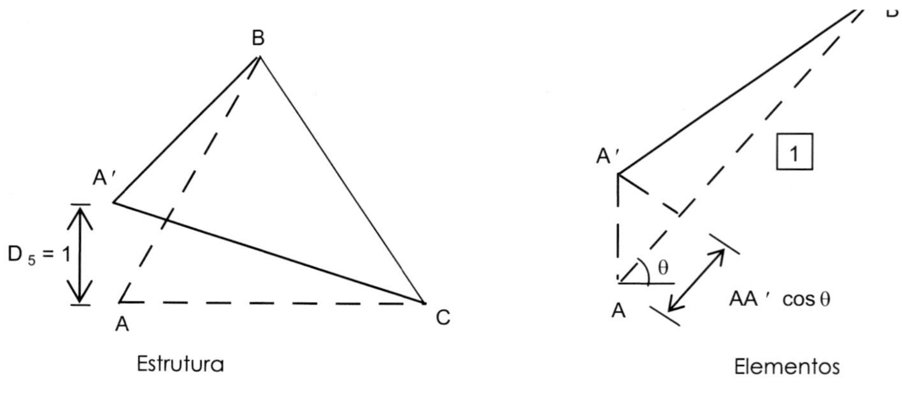

(e)

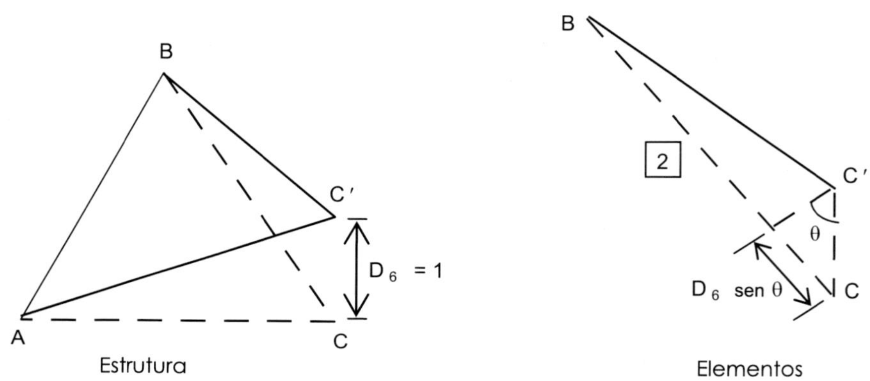

(f)

Figura 4.7g (continuação) - Deformações da estrutura e elementos: (a) $D_1 = 1$, (b) $D_2 = 1$, (c) $D_3 = 1$, (d) $D_4 = 1$, (e) $D_5 = 1$ e (f) $D_6 = 1$.

- Deformações de elemento devidas a $D_4 = 1$

$$d_1 = -\cos\theta = -0{,}6,\ d_2 = 0,\ d_3 = -1$$

- Deformações de elemento devidas a $D_5 = 1$

$$d_1 = -\text{sen}\,\theta = -0{,}8,\ d_2 = 0,\ d_3 = 0$$

- Deformações de elemento devidas a $D_6 = 1$

$$d_1 = 0,\ d_2 = -\text{sen}\,\theta = -0{,}8,\ d_3 = 0$$

Matriz de transformação de deslocamentos $[T_D]$
As coordenadas globais de 1 a 3 são ativas e as de 4 a 6 são restringidas.

- $[T_{DA}]$

$$[T_{DA}]=\begin{array}{c}\begin{array}{ccc} D_1=1 & D_2=1 & D_3=1\end{array}\\ \left[\begin{array}{c:c:c} 0.6 & 0.8 & 0 \\ -0.6 & 0.8 & 0.6 \\ 0 & 0 & 1 \end{array}\right]\end{array}$$

- $[T_{DR}]$

$$[T_{DR}]=\begin{array}{c}\begin{array}{ccc} D_4=1 & D_5=1 & D_6=1\end{array}\\ \left[\begin{array}{c:c:c} -0.6 & -0.8 & 0 \\ 0 & 0 & -0.8 \\ -1 & 0 & 0 \end{array}\right]\end{array}$$

- $[T_D]$

$$[T_D]=\left[\begin{array}{c:c} [T_{DA}] & [T_{DR}] \end{array}\right]$$

4.4 Matriz de equilíbrio e o princípio da contragradiência

4.4.1 Matriz de equilíbrio

As forças nodais {P} podem ser escritas em termos de forças de elemento {p} usando-se as equações de equilíbrio como

$$\{P\} = [e]\{p\} \tag{4.8a}$$

onde [e] é a matriz de equilíbrio.

[e] é uma matriz de transformação que transforma forças de coordenadas locais em coordenada globais. Os coeficientes em [e] são obtidos usando-se o DCL de elementos e nós. Para indicar a influência de coordenadas ativas e restringidas, [e] é particionada em duas submatrizes $[e_A]$ e $[e_R]$. A equação 4.8a pode ser escrita como

$$\{P_A\} = [e_A]\{p\} \tag{4.8b}$$

$$\{P_R\} = [e_R]\{p\} \tag{4.8c}$$

4.4.2 Princípio de contragradiência

Os vetores {p} e {d} representam forças e deslocamentos de elementos em coordenadas locais. Então, o trabalho interno realizado ou a energia de esforço da estrutura completa é $1/2\{p\}^T\{d\}$.

Da mesma forma, {P} e {D} são as forças nodais e os deslocamentos da estrutura (i.e., em coordenadas globais). Assim, o trabalho externo é $1/2\{P\}^T\{D\}$. Igualando-se o trabalho externo com a energia de esforço, tem-se

$$\frac{1}{2}\{P\}^T\{D\}=\frac{1}{2}\{p\}^T\{d\} \tag{a}$$

Da equação 4.6, $\{d\} = [T_D]\{D\}$. Portanto,

$$\frac{1}{2}\{P\}^T\{D\} = \frac{1}{2}\{p\}^T[T_D]\{D\}$$
$$\Rightarrow \{P\}^T = \{p\}^T[T_D] \qquad \text{(b)}$$

Da equação 4.8,

$$\{P\} = [e]\{p\} \Rightarrow \{P\}^T = \{p\}^T\,[e]^T$$

Substituindo-se na equação (b), tem-se

$$\{p\}^T\,[e]^T = \{p\}^T\,[T_D]$$

Então,

$$[T_D] = [e]^T \qquad (4.9a)$$

ou

$$[e] = [T_D]^T \qquad (4.9b)$$

A relação acima, entre as duas matrizes de transformação $[T_D]$ e $[e]$ é conhecida como o princípio da contragradiência, que afirma que se quatro vetores estiverem relacionados pela equação $\{P\}^T\,\{D\} = \{p\}^T\,\{d\}$, então uma transformação $\{P\} = [e]\{p\}$ levará a outra transformação $\{d\} = [e]^T\{D\}$.

A equação 4.9 pode ser usada para se desenvolver a matriz de transformação de deslocamentos usando-se a matriz de equilíbrio.

Exemplo 4.2

Estabelecer o princípio da contragradiência para o sistema de molas mostrado na figura 4.8a.

Solução

A estrutura discretizada, a estrutura restringida e as coordenadas são mostradas na figura 4.8b.

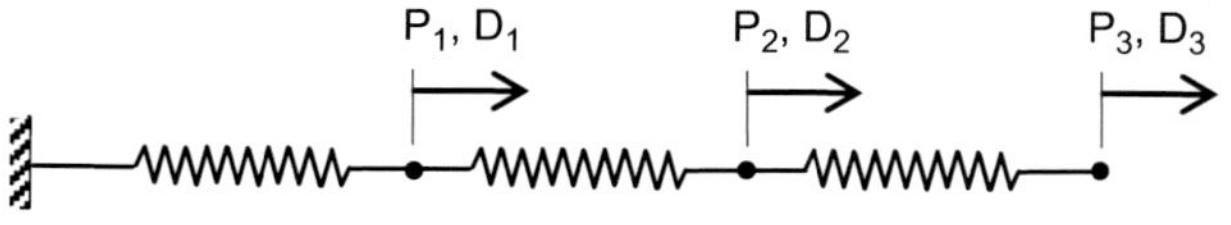

Figura 4.8a - Sistema de molas.

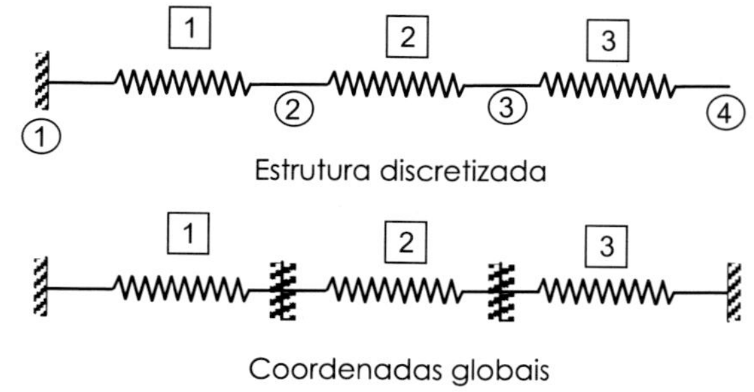

Figura 4.8b - Estrutura discretizada e coordenadas.

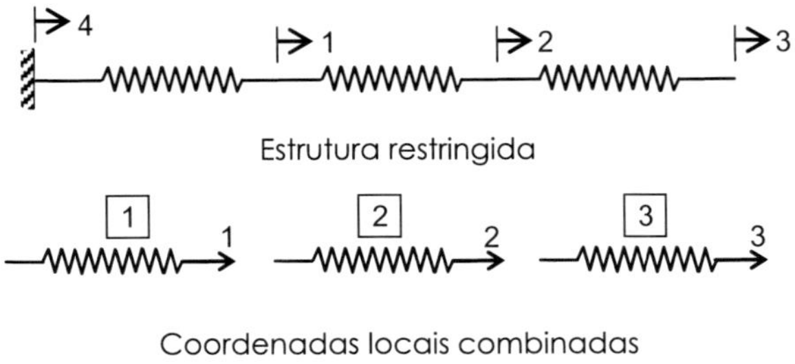

Figura 4.8b (continuação) - Estrutura discretizada e coordenadas.

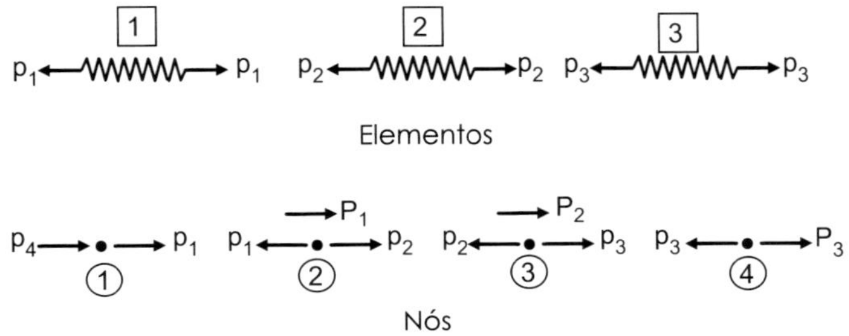

Figura 4.8c - DCL de elementos e nós.

- Matriz de equilíbrio [e]

Os DCL de elementos e nós são mostrados na figura 4.8c.
Dos DCL dos nós,

$$P_1 = p_1 - p_2$$

$$P_2 = p_2 - p_3$$

$$P_3 = p_3$$

$$P_4 = -p_1$$

As equações acima na forma de matriz resultam em

$$\begin{Bmatrix} P_1 \\ P_2 \\ P_3 \\ P_4 \end{Bmatrix} = \begin{bmatrix} 1 & -1 & 0 \\ 0 & 1 & -1 \\ 0 & 0 & 1 \\ -1 & 0 & 0 \end{bmatrix} \begin{Bmatrix} p_1 \\ p_2 \\ p_3 \end{Bmatrix}$$

ou

$$\{P\} = [e]\{p\}$$

$$\therefore \quad [e]=\begin{bmatrix} 1 & -1 & 0 \\ 0 & 1 & -1 \\ 0 & 0 & 1 \\ -1 & 0 & 0 \end{bmatrix}$$

- Matriz de transformação de deslocamentos $[T_D]$

As deformações de elementos são obtidas pela aplicação de deslocamentos unitários na estrutura restringida.

i. Deformações de elementos devidas a $D_1 = 1$

$$d_1 = 1,\ d_2 = -1,\ d_3 = 0$$

ii. Deformações de elementos devidas a $D_2 = 1$

$$d_1 = 0,\ d_2 = 1,\ d_3 = -1$$

iii. Deformações de elementos devidas a $D_3 = 1$

$$d_1 = 0,\ d_2 = 0,\ d_3 = 1$$

iv. Deformações de elementos devidas a $D_4 = 1$

$$d_1 = -1,\ d_2 = 0,\ d_3 = 0$$

Portanto,

$$\begin{array}{cccc} D_1=1 & D_2=1 & D_3=1 & D_4=1 \end{array}$$
$$\left[\begin{array}{c:c:c:c} 1 & 0 & 0 & -1 \\ -1 & 1 & 0 & 0 \\ 0 & -1 & 1 & 0 \end{array}\right]$$

Pode-se observar que $[T_D] = [e]^T$, que é o princípio da contragradiência.

Exemplo 4.3

Desenvolver a matriz de transformação de deslocamentos para a estrutura mostrada na figura 4.7a usando-se o princípio da contragradiência.

Solução

Estrutura I

As forças que atuam nas coordenadas e os DCL dos elementos e nós são mostrados na figura 4.9a.

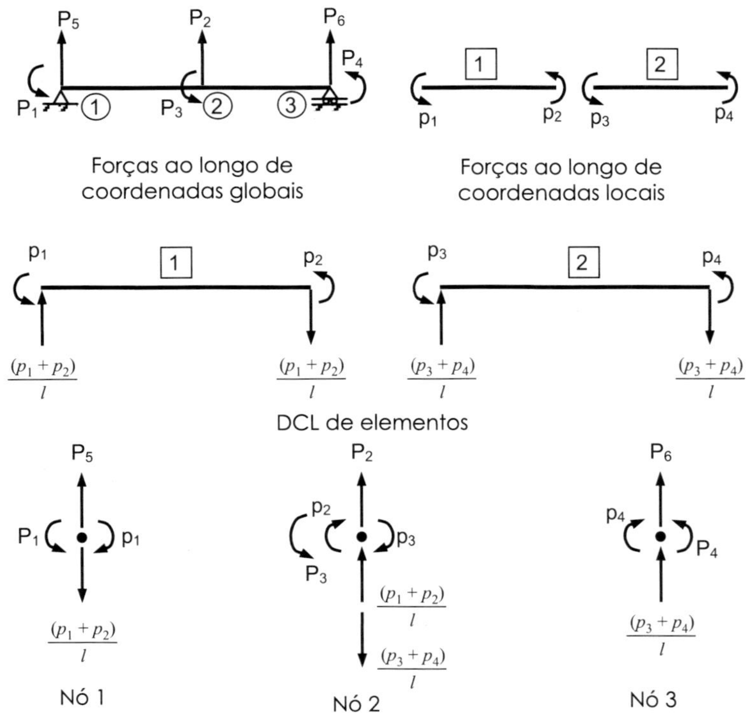

Figura 4.9a - Estrutura I.

Dos DCL dos nós,

$$P_1 = p_1$$

$$P_2 = -\frac{p_1}{l} - \frac{p_2}{l} + \frac{p_3}{l} + \frac{p_4}{l}$$

$$P_3 = p_2 + p_3$$

$$P_4 = p_4$$

$$P_5 = \frac{p_1}{l} + \frac{p_2}{l}$$

$$P_6 = -\frac{p_3}{l} - \frac{p_4}{l}$$

As equações em forma de matriz dão

$$\begin{Bmatrix} P_1 \\ P_2 \\ P_3 \\ P_4 \end{Bmatrix} = \begin{bmatrix} 1 & 0 & 0 & 0 \\ -1/l & -1/l & 1/l & 1/l \\ 0 & 1 & 1 & 0 \\ 0 & 0 & 0 & 1 \end{bmatrix} \begin{Bmatrix} p_1 \\ p_2 \\ p_3 \\ p_4 \end{Bmatrix}$$

ou

$$\{P_A\} = [e_A]\{p\}$$

onde $[e_A]$ é a matriz de equilíbrio correspondente às coordenadas ativas e

$$\begin{Bmatrix} P_5 \\ P_6 \end{Bmatrix} = \begin{bmatrix} 1/l & 1/l & 0 & 0 \\ 0 & 0 & -1/l & -1/l \end{bmatrix} \begin{Bmatrix} p_1 \\ p_2 \\ p_3 \\ p_4 \end{Bmatrix}$$

ou

$$\{P_R\} = [e_R]\{p\}$$

onde $[e_R]$ é a matriz de equilíbrio correspondente às coordenadas restringidas.

- Matriz de transformação de deslocamentos $[T_D]$

$$[T_{DA}] = [e_A]^T = \begin{bmatrix} 1 & -1/l & 0 & 0 \\ 0 & -1/l & 1 & 0 \\ 0 & 1/l & 1 & 0 \\ 0 & 1/l & 0 & 1 \end{bmatrix}$$

$$[T_{DR}] = [e_R]^T = \begin{bmatrix} 1/l & 0 \\ 1/l & 0 \\ 0 & -1/l \\ 0 & -1/l \end{bmatrix}$$

$$[T_D] = \left[\ [T_{DA}] \ \vdots \ [T_{DR}]\ \right]$$

Estrutura II

As forças ao longo das coordenadas globais e locais, e o DCL dos elementos e nós são mostrados na figura 4.9b. Nessa figura, N_1, N_2 e N_3 são as forças axiais nos elementos

Dos DCL dos nós,

$$N_2 = \frac{(p_1 + p_2)}{l}$$

$$P_1 = N_2 + \frac{(p_5 + p_6)}{l} = \frac{p_1}{l} + \frac{p_2}{l} + \frac{p_5}{l} + \frac{p_6}{l} \tag{a}$$

$$P_2 = p_2 + p_3 \tag{b}$$

$$P_3 = p_4 + p_5 \tag{c}$$

$$P_4 = p_6 \tag{d}$$

$$P_5 = -\frac{p_1}{l} - \frac{p_2}{l} \tag{e}$$

$$N_1 = \frac{-(p_3 + p_4)}{l}$$

$$P_6 = -N_1 = \frac{p_3}{l} + \frac{p_4}{l} \tag{f}$$

$$P_7 = p_1 \tag{g}$$

$$P_8 = -\frac{p_5}{l} - \frac{p_6}{l} \tag{h}$$

$$N_3 = \frac{(p_3 + p_4)}{l}$$

$$P_9 = -N_3 = -\frac{p_3}{l} - \frac{p_4}{l} \tag{i}$$

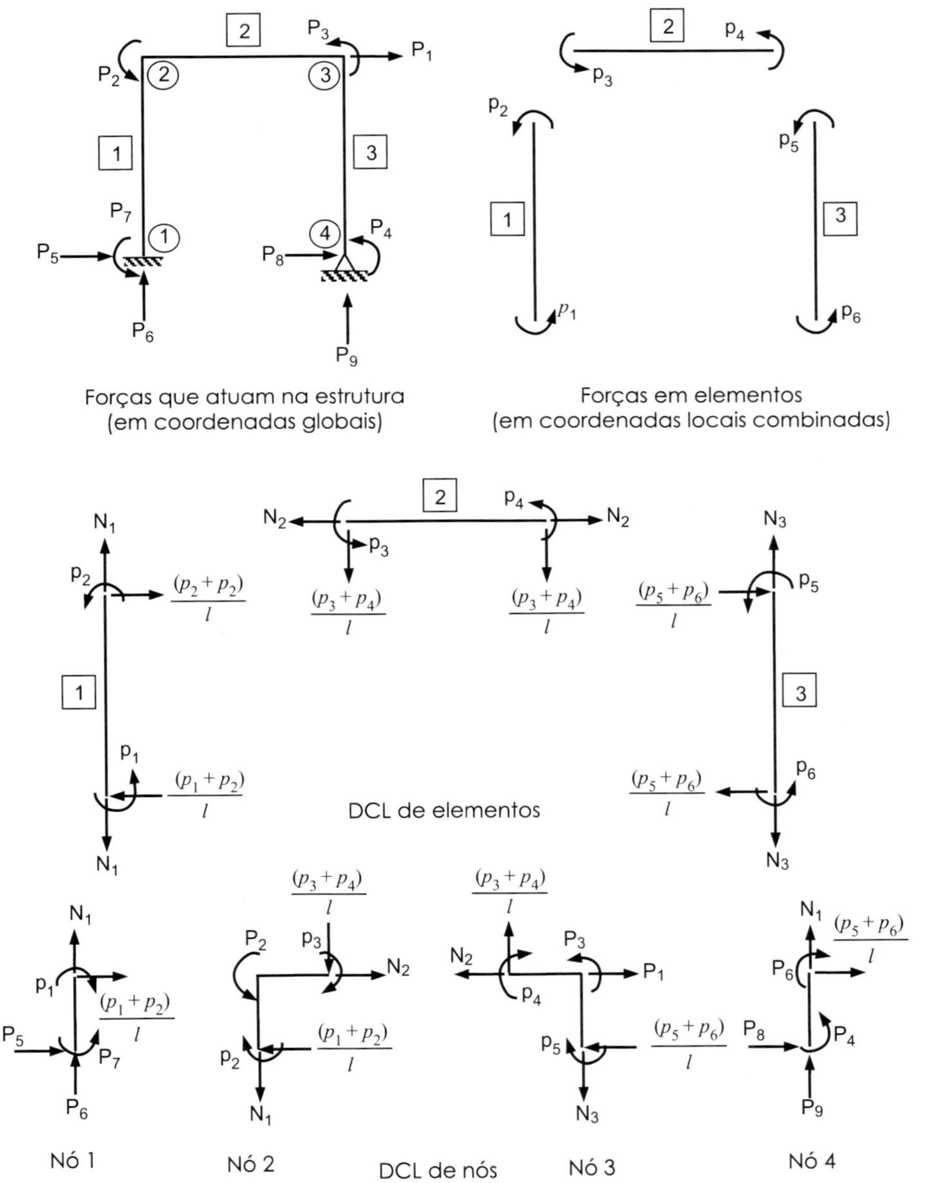

Figura 4.9b - Estrutura II.

As equações de (a) a (i) na forma de matriz dão

$$\{P_A\}=[e_A]\{p\}$$

$$\Rightarrow \begin{Bmatrix} P_1 \\ P_2 \\ P_3 \\ P_4 \end{Bmatrix} = \begin{bmatrix} 1/l & 1/l & 0 & 0 & 1/l & 1/l \\ 0 & 1 & 1 & 0 & 0 & 0 \\ 0 & 0 & 0 & 1 & 1 & 0 \\ 0 & 0 & 0 & 0 & 0 & 1 \end{bmatrix} \begin{Bmatrix} p_1 \\ p_2 \\ p_3 \\ p_4 \\ p_5 \\ p_6 \end{Bmatrix}$$

$$\{P_R\}=[e_R]\{p\}$$

$$\Rightarrow \begin{Bmatrix} P_5 \\ P_6 \\ P_7 \\ P_8 \\ P_9 \end{Bmatrix} = \begin{bmatrix} -1/l & -1/l & 0 & 0 & 0 & 0 \\ 0 & 0 & 1/l & 1/l & 0 & 0 \\ 1 & 0 & 0 & 0 & 0 & 0 \\ 0 & 0 & 0 & 0 & -1/l & -1/l \\ 0 & 0 & -1/l & -1/l & 0 & 0 \end{bmatrix} \begin{Bmatrix} p_1 \\ p_2 \\ p_3 \\ p_4 \\ p_5 \\ p_6 \end{Bmatrix}$$

A matriz de transformação de deslocamentos da estrutura é obtida tomando-se a transposta da matriz de equilíbrio.

$$[T_{DA}]=[e_A]^T=\begin{bmatrix} 1/l & 0 & 0 & 0 \\ 1/l & 1 & 0 & 0 \\ 0 & 1 & 0 & 0 \\ 0 & 0 & 1 & 0 \\ 1/l & 0 & 1 & 0 \\ 1/l & 0 & 0 & 1 \end{bmatrix}$$

$$[T_{DR}]=[e_R]^T=\begin{bmatrix} -1/l & 0 & 1 & 0 & 0 \\ -1/l & 0 & 0 & 0 & 0 \\ 0 & 1/l & 0 & 0 & -1/l \\ 0 & 1/l & 0 & 0 & -1/l \\ 0 & 0 & 0 & -1/l & 0 \\ 0 & 0 & 0 & -1/l & 0 \end{bmatrix}$$

$$[T_D]=\left[\ [T_{DA}] \ \vdots \ [T_{DR}]\ \right]$$

Estrutura III

As forças em diferentes coordenadas e os DCL de elementos e nós são mostrados na figura 4.9c.

Usando-se os DCL dos nós,

$$P_1 = p_1 \cos\theta - p_2 \cos\theta = 0{,}6\ p_1 - 0{,}6\ p_2 \qquad \text{(j)}$$

$$P_2 = p_1 \operatorname{sen} \theta + p_2 \operatorname{sen} \theta = 0{,}8\ p_1 + 0{,}8\ p_2 \qquad \text{(k)}$$

$$P_3 = p_2 \cos \theta + p_3 = 0{,}6\ p_2 + p_3 \qquad \text{(l)}$$

$$P_4 = -p_1 \cos \theta - p_3 = -0{,}6\ p_1 - p_3 \qquad \text{(m)}$$

$$P_5 = -p_1 \operatorname{sen} \theta = -0{,}8\ p_1 \qquad \text{(n)}$$

$$P_6 = -p_2 \operatorname{sen} \theta = -0{,}8\ p_2 \qquad \text{(o)}$$

As equações de (j) a (o) em forma de matriz dão

$$\{P_A\} = [e_A]\{p\}$$

$$\Rightarrow \begin{Bmatrix} P_1 \\ P_2 \\ P_3 \end{Bmatrix} = \begin{bmatrix} 0.6 & -0.6 & 0 \\ 0.8 & 0.8 & 0 \\ 0 & 0.6 & 1 \end{bmatrix} \begin{Bmatrix} p_1 \\ p_2 \\ p_3 \end{Bmatrix}$$

$$\{P_R\} = [e_R]\{p\}$$

$$\Rightarrow \begin{Bmatrix} P_4 \\ P_5 \\ P_6 \end{Bmatrix} = \begin{bmatrix} -0.6 & 0 & -1 \\ -0.8 & 0 & 0 \\ 0 & -0.8 & 0 \end{bmatrix} \begin{Bmatrix} p_1 \\ p_2 \\ p_3 \end{Bmatrix}$$

Portanto,

$$[T_{DA}] = [e_A]^T = \begin{bmatrix} 0.6 & 0.8 & 0 \\ -0.6 & 0.8 & 0.6 \\ 0 & 0 & 1 \end{bmatrix}$$

$$[T_{DR}] = [e_R]^T = \begin{bmatrix} -0.6 & -0.8 & 0 \\ 0 & 0 & -0.8 \\ -1 & 0 & 0 \end{bmatrix}$$

$$[T_D] = \left[\ [T_{DA}]\ \vdots\ [T_{DR}]\ \right]$$

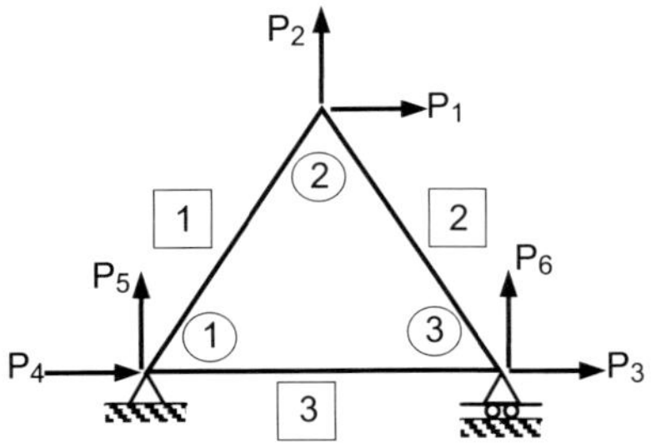

Forças que atuam na estrutura (em coordenadas globais)

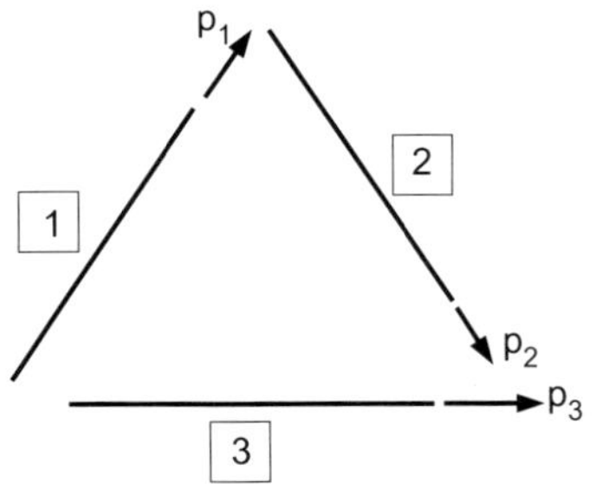

Forças em elementos (em coordenadas locais combinadas)

Figura 4.9c - Estrutura III.

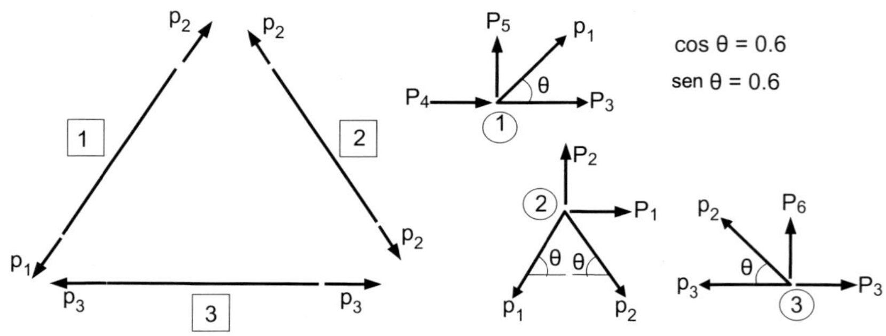

DCL de elementos

DCL de nós

Figura 4.9c (continuação) - Estrutura III.

Comentários

Deste exemplo, observa-se que o desenvolvimento de [e] para uma treliça é mais fácil quando comparado com o desenvolvimento de $[T_D]$ usando-se a forma deformada da treliça. Assim, para treliças, a equação 4.9 será usada para se obter $[T_D]$ de [e]. No entanto, para barras e quadros, será mais fácil desenvolver-se $[T_D]$ usando-se a forma deformada da estrutura, em vez de se obter $[T_D]$ a partir de [e].

4.5 Relações força–deslocamento

As relações força–deslocamento para o elemento e a estrutura usadas no método da rigidez são dadas abaixo.

- Para um elemento

A relação força–deslocamento para o elemento i é

$$\{p^i\} = [k^i]\,\{d^i\} \tag{4.10}$$

onde $\{p^i\}$, $\{d^i\}$ e $[k^i]$ são o vetor força, o vetor deslocamento e a matriz de rigidez de elemento do i-ésimo elemento da estrutura, em coordenadas locais.

Para se reduzir o tempo computacional, apenas a matriz de rigidez de elemento básica será usada neste capítulo (veja-se a equação 4.5).

- Para a estrutura desmontada

As relações força–deslocamento dos elementos (digamos, n elementos) da estrutura são combinadas para se obter a relação força–deslocamento da estrutura desmontada. Assim,

$$\{p^1\} = [k^1] = \{d^1\}$$
$$\{p^2\} = [k^2] = \{d^2\}$$
$$\dots\dots\dots\dots\dots\dots\dots\dots$$
$$\{p^n\} = [k^n] = \{d^n\}$$

As equações acima em forma de matriz dão

$$\begin{Bmatrix} \{p^1\} \\ \{p^2\} \\ \\ \{p^n\} \end{Bmatrix} = \begin{bmatrix} [k^1] & 0 & 0 & \cdots & 0 \\ 0 & [k^2] & 0 & \cdots & 0 \\ \cdots & \cdots & \cdots & \cdots & \cdots \\ 0 & 0 & 0 & \cdots & [k^n] \end{bmatrix} \begin{Bmatrix} \{d^1\} \\ \{d^2\} \\ \cdots \\ \{d^n\} \end{Bmatrix} \tag{4.11}$$

$$\Rightarrow \{p\} = [k]\{d\}$$

onde {p}, {d} e [k] são os vetores força de elemento e deslocamento combinados e

$$[k] = \begin{bmatrix} [k^1] & 0 & 0 & \cdots & 0 \\ 0 & [k^2] & 0 & \cdots & 0 \\ \cdots & \cdots & \cdots & \cdots & \cdots \\ 0 & 0 & 0 & \cdots & [k^n] \end{bmatrix} \tag{4.12}$$

é a matriz diagonal com a matriz de rigidez de elementos como seus constituintes. [k] é conhecida como matriz de rigidez desmontada.

- Para a estrutura

A relação força–deslocamento para a estrutura é

$$\{P\} = [K]\,\{D\} \tag{4.13}$$

onde {P} e {D} são os vetores força e deslocamento nodais da estrutura. [K] é a matriz rigidez da estrutura.

Para indicar os efeitos de coordenadas ativas e restringidas, a equação 4.13 pode ser escrita como

$$\{P\} = [K]\,\{D\}$$

ou

$$\begin{Bmatrix} \{P_A\} \\ \hline \{P_R\} \end{Bmatrix} = \left[\begin{array}{c|c} [K_{AA}] & [K_{AR}] \\ \hline [K_{RA}] & [K_{RR}] \end{array}\right] \begin{Bmatrix} \{D_A\} \\ \hline \{D_R\} \end{Bmatrix} \tag{4.14}$$

Portanto,

$$\{P_A\} = [K_{AA}]\{D_A\} + [K_{RA}]\{D_R\} \quad (4.15a)$$

$$\{P_R\} = [K_{RA}]\{D_A\} + [K_{RR}]\{D_R\} \quad (4.15b)$$

4.6 Matriz de rigidez da estrutura [K]

A lei de conservação de energia é usada para se derivar a expressão para a matriz de rigidez da estrutura [K]. O trabalho realizado pela carga externa W é

$$W = \frac{1}{2}\{D\}^T\{P\} = \frac{1}{2}\{D\}^T[K]\{D\} \quad (\because \{P\} = [K]\{D\})$$

O trabalho realizado pelas forças internas ou a energia de esforço da estrutura U é

$$U = \frac{1}{2}\{d\}^T\{p\}$$

Mas $\{d\} = [T_D]\{D\}$

$$\Rightarrow \{d\}^T = \{D\}^T[T_D]^T$$

E também $\{p\} = [k]\{d\} = [k][T_D]\{D\}$

Portanto,

$$U = \frac{1}{2}\{d\}^T\{p\} = \frac{1}{2}\{D\}^T[T_D]^T[k][T_D]\{D\}$$

Enquanto W e U dão

$$W = U$$

$$\Rightarrow \frac{1}{2}\{D\}^T[K]\{D\} = \frac{1}{2}\{D\}^T[T_D]^T[k][T_D]\{D\}$$

Então,

$$[K] = [T_D]^T[k][T_D] \quad (4.16)$$

Mas

$$[T_D] = \left[\ [T_{DA}]\ \vdots\ [T_{DR}]\ \right]$$

$$\Rightarrow [T_D]^T = \begin{bmatrix} [T_{DA}]^T \\ \hdashline [T_{DR}]^T \end{bmatrix}$$

Portanto,

$$[K] = \begin{bmatrix} [T_{DA}]^T \\ \hdashline [T_{DR}]^T \end{bmatrix} [k] \left[\ T_{DA}\ \vdots\ T_{DR}\ \right]$$

$$= \left[\begin{array}{c:c} [T_{DA}]^T [k][T_{DA}] & [T_{DA}]^T [k][T_{DR}] \\ \hdashline [T_{DR}]^T [k][T_{DA}] & [T_{DR}]^T [k][T_{DR}] \end{array} \right] \tag{4.17}$$

Mas [K] é particionada como (equação 4.14)

$$[K] = \left[\begin{array}{c:c} [K_{AA}] & [K_{AR}] \\ \hdashline [K_{RA}] & [K_{RR}] \end{array} \right]$$

Donde,

$$[K_{AA}] = [T_{DA}]^T [k][T_{DA}] \tag{4.18a}$$

$$[K_{AR}] = [T_{DA}]^T [k][T_{DR}] \tag{4.18b}$$

$$[K_{RA}] = [T_{DR}]^T [k] [T_{DA}] \tag{4.18c}$$

$$[K_{RR}] = [T_{DR}]^T [k][T_{DR}] \tag{4.18d}$$

- Relação entre $[K_{AR}]$ e $[K_{RA}]$

Da equação 4.18b,

$$[K_{AR}] = [T_{DA}]^T [k][T_{DR}]$$

Portanto,

$$[K_{AR}]^T = [T_{DR}]T [k]^T [T_{DA}]$$

Mas $[k]^T = [k]$ (já que [k] é uma matriz diagonal)

$$\Rightarrow [K_{AR}]^T = [T_{DR}]^T [k][T_{DA}] = [K_{RA}]$$

Então,

$$[K_{RA}] = [K_{AR}]^T \tag{4.19}$$

4.7 Equação de equilíbrio

A equação de equilíbrio usada no método de análise por rigidez é

$$\{P\} = [K] \{D\}$$

Da equação 4.14,

$$\left\{ \begin{array}{c} \{P_A\} \\ \hdashline \{P_R\} \end{array} \right\} = \left[\begin{array}{cc} [K_{AA}] & [K_{AR}] \\ \hdashline [K_{RA}] & [K_{RR}] \end{array} \right] \left\{ \begin{array}{c} \{D_A\} \\ \hdashline \{D_R\} \end{array} \right\}$$

Na equação acima, $\{P_A\}$ e $\{D_R\}$ são os vetores conhecidos. $\{D_A\}$ e $\{P_R\}$ são incógnitos. $\{D_A\}$ é a quantidade primária incógnita no método da rigidez e é determinado usando-se a equação 4.15a.

$$\{P_A\} = [K_{AA}]\{D_A\} + [K_{AR}]\{D_R\}$$

$$\Rightarrow \{D_A\} = [K_{AA}]^{-1}(\{P_A\} - [K_{AR}]\{D_R\}) \tag{4.20}$$

Depois de se encontrar $\{D_A\}$, $\{P_R\}$ é calculado usando-se a equação 4.15b.

4.8 Transformações usadas no método da rigidez

A figura 4.10 mostra as várias transformações usadas no método da rigidez.

Dessa figura,

$$\{d\} = [T_D]\{D\}$$

$$\{p\} = [k]\{d\} = [k][T_D]\{D\}$$

$$\{P\} = [e]\{p\} = [T_D]^T\{p\} = [T_D]^T[k][T_D]\{D\}$$

$$\text{Mas } \{P\} = [K]\{D\} = [T_D]^T[k][T_D]\{D\}$$

Assim[2],

$$[K] = [T_D]^T[k][T_D]$$

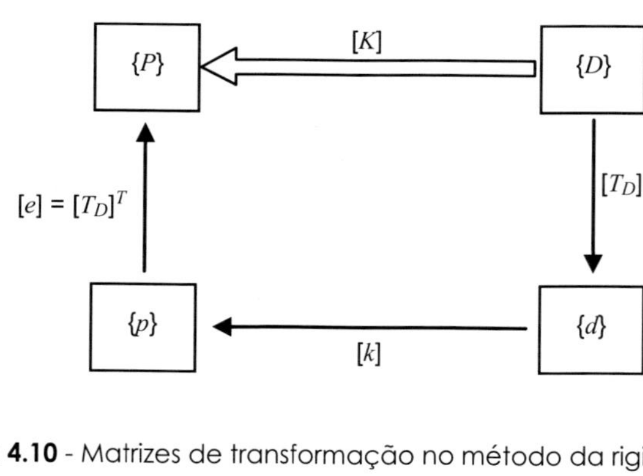

Figura 4.10 - Matrizes de transformação no método da rigidez.

4.9 Procedimento para análise de estruturas usando-se o método da rigidez

Os passos necessários para a análise de estruturas usando-se o método da rigidez são listados abaixo:

[2] Esta é uma prova alternativa para se encontrar a expressão para [K]

i. Desenvolver a estrutura discretizada e numerar os nós e elementos;
ii. Identificar as coordenadas ativas e restringidas (coordenadas globais);
iii. Definir o vetor carga $\{P_A\}$, o vetor reação $\{P_R\}$, o vetor deslocamento ativo $\{D_A\}$ e o vetor deslocamento restringido $\{D_R\}$;
iv. Identificar as coordenada locais e locais combinadas. Definir os vetores força de elemento combinada e deslocamento combinado ($\{p\}$ e $\{d\}$);
v. Determinar a matriz de transformação de deslocamentos

$$[T_D] = \left[\; [T_{DA}] \;\vdots\; [T_{DR}] \;\right]$$

vi. Determinar a matriz de rigidez de elementos $[k_i]$ para todos os elementos e montá-los numa matriz diagonal para obter a matriz de rigidez desmontada $[k]$;
vii. Computar a matriz de rigidez da estrutura $[K]$ usando-se a equação 4.17;
viii. Encontrar o vetor deslocamento ativo $\{D_A\}$ usando-se a equação 4.20;
ix. Depois de encontrar $\{D_A\}$, encontrar o vetor reação usando-se a equação 4.15b;
x. As forças de elemento são determinadas usando-se as equações 4.11 e 4.7.

$$\{p\} = [k]\{d\} = [k]\left([T_{DA}]\{D_A\} + [T_{DR}]\{D_R\}\right)$$

$$\text{Destarte, } \{p\} = [k][T_{DA}]\{D_A\} + [k][T_{DR}]\{D_R\} \tag{4.21}$$

4.9.1 Análise de estruturas com cargas de elemento

Nesses tipos de estrutura, os vetores força combinada ao longo das coordenadas ativas e restringidas $\{P_{CA}\}$ e $\{P_{CR}\}$ devem ser usados, em vez de $\{P_A\}$ e $\{P_R\}$. Usando-se o princípio da sobreposição, a força nos elementos $\{p\}$ é obtida como

$$\{p\} = \{p_F\} + \{p_C\} \tag{4.22}$$

onde $\{p_F\}$ são as forças de elementos devidas a ações de extremidade engastada e $\{p_C\}$ são as forças de elementos devidas a cargas nodais combinadas calculadas usando-se a equação 4.21.

4.9.2 Método de análise alternativo simplificado

Em estruturas em que não há posições de apoio ou quando os efeitos de posições de apoio são convertidas em ações de extremidade engastada equivalentes, para tais casos, $\{D_R\} = \{0\}$.

Assim, das equações 4.20 e 4.21,

$$\{D_A\} = [K_{AA}]^{-1}\{P_A\} \tag{4.23}$$

$$\{p\} = [k][T_{DA}]\{D_A\} \tag{4.24}$$

Após encontrar-se as forças de elementos, as reações de apoio são calculadas usando-se os DCL dos elementos e nós.

A vantagem do uso desta abordagem na análise é que apenas coordenadas ativas precisam ser consideradas. Então, apenas $[T_{DA}]$ e $[K_{AA}]$ têm de ser calculadas. Assim, menos tempo é necessário para a análise (veja-se o exemplo 4.4).

Exemplo 4.4

Analisar a estrutura composta de membros axiais mostrada na figura 4.11a usando o método da rigidez.

Solução

Passo 1: Desenvolver a estrutura discretizada e identificar as coordenadas
A estrutura discretizada, as coordenadas e a estrutura restringida são mostradas na figura 4.11b.

Passo 2: Identificar os vetores força e deslocamento da estrutura.

- Vetor carga $\{P_A\}$

$$\{P_A\} = \begin{Bmatrix} P_1 \\ P_2 \\ P_3 \end{Bmatrix} = \begin{Bmatrix} 60 \\ 10 \\ 30 \end{Bmatrix} \text{kN}$$

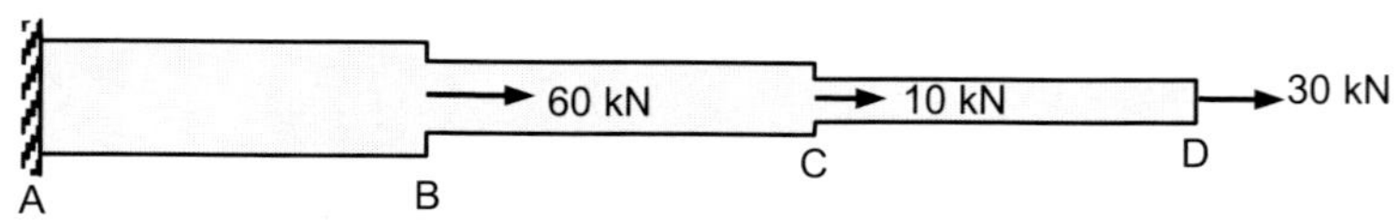

K_{AB}= 250 kN/mm, K_{BC}= 150 kN/mm, K_{CD}= 100 kN/mm,

Figura 4.11a - Exemplo 4.4.

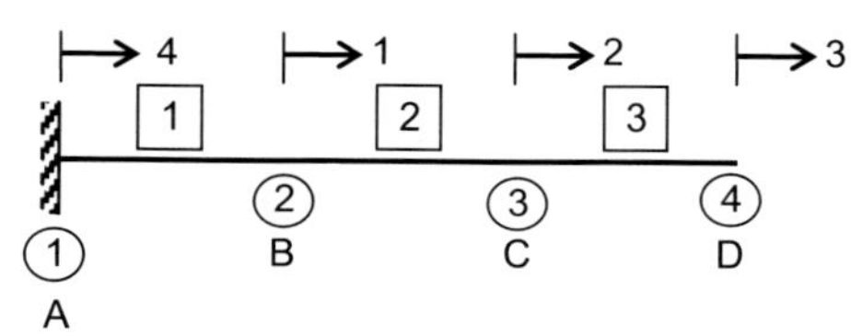

Estrutura discretizada e coordenadas globais

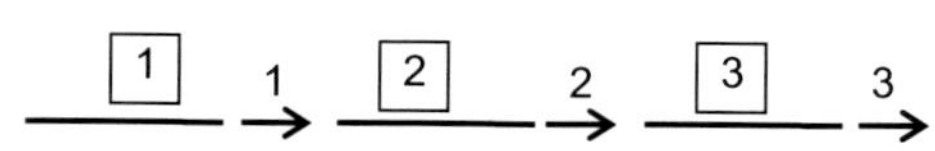

Coordenadas locais combinadas

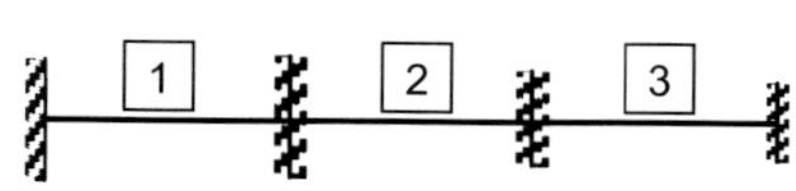

Estrutura restringida

Figura 4.11b - Elementos, nós, coordenadas e estrutura restringida.

- Vetor reação $\{P_R\}$

$$\{P_R\} = \{P_4\}$$

- Vetor deslocamento ativo $\{D_A\}$

$$\{D_A\} = \begin{Bmatrix} D_1 \\ D_2 \\ D_3 \end{Bmatrix}$$

- Vetor deslocamento restringido $\{D_R\}$

$$\{D_R\} = \{D_4\} = \{0\}$$

Passo 3: Desenvolver a matriz de transformação de deslocamentos $[T_D]$

Usando-se a estrutura restringida, $[T_D]$ é desenvolvida aplicando-se deslocamentos unitários ao longo das coordenadas globais, uma por vez. A estrutura é similar ao sistema de molas considerado no exemplo 4.2. Então,

$$[T_{DA}] = \begin{bmatrix} 1 & 0 & 0 \\ -1 & 1 & 0 \\ 0 & -1 & 1 \end{bmatrix} \quad [T_{DR}] = \begin{Bmatrix} -1 \\ 0 \\ 0 \end{Bmatrix}$$

Passo 4: Desenvolver a matriz de rigidez da estrutura

- Matriz de rigidez de elementos $[k^i]$

$$k^1 = K_{AB} = 250 \text{ kN/mm}, \; k^2 = K_{BC} = 150 \text{ kN/mm e } k^3 = K_{CD} = 100 \text{ kN/mm}$$

- Matriz de rigidez desmontada $[k]$

$$[k] = \begin{bmatrix} k^1 & 0 & 0 \\ 0 & k^2 & 0 \\ 0 & 0 & k^3 \end{bmatrix} = \begin{bmatrix} 250 & 0 & 0 \\ 0 & 150 & 0 \\ 0 & 0 & 100 \end{bmatrix} \text{kN/mm}$$

- $[K_{AA}]$, $[K_{AR}]$, $[K_{RA}]$, $[K_{RR}]$

$$[K_{AA}] = [T_{DA}]^T [k][T_{DA}] = \begin{bmatrix} 400 & -150 & 0 \\ -150 & 250 & -100 \\ 0 & -100 & 100 \end{bmatrix}$$

$$[K_{AR}] = [T_{DA}]^T [k][T_{DR}] = \begin{Bmatrix} -250 \\ 0 \\ 0 \end{Bmatrix}$$

$$[K_{RA}] = [K_{AR}]^T = \begin{bmatrix} -250 & 0 & 0 \end{bmatrix}$$

$$[K_{RR}] = [T_{DR}]^T [k][T_{DR}] = [250]$$

Passo 5: Encontrar $\{D_A\}$

- Matriz de flexibilidade de elemento

$$\{D_A\} = [K_{AA}]^{-1}(\{P_A\} - [K_{AR}]\{D_R\}) = \begin{Bmatrix} 0.4 \\ 0.667 \\ 0.9667 \end{Bmatrix} \text{mm}$$

Passo 6: Encontrar $\{P_R\}$

$$\{P_R\} = [K_{RA}]\{D_A\} + [K_{RR}]\{D_R\} = \{-100\}$$

Passo 7: Encontrar {p}

$$\{p\} = [k][T_{DA}]\{D_A\} = \begin{Bmatrix} 100 \\ 40 \\ 30 \end{Bmatrix} \text{kN}$$

- Solução usando-se o método simplificado—considerando-se apenas coordenadas ativas

Para este método, $\{D_R\}$ deve ser um vetor nulo. Após encontrar-se $[T_{DA}]$, [k] e $[K_{AA}]$, os deslocamentos nodais $\{D_A\}$ serão determinados usando-se a seguinte equação:

$$\{D_A\} = [K_{AA}]^{-1}\{P_A\} = \begin{Bmatrix} 0.4 \\ 0.667 \\ 0.9667 \end{Bmatrix} \text{mm}$$

Uma vez encontrado $\{D_A\}$, o vetor força de elemento {p} é calculado como

$$\{p\} = [k][T_{DA}]\{D_A\} = \begin{Bmatrix} 100 \\ 40 \\ 30 \end{Bmatrix} \text{kN}$$

O DCL dos elementos e do nó 1 são mostrados na figura 4.11c.

As reações de apoio são determinadas usando-se o DCL dos elementos e nós. Do DCL do nó 1,

$$P_4 = -100 \text{ kN}$$

A vantagem do uso do método simplificado é que apenas coordenadas ativas devem ser consideradas. As coordenadas restringidas não são necessárias para análise, i.e., $[K_{AR}]$ e $[K_{RR}]$ não precisam ser calculadas. Então, a análise leva menos tempo. Os demais exemplos neste capítulo serão analisados usando-se o método simplificado.

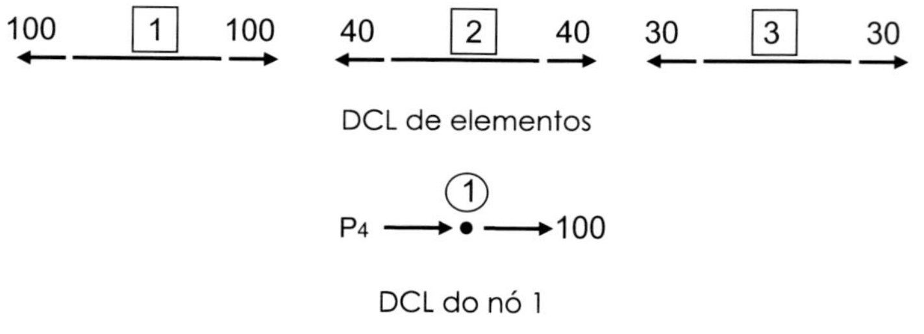

Figura 4.11c - DCL de elementos e nós.

Exemplo 4.5

Encontrar a deflexão na extremidade livre da barra mostrada na figura 4.12a.

Solução

Passo 1: Desenvolver a estrutura discretizada e identificar as coordenadas. A estrutura discretizada, as coordenadas e a estrutura restringida são mostradas na figura 4.12b.

Passo 2: Identificar o vetor carga

$$\{P_A\} = \left\{ \begin{array}{c} P_1 \\ P_2 \end{array} \right\} = \left\{ \begin{array}{c} -P \\ 0 \end{array} \right\}$$

Passo 3: Desenvolver a matriz de transformação de deslocamentos $[T_{DA}]$

A forma deformada da estrutura restringida devida à aplicação de deslocamentos unitários nas coordenadas globais é mostrada na figura 4.12c.

Desta figura,

$$[T_{DA}] = \begin{array}{c} \begin{array}{cc} D_1=1 & D_2=1 \end{array} \\ \left[\begin{array}{c:c} -1/l & 0 \\ -1/l & 1 \end{array} \right] \end{array}$$

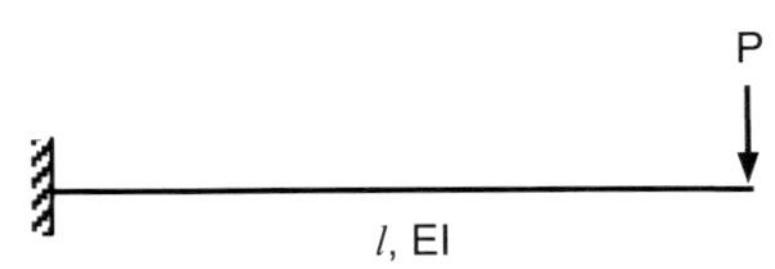

Figura 4.12a - Exemplo 4.5.

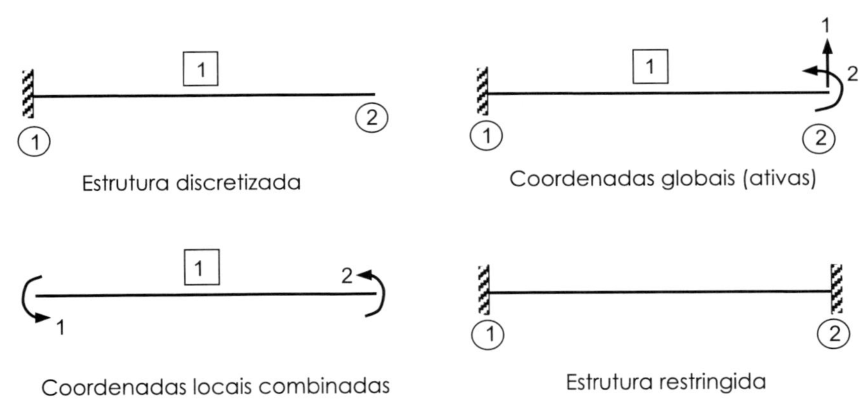

Figura 4.12b - Elementos, nós, coordenadas e estrutura restringida.

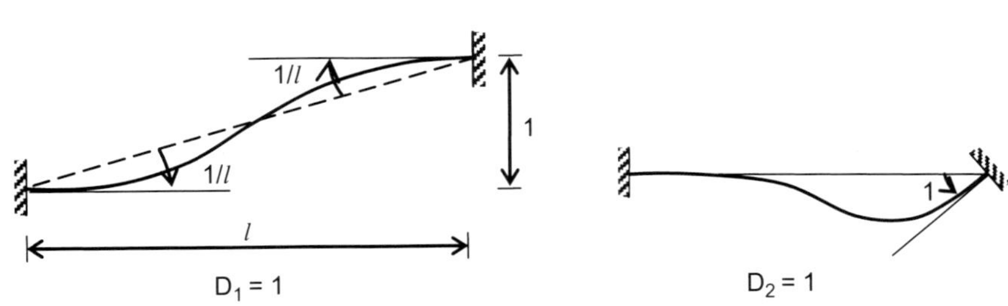

Figura 4.12c - Forma deformada da estrutura restringida.

Passo 4: Desenvolver a matriz de rigidez da estrutura $[K_{AA}]$

- Matriz de rigidez de elementos $[k^i]$

$$[k^1]=\frac{EI}{l}\begin{bmatrix} 4 & 2 \\ 2 & 4 \end{bmatrix}$$

- Matriz de rigidez de elementos combinada [k]

$$[k]=[k^1]=\frac{EI}{l}\begin{bmatrix} 4 & 2 \\ 2 & 4 \end{bmatrix}$$

- Matriz de rigidez da estrutura $[K_{AA}]$

$$[K_{AA}]=[T_{DA}]^T[k][T_{DA}]=\frac{EI}{l}\begin{bmatrix} 12/l^2 & -6/l \\ -6/l & 4 \end{bmatrix}$$

Passo 5: Encontrar os deslocamentos nodais $\{D_A\}$

$$\{D_A\}=\begin{Bmatrix} D_1 \\ D_2 \end{Bmatrix}$$

$$\{D_A\}=[K_{AA}]^{-1}\{P_A\}=\begin{Bmatrix} D_1 \\ D_2 \end{Bmatrix}=\begin{Bmatrix} -Pl^3/3EI \\ -Pl^2/2EI \end{Bmatrix}$$

A deflexão na extremidade da barra é Pl^3 / 3EI(↓)

Exemplo 4.6

Encontrar a deflexão vertical na ligação B e as forças desenvolvidas na barra mostrada na figura 4.13a.

Solução

Passo 1: Desenvolver a estrutura discretizada

A estrutura discretizada, as coordenadas e a estrutura restringida são mostradas na figura 4.13b.

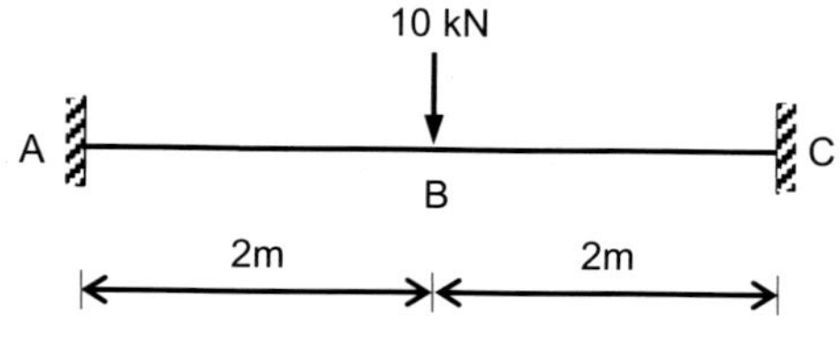

Figura 4.13a - Exemplo 4.6.

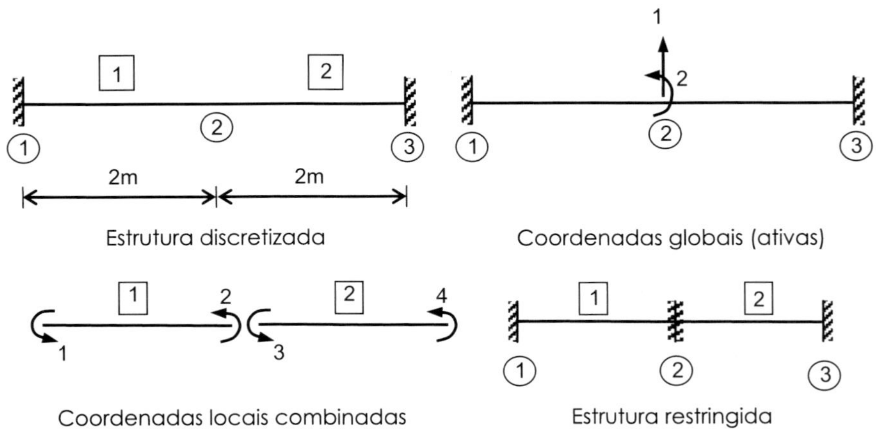

Figura 4.13b - Elementos, nós, coordenadas e estrutura restringida.

Passo 2: Identificar o vetor carga

$$\{P_A\} = \begin{Bmatrix} P_1 \\ P_2 \end{Bmatrix} = \begin{Bmatrix} -10\text{kN} \\ 0 \end{Bmatrix}$$

Passo 3: Desenvolver $[T_{DA}]$

A forma deformada da estrutura restringida devida a deslocamentos unitários nas coordenadas globais é mostrada na figura 4.13c.

Desta figura,

$$[T_{DA}] = \begin{bmatrix} -1/2 & 0 \\ -1/2 & 1 \\ 1/2 & 1 \\ 1/2 & 0 \end{bmatrix} \quad (D_1 = 1, \; D_2 = 1)$$

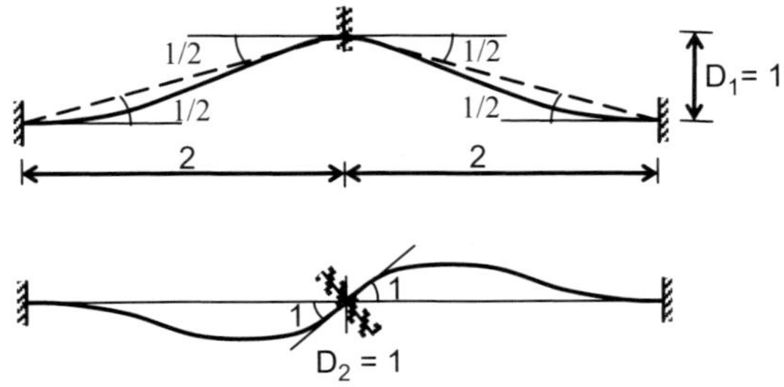

Figura 4.13c - Forma deformada da estrutura restringida.

Passo 4: Desenvolver $[K_{AA}]$

- Matriz de rigidez de elementos

$$[k^1] = [k^2] = \frac{EI}{l}\begin{bmatrix} 4 & 2 \\ 2 & 4 \end{bmatrix} = \frac{EI}{2}\begin{bmatrix} 4 & 2 \\ 2 & 4 \end{bmatrix}$$

- Matriz de rigidez de elementos combinada [k]

$$[k]=\begin{bmatrix}[k^1] & [0]\\ [0] & [k^2]\end{bmatrix}=\frac{EI}{2}\begin{bmatrix}4 & 2 & 0 & 0\\ 2 & 4 & 0 & 0\\ 0 & 0 & 4 & 2\\ 0 & 0 & 2 & 4\end{bmatrix}$$

- Matriz de rigidez da estrutura $[K_{AA}]$

$$[K_{AA}]=[T_{DA}]^T[k][T_{DA}]=\frac{EI}{2}\begin{bmatrix}6 & 0\\ 0 & 8\end{bmatrix}$$

Passo 5: Encontrar $\{D_A\}$

$$\{D_A\}=[K_{AA}]^{-1}\{P_A\}$$

$$\{D_A\}=\begin{Bmatrix}D_1\\ D_2\end{Bmatrix}=\frac{2}{EI}\begin{Bmatrix}-1.667\\ 0\end{Bmatrix}$$

A deflexão vertical na ligação B é 3,334/EI (↓)

Passo 6: Encontrar {p}

$$\{p\}=[k][T_{DA}]\{D_A\}$$

$$=\begin{Bmatrix}p_1\\ p_2\\ p_3\\ p_4\end{Bmatrix}=\begin{Bmatrix}5\\ 5\\ -5\\ -5\end{Bmatrix}$$

As ações de extremidade básicas dos elementos e o DCL dos elementos são mostrados na figura 4.13d.

Do DCL dos elementos,

$$V_A = 5,\ V_{B,L} = -5,\ V_{B,R} = -5,\ V_C = 5 \text{ kN}$$

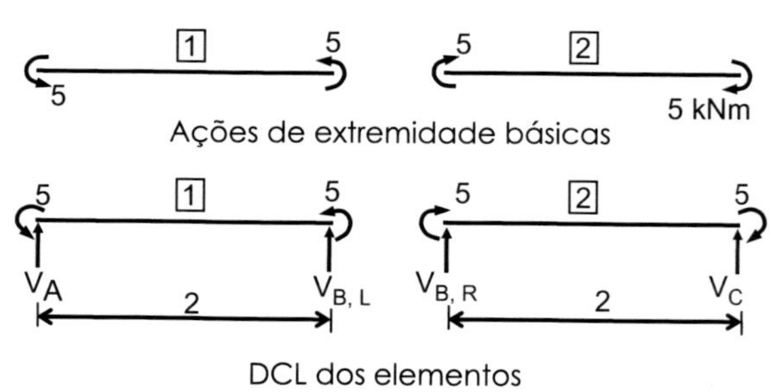

Figura 4.13d - Forças desenvolvidas nos elementos.

Exemplo 4.7

Analisar a estrutura mostrada na figura 4.14a.

Solução

Passo 1: Desenvolver a estrutura discretizada

A estrutura discretizada, as coordenadas e a estrutura restringida são mostradas na figura 4.14b.

Passo 2: Definir os vetores força $\{P_{CA}\}$ e $\{p_F\}$

As cargas de elemento são convertidas em cargas nodais. As ações de extremidade engastada e cargas nodais equivalentes são mostradas na figura 4.14c.

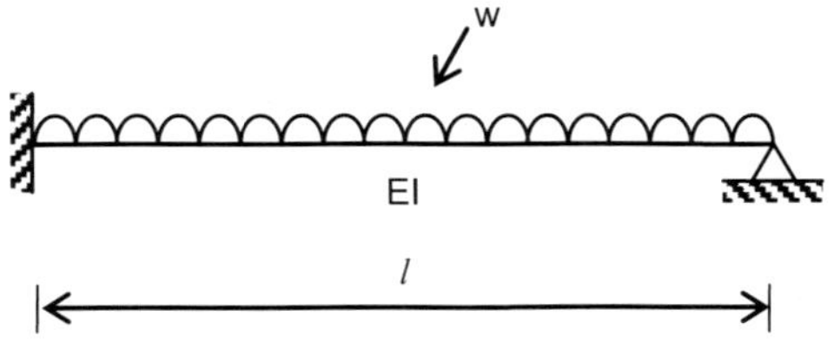

Figura 4.14a - Exemplo 4.7.

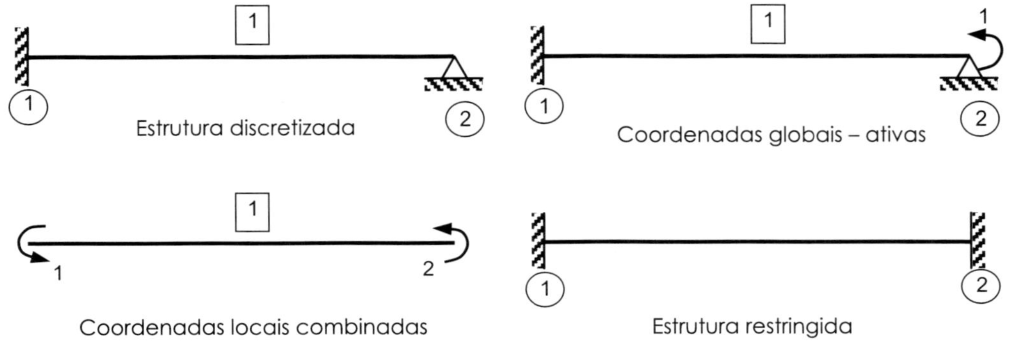

Figura 4.14b - Estrutura discretizada, coordenadas e estrutura restringida.

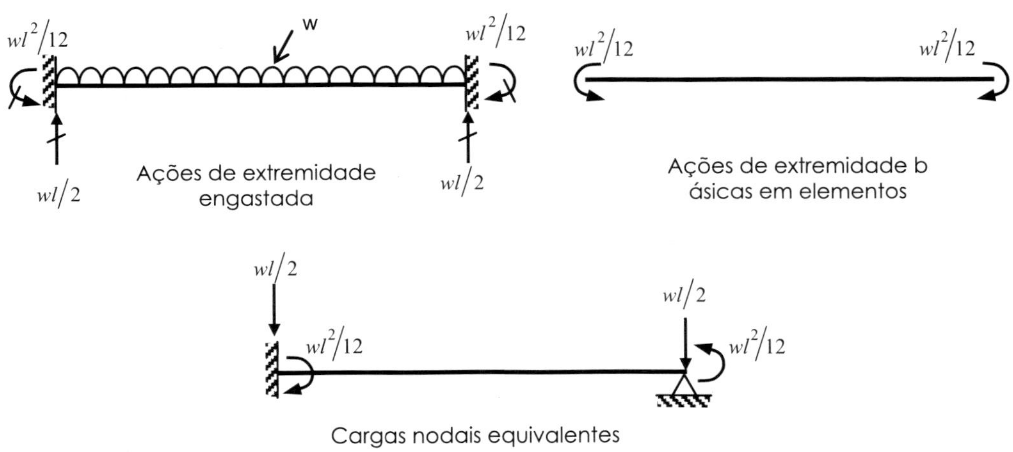

Figura 4.14c - Ações de extremidade engastada, ações de extremidade básicas e cargas nodais equivalentes.

- Vetor carga combinada $\{P_{CA}\}$

Como não há cargas nodais atuando sobre a estrutura, as cargas nodais equivalentes serão as cargas nodais combinadas.

$$\{P_{CA}\} = \{P_{C1}\} = \left\{\frac{wl^2}{12}\right\}$$

- Forças de elemento devidas a ações de extremidade engastada $\{p_F\}$

As ações de extremidade básicas em elementos causadas pelas ações de extremidade engastada são mostradas na figura 4.14c.

$$\{p_F\} = \begin{Bmatrix} wl^2/12 \\ -wl^2/12 \end{Bmatrix}$$

Passo 3: Desenvolver $[T_{DA}]$

A forma deformada da estrutura restringida é mostrada na figura 4.14d. Da figura,

$$[T_{DA}] = \begin{bmatrix} 0 \\ 1 \end{bmatrix}$$

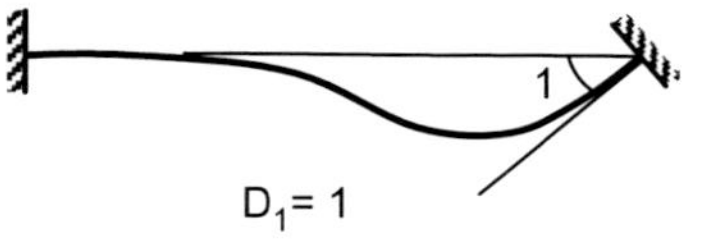

Figura 4.14d - Forma deformada da estrutura restringida.

Passo 4: Desenvolver $[K_{AA}]$

- Matriz de rigidez de elementos $[k^i]$

$$[k^1] = \frac{EI}{l}\begin{bmatrix} 4 & 2 \\ 2 & 4 \end{bmatrix}$$

- Matriz de rigidez desmontada [k]

$$[k] = [k^1] = \frac{EI}{l}\begin{bmatrix} 4 & 2 \\ 2 & 4 \end{bmatrix}$$

- Matriz de rigidez da estrutura $[K_{AA}]$

$$[K_{AA}] = [T_{DA}]^T [k][T_{DA}] = \frac{4EI}{l}$$

Passo 5: Encontrar $\{D_A\}$

$$\{D_A\} = [K_{AA}]^{-1}\{P_A\}$$

$$\Rightarrow \quad D_1 = \frac{l}{4EI} \times \frac{wl^2}{12} = \frac{wl^3}{48EI}$$

Passo 6: Encontrar {p}

$$\{p\} = \{p_F\} + [k][T_{DA}]\{D_A\}$$

$$[k][T_{DA}]\{D_A\} = \begin{Bmatrix} wl^2/24 \\ wl^2/12 \end{Bmatrix}$$

$$\therefore \{p\} = \begin{Bmatrix} wl^2/12 \\ -wl^2/12 \end{Bmatrix} + \begin{Bmatrix} wl^2/24 \\ wl^2/12 \end{Bmatrix} = \begin{Bmatrix} wl^2/8 \\ 0 \end{Bmatrix}$$

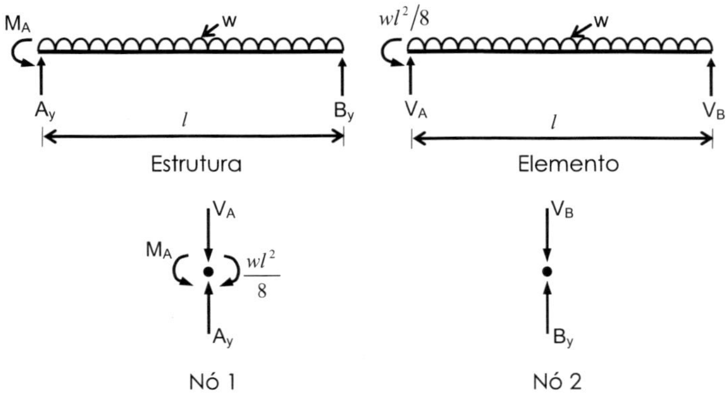

Figura 4.14e - DCL da estrutura, elementos e nós.

Passo 7: Encontrar as forças nos elementos e as reações de apoio. Os DCL da estrutura, elementos e nós são mostrados na figura 4.14e.

Do DCL do elemento,

$$V_A = \frac{5}{8}wl,\ V_B = \frac{3}{8}wl$$

Uma vez determinadas as forças nos elementos, o diagrama de força de cisalhamento e o diagrama de momento fletor do elemento e da estrutura podem ser traçados.

As reações de apoio M_A, A_y e B_y são determinadas usando-se o DCL dos nós.

Do DCL dos nós,

$$A_y = V_A = \frac{5}{8}wl, \quad M_A = \frac{wl^2}{8}, \quad B_y = V_B = \frac{3}{8}wl$$

Exemplo 4.8

Analisar a estrutura mostrada na figura 4.15a.

Solução

Passo 1: Desenvolver a estrutura discretizada
A figura 4.15b mostra a estrutura discretizada, as coordenadas e a estrutura restringida.

Passo 2: Definir $\{P_{CA}\}$ e $\{p_F\}$
As ações de extremidade engastada e cargas nodais equivalentes são mostradas da figura 4.15c.

$$\{P_{CA}\} = \begin{Bmatrix} P_{C1} \\ P_{C2} \end{Bmatrix} = \begin{Bmatrix} 1.5 \\ 2.5 \end{Bmatrix} \text{kNm}$$

$$\{p_F\} = \begin{Bmatrix} 4 \\ -4 \\ 2.5 \\ -2.5 \end{Bmatrix} \text{kNm}$$

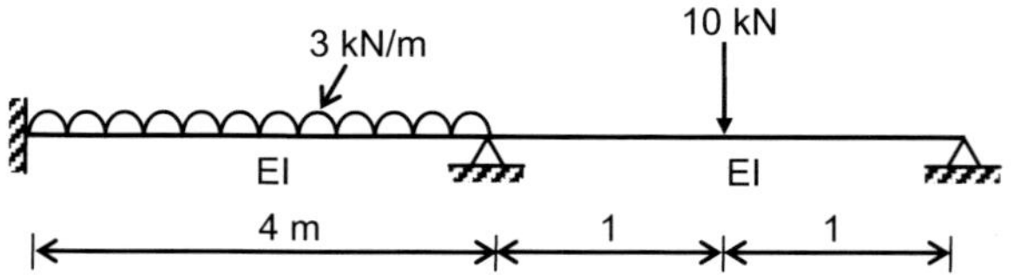

Figura 4.15a - Exemplo 4.8.

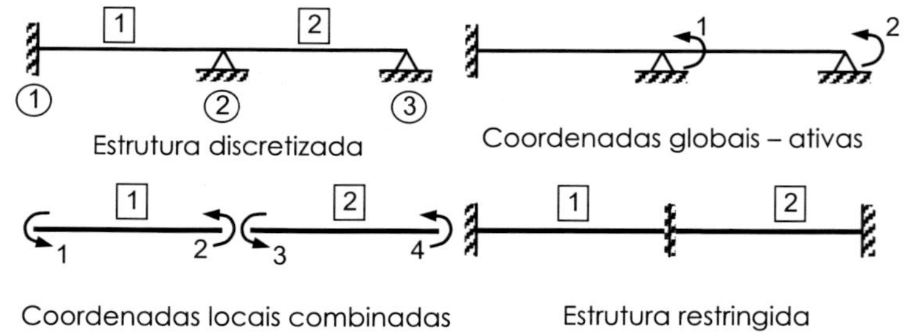

Figura 4.15b - Estrutura discretizada, coordenadas e estrutura restringida.

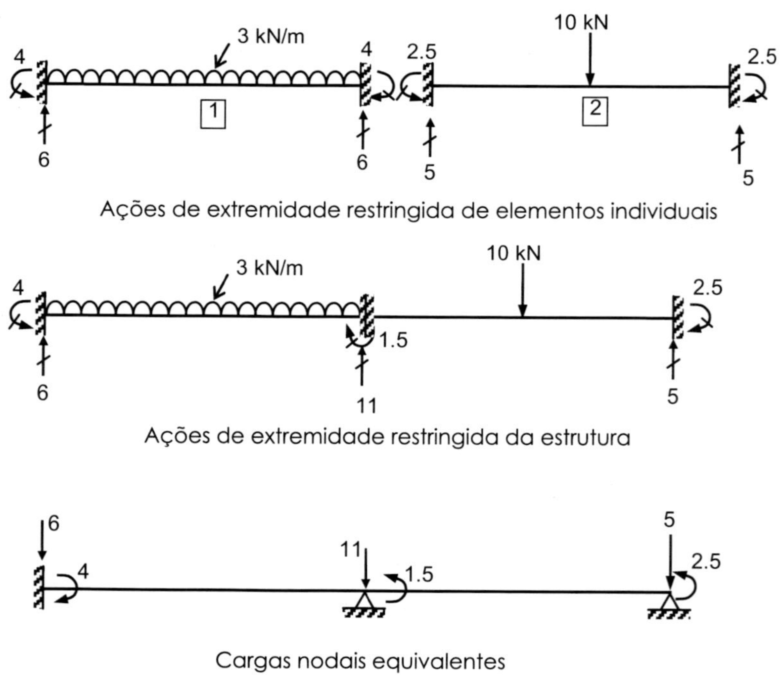

Figura 4.15c - Ações de extremidade restringida e cargas nodais equivalentes.

Passo 3: Desenvolver $[T_{DA}]$

Da figura 4.15d,

$$[T_{DA}] = \begin{array}{c} \scriptstyle D_1=1 \quad D_2=1 \\ \begin{bmatrix} 0 & 0 \\ 1 & 0 \\ 1 & 0 \\ 0 & 1 \end{bmatrix} \end{array}$$

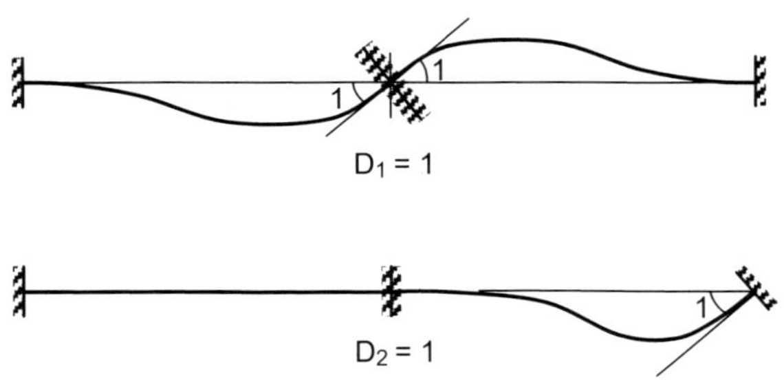

Figura 4.15d - Forma deformada da estrutura restringida.

Passo 4: Desenvolver $[K_{AA}]$

- $[k^i]$

$$[k^1] = \frac{EI}{4}\begin{bmatrix} 4 & 2 \\ 2 & 4 \end{bmatrix} = EI\begin{bmatrix} 1 & 0.5 \\ 0.5 & 1 \end{bmatrix}$$

$$[k^2] = \frac{EI}{2}\begin{bmatrix} 4 & 2 \\ 2 & 4 \end{bmatrix} = EI\begin{bmatrix} 2 & 1 \\ 1 & 2 \end{bmatrix}$$

- $[k]$

$$[k] = \begin{bmatrix} [k^1] & [0] \\ [0] & [k^1] \end{bmatrix} = EI\begin{bmatrix} 1 & 0.5 & 0 & 0 \\ 0.5 & 1 & 0 & 0 \\ 0 & 0 & 2 & 1 \\ 0 & 0 & 1 & 2 \end{bmatrix}$$

- $[K_{AA}]$

$$[K_{AA}] = [T_{DA}]^T [k][T_{DA}] = EI\begin{bmatrix} 3 & 1 \\ 1 & 2 \end{bmatrix}$$

Passo 5: Encontrar $\{D_A\}$

$$\{D_A\} = [K_{AA}]^{-1}\{P_A\} = \frac{1}{EI}\begin{Bmatrix} 0.1 \\ 1.2 \end{Bmatrix}$$

Passo 6: Encontrar $\{p\}$

$$\{p\} = \{p_F\} + [k][T_{DA}]\{D_A\} = \begin{Bmatrix} 4.05 \\ -3.9 \\ 3.9 \\ 0 \end{Bmatrix} \text{kNm}$$

Após encontrar-se {p}, as forças nos elementos e as reações de apoio são determinadas usando-se os DCL de elementos e nós (veja-se o exemplo 4.7).

Exemplo 4.9

Analisar a barra mostrada na figura 4.16a. Os apoios B e C rebaixam em 100/EI e 50/EI, respectivamente.

Solução

Passo 1: Desenvolver a estrutura discretizada

O elemento, os nós, as coordenadas e a estrutura restringida são mostrados na figura 4.16b.

Passo 2: Encontrar $\{P_{CA}\}$ e $\{p_F\}$

As ações de extremidade engastada e as forças nodais combinadas são mostradas na figura 3.22r–t.

$$\{P_{CA}\} = \begin{Bmatrix} P_{C1} \\ P_{C2} \end{Bmatrix} = \begin{Bmatrix} -13.75 \\ 23.75 \end{Bmatrix} \text{kNm}$$

$$\{p_F\} = \begin{Bmatrix} 47.5 \\ 27.5 \\ -13.75 \\ -23.75 \end{Bmatrix} \text{kNm}$$

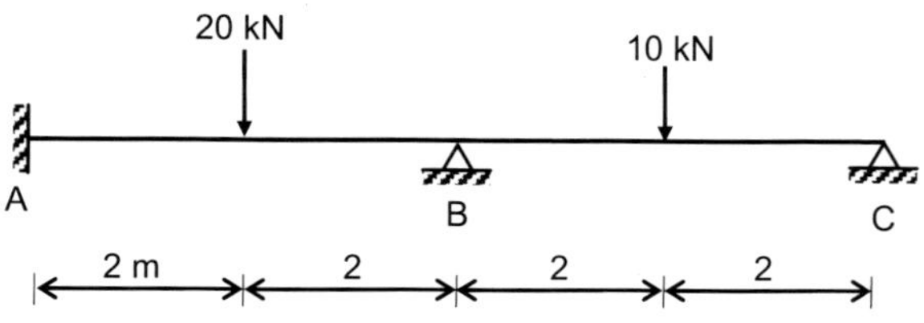

Figura 4.16a - Exemplo 4.9.

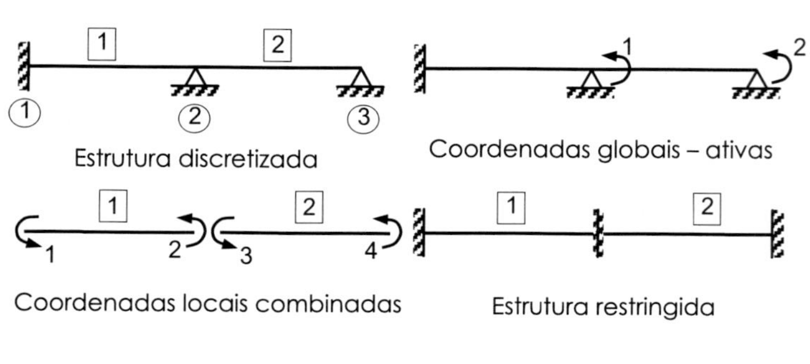

Figura 4.16b - Estrutura discretizada, coordenadas e estrutura restringida.

Passo 3: Desenvolver $[T_{DA}]$

Da figura 4.16c,

$$[T_{DA}] = \begin{bmatrix} 0 & 0 \\ 1 & 0 \\ 1 & 0 \\ 0 & 1 \end{bmatrix} \quad (\text{colunas: } D_1=1,\ D_2=1)$$

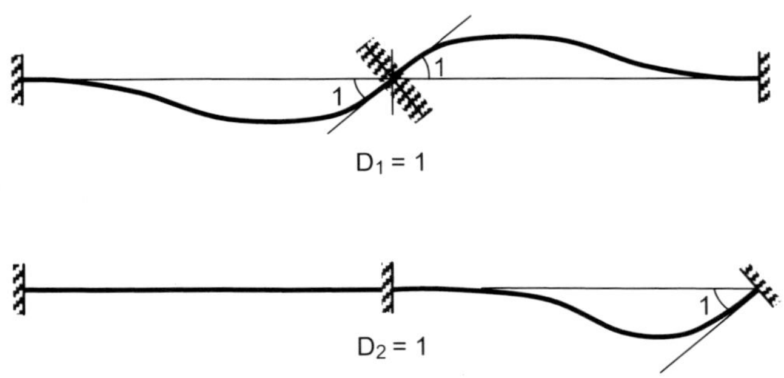

Figura 4.16c - Forma deformada da estrutura restringida.

Passo 4: Desenvolver $[K_{AA}]$

- $[k^i]$

$$[k^1] = [k^2] = \frac{EI}{4}\begin{bmatrix} 4 & 2 \\ 2 & 4 \end{bmatrix} = EI\begin{bmatrix} 1 & 0.5 \\ 0.5 & 1 \end{bmatrix}$$

- $[k]$

$$[k] = \begin{bmatrix} [k^1] & [0] \\ [0] & [k^2] \end{bmatrix} = EI\begin{bmatrix} 1 & 0.5 & 0 & 0 \\ 0.5 & 1 & 0 & 0 \\ 0 & 0 & 2 & 1 \\ 0 & 0 & 1 & 2 \end{bmatrix}$$

- $[K_{AA}]$

$$[K_{AA}] = [T_{DA}]^T[k][T_{DA}] = EI\begin{bmatrix} 2 & 0.5 \\ 0.5 & 1 \end{bmatrix}$$

Passo 5: Encontrar $\{D_A\}$

$$\{D_A\} = [K_{AA}]^{-1}\{P_A\}$$

$$\Rightarrow \begin{Bmatrix} D_1 \\ D_2 \end{Bmatrix} = \frac{1}{EI}\begin{Bmatrix} -14.643 \\ 31.071 \end{Bmatrix}$$

Passo 6: Encontrar $\{p\}$

$$\{p\} = \{p_F\} + [k][T_{DA}]\{D_A\} = \begin{Bmatrix} 40.179 \\ 12.857 \\ -12.857 \\ 0 \end{Bmatrix} \text{kNm}$$

Exemplo 4.10

Analisar o quadro mostrado na figura 4.17a.

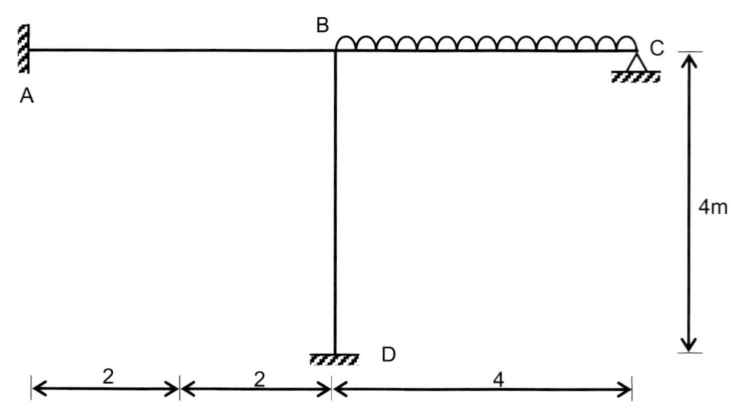

Figura 4.17a - Exemplo 4.10.

Solução

Passo 1: Desenvolver a estrutura discretizada

A figura 4.17b mostra a estrutura discretizada, as coordenadas e a estrutura restringida.

Passo 2: Encontrar $\{P_{CA}\}$ e $\{p_F\}$

As ações de extremidade engastada e as cargas nodais equivalentes são mostradas na figura 4.17c.

$$\{P_{CA}\}=\begin{Bmatrix} P_{C1} \\ P_{C2} \end{Bmatrix}=\begin{Bmatrix} 1 \\ 4 \end{Bmatrix}\text{kNm}$$

$$\{p_F\}=\begin{Bmatrix} 5 \\ -5 \\ 4 \\ -4 \\ 0 \\ 0 \end{Bmatrix}\text{kNm}$$

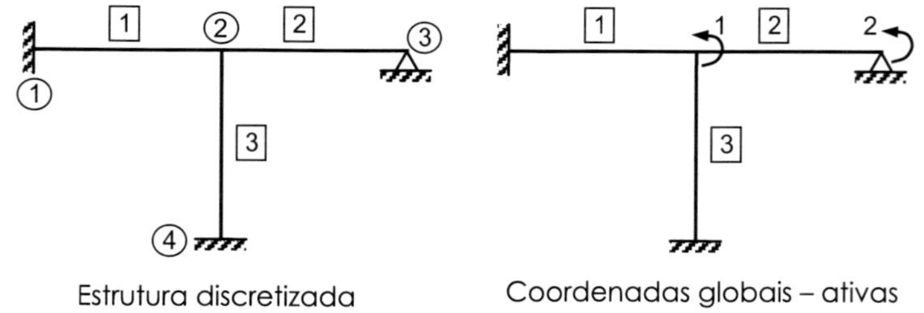

Figura 4.17b - Estrutura discretizada, coordenadas e estrutura restringida.

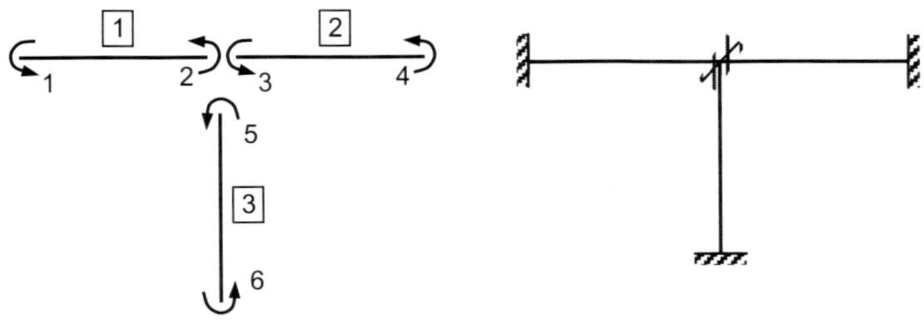

Coordenadas locais combinadas Estrutura restringida

Figura 4.17b (continuação) - Estrutura discretizada, coordenadas e estrutura restringida.

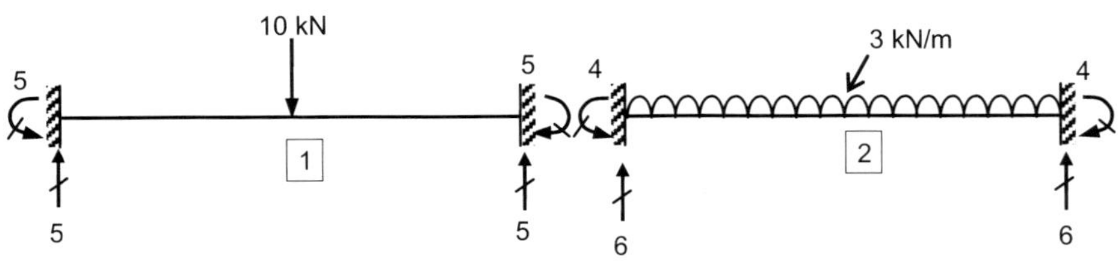

Ações de extremidade engastada de elementos individuais

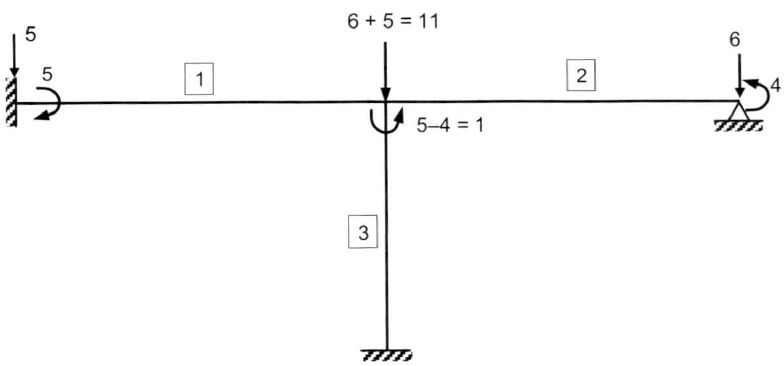

Cargas nodais equivalentes

Figura 4.17c - Ações de extremidade engastada e cargas nodais equivalentes.

Passo 3: Desenvolver $[T_{DA}]$

Da figura 4.17d,

$$[T_{DA}] = \begin{bmatrix} D_1=1 & D_2=1 \\ 0 & 0 \\ 1 & 0 \\ 1 & 0 \\ 0 & 1 \\ 1 & 0 \\ 0 & 0 \end{bmatrix}$$

Passo 4: Desenvolver $[K_{AA}]$

- $[k^i]$

$$\left[k^1\right]=\left[k^2\right]=\left[k^3\right]=\frac{EI}{4}\begin{bmatrix} 4 & 2 \\ 2 & 4 \end{bmatrix}=EI\begin{bmatrix} 1 & 0.5 \\ 0.5 & 1 \end{bmatrix}$$

- [k]

$$[k]=\begin{bmatrix} [k^1] & [0] & [0] \\ [0] & [k^2] & [0] \\ [0] & [0] & [k^3] \end{bmatrix}=EI\begin{bmatrix} 1 & 0.5 & 0 & 0 & 0 & 0 \\ 0.5 & 1 & 0 & 0 & 0 & 0 \\ 0 & 0 & 1 & 0.5 & 0 & 0 \\ 0 & 0 & 0.5 & 1 & 0 & 0 \\ 0 & 0 & 0 & 0 & 1 & 0.5 \\ 0 & 0 & 0 & 0 & 0.5 & 1 \end{bmatrix}$$

- $[K_{AA}]$

$$[K_{AA}]=[T_{DA}]^T[k][T_{DA}]=EI\begin{bmatrix} 3 & 0.5 \\ 0.5 & 1 \end{bmatrix}$$

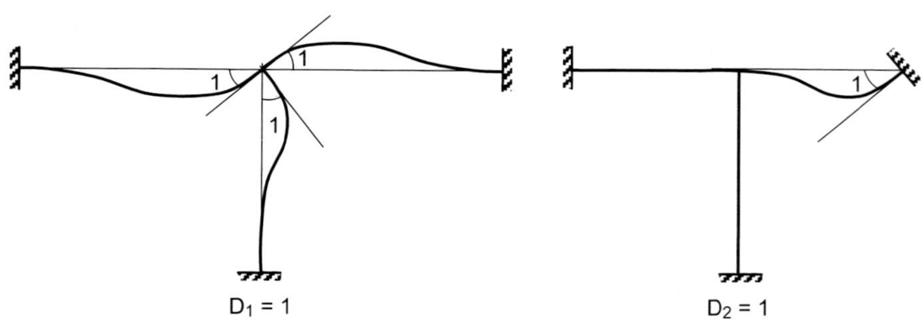

Figura 4.17d - Forma deformada da estrutura restringida.

Passo 5: Encontrar $\{D_A\}$

$$\{D_A\}=[K_{AA}]^{-1}\{P_{CA}\}$$

$$\{D_A\}=\begin{Bmatrix} D_1 \\ D_2 \end{Bmatrix}=\frac{1}{EI}\begin{Bmatrix} -0.3636 \\ 4.1818 \end{Bmatrix}$$

Passo 6: Encontrar {p}

$$\{p\}=\{p_F\}+[k][T_{DA}]\{D_A\}=\begin{Bmatrix} 4.818 \\ -5.364 \\ 5.727 \\ 0 \\ -0.364 \\ -0.182 \end{Bmatrix}\text{kNm}$$

Exemplo 4.11

Analisar o quadro mostrado na figura 4.18a.

Solução

Passo 1: Desenvolver a estrutura discretizada (figura 4.18b)

Passo 2: Encontrar $\{P_{CA}\}$ e $\{p_F\}$ (figura 4.18c)

$$\{P_{CA}\} = \begin{Bmatrix} P_{C1} \\ P_{C2} \\ P_{C3} \end{Bmatrix} = \begin{Bmatrix} 4\,\text{kN} \\ 0\,\text{kNm} \\ 3\,\text{kNm} \end{Bmatrix}$$

$$\{p_F\} = \begin{Bmatrix} 4 \\ -4 \\ 4 \\ -4 \\ 1 \\ -1 \end{Bmatrix} \text{kNm}$$

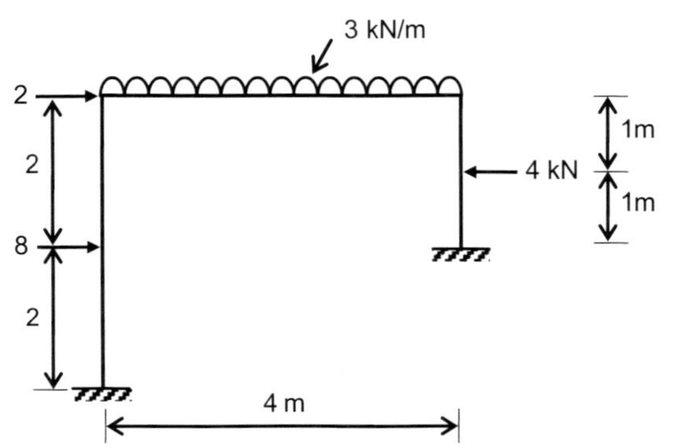

Figura 4.18a - Exemplo 4.11.

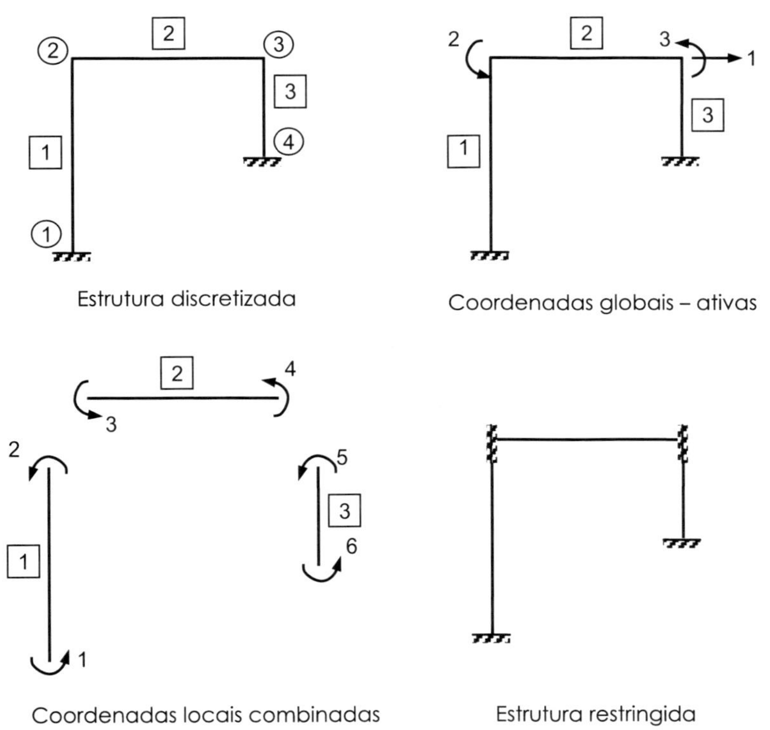

Figura 4.18b - Estrutura discretizada, coordenadas e estrutura restringida.

Passo 3: Desenvolver [T$_{DA}$]

Da figura 4.18d,

$$[T_{DA}]=\begin{bmatrix} 0.25 & 0 & 0 \\ 0.25 & 1 & 0 \\ 0 & 1 & 0 \\ 0 & 0 & 1 \\ 0.5 & 0 & 1 \\ 0.5 & 0 & 0 \end{bmatrix} \quad (D_1=1,\ D_2=1,\ D_3=1)$$

Passo 4: Desenvolver [K$_{AA}$]

- [k^i]

$$\left[k^1\right]=\left[k^2\right]=\frac{EI}{4}\begin{bmatrix} 4 & 2 \\ 2 & 4 \end{bmatrix}=EI\begin{bmatrix} 1 & 0.5 \\ 0.5 & 1 \end{bmatrix}$$

$$\left[k^3\right]=\frac{EI}{2}\begin{bmatrix} 4 & 2 \\ 2 & 4 \end{bmatrix}=EI\begin{bmatrix} 2 & 1 \\ 1 & 2 \end{bmatrix}$$

- [k}

$$[k]=\begin{bmatrix} \left[k^1\right] & [0] & [0] \\ [0] & \left[k^2\right] & [0] \\ [0] & [0] & \left[k^3\right] \end{bmatrix}=EI\begin{bmatrix} 1 & 0.5 & 0 & 0 & 0 & 0 \\ 0.5 & 1 & 0 & 0 & 0 & 0 \\ 0 & 0 & 1 & 0.5 & 0 & 0 \\ 0 & 0 & 0.5 & 1 & 0 & 0 \\ 0 & 0 & 0 & 0 & 2 & 1 \\ 0 & 0 & 0 & 0 & 1 & 2 \end{bmatrix}$$

- [K$_{AA}$]

$$[K_{AA}]=[T_{DA}]^T[k][T_{DA}]=EI\begin{bmatrix} 1.6875 & 0.375 & 1.5 \\ 0.375 & 2 & 0.5 \\ 1.5 & 0.5 & 3 \end{bmatrix}$$

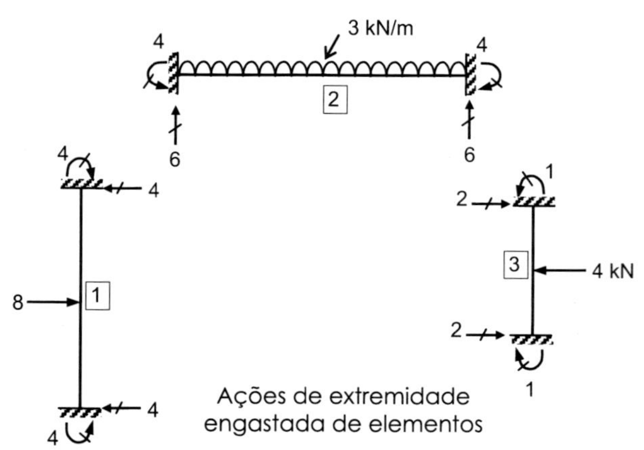

Figura 4.18c - Ações de extremidade engastada e cargas nodais.

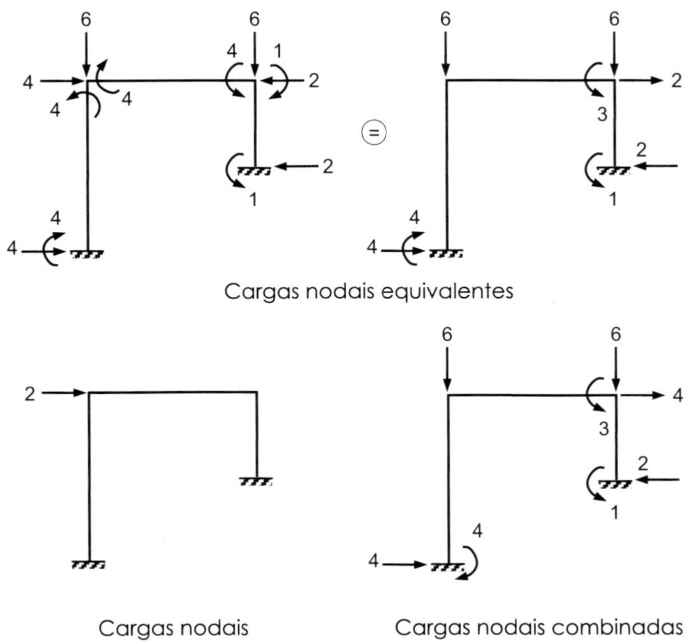

Figura 4.18c (continuação) - Ações de extremidade engastada e cargas nodais.

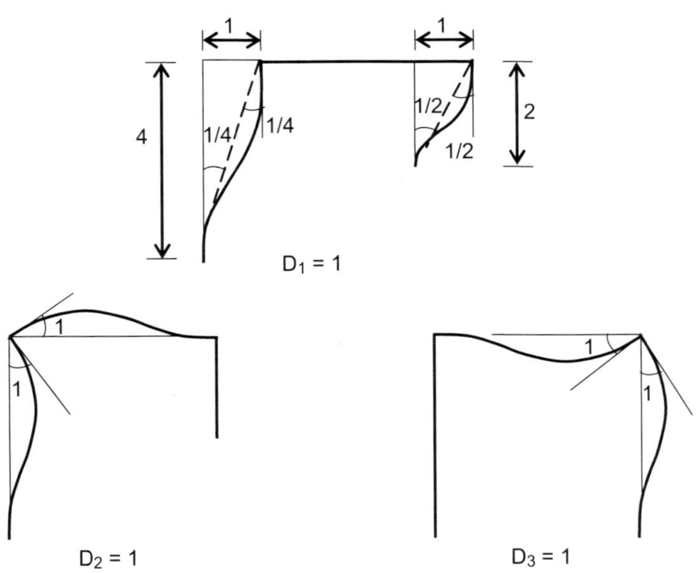

Figura 4.18d - Forma deformada da estrutura restringida.

Passo 5: Encontrar $\{D_A\}$

$$\{D_A\} = [K_{AA}]^{-1}\{P_{CA}\}$$

$$\{D_A\} = \begin{Bmatrix} D_1 \\ D_2 \end{Bmatrix} = \frac{1}{EI}\begin{Bmatrix} 2.7251 \\ -0.4386 \\ -0.2895 \end{Bmatrix}$$

Passo 6: Encontrar {p}

$$\{p\}=\{p_F\}+[k][T_{DA}]\{D_A\}=\begin{Bmatrix} 4.803 \\ -3.417 \\ 3.417 \\ -4.509 \\ 4.509 \\ 2.798 \end{Bmatrix}\text{kNm}$$

Exemplo 4.12

Analisar o quadro plano mostrado na figura 4.19a.

Solução

Passo 1: Desenvolver a estrutura discretizada (figura 4.19b)

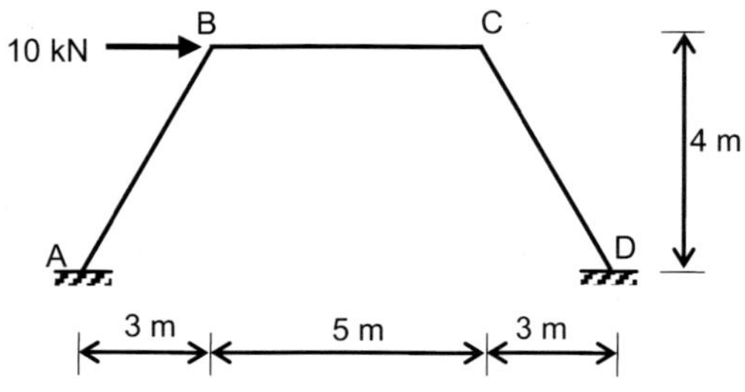

Figura 4.19a - Exemplo 4.12.

Passo 2: Definir $\{P_A\}$

$$\{P_A\}=\begin{Bmatrix} P_1 \\ P_2 \\ P_3 \end{Bmatrix}=\begin{Bmatrix} 10\text{ kN} \\ 0\text{ kNm} \\ 0\text{ kNm} \end{Bmatrix}$$

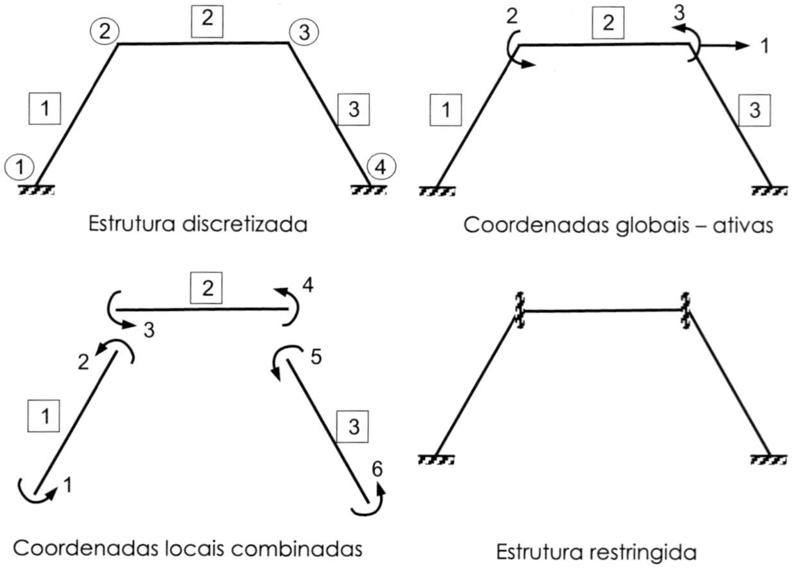

Figura 4.19b - Estrutura discretizada, coordenadas e estrutura restringida.

Passo 3: Encontrar $[T_{DA}]$ (figura 4.19c)

Da forma deformada da estrutura correspondente a $D_1 = 1$,

- $d_1 = BB' / l$. Mas $BB' = BB'' / \cos(90 - \theta) = 1 / \text{sen}\theta = 1,25$

$$\Rightarrow d_1 = 1,25 / 5 = 0,25$$

- $d_2 = 0,25$
- $d_3 = -(B'B'' + C'C'') / l$

Da figura, $B'B'' = BB'' \times \text{tg}(90 - \theta) = 1 \times \text{tg}(90 - \theta) = 0,75$

$C'C'' = B'B'' = 0,75$

$$\Rightarrow d_3 = -2 \times 0,75 / 5 = -0,3$$

- $d_4 = -0,3$
- $d_5 = 0,25$
- $d_6 = 0,25$

Os demais elementos de $[T_{DA}]$ são obtidos da forma deformada da estrutura correspondendo a $D_2 = 1$ e $D_3 = 1$.

Então,

$$[T_{DA}] = \begin{bmatrix} 0.25 & 0 & 0 \\ 0.25 & 1 & 0 \\ -0.3 & 1 & 0 \\ -0.3 & 0 & 1 \\ 0.25 & 0 & 1 \\ 0.25 & 0 & 0 \end{bmatrix} \quad (D_1=1 \;|\; D_2=1 \;|\; D_3=1)$$

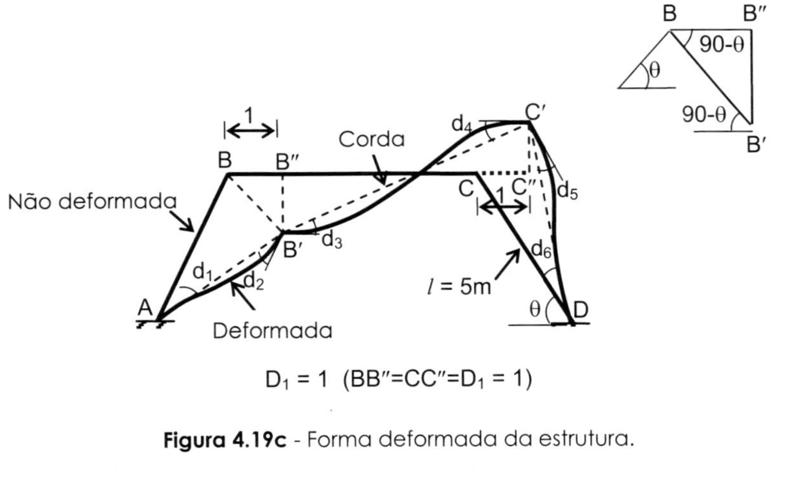

Figura 4.19c - Forma deformada da estrutura.

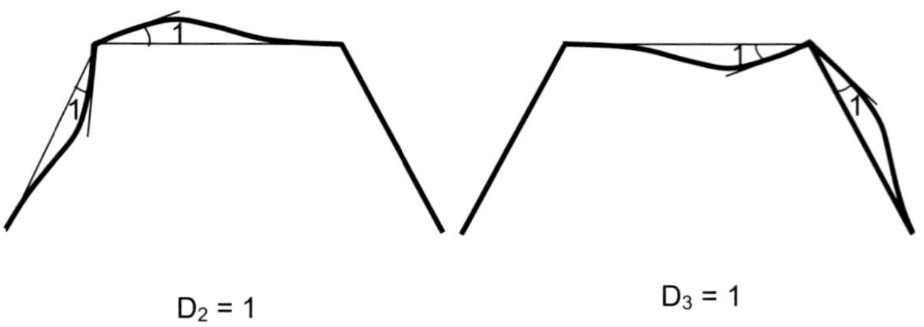

Figura 4.19c (continuação) - Forma deformada da estrutura.

Passo 4: Desenvolver $[K_{AA}]$

- $[k^i]$

$$[k^1]=[k^2]=[k^3]=\frac{EI}{5}\begin{bmatrix} 4 & 2 \\ 2 & 4 \end{bmatrix}=EI\begin{bmatrix} 0.8 & 0.4 \\ 0.4 & 0.8 \end{bmatrix}$$

- $[k]$

$$[k]=EI\begin{bmatrix} 0.8 & 0.4 & 0 & 0 & 0 & 0 \\ 0.4 & 0.8 & 0 & 0 & 0 & 0 \\ 0 & 0 & 0.8 & 0.4 & 0 & 0 \\ 0 & 0 & 0.4 & 0.8 & 0 & 0 \\ 0 & 0 & 0 & 0 & 0.8 & 0.4 \\ 0 & 0 & 0 & 0 & 0.4 & 0.8 \end{bmatrix}$$

- $[K_{AA}]$

$$[K_{AA}]=[T_{DA}]^T[k][T_{DA}]=EI\begin{bmatrix} 0.516 & -0.06 & -0.06 \\ -0.06 & 1.6 & 0.4 \\ -0.06 & 0.4 & 1.6 \end{bmatrix}$$

Passo 5: Encontrar $\{D_A\}$

$$\{D_A\}=[K_{AA}]^{-1}\{P_A\}$$

$$\{D_A\}=\begin{Bmatrix} D_1 \\ D_2 \\ D_3 \end{Bmatrix}=\frac{1}{EI}\begin{Bmatrix} 19.516 \\ 0.586 \\ 0.586 \end{Bmatrix}$$

Passo 6: Encontrar $\{p\}$

$$\{p\}=[k][T_{DA}]\{D_A\}=\begin{Bmatrix} 6.089 \\ 6.323 \\ -6.323 \\ -6.323 \\ 6.323 \\ 6.089 \end{Bmatrix}\text{kNm}$$

Exemplo 4.13

Analisar a treliça mostrada na figura 4.20a.

Solução

Passo 1: Desenvolver a estrutura discretizada (figura 4.20b)

Passo 2: Definir $\{P_A\}$

$$\{P_A\} = \left\{ \begin{array}{c} P_1 \\ P_2 \end{array} \right\} = \left\{ \begin{array}{c} 10 \\ -50 \end{array} \right\} \text{kN}$$

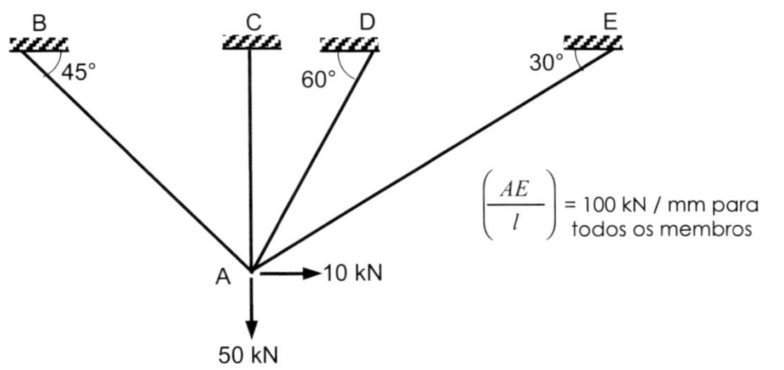

Figura 4.20a - Exemplo 4.13.

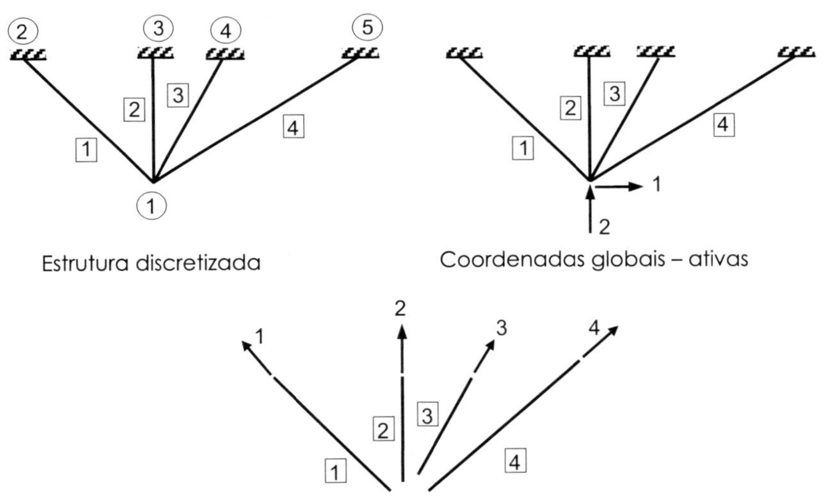

Figura 4.20b - Estrutura discretizada e coordenadas.

Passo 3: Encontrar $[T_{DA}]$

- Matriz de equilíbrio $[e_A]$

Do DCL do nó 1 (figura 4.20c),

$$\sum F_X = 0 \Rightarrow$$

$$P_1 = p_1 \cos 45 - p_3 \cos 60 - p_4 \cos 30 \qquad (a)$$

$$\therefore P_1 = 0{,}707\ p_1 + 0\ p_2 - 0{,}5\ p_3 - 0{,}866\ p_4$$

$$\sum F_Y = 0 \Rightarrow$$

$$P_2 = -p_1 \operatorname{sen} 45 - p_2 - p_3 \operatorname{sen} 60 - p_4 \operatorname{sen} 30$$

$$P_2 = -0{,}707\ p_1 - 1\ p_2 - 0{,}866\ p_3 - 0{,}5\ p_4 \qquad (b)$$

$\{P_A\} = [e_A]\ \{p\}$

Das equações (a) e (b),

$$\begin{Bmatrix} P_1 \\ P_2 \end{Bmatrix} = \begin{bmatrix} 0.707 & 0 & -0.5 & -0.866 \\ -0.707 & -1 & -0.866 & -0.5 \end{bmatrix} \begin{Bmatrix} p_1 \\ p_2 \\ p_3 \\ p_4 \end{Bmatrix}$$

- $[T_{DA}]$

$$[T_{DA}] = [e_A]^T$$

$$= \begin{bmatrix} 0.707 & -0.707 \\ 0 & -1 \\ -0.5 & -0.866 \\ -0.866 & -0.5 \end{bmatrix}$$

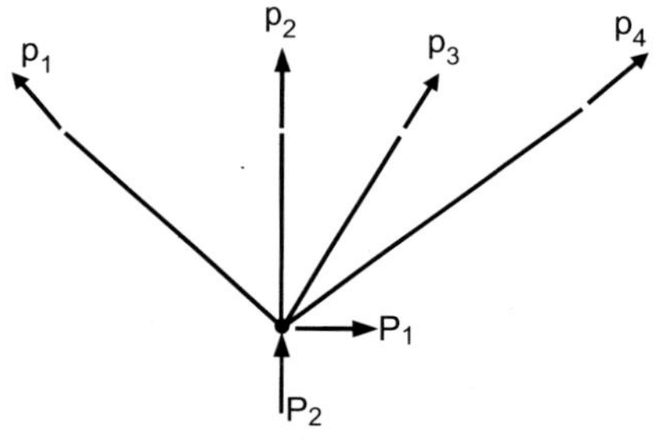

Figura 4.20c - DCL do nó 1.

Passo 4: Desenvolver $[K_{AA}]$

- $[k^i]$

$$[k^1] = [k^2] = [k^3] = [k^4] = \frac{AE}{l} = 100 \text{ kN/mm}$$

- $[k]$

$$[k] = \frac{AE}{l} \begin{bmatrix} 1 & 0 & 0 & 0 \\ 0 & 1 & 0 & 0 \\ 0 & 0 & 1 & 0 \\ 0 & 0 & 0 & 1 \end{bmatrix}$$

- $[K_{AA}]$

$$[K_{AA}] = [T_{DA}]^T [k][T_{DA}] = \frac{AE}{l}\begin{bmatrix} 1.5 & 0.366 \\ 0.366 & 2.5 \end{bmatrix}$$

Passo 5: Encontrar $\{D_A\}$

$$\{D_A\} = [K_{AA}]^{-1}\{P_A\}$$

$$\{D_A\} = \begin{Bmatrix} D_1 \\ D_2 \end{Bmatrix} = \frac{l}{AE}\begin{Bmatrix} 11.98 \\ -21.76 \end{Bmatrix} = \begin{Bmatrix} 0.1198 \\ -0.2176 \end{Bmatrix} \text{mm}$$

Passo 6: Encontrar $\{p\}$

$$\{p\} = [k][T_{DA}]\{D_A\} = \begin{Bmatrix} p_1 \\ p_2 \\ p_3 \\ p_4 \end{Bmatrix} = \begin{Bmatrix} 23.851 \\ 21.756 \\ 12.851 \\ 0.504 \end{Bmatrix} \text{kN}$$

Exemplo 4.14

Encontrar as forças desenvolvidas na treliça mostrada na figura 4.20a devidas a erros de fabricação, se os membros AB, AC e AE forem tornados 5 mm mais curto, 1 mm mais longo e 2 mm mais urto antes da fabricação da treliça.

Solução

Passo 1: Desenvolver a estrutura discretizada

Os elementos, nós e coordenadas são mostrados na figura 4.20b.

Passo 2: Encontrar $\{P_{CA}\}$ e $\{p_F\}$

As ações de extremidade engastada e as cargas nodais são mostradas nas figuras 3.30d–h.

$$\{P_{CA}\} = \begin{Bmatrix} P_{C1} \\ P_{C2} \end{Bmatrix} = \begin{Bmatrix} -180.34 \\ 353.55 \end{Bmatrix} \text{kN}$$

$$\{p_F\} = \begin{Bmatrix} 500 \\ -100 \\ 0 \\ 200 \end{Bmatrix} \text{kN}$$

Passo 3: Desenvolver $[T_{DA}]$ e $[K_{AA}]$

$[T_{DA}]$ e $[K_{AA}]$ das estruturas estão desenvolvidas no exemplo 4.13.

Passo 4: Encontrar $\{D_A\}$

$$\{D_A\} = [K_{AA}]^{-1}\{P_{CA}\}$$

$$\{D_A\} = \begin{Bmatrix} D_1 \\ D_2 \end{Bmatrix} = \begin{Bmatrix} -1.6051 \\ 1.6494 \end{Bmatrix} \text{mm}$$

Passo 5: Encontrar {p}

$$\{p\} = \{p_F\} + [k][T_{DA}]\{D_A\} = \begin{Bmatrix} 269.906 \\ -264.941 \\ -62.584 \\ 256.531 \end{Bmatrix} \text{kN}$$

Problema

4.1 Analisar as estruturas seguintes usando o método da rigidez (figura 4.21).

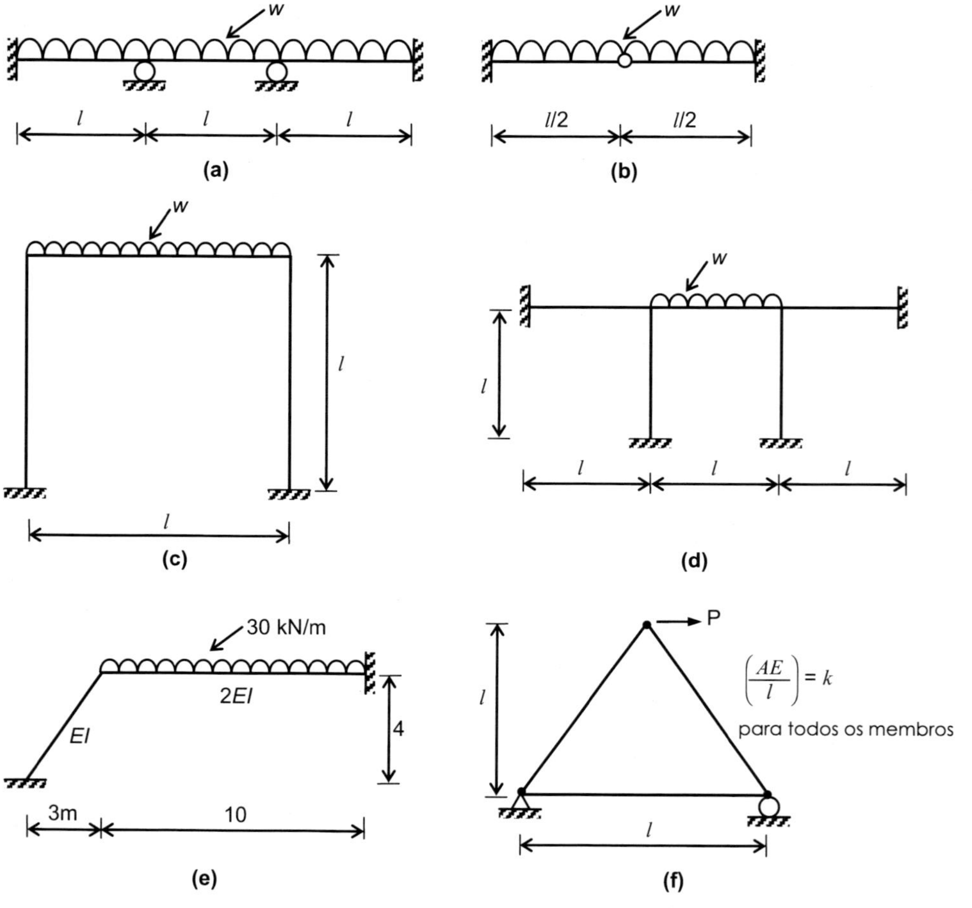

Figura 4.21 - Problema 4.1.

5

O método da rigidez direta

5.1 Introdução

No capítulo anterior, a matriz de transformação de deslocamentos $[T_D]$ foi usada para se desenvolver a matriz de rigidez da estrutura [K]. Este conceito é útil para se entender o significado físico de $[T_D]$ e [K]. Entretanto, quando a estrutura a ser analisada se torna complexa ou grande, o desenvolvimento da própria $[T_D]$ será difícil. Além do mais, $[T_D]$ depende da estrutura a ser analisada, i.e., $[T_D]$ desenvolvida para uma estrutura não pode ser usada para se analisar outra estrutura composta de elementos similares[1]. Assim, este procedimento não é conveniente para cálculos automáticos. Neste capítulo, um procedimento alternativo conhecido como o *método da rigidez direta é introduzido, o que é conveniente para implementação em computador. Neste método, a matriz de transformação para cada elemento da estrutura é desenvolvida e elas são usadas para se desenvolver* [K].

O método da rigidez direta pode ser facilmente entendido ao se considerar a analogia entre os procedimentos usados para o desenvolvimento de [K] no método da rigidez direta e para se calcular o segundo momento de área de áreas compostas. Para tanto, os passos necessários para se encontrar o segundo momento de área em torno do eixo X (I_{XX}) da área composta mostrada na figura 5.1a são listados abaixo.

i. Dividir a área composta em áreas planas regulares. Neste caso, a área composta é dividida em duas áreas, 1 e 2. As áreas são A_1 e A_2, como mostrado na figura 5.1b;

ii. Localizar a centróide dessas áreas (C_1 e C_2). Os eixos x_1 e x_2 mostrados na figura 5.1c são eixos centróides para as áreas 1 e 2, respectivamente;

iii. Calcular o segundo momento de área de 1 e 2 com relação a seu eixo centróide (I_{x1} e I_{x2});

iv. Usar o teorema de eixos paralelos para transformar I_{x1} e I_{x2} para o segundo momento de áreas em torno do eixo X (I_{X1} e I_{X2})

$$I_{X1} = I_{x1} + A_1 h_1^2 ; I_{X2} = I_{x2} + A_2 h_2^2$$

v. Calcular I_{XX} somando-se I_{X1} e I_{X2}.

$$I_{XX} = I_{X1} + I_{X2}$$

[1] Por exemplo, $[T_D]$ para uma treliça plana não pode ser usada para se analisar outra treliça plana de configuração diferente.

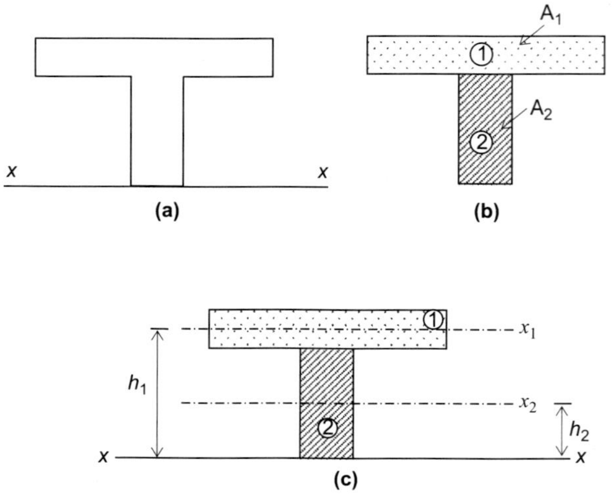

Figura 5.1

Passos para se encontrar I_{XX} de uma área composta: (a) área composta, (b) dividir em áreas planas regulares e (c) centróide de 1 e 2.

Tal como acima, os diferentes passos envolvidos no desenvolvimento de [K] no método da rigidez direta são os seguintes:

i. Dividir a estrutura em um número de elementos conectados uns aos outros por nós, i.e., desenvolver a estrutura discretizada. Este passo é similar a dividir a área composta em áreas regulares;

ii. Definir os eixos locais dos elementos e os eixos globais da estrutura. Os eixos x_1, x_2 e X na figura 5.1c são análogos aos eixos locais e globais, respectivamente;

iii. Desenvolver a matriz de rigidez dos elementos com relação aos eixos locais. Isto é similar a encontrar-se I_{x1} e I_{x2};

iv. Usar as regras de transformação para transformar a rigidez de elementos de eixos locais para eixos globais. Este passo é similar a usar-se o teorema de eixos paralelos para se encontrar I_{X1} e I_{X2} usando-se I_{x1} e I_{x2};

v. Montar[2] as matrizes de rigidez de elementos em eixos globais para se obter a matriz de rigidez da estrutura. Isso é análogo a encontrar-se I_{XX} somando-se I_{X1} e I_{X2};

O método da rigidez direta é explicado em detalhes neste capítulo. A diferença importante entre o método da rigidez apresentado no capítulo anterior e o método da rigidez direta é que no método da rigidez uma única matriz de transformação $[T_D]$ é usada para toda a estrutura para se encontrar [K], enquanto que no método da rigidez direta, matrizes de transformação separadas para cada elemento são desenvolvidas. Ambos os métodos usam a mesma relação força–deslocamento para a estrutura, i.e.,

$$\left\{\begin{array}{c}\{P_A\}\\ \hline \{P_R\}\end{array}\right\}=\left[\begin{array}{c|c}[K_{AA}] & [K_{AR}]\\ \hline [K_{RA}] & [K_{RR}]\end{array}\right]=\left\{\begin{array}{c}\{D_A\}\\ \hline \{D_R\}\end{array}\right\}$$

[2] Em vez do termo "soma", no método da rigidez direta "montagem" é usado.

ou

$$\{P\} = [K]\{D\}.$$

Os dois métodos diferem apenas na maneira pela qual [K] é desenvolvida.

5.2 Coordenadas usadas no método da rigidez direta

As coordenadas usadas no método da rigidez direta são similares às coordenadas usadas no método da rigidez (ver-se seção 4.2). As coordenadas necessárias para a análise usando-se o método da rigidez direta são discutidas usando-se o quadro plano mostrado na figura 5.2a.

As coordenadas globais[3] (ativas e restringidas) da estrutura são indicadas na figura 5.2b. O vetor carga $\{P_A\}$, o vetor reação $\{P_R\}$, o vetor deslocamento ativo $\{D_A\}$ e o vetor deslocamento restringido $\{D_R\}$ da estrutura são como segue:

$$\{P_A\} = \begin{Bmatrix} P_1 \\ P_2 \\ P_3 \\ \\ P_{13} \end{Bmatrix}, \{P_R\} = \begin{Bmatrix} P_{14} \\ P_{15} \\ P_{16} \\ P_{17} \\ P_{18} \end{Bmatrix}, \{D_A\} = \begin{Bmatrix} D_1 \\ D_2 \\ D_3 \\ \vdots \\ D_{13} \end{Bmatrix}, \{D_R\} = \begin{Bmatrix} D_{14} \\ D_{15} \\ D_{16} \\ D_{17} \\ D_{18} \end{Bmatrix}$$

Para cada elemento, dois tipos de coordenadas são necessários para a análise: um ao longo dos eixos locais e outro ao longo dos eixos globais. As coordenadas para dois elementos típicos (elementos 2 e 3) são mostradas na figura 5.2c e d. Nas figuras, os sobrescritos indicam o número do elemento. Os vetores força e deslocamento dos elementos são como segue:

- Para o elemento 2

$$\{p^2\} = \begin{Bmatrix} p_1^2 \\ p_2^2 \\ p_3^2 \\ p_4^2 \\ p_5^2 \\ p_6^2 \end{Bmatrix}, \{d^2\} = \begin{Bmatrix} d_1^2 \\ d_2^2 \\ d_3^2 \\ d_4^2 \\ d_5^2 \\ d_6^2 \end{Bmatrix}, \{P^2\} = \begin{Bmatrix} P_1^2 \\ P_2^2 \\ P_3^2 \\ P_4^2 \\ P_5^2 \\ P_6^2 \end{Bmatrix}, \{D^2\} = \begin{Bmatrix} D_1^2 \\ D_2^2 \\ D_3^2 \\ D_4^2 \\ D_5^2 \\ D_6^2 \end{Bmatrix}$$

[3] Como o método da rigidez direta deve ser implementado em computador, as deformações axiais da estrutura são consideradas.

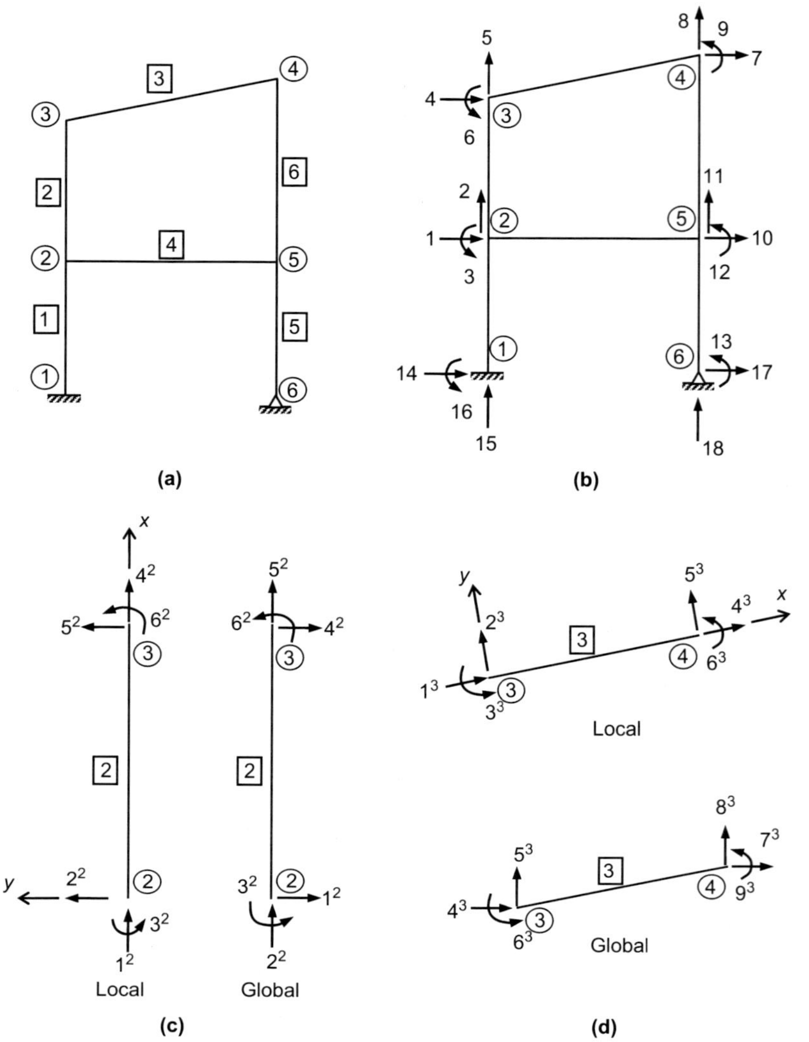

Figura 5.2

Coordenadas de estrutura e elementos: (a) quadro plano com nós e elementos, (b) coordenadas globais, (c) coordenadas do elemento 2 e (d) coordenadas do elemento 3.

- Para o elemento 3

$$\{p^3\}=\begin{Bmatrix} p_1^3 \\ p_2^3 \\ p_3^3 \\ p_4^3 \\ p_5^3 \\ p_6^3 \end{Bmatrix}, \{d^3\}=\begin{Bmatrix} d_1^3 \\ d_2^3 \\ d_3^3 \\ d_4^3 \\ d_5^3 \\ d_6^3 \end{Bmatrix}, \{P^3\}=\begin{Bmatrix} P_1^3 \\ P_2^3 \\ P_3^3 \\ P_4^3 \\ P_5^3 \\ P_6^3 \end{Bmatrix}, \{D^3\}=\begin{Bmatrix} D_1^3 \\ D_2^3 \\ D_3^3 \\ D_4^3 \\ D_5^3 \\ D_6^3 \end{Bmatrix}$$

onde $\{p^i\}$ e $\{d^i\}$ são os vetores força e deslocamento dos elementos ao longo das coordenadas locais, i é o número do elemento, $\{P^i\}$ e $\{D^i\}$ são os vetores força e deslocamento de elementos ao longo das coordenadas globais.

As equações de deslocamento de forças para o elemento i ao longo dos eixos local e global são

$$\{p^i\} = [k^i]\,\{d^i\} \tag{5.1}$$

e

$$\{P^i\} = [K^i]\,\{D^i\} \tag{5.2}$$

onde $[k^i]$ e $[K^i]$ são as matrizes de rigidez do elemento i com relação aos eixos local e global.

5.3 Leis de transformação para vetores

5.3.1 Vetor num plano

Considere-se um vetor $\vec{V}$ (digamos, força ou deslocamento) num plano. As componentes do vetor com relação aos eixos X e Y são V_X e V_Y, respectivamente. Novos eixos x e y ortogonais (figura 5.3a) são obtidos pela rotação dos eixos X e Y por um ângulo θ na direção contrária à dos ponteiros do relógio. V_x e V_y são as componentes de $\vec{V}$ com relação aos eixos x e y. As relações entre as componentes de $\vec{V}$ com relação aos velhos e novos eixos (figura 5.3b) são as seguintes:

$$V_x = CA = CB + BA = V_X \cos\theta + V_Y \operatorname{sen}\theta$$

$$V_y = AD = AE - DE = V_Y \cos\theta - V_X \operatorname{sen}\theta$$

Em forma de matriz,

$$\begin{Bmatrix} V_x \\ V_y \end{Bmatrix} = \begin{bmatrix} \cos\theta & \operatorname{sen}\theta \\ -\operatorname{sen}\theta & \cos\theta \end{bmatrix} \begin{Bmatrix} V_X \\ V_Y \end{Bmatrix}$$

ou

$$\begin{Bmatrix} V_x \\ V_y \end{Bmatrix} = [R] \begin{Bmatrix} V_X \\ V_Y \end{Bmatrix} \tag{5.3}$$

onde

$$[R] = \begin{bmatrix} \cos\theta & \operatorname{sen}\theta \\ -\operatorname{sen}\theta & \cos\theta \end{bmatrix} = \begin{bmatrix} l_1 & m_1 \\ l_2 & m_2 \end{bmatrix}$$

é a matriz de transformação de rotação. Pode-se verificar que [R] é uma matriz ortogonal (i.e., $[R]^{-1} = [R]^T$). l_1, m_1 e l_2, m_2 são os cossenos da direção dos eixos x e y.

A equação 5.3 é a lei de transformação de vetores num plano. Usando-se essa equação, é possível encontrar-se as componentes de $\vec{V}$ com relação aos eixos locais (eixos x e y) se as componentes do vetor forem conhecidas com relação aos eixos globais (eixos X e Y).

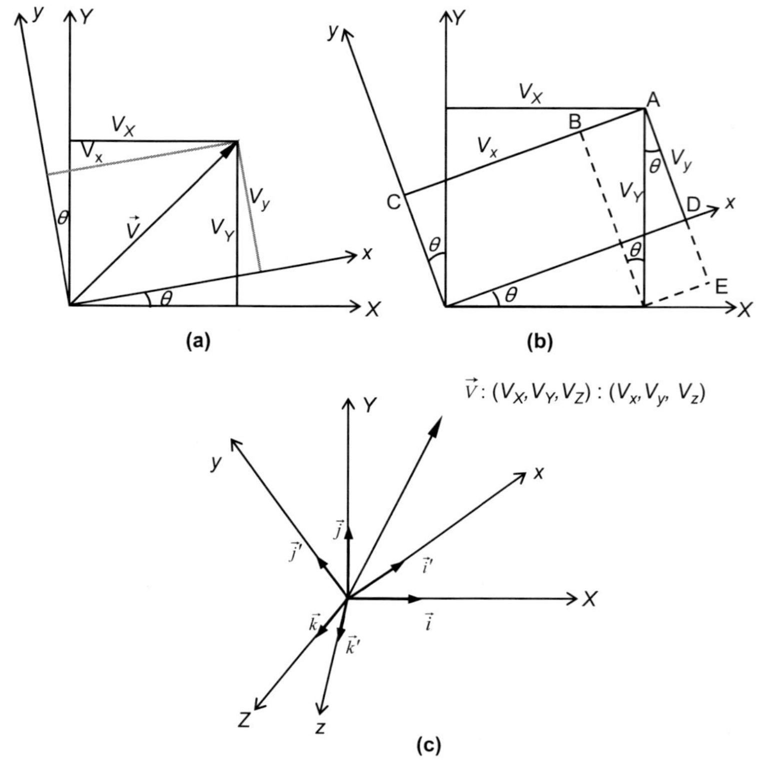

Figura 5.3 - Transformação de vetores de eixos globais para locais.

5.3.2 Vetor no espaço

A lei de transformação para um vetor no espaço é derivada nesta seção. Sejam $\vec{i}, \vec{j}, \vec{k}$ e $\vec{i}, \vec{j}, \vec{k}$ os vetores unitários ao longo dos eixos global e local (figura 5.3c). As componentes do vetor com relação aos eixos global e local são V_X, V_Y, V_Z e $V_{x'}$, $V_{y'}$, $V_{z'}$, respectivamente.

Então,

$$\vec{V} = V_X\vec{i} + V_Y\vec{j} + V_Z\vec{k} \tag{a}$$

Além disso,

$$\vec{V} = V_x\vec{i}' + V_y\vec{j}' + V_z\vec{k}' \tag{b}$$

As componentes V_x, V_y e V_z são obtidas tomando-se o produto escalar de V com os vetores unitários $\vec{i}, \vec{j}, \vec{k}$. Assim, usando-se a equação (a)

$$\begin{aligned} V_x &= \vec{V}\cdot\vec{i}' = \left(V_X\vec{i} + V_Y\vec{j} + V_Z\vec{k}\right)\cdot\vec{i}' \\ &= \left(\vec{i}\cdot\vec{i}'\right)V_X + \left(\vec{j}\cdot\vec{i}'\right)V_Y + \left(\vec{k}\cdot\vec{i}'\right)V_Z \end{aligned} \tag{c}$$

De igual forma,

$$V_y = \vec{V}\cdot\vec{j}' = \left(\vec{i}\cdot\vec{j}'\right)V_X + \left(\vec{j}\cdot\vec{j}'\right)V_Y + \left(\vec{k}\cdot\vec{j}'\right)V_Z \tag{d}$$

$$V_z = \vec{V} \cdot \vec{k'} = \left(\vec{i} \cdot \vec{k'}\right) V_X + \left(\vec{j} \cdot \vec{k'}\right) V_Y + \left(\vec{k} \cdot \vec{k'}\right) V_Z \tag{e}$$

As equações (c) e (e) em forma de matriz dão

$$\begin{Bmatrix} V_x \\ V_y \\ V_z \end{Bmatrix} = \begin{bmatrix} i \cdot i' & j \cdot i' & k \cdot i' \\ i \cdot j' & j \cdot j' & k \cdot j' \\ i \cdot k' & j \cdot k' & k \cdot k' \end{bmatrix} \begin{Bmatrix} V_X \\ V_Y \\ V_Z \end{Bmatrix}$$

$$= \begin{bmatrix} l_1 & m_1 & n_1 \\ l_2 & m_2 & n_2 \\ l_3 & m_3 & n_3 \end{bmatrix} \begin{Bmatrix} V_X \\ V_Y \\ V_Z \end{Bmatrix} = [R] \begin{Bmatrix} V_x \\ V_y \\ V_z \end{Bmatrix} \tag{5.4}$$

onde l_1, m_1, n_1; l_2, m_2, n_2; e l_3, m_3, n_3 são os cossenos da direção nos eixos x, y e z com relação aos eixos globais. [R] é a matriz de rotações para um vetor espacial, a qual é, novamente, uma matriz ortogonal.

A equação (5.4) é a lei de transformação para vetores no espaço.

5.4 Matriz de rigidez de elementos com relação a eixos globais [k^i]

A matriz de rigidez de diferentes tipos de elementos com relação a eixos locais [k^i] foi discutida nos capítulos 2 e 4. Numa estrutura em que muitos elementos com diferentes orientações se encontram num nó, torna-se necessário transformar a matriz de rigidez de elementos ao longo dos eixos locais nos eixos globais comuns da estrutura, de modo que a matriz de rigidez da estrutura possa ser desenvolvida. As diferentes matrizes de transformação necessárias para esta finalidade são discutidas abaixo.

5.4.1 Transformação de ações e deslocamentos de extremidade

5.4.1.1 Matriz de transformação de extremidades [t^i]

Considere-se um elemento i de um quadro plano com o nó próximo N e o nó distante F (figura 5.4a). As ações de extremidade em qualquer nó do elemento são mostradas na figura 5.4b. Nessa figura, $p_a^{\,i}$, $p_b^{\,i}$ e $p_c^{\,i}$ são a força axial, a força de cisalhamento e o momento fletor do elemento i com relação aos eixos locais. A força axial $p_a^{\,i}$ e a força de cisalhamento $p_b^{\,i}$ são somadas vetorialmente para se obter o vetor força resultante $\vec{V}$. $P_a^{\,i}$, $P_b^{\,i}$ são as componentes de $\vec{V}$ ao longo dos eixos globais X e Y. $P_c^{\,i}$ é o momento fletor no nó, ao longo do eixo global Z. As forças ao longo dos eixos locais $p_a^{\,i}$, $p_b^{\,i}$ estão relacionadas com as forças ao longo dos eixos globais $P_a^{\,i}$, $P_b^{\,i}$ usando-se a equação 5.3. Assim,

$$p_a^i = l_1 P_a^i + m_1 P_b^i$$

$$p_b^i = l_2 P_a^i + m_2 P_b^i$$

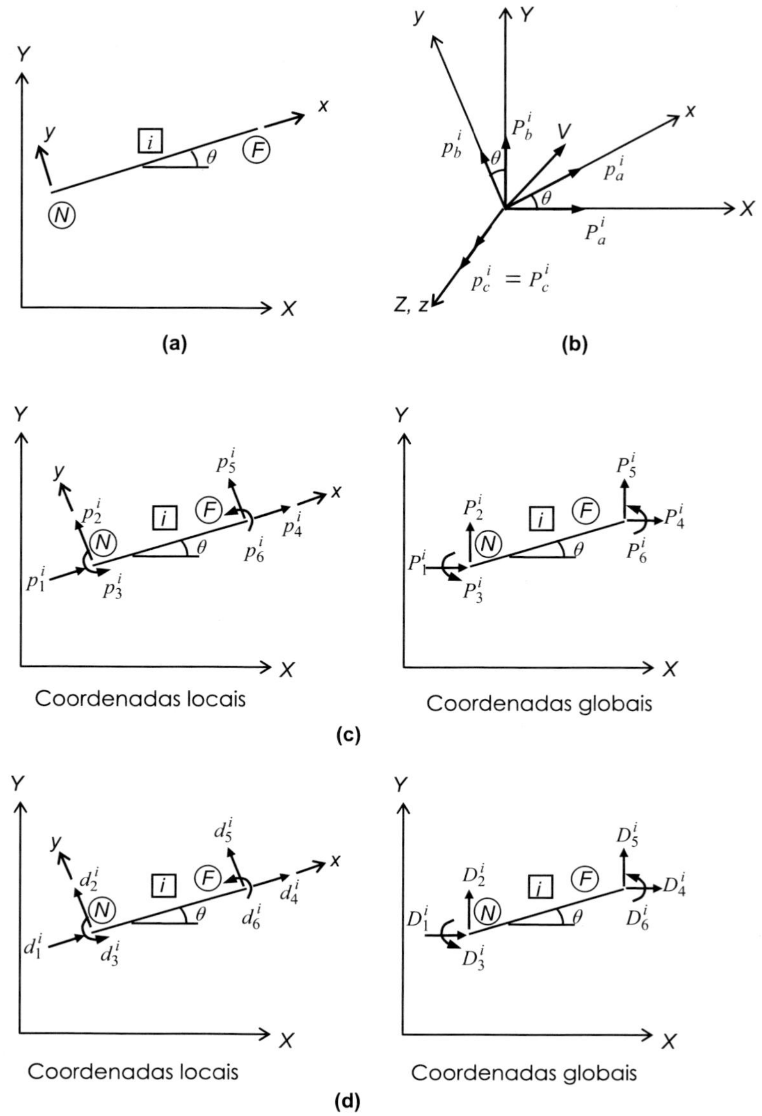

Figura 5.4 - Transformação de forças e deslocamentos de elementos: (a) elemento de quadro plano, (b) forças num nó, (c) ação de extremidade num elemento do quadro e (d) deslocamentos de extremidade num elemento de quadro plano.

Da figura 5.4b,

$$l_1 = \cos\theta = c,\ m_1 = \text{sen}\,\theta = s,\ l_2 = -s \text{ e } m_2 = c.$$

Daí,

$$p_a^i = cP_a^i + sP_b^i \qquad \text{(a)}$$

$$p_b^i = -sP_a^i + cP_b^i \qquad \text{(b)}$$

Uma vez que os eixos local z e global Z são o mesmo,

$$p_c^i = P_c^i \qquad \text{(c)}$$

As equações de (a) a (c) em forma de matriz dão

$$\begin{Bmatrix} p_a^i \\ p_b^i \\ p_c^i \end{Bmatrix} = \begin{bmatrix} c & s & 0 \\ -s & c & 0 \\ 0 & 0 & 1 \end{bmatrix} \begin{Bmatrix} P_a^i \\ P_b^i \\ P_c^i \end{Bmatrix}$$

$$\Rightarrow \begin{Bmatrix} p_a^i \\ p_b^i \\ p_c^i \end{Bmatrix} = \left[t^i\right] \begin{Bmatrix} P_a^i \\ P_b^i \\ P_c^i \end{Bmatrix} \tag{5.5}$$

onde $[t^i]$ é a matriz de transformação de extremidade para o elemento i.

5.4.1.2 Matriz de transformação de elementos $[T^i]$

Usando-se a equação (5.5), as ações de extremidade em ambos os nós são transformados de eixos globais para eixos locais como

$$\begin{Bmatrix} p_1^i \\ p_2^i \\ p_3^i \\ \hline p_4^i \\ p_5^i \\ p_6^i \end{Bmatrix} = \left[\begin{array}{ccc|ccc} c & s & 0 & 0 & 0 & 0 \\ -s & c & 0 & 0 & 0 & 0 \\ 0 & 0 & 1 & 0 & 0 & 0 \\ \hline 0 & 0 & 0 & c & s & 0 \\ 0 & 0 & 0 & -s & c & 0 \\ 0 & 0 & 0 & 0 & 0 & 1 \end{array}\right] \begin{Bmatrix} P_1^i \\ P_2^i \\ P_3^i \\ \hline P_4^i \\ P_5^i \\ P_6^i \end{Bmatrix} \begin{matrix} \left.\vphantom{\begin{matrix} a\\ b\\ c\end{matrix}}\right\} \text{Ações no nó próximo} \\ \left.\vphantom{\begin{matrix} a\\ b\\ c\end{matrix}}\right\} \text{Ações no nó distante} \end{matrix}$$

ou

$$\{p^i\} = [T^i]\{P^i\} \tag{5.6}$$

onde $\{p^i\}$ e $\{P^i\}$ são os vetores força de elemento em coordenadas local e global. $[T^i]$ é a matriz de transformação de elemento que pode ser escrita em termos de $[t^i]$ como

$$\left[T^i\right] = \left[\begin{array}{c|c} \left[t^i\right] & [0] \\ \hline [0] & \left[t^i\right] \end{array}\right] \tag{5.7}$$

Os deslocamentos de extremidade do elemento de quadro ao longo de coordenadas local e global são mostrados na figura 5.4d. Comparando-se esta com a figura 5.4c, percebe-se qe $[T^i]$ também pode ser usada para a transformação de deslocamentos de extremidade do elemento de eixos global para local. Assim,

$$\left\{\begin{array}{c} d_1^i \\ d_2^i \\ d_3^i \\ \hline d_4^i \\ d_5^i \\ d_6^i \end{array}\right\} = \left[\begin{array}{ccc|ccc} c & s & 0 & 0 & 0 & 0 \\ -s & c & 0 & 0 & 0 & 0 \\ 0 & 0 & 1 & 0 & 0 & 0 \\ \hline 0 & 0 & 0 & c & s & 0 \\ 0 & 0 & 0 & -s & c & 0 \\ 0 & 0 & 0 & 0 & 0 & 1 \end{array}\right] \left\{\begin{array}{c} D_1^i \\ D_2^i \\ D_3^i \\ \hline D_4^i \\ D_5^i \\ D_6^i \end{array}\right\} \begin{array}{l} \left.\vphantom{\begin{array}{c}1\\1\\1\end{array}}\right\} \text{Deslocamentos no nó próximo} \\ \left.\vphantom{\begin{array}{c}1\\1\\1\end{array}}\right\} \text{Deslocamentos no nó distante} \end{array}$$

ou

$$\{d^i\} = [T^i]\,\{D^i\} \tag{5.8}$$

onde $\{d^i\}$ e $\{D^i\}$ são os vetores de deslocamento de extremidade do elemento i em coordenadas local e global.

5.4.1.3 Cossenos de direção

Conhecendo-se as coordenadas dos nós do elemento, os cossenos de direção são determinados como

$$c = \cos\theta = \frac{X_F - X_N}{l} \tag{5.9a}$$

$$s = \operatorname{sen}\theta = \frac{Y_F - Y_N}{l} \tag{5.9b}$$

onde l é o comprimento do elemento e é igual a

$$l = \sqrt{(X_F - X_N)^2 + (Y_F - Y_N)^2} \tag{5.9c}$$

(X_N, Y_N) e (X_F, Y_F) são as coordenadas dos nós próximo e distante do elemento (figura 5.5).

O uso das equações acima resolve automaticamente o sinal dos cossenos de direção para diferentes orientações do elemento.

5.4.1.4 Princípio de contragradiência

$\{P^i\}$ e $\{p^i\}$ são dois vetores força estaticamente equivalentes e $\{D^i\}$, $\{d^i\}$ são seus correspondentes deslocamentos. Então, de acordo com o princípio da contragradiência (a prova é dada na seção 4.4.2), se uma transformação for conhecida, por exemplo, de deslocamentos globais $\{D^i\}$ para deslocamentos locais $\{d^i\}$, então a transformação de forças de coordenadas local ($\{p^i\}$) para global ($\{P^i\}$) será igual à transposta da transformação de deslocamentos, contanto que ambos os vetores, força e deslocamento, sejam vetores conjugados. Conjugado significa que os vetores força e deslocamento só produzem trabalho na direção do deslocamento.

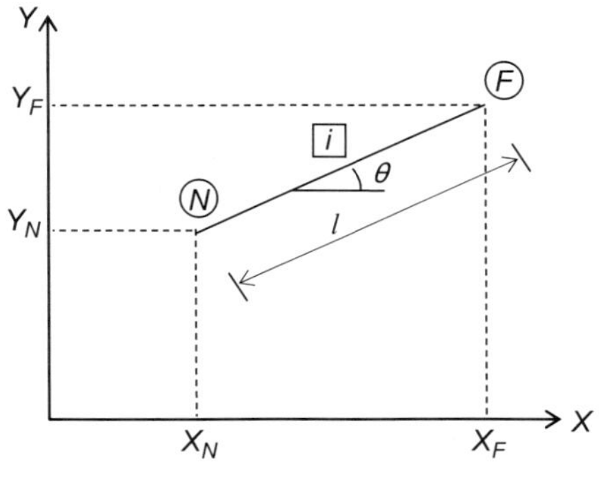

Figura 5.5 - Coordenadas dos nós do elemento.

Da equação 5.8,

$$\{di\} = [T^i]\{D^i\},$$

donde, de acordo com o princípio da contragradiência,

$$\{P^i\} = [T^i]^T\{p^i\} \tag{5.10}$$

5.4.2 Transformação de matriz de rigidez de elemento

Das equações 5.1 e 5.2,

$$\{p^i\} = [k^i]\{d^i\} \tag{a}$$

$$\{P^i\} = [K^i]\{D^i\} \tag{b}$$

Substituindo-se a equação (a) na equação (5.10), tem-se

$$\{P^i\} = [T^i]^T\{p^i\} = [T^i]^T[k^i]\{d^i\}$$

Usando-se a equação (5.8)

$$= [T^i]^T[k^i][T^i]\{D^i\}$$

Mas

$$\{P^i\} = [K^i]\{D^i\}$$

Então,

$$[K^i] = [T^i]^T[k^i][T^i] \tag{5.11}$$

As matrizes de transformação ($[t^i]$ e $[T^i]$) e as matrizes de rigidez de elemento de elementos típicos são dadas abaixo. As coordenadas locais e globais desses elementos são mostradas na figura 5.6.

5.4.2.1 Matrizes de transformação e matriz de rigidez de elemento

a. Elemento de treliça plana[4] (figura 5.6a)

- Matriz de transformação de extremidade [t^i]

$$[t^i]=\begin{bmatrix} l_1 & m_1 \end{bmatrix}=\begin{bmatrix} c & s \end{bmatrix} \tag{5.12a}$$

- Matriz de transformação de elemento [T^i]

$$\left[T^i\right]=\left[\begin{array}{cc|cc} l_1 & m_1 & 0 & 0 \\ \hline 0 & 0 & l_1 & m_1 \end{array}\right]=\left[\begin{array}{cc|cc} c & s & 0 & 0 \\ \hline 0 & 0 & c & s \end{array}\right] \tag{5.12b}$$

- Matriz de rigidez de elemento em coordenadas locais [k^i]

$$\left[k^i\right]=\frac{AE}{l}\begin{bmatrix} 1 & -1 \\ -1 & 1 \end{bmatrix} \tag{5.12c}$$

- Matriz de rigidez de elemento em coordenadas globais [K^i]

$$\left[K^i\right]=\left[T^i\right]^T\left\{k^i\right\}\left[T^i\right]$$

$$=\frac{AE}{l}\begin{bmatrix} c^2 & cs & -c^2 & -cs \\ cs & s^2 & -cs & -s^2 \\ -c^2 & -cs & c^2 & cs \\ -cs & -s^2 & cs & s^2 \end{bmatrix} \tag{5.12d}$$

b. Elemento de treliça espacial (figura 5.6b)

- Matriz de transformação de extremidade [t^i]

$$\left[t^i\right]=\begin{bmatrix} l_1 & m_1 & n_1 \end{bmatrix} \tag{5.13a}$$

onde

$$l_1=\frac{X_F-X_N}{l}=\frac{(X_F-X_N)}{\sqrt{(X_F-X_N)^2+(Y_F-Y_N)^2+(Z_F-Z_N)^2}}$$

$$m_1=\frac{Y_F-Y_N}{l}=\frac{(Y_F-Y_N)}{\sqrt{(X_F-X_N)^2+(Y_F-Y_N)^2+(Z_F-Z_N)^2}}$$

$$n_1=\frac{Z_F-Z_N}{l}=\frac{(Z_F-Z_N)}{\sqrt{(X_F-X_N)^2+(Y_F-Y_N)^2+(Z_F-Z_N)^2}}$$

- Matriz de transformação de elemento [T^i]

$$\left[T^i\right]=\left[\begin{array}{ccc|ccc} l_1 & m_1 & n_1 & 0 & 0 & 0 \\ \hline 0 & 0 & 0 & l_1 & m_1 & n_1 \end{array}\right] \tag{5.13b}$$

[4] [k^i] de um elemento de treliça plana é derivada dos primeiros princípios no exemplo 2.2.

- Matriz de rigidez de elemento em coordenadas locais [k^i]

$$[k^i]=\frac{AE}{l}\begin{bmatrix} 1 & -1 \\ -1 & 1 \end{bmatrix} \tag{5.13c}$$

- Matriz de rigidez de elemento em coordenadas globais [K^i]

$$[K^i]=\frac{AE}{l}\begin{bmatrix} l_1^2 & l_1m_1 & l_1n_1 & -l_1^2 & -l_1m_1 & -l_1n_1 \\ m_1l_1 & m_1^2 & m_1n_1 & -m_1l_1 & -m_1^2 & -m_1n_1 \\ n_1l_1 & n_1m_1 & n_1^2 & -n_1l_1 & -n_1m_1 & -n_1^2 \\ -l_1^2 & -l_1m_1 & -l_1n_1 & l_1^2 & l_1m_1 & l_1n_1 \\ -m_1l_1 & -m_1^2 & -m_1n_1 & m_1l_1 & m_1^2 & m_1n_1 \\ -n_1l_1 & -n_1m_1 & -n_1^2 & n_1l_1 & n_1m_1 & n_1^2 \end{bmatrix} \tag{5.13d}$$

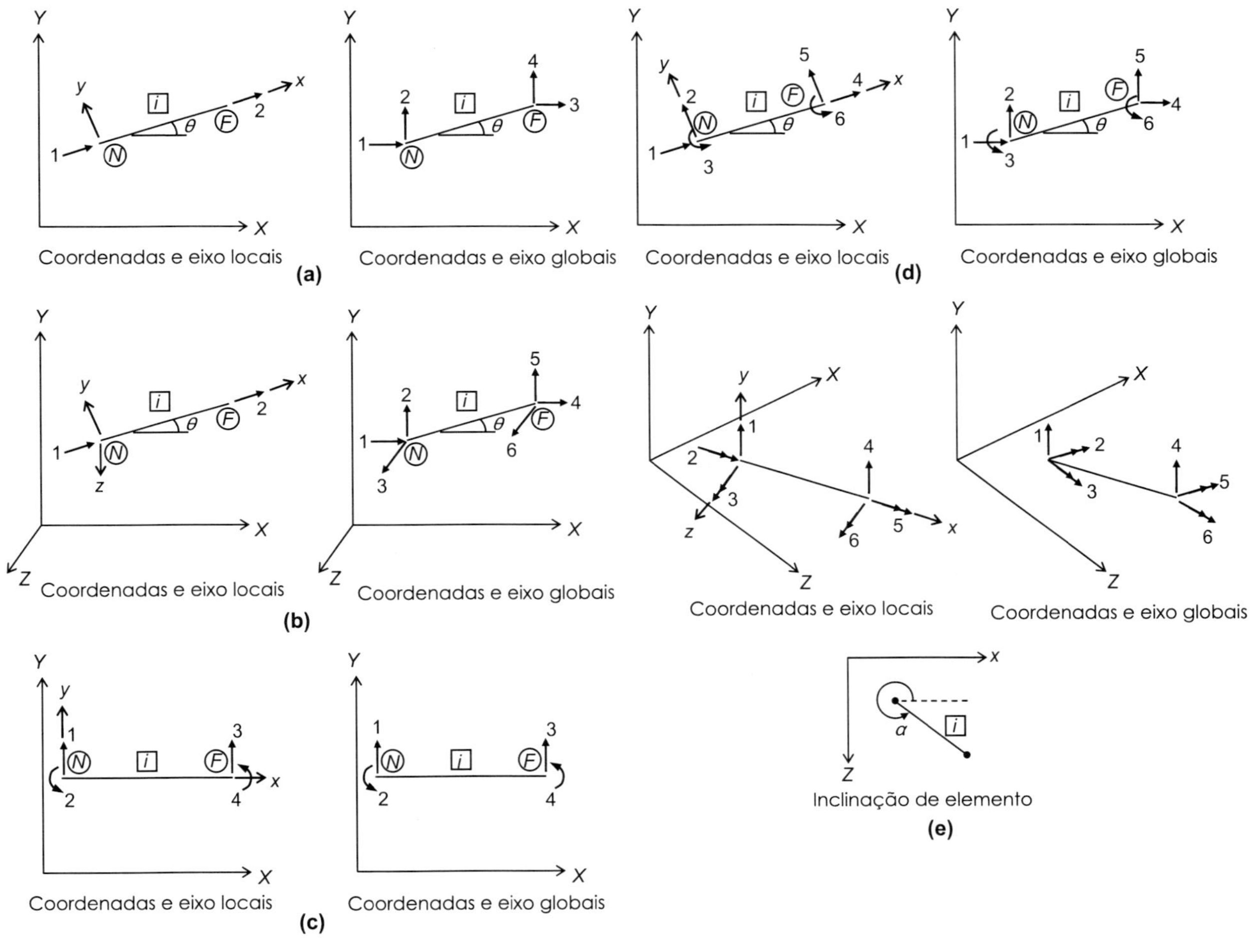

Figura 5.6 - Coordenadas locais e globais; eixos de elementos: (a) elemento de treliça plana, (b) elemento de treliça espacial, (c) elemento de barra, (d) elemento de quadro plano, (e) elemento de grelha e (f) elemento de quadro espacial.

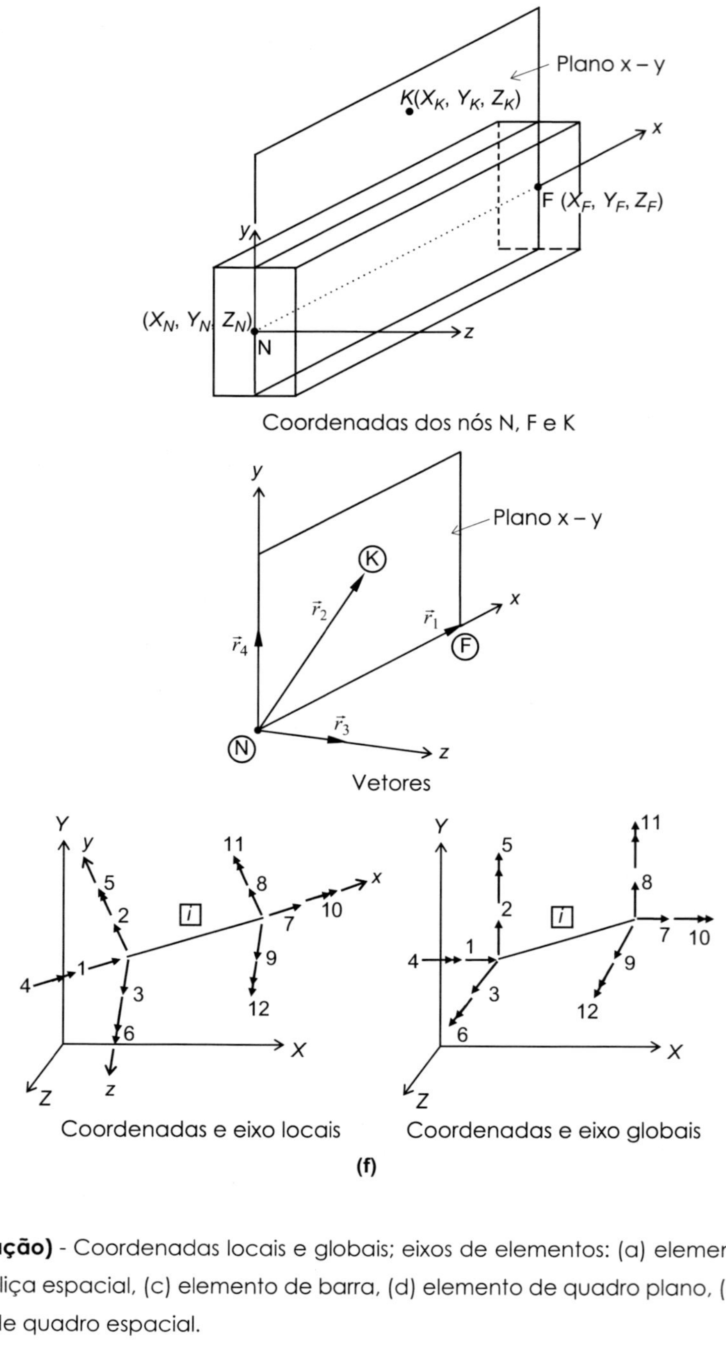

(f)

Figura 5.6 (continuação) - Coordenadas locais e globais; eixos de elementos: (a) elemento de treliça plana, (b) elemento de treliça espacial, (c) elemento de barra, (d) elemento de quadro plano, (e) elemento de grelha e (f) elemento de quadro espacial.

c. Elemento de barra (figura 5.6c)

- Matriz de transformação de extremidade $[t^i]$

$$[t^i] = \begin{bmatrix} 1 & 0 \\ 0 & 1 \end{bmatrix} \tag{5.14a}$$

- Matriz de transformação de elemento $[T^i]$

$$[T^i] = \left[\begin{array}{cc:cc} 1 & 0 & 0 & 0 \\ 0 & 1 & 0 & 0 \\ \hdashline 0 & 0 & 1 & 0 \\ 0 & 0 & 0 & 1 \end{array}\right] \tag{5.14b}$$

- Matriz de rigidez de elemento em coordenadas locais e globais

$$[k^i] = [K^i] = \begin{bmatrix} \frac{12EI}{l^3} & \frac{6EI}{l^2} & -\frac{12EI}{l^3} & \frac{6EI}{l^2} \\ \frac{6EI}{l^2} & \frac{4EI}{l} & -\frac{6EI}{l^2} & \frac{2EI}{l} \\ -\frac{12EI}{l^3} & -\frac{6EI}{l^2} & \frac{12EI}{l^3} & -\frac{6EI}{l^2} \\ \frac{6EI}{l^2} & \frac{2EI}{l} & -\frac{6EI}{l^2} & \frac{4EI}{l} \end{bmatrix} \tag{5.14c}$$

d. Elemento de quadro plano (figura 5.6d)

- Matriz de transformação de extremidade $[t^i]$

$$[t^i] = \begin{bmatrix} l_1 & m_1 & 0 \\ l_2 & m_2 & 0 \\ 0 & 0 & 1 \end{bmatrix} = \begin{bmatrix} c & s & 0 \\ -s & c & 0 \\ 0 & 0 & 1 \end{bmatrix} \tag{5.15a}$$

- Matriz de transformação de elemento $[T^i]$

$$[T^i] = \left[\begin{array}{ccc:ccc} c & s & 0 & 0 & 0 & 0 \\ -s & c & 0 & 0 & 0 & 0 \\ 0 & 0 & 1 & 0 & 0 & 0 \\ \hdashline 0 & 0 & 0 & c & s & 0 \\ 0 & 0 & 0 & -s & c & 0 \\ 0 & 0 & 0 & 0 & 0 & 1 \end{array}\right] \tag{5.15b}$$

- Matriz de rigidez de elemento em coordenadas locais

$$[k^i] = \begin{bmatrix} z & 0 & 0 & -z & 0 & 0 \\ 0 & k & m & 0 & -k & m \\ 0 & m & a & 0 & -m & b \\ -z & 0 & 0 & z & 0 & 0 \\ 0 & -k & -m & 0 & k & -m \\ 0 & m & b & 0 & -m & a \end{bmatrix} \tag{5.15c}$$

onde $z = AE / l$, $k = 12EI / l^3$, $a = 4EI / l$, $m = 6EI / l^2$ e $b = 2EI / l$

- Matriz de rigidez de elemento em coordenadas globais

$$[K^i]=\begin{bmatrix} f & g & h & -f & -g & h \\ g & p & q & -g & -p & q \\ h & q & a & -h & -q & b \\ -f & -g & -h & f & g & -h \\ -g & -p & -q & g & p & -q \\ h & q & b & -h & -q & a \end{bmatrix} \tag{5.15d}$$

onde $f = zc^2 + ks^2$, $h = -ms$, $g = (z - k)cs$, $q = mc$, e $p = zs^2 + kc2$

e. Elemento de grelha (figura 5.6e)

A figura 5.6e mostra um elemento de grelha sobre um plano X–Z e a deflexão do elemento ocorre ao longo do eixo Y.

- Matriz de transformação de extremidade $[t^i]$

$$[t^i]=\begin{bmatrix} 1 & 0 & 0 \\ 0 & \cos\alpha & -\operatorname{sen}\alpha \\ 0 & \operatorname{sen}\alpha & \cos\alpha \end{bmatrix} \tag{5.16a}$$

onde

$$\cos\alpha = \frac{X_F - X_N}{l},\ \operatorname{sen}\alpha = \frac{-(Z_F - Z_N)}{l},\ l = \sqrt{(X_F - X_N)^2 + (Z_F - Z_N)^2}$$

- Matriz de transformação de elemento $[T^i]$

$$[T^i]=\left[\begin{array}{ccc|ccc} 1 & 0 & 0 & 0 & 0 & 0 \\ 0 & \cos\alpha & -\operatorname{sen}\alpha & 0 & 0 & 0 \\ 0 & \operatorname{sen}\alpha & \cos\alpha & 0 & 0 & 0 \\ \hline 0 & 0 & 0 & 1 & 0 & 0 \\ 0 & 0 & 0 & 0 & \cos\alpha & -\operatorname{sen}\alpha \\ 0 & 0 & 0 & 0 & \operatorname{sen}\alpha & \cos\alpha \end{array}\right] \tag{5.16b}$$

- Matriz de rigidez de elemento em coordenadas locais

$$[k^i]=\begin{bmatrix} \frac{12EI}{l^3} & 0 & \frac{6EI}{l^2} & -\frac{12EI}{l^3} & 0 & \frac{6EI}{l^2} \\ 0 & \frac{GJ}{l} & 0 & 0 & -\frac{GJ}{l} & 0 \\ \frac{6EI}{l^2} & 0 & \frac{4EI}{l} & -\frac{6EI}{l^2} & 0 & \frac{2EI}{l} \\ -\frac{12EI}{l^3} & 0 & -\frac{6EI}{l^2} & \frac{12EI}{l^3} & 0 & -\frac{6EI}{l^2} \\ 0 & -\frac{GJ}{l} & 0 & 0 & \frac{GJ}{l} & 0 \\ \frac{6EI}{l^2} & 0 & \frac{2EI}{l} & -\frac{6EI}{l^2} & 0 & \frac{4EI}{l} \end{bmatrix} \tag{5.16c}$$

f. Elemento de quadro espacial (figura 5.6f)

- Cossenos de direção de eixos locais

O eixo centróide, o eixo principal menos da seção e o eixo principal maior das seções são tomados como eixos locais x, y e z do elemento. Os cossenos de direção dos eixos locais são calculados usando-se as coordenadas de três pontos. Desses pontos, dois são os nós próximo e distante (N e F) do elemento. O terceiro nó, conhecido como nó K, é qualquer ponto no plano x–y (figura 5.6f).

Os vetores $\vec{r}_1$ e $\vec{r}_2$ são os vetores deslocamento direcionados de N para F e de N para K, respectivamente. $\vec{r}_3$ e $\vec{r}_4$ são vetores ao longo dos eixos z e y. As componentes dos vetores $\vec{r}_1$ e $\vec{r}_2$ são

$$\vec{r_1} = (X_F - X_N)\vec{i} + (Y_F - Y_N)\vec{j} + (Z_F - Z_N)\vec{k} = X_x\vec{i} + X_y\vec{j} + X_z\vec{k}$$

$$\vec{r_2} = (X_K - X_N)\vec{i} + (Y_K - Y_N)\vec{j} + (Z_K - Z_N)\vec{k} = K_x\vec{i} + K_y\vec{j} + K_z\vec{k}$$

onde $\vec{i}$, $\vec{j}$, e $\vec{k}$ são os vetores unitários ao longo dos eixos globais X, Y e Z.

Uma vez que os vetores $\vec{r}_1$ e $\vec{r}_2$ são o plano x–y, um vetor normal a esses vetores estará na direção do eixo z. Portanto, $\vec{r}_3$ é obtido como produto vetorial de $\vec{r}_1$ e $\vec{r}_2$.

$$\vec{r_3} = \vec{r_1} \times \vec{r_2} = Z_x\vec{i} + Z_y\vec{j} + Z_z\vec{k}$$

onde $Z_x = X_y K_z - X_z K_y$, $Z_y = X_z K_x - X_x K_z$, $Z_z = X_x K_y - X_y K_x$.

O vetor $\vec{r}_4$ é obtido como o produto vetorial dos vetores $\vec{r}_3$ e $\vec{r}_1$. Assim,

$$\vec{r_4} = \vec{r_3} \times \vec{r_1} = Y_x\vec{i} + Y_y\vec{j} + Y_z\vec{k}$$

onde $Y_x = Z_y X_z - Z_z X_y$, $Y_y = Z_z X_x - Z_x X_z$, $Y_z = Z_x X_y - Z_y X_x$

As componentes dos vetores unitários na direção de $\vec{r}_1$, $\vec{r}_4$ e $\vec{r}_3$ são os cossenos da direção dos eixos locais do elemento de quadro espacial.

Os cossenos da direção do eixo x são

$$l_1 = \frac{X_x}{X},\ m_1 = \frac{X_y}{X},\ \text{e}\ \ n_1 = \frac{X_z}{X} \tag{5.17a}$$

onde $X = \sqrt{X_x^2 + X_y^2 + X_z^2}$

Os cossenos de direção do eixo y são

$$l_2 = \frac{Y_x}{Y},\ m_2 = \frac{Y_y}{Y},\ n_2 = \frac{Y_z}{Y} \tag{5.17b}$$

onde $Y = \sqrt{Y_x^2 + Y_y^2 + Y_z^2}$

Os cossenos de direção do eixo z são

$$l_3 = \frac{Z_x}{Z},\ m_3 = \frac{Z_y}{Z},\ n_3 = \frac{Z_Z}{Z} \tag{5.17c}$$

onde $Z = \sqrt{Z_x^2 + Z_y^2 + Z_z^2}$

- Matriz de transformação de extremidade $[t^i]$

$$[t^i] = \begin{bmatrix} l_1 & m_1 & n_1 & 0 & 0 & 0 \\ l_2 & m_2 & n_2 & 0 & 0 & 0 \\ l_3 & m_3 & n_3 & 0 & 0 & 0 \\ 0 & 0 & 0 & l_1 & m_1 & n_1 \\ 0 & 0 & 0 & l_2 & m_2 & n_2 \\ 0 & 0 & 0 & l_3 & m_3 & n_3 \end{bmatrix} \tag{5.17d}$$

- Matriz de transformação de elemento $[T^i]$

$$[T^i] = \left[\begin{array}{cccccc|cccccc} l_1 & m_1 & n_1 & 0 & 0 & 0 & 0 & 0 & 0 & 0 & 0 & 0 \\ l_2 & m_2 & n_2 & 0 & 0 & 0 & 0 & 0 & 0 & 0 & 0 & 0 \\ l_3 & m_3 & n_3 & 0 & 0 & 0 & 0 & 0 & 0 & 0 & 0 & 0 \\ 0 & 0 & 0 & l_1 & m_1 & n_1 & 0 & 0 & 0 & 0 & 0 & 0 \\ 0 & 0 & 0 & l_2 & m_2 & n_2 & 0 & 0 & 0 & 0 & 0 & 0 \\ 0 & 0 & 0 & l_3 & m_3 & n_3 & 0 & 0 & 0 & 0 & 0 & 0 \\ \hline 0 & 0 & 0 & 0 & 0 & 0 & l_1 & m_1 & n_1 & 0 & 0 & 0 \\ 0 & 0 & 0 & 0 & 0 & 0 & l_2 & m_2 & n_2 & 0 & 0 & 0 \\ 0 & 0 & 0 & 0 & 0 & 0 & l_3 & m_3 & n_3 & 0 & 0 & 0 \\ 0 & 0 & 0 & 0 & 0 & 0 & 0 & 0 & 0 & l_1 & m_1 & n_1 \\ 0 & 0 & 0 & 0 & 0 & 0 & 0 & 0 & 0 & l_2 & m_2 & n_2 \\ 0 & 0 & 0 & 0 & 0 & 0 & 0 & 0 & 0 & l_3 & m_3 & n_3 \end{array}\right] \tag{5.17e}$$

- Matriz de rigidez de elemento em coordenadas locais

$$[K]=\left[\begin{array}{cccccccccccc}
EA/l & 0 & 0 & 0 & 0 & 0 & -EA/l & 0 & 0 & 0 & 0 & 0 \\
0 & 12EI_Z/l^3 & 0 & 0 & 0 & 6EI_Z/l^2 & 0 & -12EI_Z/l^3 & 0 & 0 & 0 & 6EI_Z/l^2 \\
0 & 0 & 12EI_Y/l^3 & 0 & -6EI_Y/l^2 & 0 & 0 & 0 & -12EI_Y/l^3 & 0 & -6EI_Y/l^2 & 0 \\
0 & 0 & 0 & GJ/l & 0 & 0 & 0 & 0 & 0 & -GJ/l & 0 & 0 \\
0 & 0 & -6EI_Y/l^2 & 0 & 4EI_Y/l & 0 & 0 & 0 & 6EI_Y/l^2 & 0 & 2EI_Y/l & 0 \\
0 & 6EI_Z/l^2 & 0 & 0 & 0 & 4EI_Z/l & 0 & -6EI_Z/l^2 & 0 & 0 & 0 & 2EI_Z/l \\
-EA/l & 0 & 0 & 0 & 0 & 0 & EA/l & 0 & 0 & 0 & 0 & 0 \\
0 & -12EI_Z/l^3 & 0 & 0 & 0 & -6EI_Z/l^2 & 0 & 12EI_Z/l^3 & 0 & 0 & 0 & -6EI_Z/l^2 \\
0 & 0 & -12EI_Y/l^3 & 0 & 6EI_Y/l^2 & 0 & 0 & 0 & 12EI_Y/l^3 & 0 & 6EI_Y/l^2 & 0 \\
0 & 0 & 0 & -GJ/l & 0 & 0 & 0 & 0 & 0 & GJ/l & 0 & 0 \\
0 & 0 & -6EI_Y/l^2 & 0 & 2EI_Y/l & 0 & 0 & 0 & 6EI_Y/l^2 & 0 & 4EI_Y/l & 0 \\
0 & 6EI_Z/l^2 & 0 & 0 & 0 & 2EI_Z/l & 0 & -6EI_Z/l^2 & 0 & 0 & 0 & 4EI_Z/l
\end{array}\right] \tag{5.17f}$$

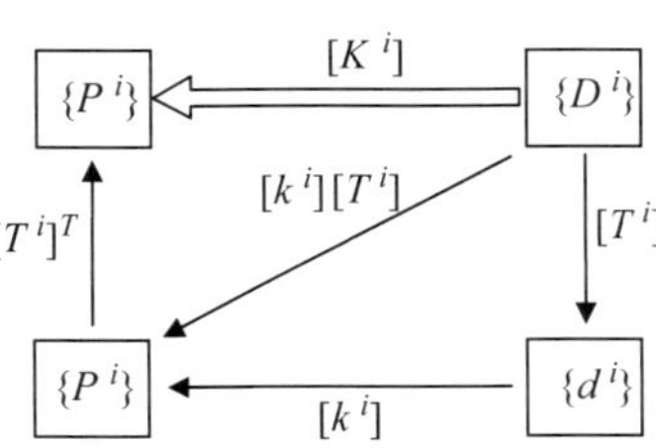

Figura 5.7 - Transformação entre coordenadas locais e globais de um elemento.

5.5 Transformações usadas no método da rigidez direta

A figura 5.7 mostra as várias transformações entre as coordenadas locais e globais de um elemento.

Da figura 5.7,

$$\begin{aligned}\{d^i\} &= [T^i]\{D^i\} \\ \{p^i\} &= [k^i]\{d^i\} = [k^i][T^i]\{D\}^i \\ \{P^i\} &= [T^i]^T\{p^i\} = [T^i]^T[k^i][T^i]\{D^i\} = [K^i]\{D^i\}\end{aligned} \tag{5.18}$$

Então,

$$[K^i] = [T^i]^T[k^i][T^i]$$

5.6 Montagem de equações e matriz de rigidez da estrutura

As equações de força–deslocamento dos elementos em coordenadas globais são montadas para se obter as equações de força–deslocamento da estrutura. As equações de elemento são montadas usando-se equações de condições de compatibilidade e equilíbrio para os nós da estrutura. As condições de compatibilidade exigem que os deslocamentos dos elementos que se encontram em um nó devem ser os mesmos. A equação de equilíbrio exige que, no nó, as forças do elemento devem ser iguais às forças externas que atuam num nó. Depois de montadas as equações, a matriz de rigidez da estrutura é obtida. elements meeting

O processo de montagem é ilustrado considerando-se uma treliça mostrada na figura 5.8a. As forças e deslocamentos da estrutura e dos elementos com relação aos eixos globais são indicados na figura 5.8b e c.

As relações força–deslocamento dos elementos em coordenadas globais são como segue:

Elemento 1

$$\{P^1\} = [K^1]\{D^1\}$$

ou

$$\begin{Bmatrix} P_1^1 \\ P_2^1 \\ P_3^1 \\ P_4^1 \end{Bmatrix} = \begin{bmatrix} & 1 & 2 & 3 & 4 & \\ & a_1 & a_2 & a_3 & a_4 & 1 \\ & a_5 & a_6 & a_7 & a_8 & 2 \\ & a_9 & a_{10} & a_{11} & a_{12} & 3 \\ & a_{13} & a_{14} & a_{15} & a_{16} & 4 \end{bmatrix} \begin{Bmatrix} D_1^1 \\ D_2^1 \\ D_3^1 \\ D_4^1 \end{Bmatrix} \tag{a}$$

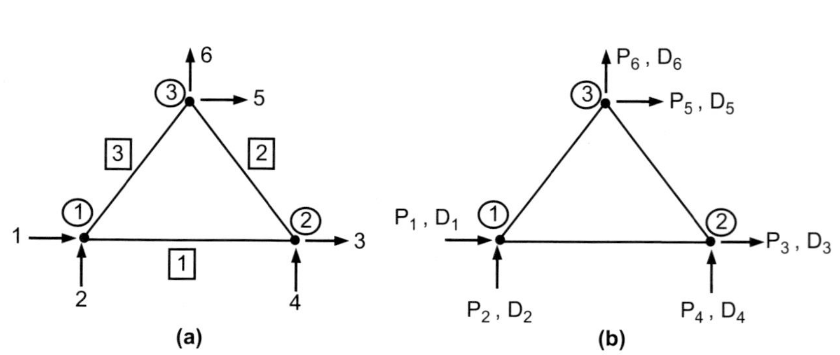

Figura 5.8 - Montagem de elementos—treliça plana

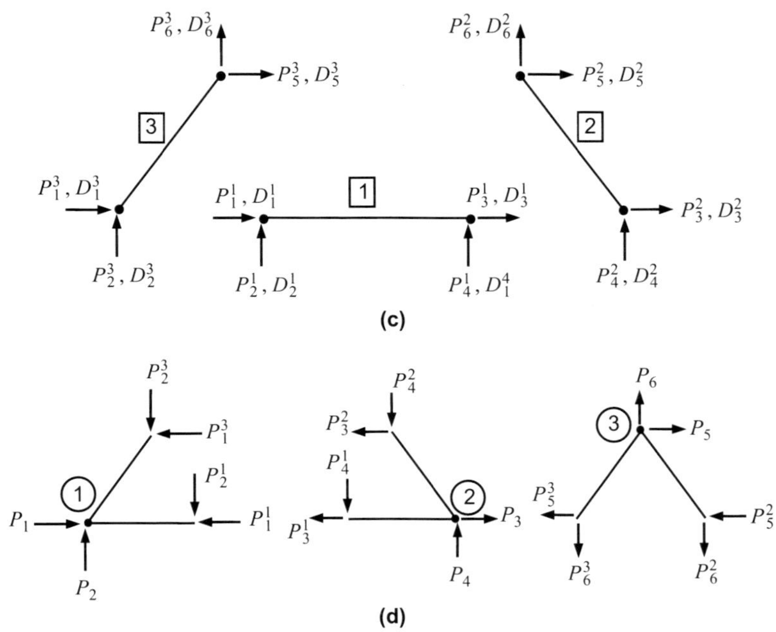

Figura 5.8 (continuação)- Montagem de elementos—treliça plana. (a) treliça e suas coordenadas globais. (b) forças e deslocamentos da estrutura. (c) forças e deslocamentos do elemento em coordenadas globais. (d) DCL dos nós.

Elemento 2

$$\{P^2\} = [K^2]\{D^2\}$$

ou

$$\begin{Bmatrix} P_3^2 \\ P_4^2 \\ P_5^2 \\ P_6^2 \end{Bmatrix} = \overset{\begin{matrix} 3 & \quad 4 & \quad 5 & \quad 6 \end{matrix}}{\begin{bmatrix} b_1 & b_2 & b_3 & b_4 \\ b_5 & b_6 & b_7 & b_8 \\ b_9 & b_{10} & b_{11} & b_{12} \\ b_{13} & b_{14} & b_{15} & b_{16} \end{bmatrix}} \begin{matrix} 3 \\ 4 \\ 5 \\ 6 \end{matrix} \begin{Bmatrix} D_3^2 \\ D_4^2 \\ D_5^2 \\ D_6^2 \end{Bmatrix} \tag{b}$$

Elemento 3

$$\{P^3\} = [K^3]\{D^3\}$$

ou

$$\begin{Bmatrix} P_1^3 \\ P_2^3 \\ P_5^3 \\ P_6^3 \end{Bmatrix} = \overset{\begin{matrix} 1 & \quad 2 & \quad 5 & \quad 6 \end{matrix}}{\begin{bmatrix} c_1 & c_2 & c_3 & c_4 \\ c_5 & c_6 & c_7 & c_8 \\ c_9 & c_{10} & c_{11} & c_{12} \\ c_{13} & c_{14} & c_{15} & c_{16} \end{bmatrix}} \begin{matrix} 1 \\ 2 \\ 5 \\ 6 \end{matrix} \begin{Bmatrix} D_1^3 \\ D_2^3 \\ D_5^3 \\ D_6^3 \end{Bmatrix} \tag{c}$$

As condições de compatibilidade nos nós são

No nó 1:

$$D_1 = D_1^1 = D_1^3$$

$$D_2 = D_2^1 = D_2^3 \tag{d}$$

No nó 2:

$$D_3 = D_3^1 = D_3^2$$

$$D_4 = D_4^1 = D_4^2$$

No nó 3:

$$D_5 = D_5^2 = D_5^3$$

$$D_6 = D_6^2 = D_6^3$$

Os DCL dos nós são mostrados na figura 5.7d. Usando-se esses DCL, as seguintes equações de equilíbrio são obtidas:

$$\begin{aligned} P_1 &= P_1^1 + P_1^3 \\ P_2 &= P_2^1 + P_2^3 \\ P_3 &= P_3^1 + P_3^2 \\ P_4 &= P_4^1 + P_4^2 \\ P_5 &= P_5^2 + P_5^3 \\ P_6 &= P_6^2 + P_6^3 \end{aligned} \tag{e}$$

Substituindo-se as equações de (a) a (d) na equação (e) obtém-se

$$\begin{Bmatrix} P_1 \\ P_2 \\ P_3 \\ P_4 \\ P_5 \\ P_6 \end{Bmatrix} = \begin{Bmatrix} P_1^1 + P_1^3 \\ P_2^1 + P_2^3 \\ P_3^1 + P_3^2 \\ P_4^1 + P_4^2 \\ P_5^2 + P_5^3 \\ P_6^2 + P_6^3 \end{Bmatrix}$$

$$= \begin{array}{c} \begin{array}{cccccc} 1 & 2 & 3 & 4 & 5 & 6 \end{array} \\ \left[\begin{array}{c:c:c:c:c:c} a_1 + c_1 & a_2 + c_2 & a_3 & a_4 & c_3 & c_4 \\ a_5 + c_5 & a_6 + c_6 & a_7 & a_8 & c_7 & c_8 \\ a_9 & a_{10} & a_{11} + b_1 & a_{12} + b_2 & b_3 & b_4 \\ a_{13} & a_{14} & a_{15} + b_5 & a_{16} + b_6 & b_7 & b_8 \\ c_9 & c_{10} & b_9 & b_{10} & b_{11} + c_{11} & b_{12} + c_{12} \\ c_{13} & c_{14} & b_{13} & b_{14} & b_{15} + c_{15} & b_{16} + c_{16} \end{array} \right] \end{array} \begin{array}{c} 1 \\ 2 \\ 3 \\ 4 \\ 5 \\ 6 \end{array} \begin{Bmatrix} D_1 \\ D_2 \\ D_3 \\ D_4 \\ D_5 \\ D_6 \end{Bmatrix} \tag{f}$$

ou

$$\{P\} = [K]\{D\}$$

onde [K] é a matriz de rigidez da estrutura.

5.6.1 Procedimento para desenvolvimento de [K]

O método acima para obtenção de [K], i.e., pelo uso de equações de compatibilidade e de equilíbrio nos nós, consome muito tempo. As matrizes de rigidez de elemento com relação a eixos globais podem ser facilmente montadas pela identificação das coordenadas globais do nó próximo N e do nó distante F do elemento. Como o exemplo considerado é um elemento de treliça, cada nó terá duas coordenadas globais: as coordenadas globais do nó próximo e do nó distante ao longo dos eixos X e Y são denotadas como N_1, N_2 e F_1, F_2, respectivamente. Os rótulos de coordenada para os nós estão tabulados na tabela 5.1.

Tabela 5.1 - Coordenadas de nó próximo e distante

	Nós		Coordenadas globais			
Elemento	Próximo (N)	Distante (F)	N_1	N_2	F_1	F_2
1	1	2	1	2	3	4
2	2	3	3	4	5	6
3	1	3	1	2	5	6

As linhas e colunas das matrizes de rigidez de elemento são numeradas usando-se os detalhes das coordenadas globais dadas na tabela 5.1 (veja a numeração de $[K^i]$ nas equações de (a) a (c)). A linha e coluna de [K] em que os elementos de $[K^i]$ devem ser dispostos são identificadas usando-se os rótulos de coordenadas escritos à direita e acima de $[K^i]$. Por exemplo, o coeficiente de rigidez a_{12} em $[K^i]$ (equação a) deve ser posto na terceira linha e quarta coluna de [K]. Durante a colocação dos coeficientes de rigidez de $[K^i]$ em [K], se mais de um coeficiente de rigidez das matrizes de rigidez de elemento ocupar a mesma localização em [K], então os coeficientes de rigidez devem ser somados. A significância física da soma dos coeficientes de rigidez é que esses coeficientes indicam a resistência do elemento à aplicação de cargas. Assim, se uma carga for aplicada num nó da estrutura, então todos os elementos que se ligam nesse nó devem resistir à carga. Portanto, os coeficientes de rigidez somados indicam a resistência total do nó.

5.7 Procedimento para análise de estrutura em quadro usando-se o método de rigidez direta

Os passos para análise de estruturas usando-se o método de rigidez direta são delineados abaixo:

i. Desenvolver a estrutura discretizada e rotular os nós e elementos;

ii. Identificar as coordenadas ativas e restringidas. Definir o vetor carga $\{P_A\}$, o vetor reação $\{P_R\}$, o vetor deslocamento ativo $\{D_A\}$ e o vetor deslocamento restringido $\{D_R\}$;

iii. Para cada elemento, identificar as coordenadas com relação aos eixos locais e globais. Definir também os vetores de deslocamento de elemento em coordenadas locais e globais ({di} e $\{D^i\}$), e os vetores força de elemento em coordenadas locais e globais ($\{p^i\}$ e $\{P^i\}$);

iv. Desenvolver a matriz de rigidez de elemento com relação aos eixos locais $[k^i]$ e a matriz de transformação de elemento $[T^i]$;

v. Transformar a matriz de rigidez de elementos com relação a eixos locais $[k^i]$ para eixos globais $[K^i]$ usando-se a equação $[K^i] = [T^i]^T [k^i][T^i]$;

vi. Montar $[K^i]$ de todos os elementos para desenvolver a matriz de rigidez da estrutura [K]. Particionar [K] em quatro submatrizes na forma

$$[K] = \begin{bmatrix} [K_{AA}] & [K_{AR}] \\ [K_{RA}] & [K_{RR}] \end{bmatrix}$$

vii. Determinar $\{D_A\}$ usando-se a equação $\{D_A\} = [K_{AA}]^{-1} (\{P_A\} - [K_{AR}] \{D_R\})$;

viii. Encontrar o vetor reação $\{P_R\}$ através da equação $\{P_R\} = [K_{RA}]\{D_A\} + [K_{RR}]\{D_R\}$;

ix. Calcular o vetor força de elemento em coordenadas locais $\{p^i\}$ usando-se a equação 5.18.

$$\{p^i\} = [k^i] [T^i] \{D^i\}$$

5.7.1 Análise de estruturas com cargas de elemento

Para esse tipo de estrutura, os vetores força combinados ao longo das coordenadas ativas e restringidas ($\{P_{CA}\}$ e $\{P_{CR}\}$) devem ser usados, em vez de $\{P_A\}$ e $\{P_R\}$. O vetor força de elemento em coordenadas locais é calculado usando-se a seguinte equação:

$$\{p^i\} = \{p_F^i\} + [k^i][T^i]\{D^i\} \tag{5.19}$$

onde $\{p_F^i\}$ é a força desenvolvida no elemento i devida a ações de extremidade engastada.

Exemplo 5.1

Analisar a treliça mostrada na figura 5.9a usando o método da rigidez direta.

Solução

Passo 1: Desenvolver a estrutura discretizada e identificar as coordenadas globais (ativas e restringidas)

Os elementos e nós da treliça são mostrados na figura 5.9b. O nó 2 é escolhido como origem dos eixos globais. As coordenadas ativas (1 e 2) e restringidas (3 a 6) e os eixos globais da estrutura são mostrados na figura 5.9c.

Passo 2: Identificar os vetores força e deslocamento da estrutura

- Vetor carga $\{P_A\}$

$$\{P_A\} = \begin{Bmatrix} P_1 \\ P_2 \end{Bmatrix} = \begin{Bmatrix} 0 \\ -20 \end{Bmatrix} \text{kN}$$

- Vetor reação $\{P_R\}$

$$\{P_R\} = \begin{Bmatrix} P_3 \\ P_4 \\ P_5 \\ P_6 \end{Bmatrix}$$

- Vetor deslocamento ativo $\{D_A\}$

$$\{D_A\} = \begin{Bmatrix} D_1 \\ D_2 \end{Bmatrix}$$

- Vetor deslocamento restringido $\{D_R\}$

$$\{D_R\} = \begin{Bmatrix} D_3 \\ D_4 \\ D_5 \\ D_6 \end{Bmatrix} = \begin{Bmatrix} 0 \\ 0 \\ 0 \\ 0 \end{Bmatrix}$$

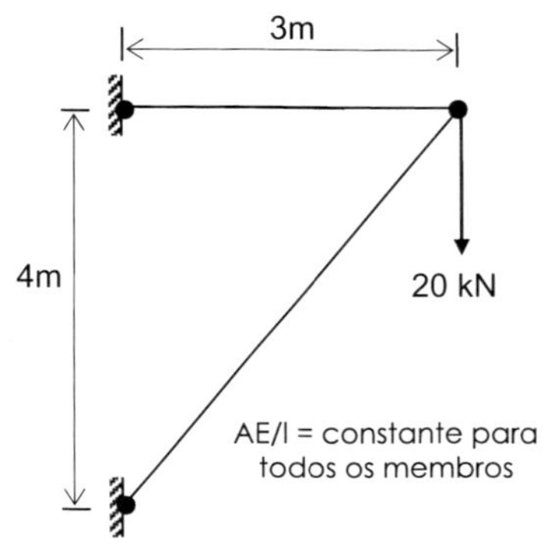

Figura 5.9a - Treliça plana.

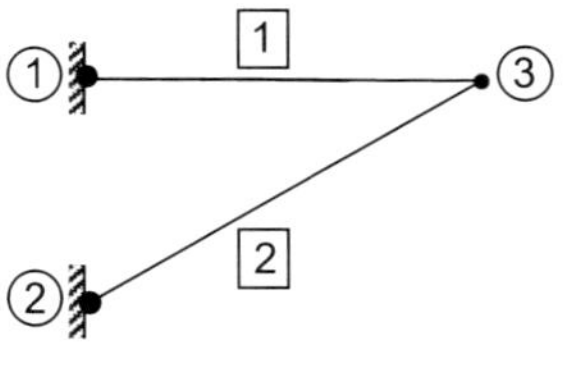

Figura 5.9b - Elementos e nós.

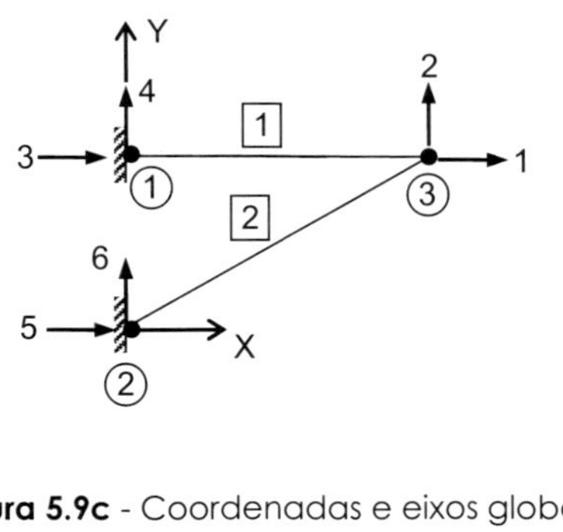

Figura 5.9c - Coordenadas e eixos globais.

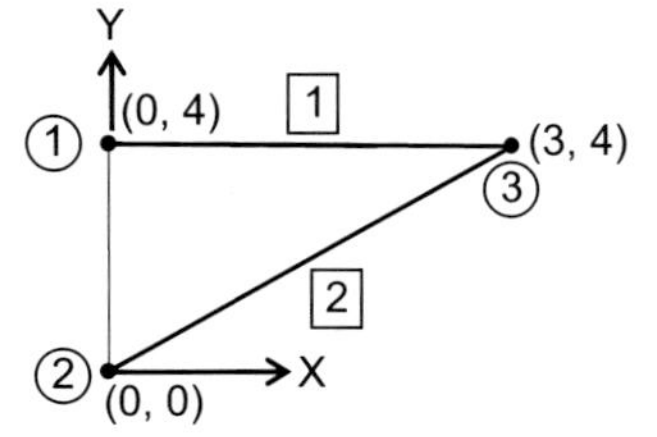

Figura 5.9d - Coordenadas dos nós.

Passo 3: Desenvolver a matriz de rigidez de elemento

- Coordenadas do nó e dados de conectividade de elemento.

As coordenadas dos nós são mostradas na figura 5.9d. Os detalhes também são dados na tabela 5.2. Os dados de conectividade de elemento estão tabulados na tabela 5.3.

- Eixos e coordenadas locais

A figura 5.9e mostra os eixos e coordenadas locais dos elementos..

- Matriz de rigidez de elemento para o elemento 1.

Matriz de rigidez de elemento em coordenadas locais [k^i]

$$[k^1] = \frac{AE}{l}\begin{bmatrix} 1 & -1 \\ -1 & 1 \end{bmatrix}$$

Matriz de transformação de elemento [T^1]

$$l = \sqrt{(X_F - X_N)^2 + (Y_F - Y_N)^2} = \sqrt{(3-0)^2 + (4-4)^2} = 3\text{ m}$$

$$c = \frac{X_F - X_N}{l} = \frac{3-0}{3} = 1$$

$$s = \frac{Y_F - Y_N}{l} = \frac{(4-4)}{3} = 0$$

$$[T^1] = \begin{bmatrix} c & s & 0 & 0 \\ 0 & 0 & c & s \end{bmatrix} = \begin{bmatrix} 1 & 0 & 0 & 0 \\ 0 & 0 & 1 & 0 \end{bmatrix}$$

Matriz de rigidez de elemento em coordenadas globais [K^i]

$$[K^i] = [T^1]^T [k^1][T^1]$$

$$\begin{matrix} & 3 & 4 & 1 & 2 & \end{matrix}$$

$$= \frac{AE}{l}\begin{bmatrix} 1 & 0 & -1 & 0 \\ 0 & 0 & 0 & 0 \\ -1 & 0 & 1 & 0 \\ 0 & 0 & 0 & 0 \end{bmatrix}\begin{matrix} 3 \\ 4 \\ 1 \\ 2 \end{matrix}$$

Tabela 5.2 - Coordenadas de nós

Nó	X (m)	Y (m)
1	0	4
2	0	0
3	3	4

Tabela 5.3 - Dados de conectividade de elemento

Elemento	Nó próximo N	Nó distante F
1	1	3
2	2	3

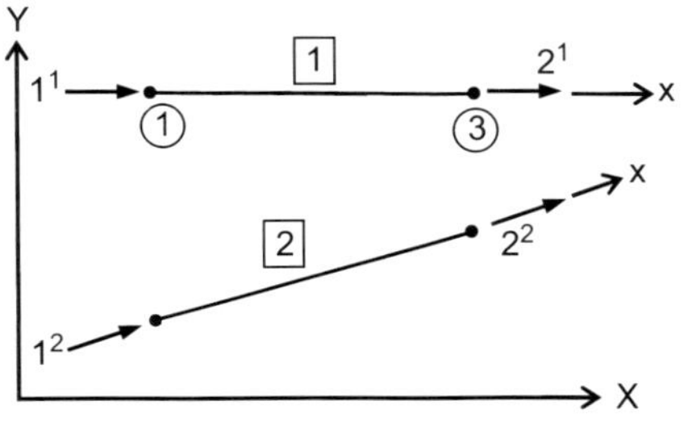

Figura 5.9e - Coordenadas e eixos locais

- Matriz de rigidez de elemento para o elemento 2.

Matriz de rigidez de elemento em coordenadas locais $[k^i]$

$$[k^1] = \frac{AE}{l}\begin{bmatrix} 1 & -1 \\ -1 & 1 \end{bmatrix}$$

Matriz de transformação de elemento $[T^i]$

$$l = \sqrt{(3-0)^2 + (4-0)^2} = 5 \text{ m}$$

$$c = \frac{X_F - X_N}{l} = \frac{3}{5} = 0.6$$

$$s = \frac{Y_F - Y_N}{l} = \frac{4}{5} = 0.8$$

$$[T^2] = \begin{bmatrix} 0.6 & 0.8 & 0 & 0 \\ 0 & 0 & 0.6 & 0.8 \end{bmatrix}$$

Matriz de rigidez de elemento em coordenadas globais $[K^i]$

$$\begin{array}{c} \\ [K^2] = \dfrac{AE}{l} \end{array} \begin{array}{c} \begin{array}{cccc} 5 & 6 & 1 & 2 \end{array} \\ \begin{bmatrix} 0.36 & 0.48 & -0.36 & -0.48 \\ 0.48 & 0.64 & -0.48 & -0.64 \\ -0.36 & -0.48 & 0.36 & 0.48 \\ -0.48 & -0.64 & 0.48 & 0.64 \end{bmatrix} \end{array} \begin{array}{c} \\ 5 \\ 6 \\ 1 \\ 2 \end{array}$$

Passo 4: Desenvolver a matriz de rigidez da estrutura [K]

$$\begin{array}{c} \\ [K] = \dfrac{AE}{l} \end{array} \begin{array}{c} \begin{array}{cccccc} 1 & 2 & 3 & 4 & 5 & 6 \end{array} \\ \begin{bmatrix} 1+0.36 & 0+0.48 & -1 & 0 & -0.36 & -0.48 \\ 0+0.48 & 0+0.64 & 0 & 0 & -0.48 & -0.64 \\ -1 & 0 & 1 & 0 & 0 & 0 \\ 0 & 0 & 0 & 0 & 0 & 0 \\ -0.36 & -0.48 & 0 & 0 & 0.36 & 0.48 \\ -0.48 & -0.64 & 0 & 0 & 0.48 & 0.64 \end{bmatrix} \end{array} \begin{array}{c} \\ 1 \\ 2 \\ 3 \\ 4 \\ 5 \\ 6 \end{array}$$

Assim,

$$\text{Thus, } [K] = \left[\begin{array}{c:c} [K_{AA}] & [K_{AR}] \\ \hdashline [K_{RA}] & [K_{RR}] \end{array} \right] = \frac{AE}{l} \left[\begin{array}{cc:cccc} 1.36 & 0.48 & -1 & 0 & -0.36 & -0.48 \\ 0.48 & 0.64 & 0 & 0 & -0.48 & -0.64 \\ \hdashline -1 & 0 & 1 & 0 & 0 & 0 \\ 0 & 0 & 0 & 0 & 0 & 0 \\ -0.36 & -0.48 & 0 & 0 & 0.36 & 0.48 \\ -0.48 & -0.64 & 0 & 0 & 0.48 & 0.64 \end{array} \right]$$

Passo 5: Encontrar $\{D_A\}$

$$\{D_A\} = [K_{AA}]^{-1} \left(\{P_A\} - [K_{AR}]\{D_R\} \right)$$

Como $\{D_R\} = \{0\}$,

$$\{D_A\} = [K_{AA}]^{-1} \{P_A\}$$

$$[K_{AA}] = \frac{AE}{l} \begin{bmatrix} 1.36 & 0.48 \\ 0.48 & 0.64 \end{bmatrix}$$

Portanto,

$$\{D_A\} = \frac{l}{AE} \begin{bmatrix} 15 \\ -42.5 \end{bmatrix}$$

Passo 6: Encontrar $\{P_R\}$

$$\{D_R\} = \{0\}$$

$$\{P_R\} = [K_{RA}]\{D_A\}$$

$$[K_{RA}] = \frac{AE}{l} \begin{bmatrix} -1 & 0 \\ 0 & 0 \\ -0.36 & -0.48 \\ -0.48 & -0.64 \end{bmatrix}$$

Portanto,

$$\{P_R\} = \begin{Bmatrix} -15 \\ 0 \\ 15 \\ 20 \end{Bmatrix} \text{kN}$$

Passo 7: Determinar o vetor força de elemento em coordenadas locais.

- Vetor deslocamento de elemento em coordenadas globais

Os deslocamentos de elementos em coordenadas globais são mostrados na figura 5.9f.

$$\{D^1\} = \begin{Bmatrix} D_3^1 \\ D_4^1 \\ D_1^1 \\ D_2^1 \end{Bmatrix} = \begin{Bmatrix} D_3 \\ D_4 \\ D_1 \\ D_2 \end{Bmatrix} = \frac{l}{AE} \begin{Bmatrix} 0 \\ 0 \\ 15 \\ -42.5 \end{Bmatrix}$$

$$\{D^2\} = \begin{Bmatrix} D_5^2 \\ D_6^2 \\ D_1^2 \\ D_2^2 \end{Bmatrix} = \begin{Bmatrix} D_5 \\ D_6 \\ D_1 \\ D_2 \end{Bmatrix} = \frac{l}{AE} \begin{Bmatrix} 0 \\ 0 \\ 15 \\ -42.5 \end{Bmatrix}$$

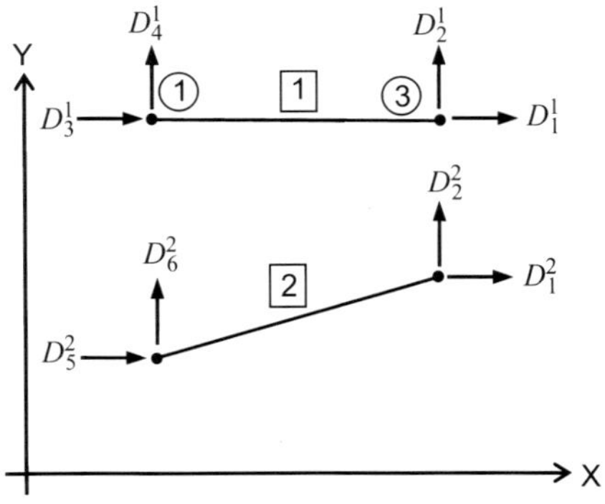

Figura 5.9f - Deslocamentos de elementos em coordenadas globais.

- Vetor força de elemento em coordenadas locais $\{p^i\}$

$$\{p^i\} = [k^i]\,[T^i]\,\{D^i\}$$

Elemento 1

$$\{p^1\} = [k^1][T^1]\{D^1\} = \begin{Bmatrix} -15 \\ 15 \end{Bmatrix} \text{kN}$$

Elemento 2

$$\{p^2\} = [k^2][T^2]\{D^2\} = \begin{Bmatrix} 25 \\ -25 \end{Bmatrix} \text{kN}$$

A força nos elementos é mostrada na figura 5.9g. As reações são indicadas na figura 5.9h.

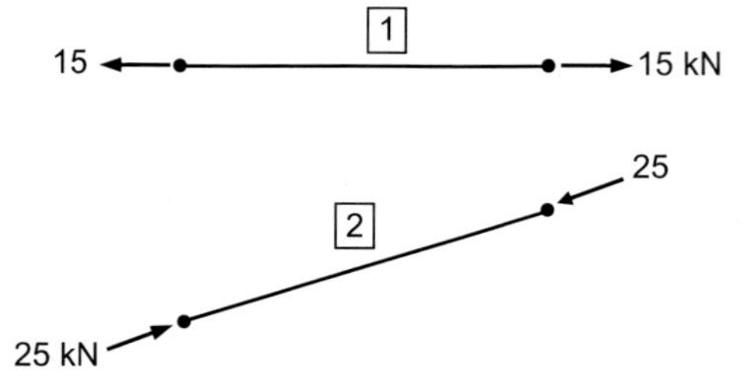

Figura 5.9g - Força em elementos.

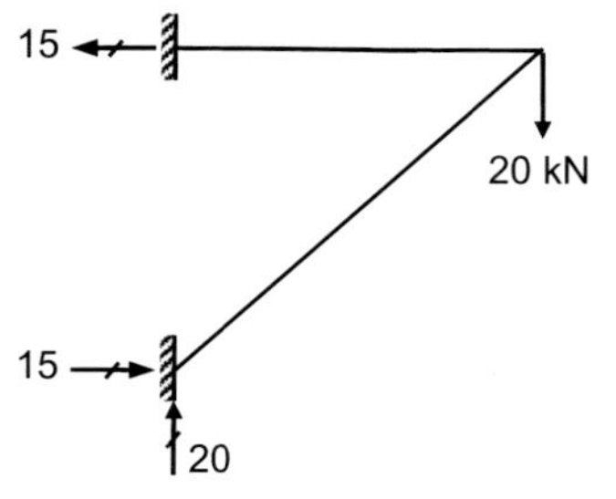

Figura 5.9h - Reações nos apoios.

Exemplo 5.2

Analisar a treliça espacial mostrada na figura 5.10a usando o método da rigidez direta. AE/l é igual para todos os elementos.

Solução

Passo 1: Desenvolver a estrutura discretizada e identificar as coordenadas globais.
Os elementos, nós, coordenadas nodais e eixos globais são mostrados na figura 5.10b.
As coordenadas ativas (1, 2, 3) e restringidas (4 a 12) são mostradas na figura 5.10c.

Passo 2: Identificar os vetores força e deslocamento da estrutura.

$$\{P_A\} = \begin{Bmatrix} P_1 \\ P_2 \\ P_3 \end{Bmatrix} = \begin{Bmatrix} 10 \\ -15 \\ 5 \end{Bmatrix} \text{kN}, \{D_A\} = \begin{Bmatrix} D_1 \\ D_2 \\ D_3 \end{Bmatrix}$$

$$\{P_R\} = \begin{Bmatrix} P_4 \\ P_5 \\ P_6 \\ P_7 \\ P_8 \\ P_9 \\ P_{10} \\ P_{11} \\ P_{12} \end{Bmatrix}, \{D_A\} = \begin{Bmatrix} D_4 \\ D_5 \\ D_6 \\ D_7 \\ D_8 \\ D_9 \\ D_{10} \\ D_{11} \\ D_{12} \end{Bmatrix} = \begin{Bmatrix} 0 \\ 0 \\ 0 \\ 0 \\ 0 \\ 0 \\ 0 \\ 0 \\ 0 \end{Bmatrix}$$

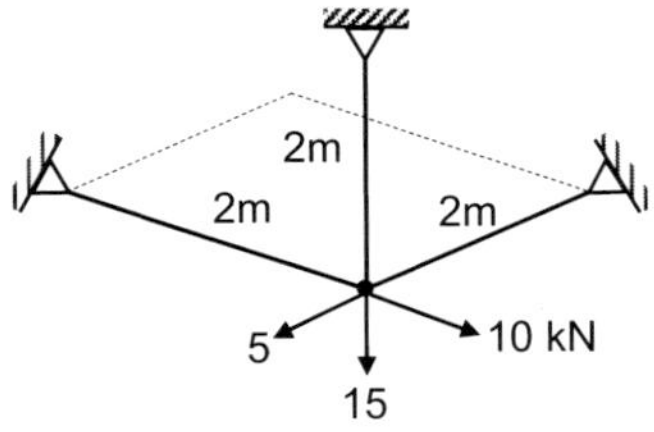

Figura 5.10a - Treliça espacial.

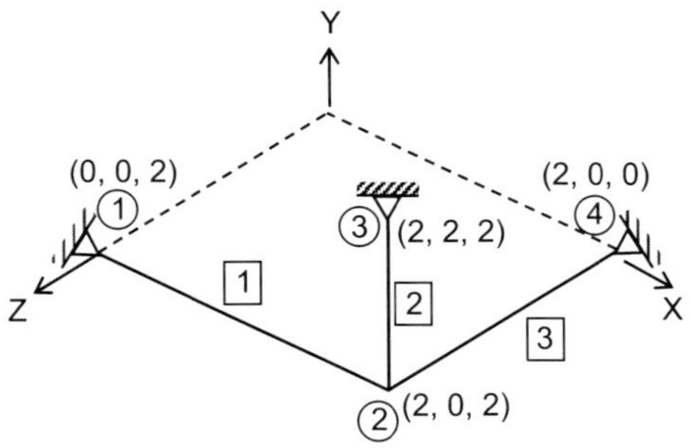

Figura 5.10b - Estrutura discretizada.

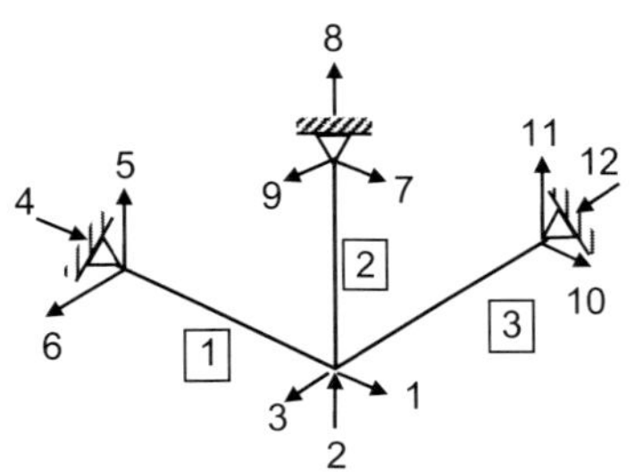

Figura 5.10c - Coordenadas globais.

Passo 3: Desenvolver a matriz de rigidez de elemento.

As coordenadas nodais e os dados de conectividade de elemento são dados nas tabelas 5.4 e 5.5. Os eixos e coordenadas locais dos elementos são mostrados na figura 5.10d.

- Matriz de rigidez de elemento em coordenadas locais

$$\left[k^1\right]=\left[k^2\right]=\left[k^3\right]=\frac{AE}{l}\begin{bmatrix} 1 & -1 \\ -1 & 1 \end{bmatrix}$$

- Matriz de transformação de elemento $[T^i]$

Elemento 1

$$l=\sqrt{\left(X_F-X_N\right)^2+\left(Y_F-Y_N\right)^2+\left(Z_F-Z_N\right)^2}=\sqrt{2^2+0^2+0^2}=2\text{ m}$$

$$l_1=\frac{X_F-X_N}{l}=1$$

$$m_1=\frac{Y_F-Y_N}{l}=0$$

$$n_1 = \frac{Z_F - Z_N}{l} = 0$$

$$\left[T^1\right] = \begin{bmatrix} l_1 & m_1 & n_1 & 0 & 0 & 0 \\ 0 & 0 & 0 & l_1 & m_1 & n_1 \end{bmatrix} = \begin{bmatrix} 1 & 0 & 0 & 0 & 0 & 0 \\ 0 & 0 & 0 & 1 & 0 & 0 \end{bmatrix}$$

Tabela 5.4 - Coordenadas de nós

Nó	X (m)	Y (m)	Z (m)
1	0	0	2
2	2	0	2
3	2	2	2
4	2	0	0

Tabela 5.5 - Dados de conectividade de elementos

Elemento	Nó próximo N	Nó distante F
1	1	2
2	2	3
3	2	4

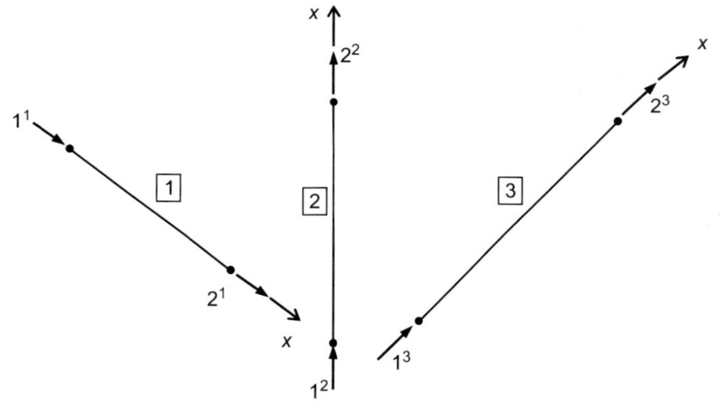

Figura 5.10d - Eixos e coordenadas locais.

Elemento 2

$$l = \sqrt{0^2 + 2^2 + 0^2} = 2 \text{ m}$$

$$l_1 = 0, m_1 = 1, n_1 = 0$$

$$\left[T^2\right] = \begin{bmatrix} 0 & 1 & 0 & 0 & 0 & 0 \\ 0 & 0 & 0 & 0 & 1 & 0 \end{bmatrix}$$

Elemento 3

$$l = \sqrt{0^2 + 0^2 + (-2)^2} = 2 \text{ m}$$

$$l_1 = 0,\ m_1 = 0,\ n_1 = -1$$

$$\left[T^3\right] = \begin{bmatrix} 0 & 0 & -1 & 0 & 0 & 0 \\ 0 & 0 & 0 & 0 & 0 & -1 \end{bmatrix}$$

- Matriz de rigidez de elemento em coordenadas globais [K^i]

$$\left[K^i\right] = \left[T^i\right]^T \left[k^i\right]\left[T^i\right]$$

$$\begin{array}{c} \\ \left[K^1\right] = \dfrac{AE}{l} \end{array} \begin{array}{c} \begin{array}{cccccc} 4 & 5 & 6 & 1 & 2 & 3 \end{array} \\ \begin{bmatrix} 1 & 0 & 0 & -1 & 0 & 0 \\ 0 & 0 & 0 & 0 & 0 & 0 \\ 0 & 0 & 0 & 0 & 0 & 0 \\ -1 & 0 & 0 & 1 & 0 & 0 \\ 0 & 0 & 0 & 0 & 0 & 0 \\ 0 & 0 & 0 & 0 & 0 & 0 \end{bmatrix} \end{array} \begin{array}{c} \\ 4 \\ 5 \\ 6 \\ 1 \\ 2 \\ 3 \end{array}$$

$$\begin{array}{c} \\ \left[K^2\right] = \dfrac{AE}{l} \end{array} \begin{array}{c} \begin{array}{cccccc} 1 & 2 & 3 & 7 & 8 & 9 \end{array} \\ \begin{bmatrix} 0 & 0 & 0 & 0 & 0 & 0 \\ 0 & 1 & 0 & 0 & -1 & 0 \\ 0 & 0 & 0 & 0 & 0 & 0 \\ 0 & 0 & 0 & 0 & 0 & 0 \\ 0 & -1 & 0 & 0 & 1 & 0 \\ 0 & 0 & 0 & 0 & 0 & 0 \end{bmatrix} \end{array} \begin{array}{c} \\ 1 \\ 2 \\ 3 \\ 7 \\ 8 \\ 9 \end{array}$$

$$\begin{array}{c} \\ \left[K^3\right] = \dfrac{AE}{l} \end{array} \begin{array}{c} \begin{array}{cccccc} 1 & 2 & 3 & 10 & 11 & 12 \end{array} \\ \begin{bmatrix} 0 & 0 & 0 & 0 & 0 & 0 \\ 0 & 0 & 0 & 0 & 0 & 0 \\ 0 & 0 & 1 & 0 & 0 & -1 \\ 0 & 0 & 0 & 0 & 0 & 0 \\ 0 & 0 & 0 & 0 & 0 & 0 \\ 0 & 0 & -1 & 0 & 0 & 1 \end{bmatrix} \end{array} \begin{array}{c} \\ 1 \\ 2 \\ 3 \\ 10 \\ 11 \\ 12 \end{array}$$

Passo 4: Desenvolver a matriz de rigidez da estrutura

$$\begin{array}{c} \\ [K] = \dfrac{AE}{l} \end{array} \begin{array}{c} \begin{array}{ccc|ccccccccc} 1 & 2 & 3 & 4 & 5 & 6 & 7 & 8 & 9 & 10 & 11 & 12 \end{array} \\ \left[\begin{array}{ccc|ccccccccc} 1 & 0 & 0 & -1 & 0 & 0 & 0 & 0 & 0 & 0 & 0 & 0 \\ 0 & 1 & 0 & 0 & 0 & 0 & 0 & -1 & 0 & 0 & 0 & 0 \\ 0 & 0 & 1 & 0 & 0 & 0 & 0 & 0 & 0 & 0 & 0 & -1 \\ \hline -1 & 0 & 0 & 1 & 0 & 0 & 0 & 0 & 0 & 0 & 0 & 0 \\ 0 & 0 & 0 & 0 & 0 & 0 & 0 & 0 & 0 & 0 & 0 & 0 \\ 0 & 0 & 0 & 0 & 0 & 0 & 0 & 0 & 0 & 0 & 0 & 0 \\ 0 & 0 & 0 & 0 & 0 & 0 & 0 & 0 & 0 & 0 & 0 & 0 \\ 0 & -1 & 0 & 0 & 0 & 0 & 0 & 1 & 0 & 0 & 0 & 0 \\ 0 & 0 & 0 & 0 & 0 & 0 & 0 & 0 & 0 & 0 & 0 & 0 \\ 0 & 0 & 0 & 0 & 0 & 0 & 0 & 0 & 0 & 0 & 0 & 0 \\ 0 & 0 & 0 & 0 & 0 & 0 & 0 & 0 & 0 & 0 & 0 & 0 \\ 0 & 0 & -1 & 0 & 0 & 0 & 0 & 0 & 0 & 0 & 0 & 1 \end{array}\right] \end{array} \begin{array}{c} \\ 1 \\ 2 \\ 3 \\ 4 \\ 5 \\ 6 \\ 7 \\ 8 \\ 9 \\ 10 \\ 11 \\ 12 \end{array}$$

Passo 5: Encontrar $\{D_A\}$

$$\{D_A\} = \{0\}$$

$$\{D_A\} = [K_{AA}]^{-1}\{P_A\} = \frac{l}{AE}\begin{Bmatrix} 10 \\ -15 \\ 5 \end{Bmatrix}$$

Passo 6: Encontrar $\{P_R\}$

$$\{P_R\} = [K_{RA}]\{D_A\} = \begin{Bmatrix} -10 \\ 0 \\ 0 \\ 0 \\ 15 \\ 0 \\ 0 \\ 0 \\ 0 \\ -5 \end{Bmatrix} \text{kN}$$

Passo 7: Determinar as forças nos elementos

$$\{D^1\} = \begin{Bmatrix} D_4 \\ D_5 \\ D_6 \\ D_1 \\ D_2 \\ D_3 \end{Bmatrix} = \frac{l}{AE}\begin{Bmatrix} 0 \\ 0 \\ 0 \\ 10 \\ -15 \\ 5 \end{Bmatrix}, \{D^2\} = \begin{Bmatrix} D_1 \\ D_2 \\ D_3 \\ D_7 \\ D_8 \\ D_9 \end{Bmatrix} = \frac{l}{AE}\begin{Bmatrix} 10 \\ -15 \\ 5 \\ 0 \\ 0 \\ 0 \end{Bmatrix},$$

$$\{D^3\} = \begin{Bmatrix} D_1 \\ D_2 \\ D_3 \\ D_{10} \\ D_{11} \\ D_{12} \end{Bmatrix} = \frac{l}{AE}\begin{Bmatrix} 10 \\ -15 \\ 5 \\ 0 \\ 0 \\ 0 \end{Bmatrix}$$

$$\{p^1\} = [k^1][T^1]\{D^1\} = \begin{Bmatrix} -10 \\ 10 \end{Bmatrix} \text{kN}$$

$$\{p^2\} = [k^2][T^2]\{D^2\} = \begin{Bmatrix} -15 \\ 15 \end{Bmatrix} \text{kN}$$

$$\{p^3\} = [k^3][T^3]\{D^3\} = \begin{Bmatrix} -5 \\ 5 \end{Bmatrix} \text{kN}$$

Os DCL dos elementos são mostrados na figura 5.10e.

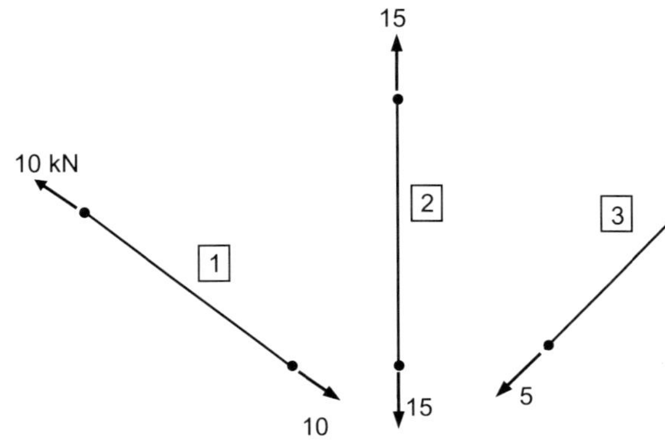

Figura 5.10e - DCL dos elementos.

Exemplo 5.3

Determinar a inclinação no ponto B da barra mostrada na figura 5.11a. Além disso, encontrar as forças e reações de apoios desenvolvidas na barra. Usar o método da rigidez direta.

Solução

Passo 1: Desenvolver a estrutura discretizada e identificar as coordenadas globais.

Os elementos, nós e eixos globais são indicados na figura 5.11b. As coordenadas ativas (1 a 4) e restringidas (5 e 6) são mostradas na figura 5.11c.

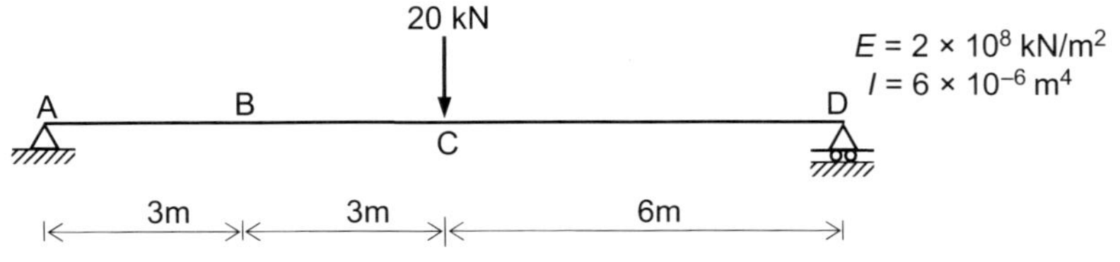

Figura 5.11a - Barra apoiada simples.

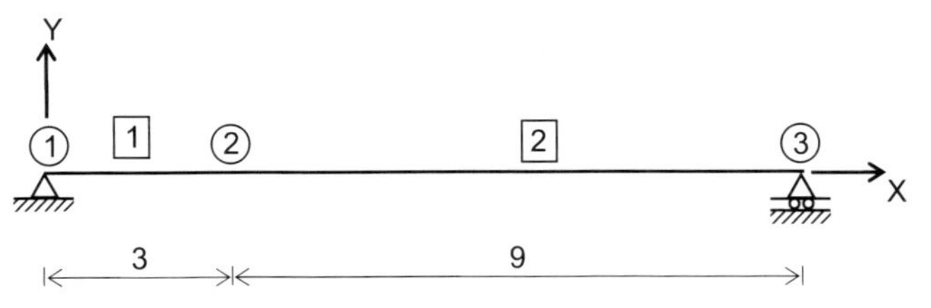

Figura 5.11b - Estrutura discretizada.

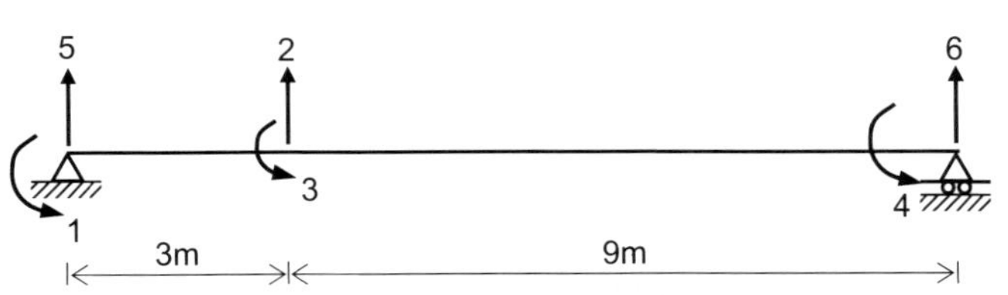

Figura 5.11c - Coordenadas globais.

Passo 2: Definir os vetores força e deslocamento da estrutura.

As ações de extremidade engastada e as cargas nodais equivalentes são mostradas nas figuras 5.11d e e, respectivamente.

Os vetores força combinados ao longo das coordenadas ativas e restringidas são

$$\{P_{CA}\} = \begin{Bmatrix} P_{c1} \\ P_{c2} \\ P_{c3} \\ P_{c4} \end{Bmatrix} = \begin{Bmatrix} 0 \\ -14.815 \\ -26.667 \\ 13.333 \end{Bmatrix}$$

$$\{P_{CR}\} = \begin{Bmatrix} P_{c5} \\ P_{c6} \end{Bmatrix} = \begin{Bmatrix} A_y \\ D_y - 5.185 \end{Bmatrix}$$

Os vetores deslocamento correspondentes são

$$\{D_A\} = \begin{Bmatrix} D_1 \\ D_2 \\ D_3 \\ D_4 \end{Bmatrix}; \{D_R\} = \begin{Bmatrix} D_5 \\ D_6 \end{Bmatrix} = \begin{Bmatrix} 0 \\ 0 \end{Bmatrix}$$

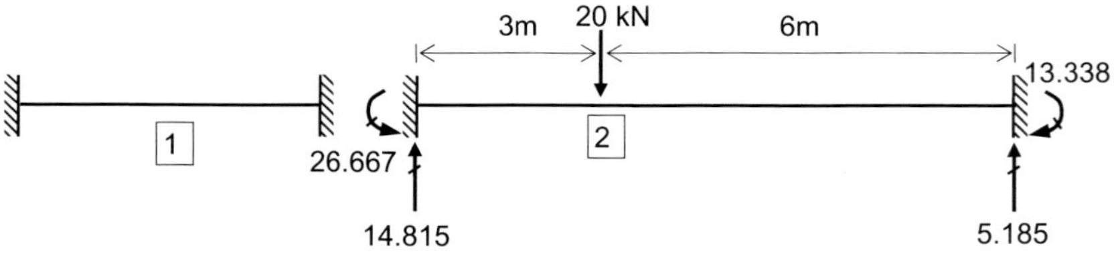

Figura 5.11d - Ações de extremidade engastada.

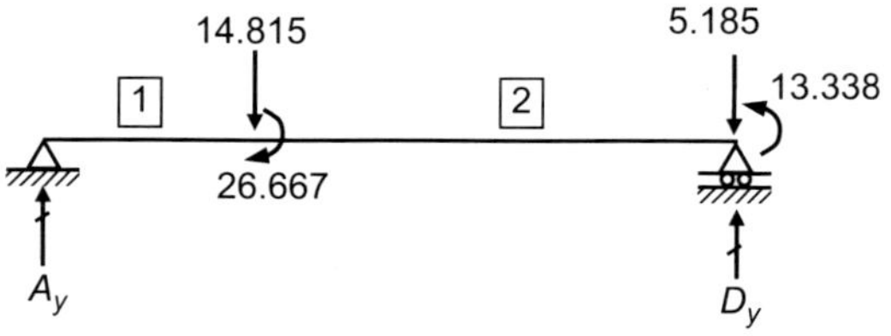

Figura 5.11e - Cargas nodais equivalentes.

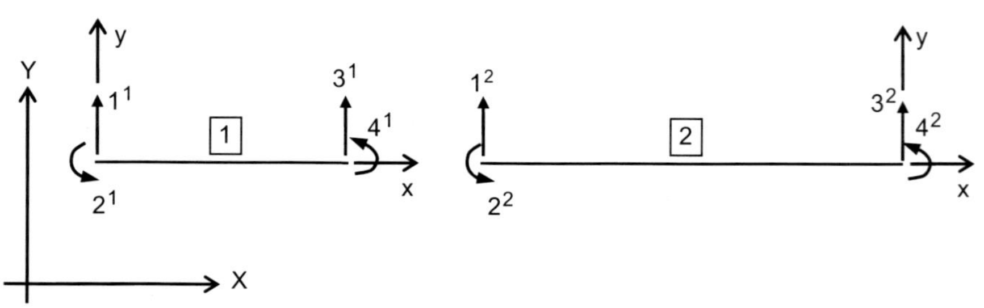

Figura 5.11f - Coordenadas e eixos locais.

Passo 3: Desenvolver a matriz de rigidez de elemento.

No caso de elementos barras, [T^i] é uma matriz identidade e [k^i] = [K^i]. As coordenadas locais dos elementos são mostradas na figura 5.11f.

- Elemento 1; l = 3m

$$[k^1]=[K^1]=EI\begin{bmatrix} 0.444 & 0.667 & -0.444 & 0.667 \\ 0.667 & 1.333 & -0.667 & 0.667 \\ -0.444 & -0.667 & 0.444 & -0.667 \\ 0.667 & 0.667 & -0.667 & 1.333 \end{bmatrix}\begin{matrix} 5 \\ 1 \\ 2 \\ 3 \end{matrix} \quad \text{(colunas: 5, 1, 2, 3)}$$

- Elemento 2; l = 9m

$$\left[k^2\right]=\left[K^2\right]=EI\begin{bmatrix} 0.0165 & 0.0741 & -0.0165 & 0.0741 \\ 0.0741 & 0.4444 & -0.0741 & 0.2222 \\ -0.0165 & -0.0741 & 0.0165 & -0.0741 \\ 0.0741 & 0.2222 & -0.0741 & 0.4444 \end{bmatrix}\begin{matrix} 2 \\ 3 \\ 6 \\ 4 \end{matrix} \quad \text{(colunas: 2, 3, 6, 4)}$$

Passo 4: Desenvolver a matriz de rigidez da estrutura [K]

$$[K]=EI\left[\begin{array}{cccc|cc} 1.333 & -0.667 & 0.667 & 0 & 0.667 & 0 \\ -0.667 & 0.461 & -0.593 & 0.0741 & -0.444 & -0.0165 \\ 0.667 & -0.593 & 1.778 & 0.222 & 0.667 & -0.0741 \\ 0 & 0.0741 & 0.222 & 0.444 & 0 & -0.0741 \\ \hline 0.667 & -0.444 & 0.667 & 0 & 0.444 & 0 \\ 0 & -0.0165 & -0.0741 & -0.0741 & 0 & 0.0165 \end{array}\right]\begin{matrix} 1 \\ 2 \\ 3 \\ 4 \\ 5 \\ 6 \end{matrix} \quad \text{(colunas: 1, 2, 3, 4, 5, 6)}$$

Passo 5: Encontrar {D$_A$}

$$\{D_R\}=\{0\}$$

$$\{D_A\}=[K_{AA}]^{-1}\{P_{CA}\}=\frac{1}{EI}\begin{Bmatrix} -181.5304 \\ -498.5981 \\ -135.8095 \\ 181.1460 \end{Bmatrix}$$

Rotação em B = $D_3=\dfrac{-135.8095}{EI}=-0.113$ rad

Passo 6: Encontrar {P$_{CR}$}

$$\{P_{CR}\}=[K_{RA}]\{D_A\}=\begin{Bmatrix} P_{c5} \\ P_{c6} \end{Bmatrix}=\begin{Bmatrix} 9.7118 \\ 4.8674 \end{Bmatrix}\text{kN}$$

$$P_{c5}=A_y=9.7118\text{ kN}$$

$$P_{c6}=B_y-5.185=4.8674 \Rightarrow B_y=4.874+5.185=10.0524\text{ kN}$$

Nota: Os valores corretos de A_y e B_y são 10 kN. Os valores exatos podem ser obtidos tomando-se dígitos mais significativos em cálculos.

Passo 7: Determinar as forças nos elementos.

As forças nos elementos são determinadas usando-se a equação 5.19.

$$\{p^i\} = \{p_F^i\} + [k^i][T^i]\{D^i\}.$$

Forças nos elementos devidas a ações de extremidade engastada $\{p_F^i\}$

Comparando-se a figura 5.11d com a figura 5.11f tem-se

$$\{p_F^1\} = \begin{Bmatrix} 0 \\ 0 \\ 0 \\ 0 \end{Bmatrix}; \{p_F^2\} = \begin{Bmatrix} 14.815 \\ 26.667 \\ 5.185 \\ -13.333 \end{Bmatrix}$$

- Vetores deslocamento de elemento em coordenadas globais $\{D^i\}$

$$\{D^1\} = \begin{Bmatrix} D_5 \\ D_1 \\ D_2 \\ D_3 \end{Bmatrix} = \frac{l}{EI} \begin{Bmatrix} 0 \\ -181.5304 \\ -498.5981 \\ -135.8095 \end{Bmatrix},$$

$$\{D^2\} = \begin{Bmatrix} D_2 \\ D_3 \\ D_6 \\ D_4 \end{Bmatrix} = \frac{l}{EI} \begin{Bmatrix} -498.5981 \\ -135.8095 \\ 0 \\ 181.1460 \end{Bmatrix}$$

- Forças nos elementos (em kN, m)

Elemento 1

$$\{p^1\} = \begin{Bmatrix} 9.7118 \\ 0 \\ -9.7118 \\ 30.4501 \end{Bmatrix}$$

Elemento 2

$$\{p^2\} = \begin{Bmatrix} 9.9476 \\ -30.3822 \\ 10.0524 \\ 0.0453 \end{Bmatrix}$$

Exemplo 5.4

Analisar o quadro plano mostrado na figura 5.12a usando o método da rigidez direta.

Solução

Passo 1: Desenvolver a estrutura discretizada e identificar as coordenadas globais

Os elementos, nós e as coordenadas nodais são indicados na figura 5.12b. As coordenadas ativas (1 a 6) e restringidas (7 a 9) são mostradas na figura 5.12c.

Passo 2: Identificar os vetores força e deslocamento da estrutura

$$\{P_A\} = \begin{Bmatrix} P_1 \\ P_2 \\ P_3 \\ P_4 \\ P_5 \\ P_6 \end{Bmatrix} = \begin{Bmatrix} 0 \\ 0 \\ 0 \\ 0 \\ -10\text{ kN} \\ 0 \end{Bmatrix}; \{D_A\} = \begin{Bmatrix} D_1 \\ D_2 \\ D_3 \\ D_4 \\ D_5 \\ D_6 \end{Bmatrix}$$

$$\{P_R\} = \begin{Bmatrix} P_7 \\ P_8 \\ P_9 \end{Bmatrix}; \{D_R\} = \begin{Bmatrix} D_7 \\ D_8 \\ D_9 \end{Bmatrix} = \begin{Bmatrix} 0 \\ 0 \\ 0 \end{Bmatrix}$$

Passo 3: Desenvolver a matriz de rigidez de elemento

As coordenadas dos nós e os dados de conectividade de elementos estão tabulados nas tabelas 5.6 e 5.7. Os eixos e coordenadas locais dos elementos são mostrados na figura 5.12d.

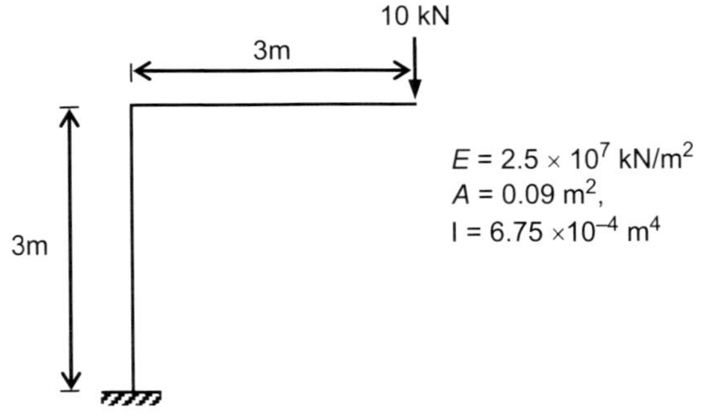

Figura 5.12a - Quadro plano.

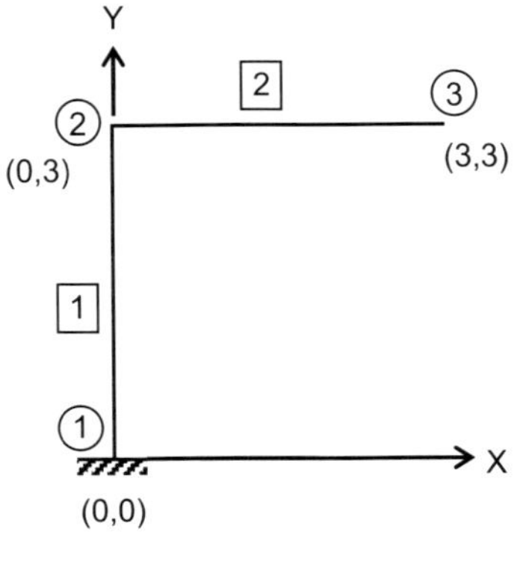

Figura 5.12b - Estrutura discretizada.

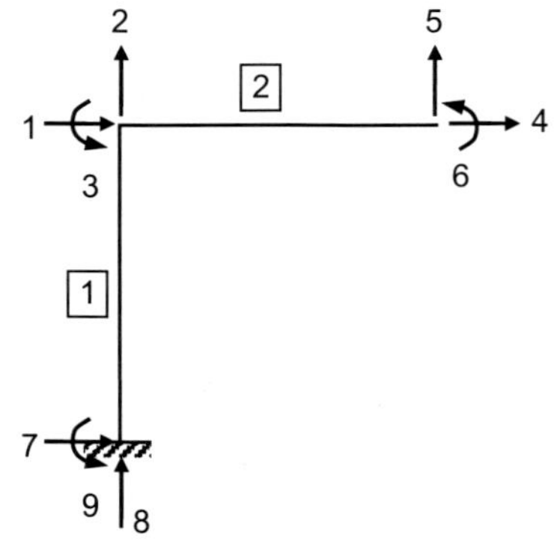

Figura 5.12c - Coordenadas globais.

Tabela 5.6 - Coordenadas de nós

Nó	X (m)	Y (m)
1	0	0
2	0	3
3	3	3

Tabela 5.7 - Dados de conectividade de elementos

Elemento	Nó próximo N	Nó distante F
1	1	2
2	2	3

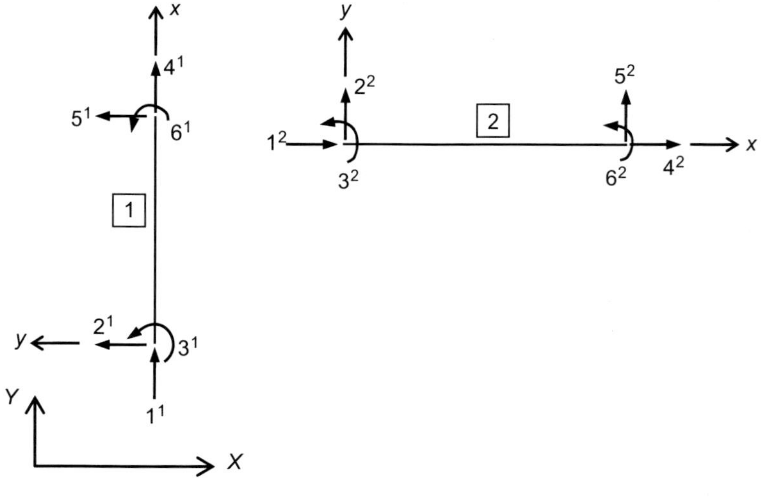

Figura 5.12d - Coordenadas e eixos locais.

- Matriz de rigidez de elemento em coordenadas locais [k^i]

Usando-se a equação 5.15c,

$$[k^1]=[k^2]=\begin{bmatrix} 750000 & 0 & 0 & -750000 & 0 & 0 \\ 0 & 7500 & 11250 & 0 & -7500 & 11250 \\ 0 & 11250 & 22500 & 0 & -11250 & 11250 \\ -750000 & 0 & 0 & 750000 & 0 & 0 \\ 0 & -7500 & -11250 & 0 & 7500 & -11250 \\ 0 & 11250 & 11250 & 0 & -11250 & 22500 \end{bmatrix}$$

- Matriz de transformação de elemento [T^i]

Elemento 1

$$l=\sqrt{(X_F-X_N)^2+(Y_F-Y_N)^2}=\sqrt{0^2+3^2}=3$$

$$c=\frac{X_F-X_N}{l}=0;\ s=\frac{Y_F-Y_N}{l}=\frac{3}{3}=1$$

Usando-se a equação 5.15b,

$$[T^1]=\begin{bmatrix} 0 & 1 & 0 & 0 & 0 & 0 \\ -1 & 0 & 0 & 0 & 0 & 0 \\ 0 & 0 & 1 & 0 & 0 & 0 \\ 0 & 0 & 0 & 0 & 1 & 0 \\ 0 & 0 & 0 & -1 & 0 & 0 \\ 0 & 0 & 0 & 0 & 0 & 1 \end{bmatrix}$$

Elemento 2

$$l=\sqrt{3^2+0^2}=1;\ c=1;\ s=0$$

$$[T^2]=\begin{bmatrix} 1 & 0 & 0 & 0 & 0 & 0 \\ 0 & 1 & 0 & 0 & 0 & 0 \\ 0 & 0 & 1 & 0 & 0 & 0 \\ 0 & 0 & 0 & 1 & 0 & 0 \\ 0 & 0 & 0 & 0 & 1 & 0 \\ 0 & 0 & 0 & 0 & 0 & 1 \end{bmatrix}$$

- Matriz de rigidez de elemento em coordenadas globais [K^i]

$$[K^1]=\begin{array}{c} \begin{matrix} 7 & 8 & 9 & 1 & 2 & 3 \end{matrix} \\ \begin{bmatrix} 7500 & 0 & -11250 & -7500 & 0 & -11250 \\ 0 & 750000 & 0 & 0 & -750000 & 0 \\ -11250 & 0 & 22500 & 11250 & 0 & 11250 \\ -7500 & 0 & 11250 & 7500 & 0 & 11250 \\ 0 & -750000 & 0 & 0 & 750000 & 0 \\ -11250 & 0 & 11250 & 11250 & 0 & 22500 \end{bmatrix} \end{array} \begin{matrix} 7 \\ 8 \\ 9 \\ 1 \\ 2 \\ 3 \end{matrix}$$

$$
\left[K^{2}\right]=
\begin{array}{c}
\begin{array}{cccccc} 1 & 2 & 3 & 4 & 5 & 6 \end{array} \\
\left[\begin{array}{cccccc}
750000 & 0 & 0 & -750000 & 0 & 0 \\
0 & 7500 & 11250 & 0 & -7500 & 11250 \\
0 & 11250 & 22500 & 0 & -11250 & 11250 \\
-750000 & 0 & 0 & 750000 & 0 & 0 \\
0 & -7500 & -11250 & 0 & 7500 & -11250 \\
0 & 11250 & 11250 & 0 & -11250 & 22500
\end{array}\right]
\end{array}
\begin{array}{c} \\ 1 \\ 2 \\ 3 \\ 4 \\ 5 \\ 6 \end{array}
$$

Passo 4: Desenvolver a matriz de rigidez da estrutura [K]

$$
[K]=
\begin{array}{c}
\begin{array}{ccccccccc} 1 & 2 & 3 & 4 & 5 & 6 & 7 & 8 & 9 \end{array} \\
\left[\begin{array}{cccccc|ccc}
757500 & 0 & 11250 & -750000 & 0 & 0 & -7500 & 0 & 11250 \\
0 & 757500 & 11250 & 0 & -7500 & 11250 & 0 & -750000 & 0 \\
11250 & 11250 & 45000 & 0 & -11250 & 11250 & -11250 & 0 & 11250 \\
-750000 & 0 & 0 & 750000 & 0 & 0 & 0 & 0 & 0 \\
0 & -7500 & -11250 & 0 & 7500 & -11250 & 0 & 0 & 0 \\
0 & 11250 & 11250 & 0 & -11250 & 22500 & 0 & 0 & 0 \\
\hline
-7500 & 0 & -11250 & 0 & 0 & 0 & 7500 & 0 & -11250 \\
0 & -750000 & 0 & 0 & 0 & 0 & 0 & 750000 & 0 \\
11250 & 0 & 11250 & 0 & 0 & 0 & -11250 & 0 & 22500
\end{array}\right]
\end{array}
\begin{array}{c} \\ 1 \\ 2 \\ 3 \\ 4 \\ 5 \\ 6 \\ 7 \\ 8 \\ 9 \end{array}
$$

Passo 5: Encontrar $\{D_A\}$

$$\{D_R\}=\{0\}$$

$$
\{D_A\}=[K_{AA}]^{-1}\{P_A\}=\begin{Bmatrix} D_1 \\ D_2 \\ D_3 \\ D_4 \\ D_5 \\ D_6 \end{Bmatrix}=\begin{Bmatrix} 0.008 \\ -0.0000133 \\ -0.0053333 \\ 0.008 \\ -0.0213467 \\ -0.008 \end{Bmatrix}
$$

Passo 6: Encontrar $\{P_R\}$

$$
\{P_R\}=[K_{RA}]\{D_A\}=\begin{Bmatrix} 0 \\ 10 \\ 30 \end{Bmatrix}
$$

Passo 7: Determinar as forças nos elementos

$$
\{D^{1}\}=\begin{Bmatrix} D_7 \\ D_8 \\ D_9 \\ D_1 \\ D_2 \\ D_3 \end{Bmatrix}=\begin{Bmatrix} 0 \\ 0 \\ 0 \\ 0.008 \\ -0.0000133 \\ -0.0053333 \end{Bmatrix};\{D^{2}\}=\begin{Bmatrix} D_1 \\ D_2 \\ D_3 \\ D_4 \\ D_5 \\ D_6 \end{Bmatrix}=\begin{Bmatrix} 0.008 \\ -0.0000133 \\ -0.0053333 \\ 0.008 \\ -0.0213467 \\ -0.008 \end{Bmatrix}
$$

$$\left\{p^1\right\}=\left[k^1\right]\left[T^1\right]\left\{D^1\right\}=\left\{\begin{array}{c}10\\0\\30\\-10\\0\\-30\end{array}\right\}$$

$$\left\{p^2\right\}=\left[k^2\right]\left[T^2\right]\left\{D^2\right\}=\left\{\begin{array}{c}0\\10\\30\\0\\-10\\0\end{array}\right\}$$

Os DCL dos elementos são mostrados na figura 5.12e.

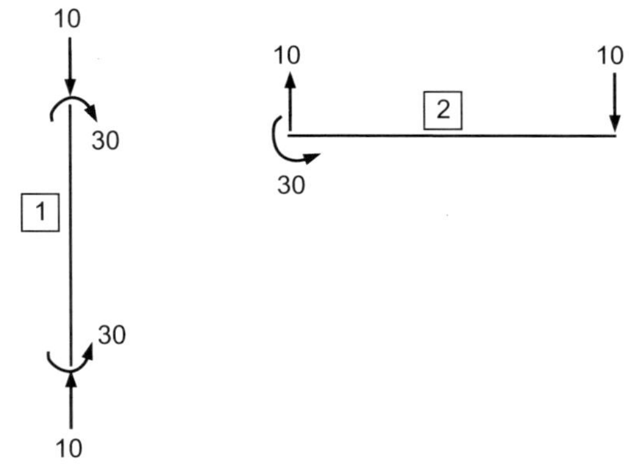

Figura 5.12e - DCL dos elementos (força em kN, m)

Exemplo 5.5

Analisar a grelha mostrada na figura 5.13a usando o método da rigidez direta.

Solução

Passo 1: Desenvolver a estrutura discretizada e identificar as coordenadas globais.

A estrutura discretizada e as coordenadas globais são indicadas nas figuras 5.13b e c. As coordenadas globais de 1 a 3 são ativas e as demais são restringidas.

Passo 2: Identificar os vetores força e deslocamento da estrutura.

$$\left\{P_A\right\}=\left\{\begin{array}{c}P_1\\P_2\\P_3\end{array}\right\}=\left\{\begin{array}{c}-10\text{ kN}\\0\\0\end{array}\right\};\left\{D_A\right\}=\left\{\begin{array}{c}D_1\\D_2\\D_3\end{array}\right\}$$

$$\{P_R\} = \begin{Bmatrix} P_4 \\ P_5 \\ P_6 \\ P_7 \\ P_8 \\ P_9 \end{Bmatrix} ; \{D_R\} = \begin{Bmatrix} D_4 \\ D_5 \\ D_6 \\ D_7 \\ D_8 \\ D_9 \end{Bmatrix} = \begin{Bmatrix} 0 \\ 0 \\ 0 \\ 0 \\ 0 \\ 0 \end{Bmatrix}$$

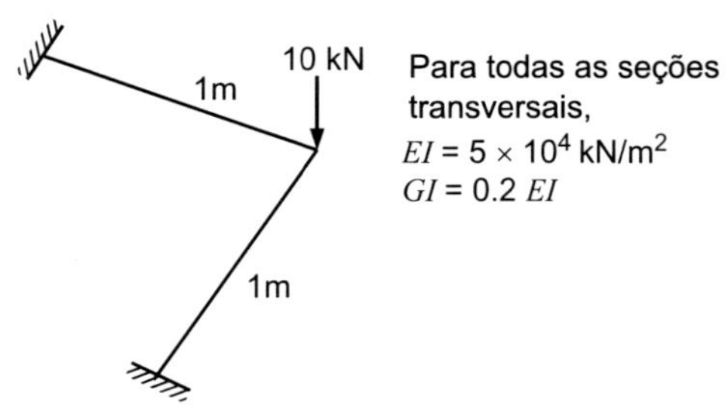

Figura 5.13a - Grelha.

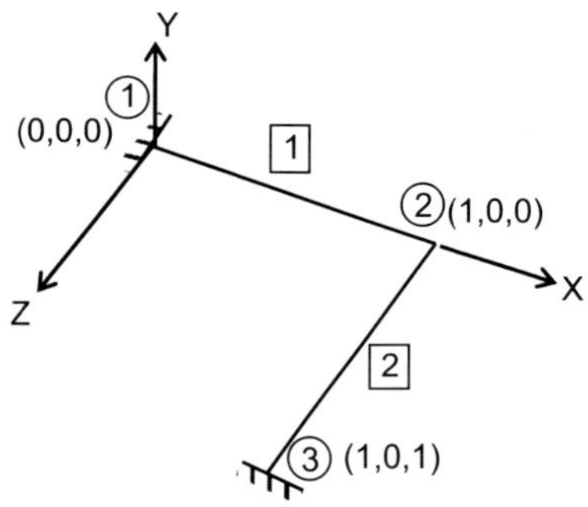

Figura 5.13b - Estrutura discretizada.

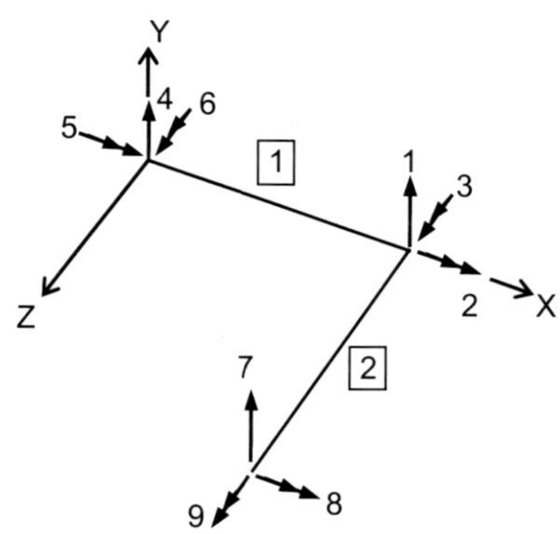

Figura 5.13c - Coordenadas globais.

Passo 3: Desenvolver a matriz de rigidez de elemento.

As coordenadas nodais e os dados de conectividade de elementos são dados nas tabelas 5.8 e 5.9. As coordenadas locais dos elementos são mostradas na figura 5.13d.

- Matriz de rigidez de elemento em coordenadas locais $[k^i]$

Usando-se a equação 5.16c,

$$[k^1]=[k^2]=EI\begin{bmatrix} 12 & 0 & 6 & -12 & 0 & 6 \\ 0 & 0.2 & 0 & 0 & -0.2 & 0 \\ 6 & 0 & 4 & -6 & 0 & 2 \\ -12 & 0 & -6 & 12 & 0 & -6 \\ 0 & -0.2 & 0 & 0 & 0.2 & 0 \\ 6 & 0 & 2 & -6 & 0 & 4 \end{bmatrix}$$

Tabela 5.8 - Coordenadas de nós

Nó	X (m)	Y (m)	Z (m)
1	0	0	0
2	1	0	0
3	1	0	1

Tabela 5.9 - Dados de conectividade de elementos

Elemento	Nó próximo N	Nó distante F
1	1	2
2	2	3

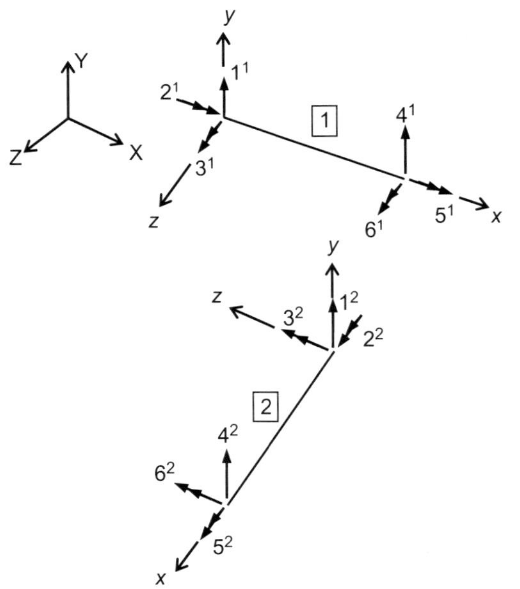

Figura 5.13d - Coordenadas e eixos locais.

- Matriz de transformação de elemento $[T^i]$

Elemento 1

$$l=\sqrt{(X_F-X_N)^2+(Y_F-Y_N)^2}=\sqrt{1^2+0^2}=1$$

$$\cos\alpha = \frac{X_F - X_N}{l} = 1; \operatorname{sen}\alpha = \frac{-(Z_F - Z_N)}{l} = 0$$

$$[T^1] = \begin{bmatrix} 1 & 0 & 0 & 0 & 0 & 0 \\ 0 & 1 & 0 & 0 & 0 & 0 \\ 0 & 0 & 1 & 0 & 0 & 0 \\ 0 & 0 & 0 & 1 & 0 & 0 \\ 0 & 0 & 0 & 0 & 1 & 0 \\ 0 & 0 & 0 & 0 & 0 & 1 \end{bmatrix}$$

Elemento 2

$$l = \sqrt{0^2 + 1^2} = 1; \cos\alpha = 0; \operatorname{sen}\alpha = -1$$

$$\left[T^2\right] = \begin{bmatrix} 1 & 0 & 0 & 0 & 0 & 0 \\ 0 & 0 & 1 & 0 & 0 & 0 \\ 0 & -1 & 0 & 0 & 0 & 0 \\ 0 & 0 & 0 & 1 & 0 & 0 \\ 0 & 0 & 0 & 0 & 0 & 1 \\ 0 & 0 & 0 & 0 & -1 & 0 \end{bmatrix}$$

- Matriz de rigidez de elemento em coordenadas globais [K^i]

$$\left[K^1\right] = EI \begin{array}{c} \begin{array}{cccccc} 4 & 5 & 6 & 1 & 2 & 3 \end{array} \\ \left[\begin{array}{c|c|c|c|c|c} 12 & 0 & 6 & -12 & 0 & 6 \\ 0 & 0.2 & 0 & 0 & -0.2 & 0 \\ 6 & 0 & 4 & -6 & 0 & 2 \\ -12 & 0 & -6 & 12 & 0 & -6 \\ 0 & -0.2 & 0 & 0 & 0.2 & 0 \\ 6 & 0 & 2 & -6 & 0 & 4 \end{array}\right] \end{array} \begin{array}{c} \\ 4 \\ 5 \\ 6 \\ 1 \\ 2 \\ 3 \end{array}$$

$$\left[K^2\right] = \begin{array}{c} \begin{array}{cccccc} 1 & 2 & 3 & 7 & 8 & 9 \end{array} \\ \left[\begin{array}{c|c|c|c|c|c} 12 & -6 & 0 & -12 & -6 & 0 \\ -6 & 4 & 0 & 6 & 2 & 0 \\ 0 & 0 & 0.2 & 0 & 0 & -0.2 \\ -12 & 6 & 0 & 12 & 6 & 0 \\ -6 & 2 & 0 & 6 & 4 & 0 \\ 0 & 0 & -0.2 & 0 & 0 & 0.2 \end{array}\right] \end{array} \begin{array}{c} \\ 1 \\ 2 \\ 3 \\ 7 \\ 8 \\ 9 \end{array}$$

Passo 4: Desenvolver a matriz de rigidez da estrutura [K]

$$[K] = EI \begin{array}{c} \begin{array}{ccccccccc} 1 & 2 & 3 & 4 & 5 & 6 & 7 & 8 & 9 \end{array} \\ \left[\begin{array}{ccc|cccccc} 24 & -6 & -6 & -12 & 0 & -6 & -12 & -6 & 0 \\ -6 & 4.2 & 0 & 0 & -0.2 & 0 & 6 & 2 & 0 \\ -6 & 0 & 4.2 & 6 & 0 & 2 & 0 & 0 & -0.2 \\ \hline -12 & 0 & 6 & 12 & 0 & 6 & 0 & 0 & 0 \\ 0 & -0.2 & 0 & 0 & 0.2 & 0 & 0 & 0 & 0 \\ -6 & 0 & 2 & 6 & 0 & 4 & 0 & 0 & 0 \\ -12 & 6 & 0 & 0 & 0 & 0 & 12 & 6 & 0 \\ -6 & 2 & 0 & 0 & 0 & 0 & 6 & 4 & 0 \\ 0 & 0 & -0.2 & 0 & 0 & 0 & 0 & 0 & 0.2 \end{array}\right] \end{array} \begin{array}{c} \\ 1 \\ 2 \\ 3 \\ 4 \\ 5 \\ 6 \\ 7 \\ 8 \\ 9 \end{array}$$

Passo 5: Encontrar $\{D_A\}$

$$\{D_R\} = \{0\}$$

$$\{D_A\} = [K_{AA}]^{-1}\{P_A\} = \begin{Bmatrix} D_1 \\ D_2 \\ D_3 \end{Bmatrix} = \frac{1}{EI}\begin{Bmatrix} -1.4583333 \\ -2.0833333 \\ -2.0833333 \end{Bmatrix}$$

Passo 6: Encontrar $\{P_R\}$

$$\{P_R\} = [K_{RA}]\{D_A\} = \begin{Bmatrix} 5 \\ 0.416667 \\ 4.583333 \\ 5 \\ 4.58333 \\ 0.416667 \end{Bmatrix}$$

Passo 7: Determinar as forças nos elementos

$$\{D^1\} = \begin{Bmatrix} D_4 \\ D_5 \\ D_6 \\ D_1 \\ D_2 \\ D_3 \end{Bmatrix} = \frac{1}{EI}\begin{Bmatrix} 0 \\ 0 \\ 0 \\ -1.4583333 \\ -2.0833333 \\ -2.0833333 \end{Bmatrix}; \{D^2\} = \begin{Bmatrix} D_1 \\ D_2 \\ D_3 \\ D_7 \\ D_8 \\ D_9 \end{Bmatrix} = \frac{1}{EI}\begin{Bmatrix} -1.4583333 \\ -2.0833333 \\ -2.0833333 \\ 0 \\ 0 \\ 0 \end{Bmatrix}$$

$$\{p^1\} = [k^1][T^1]\{D^1\} = \begin{Bmatrix} 5 \\ 0.41667 \\ 4.58333 \\ -5 \\ -0.41667 \\ 0.41667 \end{Bmatrix}$$

$$\{p^2\} = [k^2][T^2]\{D^2\} = \begin{Bmatrix} -5 \\ -0.41667 \\ -0.41667 \\ 5 \\ 0.41667 \\ -4.58333 \end{Bmatrix}$$

Os DCL dos elementos são mostrados na figura 5.13e.

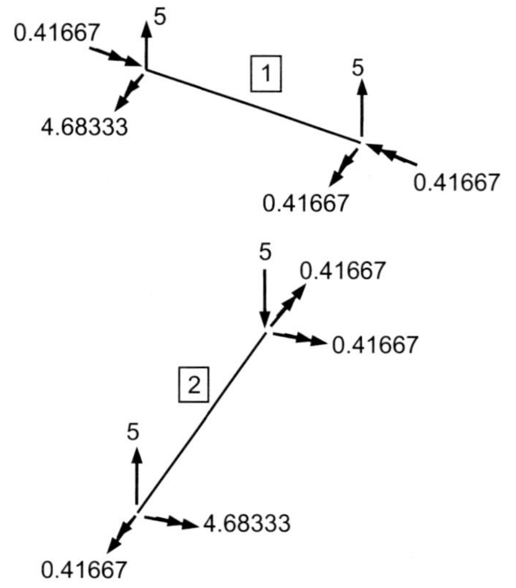

Figura 5.13e - DCL dos elementos (forças em kN, m).

Exemplo 5.6

Analisar o quadro espacial mostrado na figura 5.14a usando o método da rigidez direta. Todos os membros têm uma seção transversal retangular de largura 10 mm e profundidade 20 mm. As propriedades do material são E = 2 × 105 N/mm^2 e G = 0.8 × 105 N/mm^2.

Solução

Passo 1: Desenvolver a estrutura discretizada e identificar as coordenadas globais.

A estrutura discretizada e as coordenadas globais são mostradas nas figuras 5.14b e c. As coordenadas globais de 1 a 6 são ativas e as demais na figura 5.13c são coordenadas restringidas.

Passo 2: Identificar os vetores força e deslocamento da estrutura.

$$\{P_A\} = \begin{Bmatrix} P_1 \\ P_2 \\ P_3 \\ P_4 \\ P_5 \\ P_6 \end{Bmatrix} = \begin{Bmatrix} 0 \\ 0 \\ 0 \\ 0 \\ 10^6\ \text{Nmm} \\ 0 \end{Bmatrix}; \{D_A\} = \begin{Bmatrix} D_1 \\ D_2 \\ D_3 \\ D_4 \\ D_5 \\ D_6 \end{Bmatrix}$$

$$\{P_R\} = \begin{Bmatrix} P_7 \\ P_8 \\ \vdots \\ P_{24} \end{Bmatrix}; \{D_R\} = \begin{Bmatrix} D_7 \\ D_8 \\ \vdots \\ D_{24} \end{Bmatrix} = \begin{Bmatrix} 0 \\ 0 \\ \vdots \\ 0 \end{Bmatrix}$$

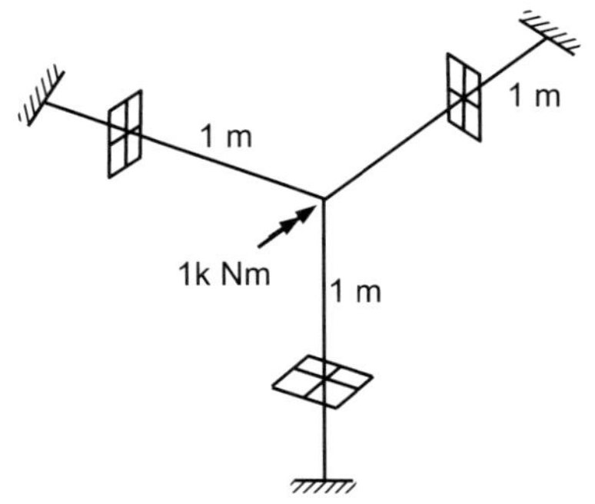

Figura 5.14a - Quadro espacial.

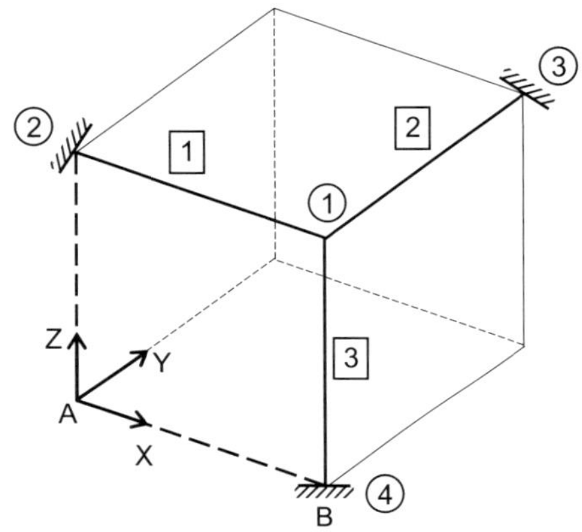

Figura 5.14b - Estrutura discretizada.

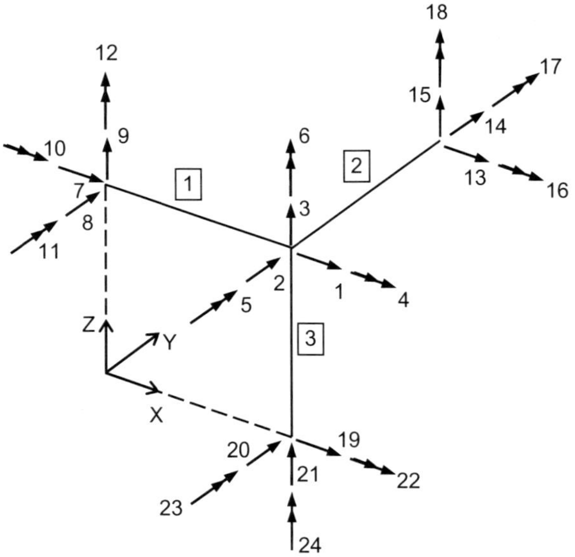

Figura 5.14c - Coordenadas globais.

Passo 3: Desenvolver a matriz de rigidez de elemento.

As coordenadas nodais e os dados de conectividade de elementos são dados nas tabelas 5.10 e 5.11. O nó K dos elementos e suas coordenadas são dadas na tabela 5.12. As coordenadas locais dos elementos são mostradas na figura 5.14d.

Tabela 5.10 - Coordenadas de nós

Nó	X (mm)	Y (mm)	Z (mm)
1	1000	0	1000
2	0	0	1000
3	1000	1000	1000
4	1000	0	0

Tabela 5.11 - Dados de conectividade de elementos

Elemento	Nó próximo N	Nó distante F
1	1	2
2	1	3
3	1	4

Tabela 5.12 - Coordenadas de nó K

		Coordenadas		
Elemento	**Nó K[a]**	**X (mm)**	**Y (mm)**	**Z (mm)**
1	A	0	0	0
2	B	1000	0	0
3	A	0	0	0

[a] Os pontos A e B são indicados na figura 5.14b.

- Matriz de rigidez de elemento em coordenadas locais $[k^i]$

Propriedades de seção:

$$A = 10 \times 20 = 200 \text{ mm}^2$$

$$I_z = \frac{10 \times 20^3}{12} = 6666.67 \text{ mm}^4$$

$$I_y = \frac{20 \times 10^3}{12} = 1666.67 \text{ mm}^4$$

$$I_y = \frac{20 \times 10^3}{12} = 1666.67 \text{ mm}^4; J = \frac{ab^3}{3}\left[1 - 0.63\left(\frac{b}{a}\right) + \frac{0.63}{12}\left(\frac{b}{a}\right)^5\right]; \quad b < a$$

Aqui,

$$b = 10\text{mm},\ a = 20\text{mm} \Rightarrow j = 4577.6\text{mm}^4$$

Usando-se a equação 5.17f,

$$\left[k^1\right]=\left[k^2\right]=\left[k^3\right]=\begin{bmatrix}
4000 & 0 & 0 & 0 & 0 & 0 & -40000 & 0 & 0 & 0 & 0 & 0 \\
0 & 16 & 0 & 0 & 0 & 8000 & 0 & -16 & 0 & 0 & 0 & 8000 \\
0 & 0 & 4 & 0 & -2000 & 0 & 0 & 0 & -4 & 0 & -2000 & 0 \\
0 & 0 & 0 & 366208 & 0 & 0 & 0 & 0 & 0 & -366208 & 0 & 0 \\
0 & 0 & -2000 & 0 & 1333336 & 0 & 0 & 0 & 2000 & 0 & 666668 & 0 \\
0 & 8000 & 0 & 0 & 0 & 5333336 & 0 & -8000 & 0 & 0 & 0 & 2666668 \\
-4000 & 0 & 0 & 0 & 0 & 0 & 40000 & 0 & 0 & 0 & 0 & 0 \\
0 & -16 & 0 & 0 & 0 & -8000 & 0 & 0 & 0 & 0 & 0 & -8000 \\
0 & 0 & -4 & 0 & 2000 & 0 & 0 & 0 & 0 & 0 & 2000 & 0 \\
0 & 0 & 0 & -366208 & 0 & 0 & 0 & 0 & 0 & 366208 & 0 & 0 \\
0 & 0 & -2000 & 0 & 666668 & 0 & 0 & 0 & 2000 & 0 & 1333336 & 0 \\
0 & 8000 & 0 & 0 & 0 & 2666668 & 0 & -8000 & 0 & 0 & 0 & 5333336
\end{bmatrix}$$

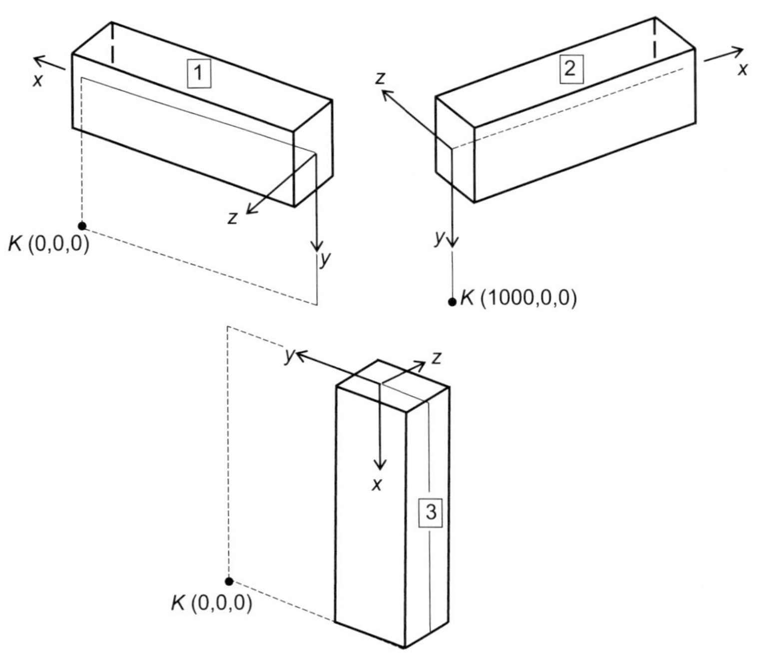

Eixos locais e nó K

Figura 5.14d - Coordenadas e eixos locais (sobrescritos nas coordenadas são evitados para fins de clareza no desenho).

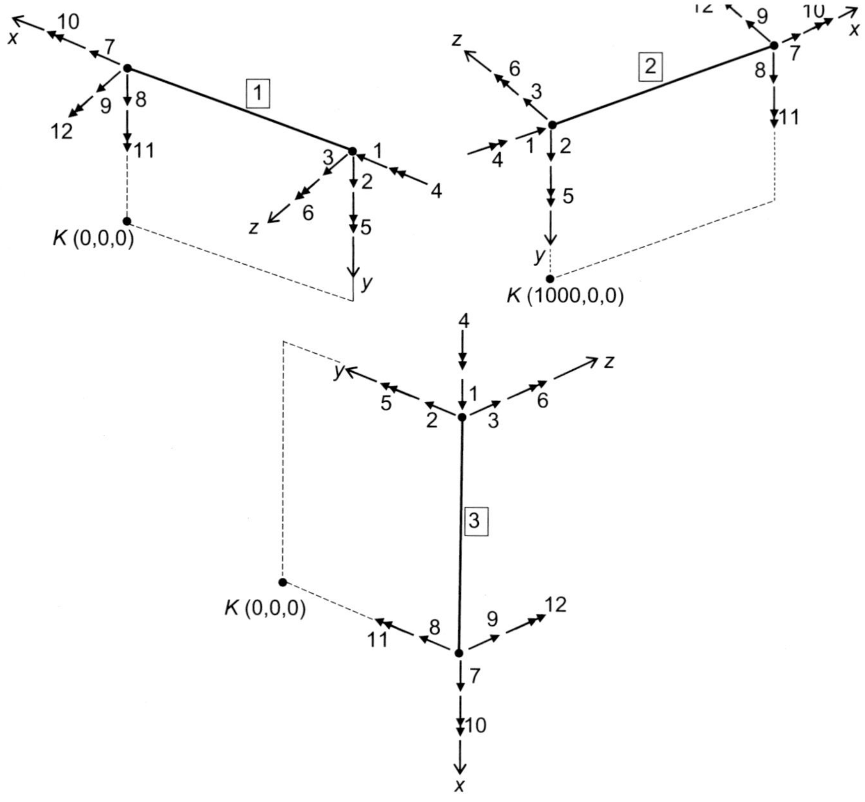

Figura 5.14d (continuação)- Coordenadas e eixos locais (sobrescritos nas coordenadas são evitados para fins de clareza no desenho).

Eixos locais e nó K

- Matriz de transformação de elemento [T[i]]

Elemento 1

$$X_x = X_F - X_N = 0 - 1000 = -1000;\ X_y = Y_F - Y_N = 0 - 0 = 0;\ X_z = Z_F - Z_N = 1000 - 1000 = 0$$

$$K_x = X_K - X_N = 0 - 1000 = -1000;\ K_y = Y_K - Y_N = 0 - 0 = 0;$$

$$K_z = Z_K - Z_N = 0 - 1000 = -1000$$

$$Z_x = X_y K_z - X_z K_y = 0;\ Z_y = X_z K_x - X_x K_z = -(1000)^2;\ Z_z = X_x K_y - X_y K_x = 0$$

$$Y_x = Z_y X_z - Z_z X_y = 0;\ Y_y = Z_z X_x - Z_x X_z = 0;\ Y_z = Z_x X_y - Z_y X_x = -(1000)^3$$

$$X = \sqrt{X_x^2 + X_y^2 + X_z^2} = 1000;\ Y = \sqrt{Y_x^2 + Y_y^2 + Y_z^2} = (1000)^3;$$

$$Z = \sqrt{Z_x^2 + Z_y^2 + Z_z^2} = 1000^2$$

Usando-se a equação 5.17,

$$l_1 = X_x/X = -1;\ m_1 = X_y/X = 0;\ n_1 = X_z/X = 0$$

$$l_2 = Y_x/Y = 0;\ m_2 = Y_y/Y = 0;\ n_2 = Y_z/Y = -1$$

$$l_3 = Z_x/Z = 0;\ m_3 = Z_y/Z = -1;\ n_3 = Z_z/Z = 0$$

Pela equação 5.17e,

$$[T^1] = \begin{bmatrix} -1 & 0 & 0 & 0 & 0 & 0 & 0 & 0 & 0 & 0 & 0 & 0 \\ 0 & 0 & -1 & 0 & 0 & 0 & 0 & 0 & 0 & 0 & 0 & 0 \\ 0 & -1 & 0 & 0 & 0 & 0 & 0 & 0 & 0 & 0 & 0 & 0 \\ 0 & 0 & 0 & -1 & 0 & 0 & 0 & 0 & 0 & 0 & 0 & 0 \\ 0 & 0 & 0 & 0 & 0 & -1 & 0 & 0 & 0 & 0 & 0 & 0 \\ 0 & 0 & 0 & 0 & -1 & 0 & 0 & 0 & 0 & 0 & 0 & 0 \\ 0 & 0 & 0 & 0 & 0 & 0 & -1 & 0 & 0 & 0 & 0 & 0 \\ 0 & 0 & 0 & 0 & 0 & 0 & 0 & 0 & -1 & 0 & 0 & 0 \\ 0 & 0 & 0 & 0 & 0 & 0 & 0 & -1 & 0 & 0 & 0 & 0 \\ 0 & 0 & 0 & 0 & 0 & 0 & 0 & 0 & 0 & -1 & 0 & 0 \\ 0 & 0 & 0 & 0 & 0 & 0 & 0 & 0 & 0 & 0 & 0 & -1 \\ 0 & 0 & 0 & 0 & 0 & 0 & 0 & 0 & 0 & 0 & -1 & 0 \end{bmatrix}$$

Elemento 2

$l_1 = 0;\ m_1 = 1;\ n_1 = 0$
$l_2 = 0;\ m_2 = 0;\ n_2 = -1$
$l_3 = -1;\ m_3 = 0;\ n_3 = 0$

$$[T^2] = \begin{bmatrix} 0 & 1 & 0 & 0 & 0 & 0 & 0 & 0 & 0 & 0 & 0 & 0 \\ 0 & 0 & -1 & 0 & 0 & 0 & 0 & 0 & 0 & 0 & 0 & 0 \\ -1 & 0 & 0 & 0 & 0 & 0 & 0 & 0 & 0 & 0 & 0 & 0 \\ 0 & 0 & 0 & 0 & 1 & 0 & 0 & 0 & 0 & 0 & 0 & 0 \\ 0 & 0 & 0 & 0 & 0 & -1 & 0 & 0 & 0 & 0 & 0 & 0 \\ 0 & 0 & 0 & -1 & 0 & 0 & 0 & 0 & 0 & 0 & 0 & 0 \\ 0 & 0 & 0 & 0 & 0 & 0 & 0 & 1 & 0 & 0 & 0 & 0 \\ 0 & 0 & 0 & 0 & 0 & 0 & 0 & 0 & -1 & 0 & 0 & 0 \\ 0 & 0 & 0 & 0 & 0 & 0 & -1 & 0 & 0 & 0 & 0 & 0 \\ 0 & 0 & 0 & 0 & 0 & 0 & 0 & 0 & 0 & 0 & 1 & 0 \\ 0 & 0 & 0 & 0 & 0 & 0 & 0 & 0 & 0 & 0 & 0 & -1 \\ 0 & 0 & 0 & 0 & 0 & 0 & 0 & 0 & 0 & -1 & 0 & 0 \end{bmatrix}$$

Elemento 3

$l_1 = 0;\ m_1 = 0;\ n_1 = -1$
$l_2 = -1;\ m_2 = 0;\ n_2 = 0$
$l_3 = 0;\ m_3 = 1;\ n_3 = 0$

$$
\left[T^3\right]=\begin{bmatrix}
0 & 0 & -1 & 0 & 0 & 0 & 0 & 0 & 0 & 0 & 0 & 0 \\
-1 & 0 & 0 & 0 & 0 & 0 & 0 & 0 & 0 & 0 & 0 & 0 \\
0 & 1 & 0 & 0 & 0 & 0 & 0 & 0 & 0 & 0 & 0 & 0 \\
0 & 0 & 0 & 0 & 0 & -1 & 0 & 0 & 0 & 0 & 0 & 0 \\
0 & 0 & 0 & -1 & 0 & 0 & 0 & 0 & 0 & 0 & 0 & 0 \\
0 & 0 & 0 & 0 & 1 & 0 & 0 & 0 & 0 & 0 & 0 & 0 \\
0 & 0 & 0 & 0 & 0 & 0 & 0 & 0 & -1 & 0 & 0 & 0 \\
0 & 0 & 0 & 0 & 0 & 0 & -1 & 0 & 0 & 0 & 0 & 0 \\
0 & 0 & 0 & 0 & 0 & 0 & 0 & 1 & 0 & 0 & 0 & 0 \\
0 & 0 & 0 & 0 & 0 & 0 & 0 & 0 & 0 & 0 & 0 & -1 \\
0 & 0 & 0 & 0 & 0 & 0 & 0 & 0 & 0 & -1 & 0 & 0 \\
0 & 0 & 0 & 0 & 0 & 0 & 0 & 0 & 0 & 0 & 1 & 0
\end{bmatrix}
$$

- Matriz de rigidez de elemento em coordenadas globais

$$
\left[K^1\right]=\begin{bmatrix}
1 & 2 & 3 & 4 & 5 & 6 \\
40000 & 0 & 0 & 0 & 0 & 0 \\
0 & 0 & 0 & 0 & 0 & -2000 \\
0 & 0 & 0 & 0 & 8000 & 0 \\
0 & 0 & 0 & 366208 & 0 & 0 \\
0 & 0 & 8000 & 0 & 5333336 & 0 \\
0 & -2000 & 0 & 0 & 0 & 1333336 \\
-40000 & 0 & 0 & 0 & 0 & 0 \\
0 & -4 & 0 & 0 & 0 & 2000 \\
0 & 0 & -16 & 0 & -8000 & 0 \\
0 & 0 & 0 & -366208 & 0 & 0 \\
0 & 0 & 8000 & 0 & 2666668 & 0 \\
0 & -2000 & 0 & 0 & 0 & 666668
\end{bmatrix}
$$

$$
\begin{bmatrix}
7 & 8 & 9 & 10 & 11 & 12 & \\
-40000 & 0 & 0 & 0 & 0 & 0 & 1 \\
0 & -4 & 0 & 0 & 0 & -2000 & 2 \\
0 & 0 & -16 & 0 & 8000 & 0 & 3 \\
0 & 0 & 0 & -366208 & 0 & 0 & 4 \\
0 & 0 & -8000 & 0 & 2666668 & 0 & 5 \\
0 & 2000 & 0 & 0 & 0 & 666668 & 6 \\
40000 & 0 & 0 & 0 & 0 & 0 & 7 \\
0 & 4 & 0 & 0 & 0 & 2000 & 8 \\
0 & 0 & 16 & 0 & -8000 & 0 & 9 \\
0 & 0 & 0 & 366208 & 0 & 0 & 10 \\
0 & 0 & -8000 & 0 & 5333336 & 0 & 11 \\
0 & 2000 & 0 & 0 & 0 & 1333336 & 12
\end{bmatrix}
$$

$$
\left[K^2\right]=\left[\begin{array}{cccccc}
1 & 2 & 3 & 4 & 5 & 6 \\
4 & 0 & 0 & 0 & 0 & -2000 \\
0 & 40000 & 0 & 0 & 0 & 0 \\
0 & 0 & 16 & 8000 & 0 & 0 \\
0 & 0 & 8000 & 5333336 & 0 & 0 \\
0 & 0 & 0 & 0 & 366208 & 0 \\
-2000 & 0 & 0 & 0 & 0 & 1333336 \\
-4 & 0 & 0 & 0 & 0 & 2000 \\
0 & -40000 & 0 & 0 & 0 & 0 \\
0 & 0 & -16 & -8000 & 0 & 0 \\
0 & 0 & 8000 & 2666668 & 0 & 0 \\
0 & 0 & 0 & 0 & -366208 & 0 \\
-2000 & 0 & 0 & 0 & 0 & 666668
\end{array}\right.
$$

$$
\left.\begin{array}{cccccc}
13 & 14 & 15 & 16 & 17 & 18 \\
-4 & 0 & 0 & 0 & 0 & -2000 \\
0 & -40000 & 0 & 0 & 0 & 0 \\
0 & 0 & -16 & 8000 & 0 & 0 \\
0 & 0 & -8000 & 2666668 & 0 & 0 \\
0 & 0 & 0 & 0 & -366208 & 0 \\
2000 & 0 & 0 & 0 & 0 & 666668 \\
4 & 0 & 0 & 0 & 0 & 2000 \\
0 & 40000 & 0 & 0 & 0 & 0 \\
0 & 0 & 16 & -8000 & 0 & 0 \\
0 & 0 & -8000 & 5333336 & 0 & 0 \\
0 & 0 & 0 & 0 & 366208 & 0 \\
2000 & 0 & 0 & 0 & 0 & 1333336
\end{array}\right]\begin{array}{c}
\\ 1 \\ 2 \\ 3 \\ 4 \\ 5 \\ 6 \\ 13 \\ 14 \\ 15 \\ 16 \\ 17 \\ 18
\end{array}
$$

$$
\left[K^3\right]=\left[\begin{array}{cccccc}
1 & 2 & 3 & 4 & 5 & 6 \\
16 & 0 & 0 & 0 & -8000 & 0 \\
0 & 4 & 0 & 2000 & 0 & 0 \\
0 & 0 & 4000 & 0 & 0 & 0 \\
0 & 2000 & 0 & 1333336 & 0 & 0 \\
-8000 & 0 & 0 & 0 & 5333336 & 0 \\
0 & 0 & 0 & 0 & 0 & 366208 \\
-16 & 0 & 0 & 0 & 8000 & 0 \\
0 & -4 & 0 & -2000 & 0 & 0 \\
0 & 0 & -40000 & 0 & 0 & 0 \\
0 & 2000 & 0 & 666668 & 0 & 0 \\
-8000 & 0 & 0 & 0 & 2666668 & 0 \\
0 & 0 & 0 & 0 & 0 & -366208
\end{array}\right.
$$

$$
\left.\begin{array}{cccccc}
19 & 20 & 21 & 22 & 23 & 24 \\
-16 & 0 & 0 & 0 & -8000 & 0 \\
0 & -4 & 0 & 2000 & 0 & 0 \\
0 & 0 & -40000 & 0 & 0 & 0 \\
0 & -2000 & 0 & 666668 & 0 & 0 \\
8000 & 0 & 0 & 0 & 2666668 & 0 \\
0 & 0 & 0 & 0 & 0 & -366208 \\
16 & 0 & 0 & 0 & 8000 & 0 \\
0 & 4 & 0 & -2000 & 0 & 0 \\
0 & 0 & 40000 & 0 & 0 & 0 \\
0 & -2000 & 0 & 1333336 & 0 & 0 \\
8000 & 0 & 0 & 0 & 5333336 & 0 \\
0 & 0 & 0 & 0 & 0 & 366208
\end{array}\right]\begin{array}{c}
\\ 1 \\ 2 \\ 3 \\ 4 \\ 5 \\ 6 \\ 19 \\ 20 \\ 21 \\ 22 \\ 23 \\ 24
\end{array}
$$

Passo 4: Desenvolver a matriz de rigidez da estrutura

[K] =

1	2	3	4	5	6	7	8	9	10	11	12	13	14	15	16	17	18	19	20	21	22	23	24	
40020	0	0	0	-8000	-2000	-40000	0	0	0	0	0	-4	0	0	0	0	-2000	-16	0	0	0	-8000	0	1
0	40008	0	2000	0	-2000	0	-4	0	0	0	-2000	0	-40000	0	0	0	0	0	-4	0	2000	0	0	2
0	0	40032	8000	8000	0	0	0	-16	0	8000	0	0	0	-16	8000	0	0	0	0	-40000	0	0	0	3
0	2000	8000	7032880	0	0	0	0	0	-366208	0	0	0	0	-8000	2666668	0	0	0	-2000	0	666668	0	0	4
-8000	0	8000	0	1.1E+07	0	0	0	-8000	0	2666668	0	0	0	0	0	-366208	0	8000	0	0	0	2666668	0	5
-2000	-2000	0	0	0	3032880	0	2000	0	0	0	666668	2000	0	0	0	0	666668	0	0	0	0	0	-366208	6
-40000	0	0	0	0	0	40000	0	0	0	0	0	0	0	0	0	0	0	0	0	0	0	0	0	7
0	-4	0	0	0	2000	0	4	0	0	0	2000	0	0	0	0	0	0	0	0	0	0	0	0	8
0	0	-16	0	-8000	0	0	0	16	0	-8000	0	0	0	0	0	0	0	0	0	0	0	0	0	9
0	0	0	-366208	0	0	0	0	0	366208	0	0	0	0	0	0	0	0	0	0	0	0	0	0	10
0	0	8000	0	2666668	0	0	0	-8000	0	5333336	0	0	0	0	0	0	0	0	0	0	0	0	0	11
0	-2000	0	0	0	666668	0	2000	0	0	0	1333336	0	0	0	0	0	0	0	0	0	0	0	0	12
-4	0	0	0	0	2000	0	0	0	0	0	0	4	0	0	0	0	2000	0	0	0	0	0	0	13
0	-40000	0	0	0	0	0	0	0	0	0	0	0	40000	0	0	0	0	0	0	0	0	0	0	14
0	0	-16	-8000	0	0	0	0	0	0	0	0	0	0	16	-8000	0	0	0	0	0	0	0	0	15
0	0	8000	2666668	0	0	0	0	0	0	0	0	0	0	-8000	5333336	0	0	0	0	0	0	0	0	16
0	0	0	0	-366208	0	0	0	0	0	0	0	0	0	0	0	366208	0	0	0	0	0	0	0	17
-2000	0	0	0	0	666668	0	0	0	0	0	0	2000	0	0	0	0	1333336	0	0	0	0	0	0	18
-16	0	0	0	8000	0	0	0	0	0	0	0	0	0	0	0	0	0	16	0	0	0	8000	0	19
0	-4	0	-2000	0	0	0	0	0	0	0	0	0	0	0	0	0	0	0	4	0	-2000	0	0	20
0	0	-40000	0	0	0	0	0	0	0	0	0	0	0	0	0	0	0	0	0	40000	0	0	0	21
0	2000	0	666668	0	0	0	0	0	0	0	0	0	0	0	0	0	0	0	-2000	0	1333336	0	0	22
-8000	0	0	0	2666668	0	0	0	0	0	0	0	0	0	0	0	0	0	8000	0	0	0	5333336	0	23
0	0	0	0	0	-366208	0	0	0	0	0	0	0	0	0	0	0	0	0	0	0	0	0	366208	24

Passo 5: Encontrar $\{D_A\}$

$$\{D_R\} = \{0\}$$

$$\{D_A\} = \begin{Bmatrix} D_1 \\ D_2 \\ D_3 \\ D_4 \\ D_5 \\ D_6 \end{Bmatrix} = \begin{Bmatrix} 0.018124425 \\ -4.33067 \times 10^{-7} \\ -0.018122515 \\ 2.06147 \times 10^{-5} \\ 0.090664448 \\ 1.19517 \times 10^{-5} \end{Bmatrix}$$

Passo 6: Encontrar $\{P_R\}$ (em N e mm)

$$\{P_R\} = \begin{Bmatrix} -724.977 \\ 0.023905 \\ -725.026 \\ -7.54928 \\ 241627 \\ 7.968663 \\ -0.04859 \\ 0.017323 \\ 0.0125042 \\ -90.0075 \\ -33202 \\ -28.2811 \\ 725.0256 \\ -0.04123 \\ 724.9006 \\ 13.74232 \\ 241627 \\ -4.3768 \end{Bmatrix}$$

Passo 7: Determinar as forças nos elementos (em N e mm)

$$\{p^1\} = \begin{bmatrix} -724.98 \\ -725.03 \\ 0.02391 \\ -7.5493 \\ -15.936 \\ -483399 \\ 724.977 \\ 725.026 \\ -0.0239 \\ 7.54928 \\ -7.9687 \\ -241627 \end{bmatrix}$$

$$\{p^2\} = \begin{bmatrix} -0.0173 \\ 0.12504 \\ -0.0486 \\ 33202 \\ 20.3133 \\ 35.0348 \\ 0.01732 \\ -0.125 \\ 0.04859 \\ -33202 \\ 28.2811 \\ 90.0075 \end{bmatrix}$$

$$\{p^3\} = \begin{bmatrix} 724.901 \\ 725.026 \\ 0.04123 \\ -4.3768 \\ -27.486 \\ 483399 \\ -724.9 \\ -725.03 \\ -0.0412 \\ 4.3768 \\ -13.742 \\ 241627 \end{bmatrix}$$

5.8 Introdução à análise estrutural não linear

Todos os problemas na natureza são não lineares. Mas, em muitos casos, é suficiente tratar-se os problemas como lineares para se obter resultados razoavelmente bons. Porém, em alguns tipos de problemas, a não linearidade deve ser considerada para se obter resultados realistas. Por exemplo, para se obter comportamento pós produção, comportamento pós amarração, etc, a análise não linear é necessária.

Há quatro fontes de não linearidades na análise estrutural:

i. Não linearidade de material — esta é devida à relação estresse-esforço não linear (relação constitutiva) do material;

ii. Não linearidade geométrica — este tipo de não linearidade é devido a relações esforço-deslocamento não lineares;

iii. Não linearidade de forças — nestes tipos de problemas não lineares, a direção e a magnitude de forças aplicadas muda com a deformação;

iv. Não linearidade cinética — esta é devida a mudança nas condições de limite de deslocamento com as deformações da estrutura.

Os conceitos básicos necessários para se considerar as não linearidades material e geométrica na análise de estruturas simples são discutidos nesta seção.

5.8.1 Abordagem com matrizes para a análise não linear

A equação de equilíbrio para a estrutura é

$$[K]\{D\}=\{P\}$$

Em estruturas não lineares[5], os coeficientes em [K] serão funções de {D}. Assim, não é possível encontrar-se explicitamente o vetor de deslocamento incógnito.

Os problemas não lineares são resolvidos por meio da conveniente repetição de análise estrutural linear. As duas abordagens numéricas populares para resolução da análise não linear de estruturas são as seguintes: (i) aplicação passo a passo de cargas incrementais e (ii) solução iterativa regular ou modificada de Newton–Raphson (N–R) sob cargas completas. Em ambos os métodos, considera-se que a cada passo da resolução, a análise é feita ao longo de uma linha reta tangente à resposta força–deslocamento da estrutura. A equação de equilíbrio para cada passo é

$$[K_t]\{\Delta D\}=\{\Delta P\} \tag{5.20}$$

onde $[K_t]$ é a matriz de rigidez tangente, $\{\Delta D\}$ é o vetor de deslocamentos incrementais e $\{\Delta P\}$ é o vetor de forças incrementais.

5.8.2 Métodos de resolução

Uma mola não linear é mostrada na figura 5.15. É necessário encontrar-se a deflexão D_A da mola quando ela é submetida a uma força P_A. Os procedimentos incremental e iterativo de resolução são discutidos usando-se este exemplo.

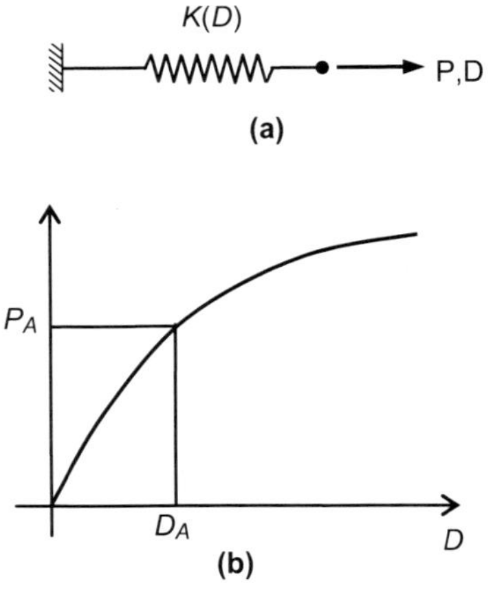

Figura 5.15 - Mola não linear: (a) mola e (b) curva força-deslocamento.

5.8.2.1 Procedimento incremental

Neste método, o problema não linear é aproximado como uma série de problemas lineares. A carga total é dividida em muitas cargas parciais, ou incrementos. Em geral, os incrementos de carga não precisam ser de mesma magnitude. Mas, para fins de simplicidade nos cálculos, normalmente eles são tomados como o mesmo. A carga é aplicada incrementalmente. Num dado incremento de carga $\{\Delta P\}$, usando-se a matriz de rigidez tangente conside-

[5] Num problema não linear genérico, tanto [K] quanto {P} são funções de {D}. Nesta seção, considera-se que apenas [K] seja função de {D}.

rada $[K_t]$, o vetor deslocamento incremental $\{\Delta D\}$ é calculado como

$$\{\Delta D\} = [K_t]^{-1}\{\Delta P\}$$

Este procedimento é repetido até que a carga total seja alcançada. A soma cumulativa de $\{\Delta D\}$ para todos os passos de carga será o deslocamento total.

Para a análise da mola não linear mostrada na figura 5.15, a carga total P_A é dividida em n passos de carga iguais. Portanto, a carga incremental aplicada em qualquer estágio j é $\Delta P_j = P_A / n$. Após a aplicação do i-ésimo incremento de carga, a carga será

$$P_i = \sum_{j=1}^{i} \Delta P_j$$

e o deslocamento será

$$D_i = \sum_{j=1}^{n} \Delta D_j$$

A rigidez tangente calculada do passo de carga prévio K_{ti-1} é usada para o cálculo de ΔD_j, i.e.,

$\Delta D_i = K_{ti-1}^{-1} \Delta P_i$, para i = 1 até n.

No caso do primeiro incremento de carga (i = 1), a rigidez tangente inicial K_{t0} é usada na equação acima.

O procedimento incremental é esquematicamente mostrado na figura 5.16. A precisão deste procedimento pode ser aumentada pelo aumento do número de passos de carga n. Além do deslocamento final, a resposta da estrutura em qualquer carga intermediária é também obtida usando-se este método.

5.8.2.2 Procedimento iterativo

No procedimento iterativo, a carga completa $\{P\}$ é aplicada sobre a estrutura no início. Como o valor exato da rigidez da estrutura não é inicialmente conhecido, um valor aproximado é tomado para análise. Então, o deslocamento calculado não será igual a seu valor real. A força desenvolvida na estrutura para o deslocamento calculado é determinada. Esta força é, na verdade, a força desenvolvida na estrutura para manter equilíbrio para o deslocamento calculado e é denotada por $\{P_e\}$. Agora, o vetor força não balanceado $\{\Delta P\} = \{P\} - \{P_e\}$ é aplicado à estrutura e o vetor deslocamento incremental é determinado. A soma cumulativa dos deslocamentos é encontrada e o novo valor de $\{P_e\}$ é calculado para este deslocamento. O procedimento é repetido até que $\{P_e\}$ seja igual a $\{P\}$ ou até que a diferença entre $\{P\}$ e $\{P_e\}$ chegue a um critério de erro aceitável.

Para a i-ésima iteração, a carga necessária para análise é

$$\{\Delta P_i\} = \{P\} - \{P_{ei-1}\} \tag{5.21}$$

onde $\{P_{ei-1}\}$ é a carga equilibrada após a iteração anterior (i.e., na iteração (i - 1)). O incremento no vetor deslocamento $\{\Delta D_i\}$ é calculado como

$$\{\Delta D_i\} = [K_t^i]^{-1}\{\Delta P_i\} \tag{5.22}$$

onde $[K_t^i]$ é a matriz de rigidez tangente usada na i-ésima iteração. O deslocamento total após a i-ésima iteração é

$$\{D_i\} = \sum_{j=1}^{n}\{\Delta D_j\} \tag{5.23}$$

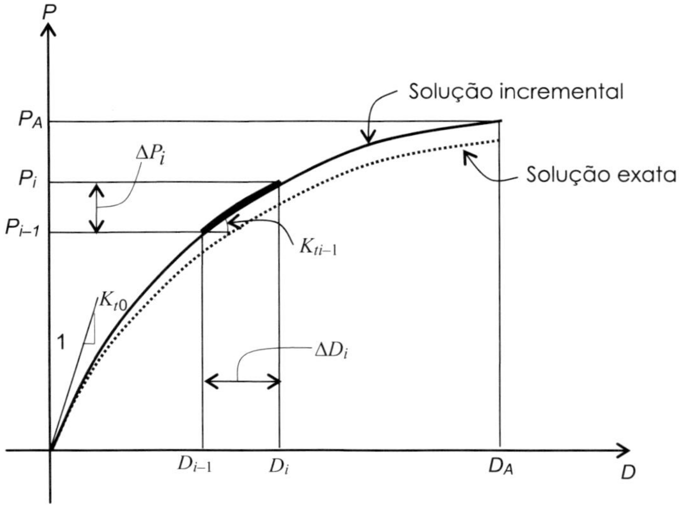

Figura 5.16 - Procedimento incremental.

Na equação 5.22, se a matriz de rigidez tangente, no final do passo de iteração anterior $[K_{ti-1}]$ for usada como $[K_{ti}]$, o procedimento será chamado método de Newton–Raphson (N–R). Neste caso, a equação 5.22 pode ser escrita como

$$\{\Delta D_j\} = [K_{ti-1}]\{\Delta P_i\}$$

Alternativamente, a matriz de rigidez tangente inicial $[K_{t0}]$ pode ser usada como $[K_{ti}]$ para todas as iterações. Este procedimento é conhecido como método N–R modificado. A equação 5.22 para esta abordagem é

$$\{\Delta D_i\} = [K_{t0}]^{-1}\{\Delta P_i\}$$

Como não há necessidade de se atualizar a matriz de rigidez tangente, haverá redução nos passos computacionais numa determinada iteração se o método N–R modificado for usado. Mas o número de iterações necessárias será maior que as necessárias para o método N–R.

Diferentemente do método incremental, onde a resposta da estrutura a passos de carga intermediária é obtida, no método iterativo a resposta da estrutura somente pode ser determinada na carga final. A principal desvantagem do método iterativo é que não há garantia de que os resultados da análise irão convergir para a solução exata. Porém, o procedimento é simples e toma menos tempo computacional quando comparado com o método incremental.

Para se encontrar o deslocamento na mola não linear mostrada na figura 5.14 usando o método N–R, a carga P_A é aplicada sobre a mola. Então, $\Delta P_1 = P_A$ e $K_t^1 = K_{t0}$, a rigidez tangente inicial da mola. A equação 5.22 é usada para se encontrar o deslocamento incremental ΔD_1. O deslocamento total no final da primeira iteração é $D_1 = \Delta D_1$.

A força desenvolvida na mola para o deslocamento D_1 é P_{e1}. A força não balanceada $P_A - P_{e1}$ é calculada e é aplicada sobre a mola, e o deslocamento incremental ΔD_2 é calculado. Assim, $\Delta P_2 = P_A - P_{e1}$ e $K_t^2 = K_{t1}$. O deslocamento no final da segunda iteração é $D_2 = D_1 + \Delta D_2 = \Delta D_1 + \Delta D_2$.

Os passos acima são repetidos até que a força não balanceada se torne pequena o bastante para ser ignorada. Para se obter a solução usando o método N–R modificado, os passos acima são repetidos usando-se $K_t^1 = K_{t0}$. Os dois procedimentos são mostrados graficamente na figura 5.17.

5.8.3 Não linearidade material

Considere-se uma barra submetida a carga axial mostrada na figura 5.18a. É necessário encontrar-se o deslocamento da barra até uma carga de 1800 kN. A relação estresse–esforço do material da barra é mostrada na figura 5.18b. Os passos para se encontrar o deslocamento são dados abaixo.

- Estresse devido a P

Área da seção transversa A = 70 × 70 = 4900 mm²

$$\text{Estresse } \sigma = P/A = \frac{1800 \times 10^3}{4900} = 367.35 \text{ N/mm}^2 \text{ (> estresse produzido } \sigma_y)$$

- Deslocamento D devido a P

$\sigma = 367.35$ N/mm²

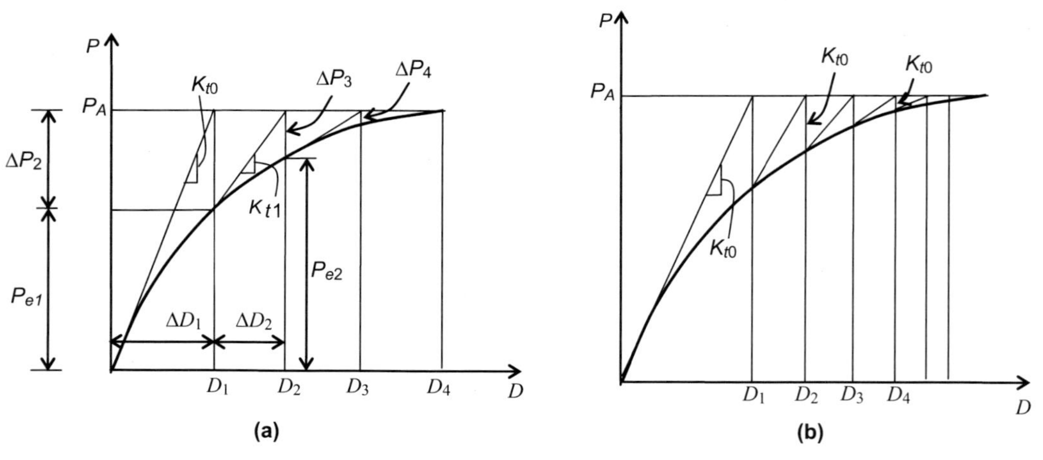

Figura 5.17 - Procedimento iterativo: (a) procedimento N–R e (b) procedimento N–R modificado.

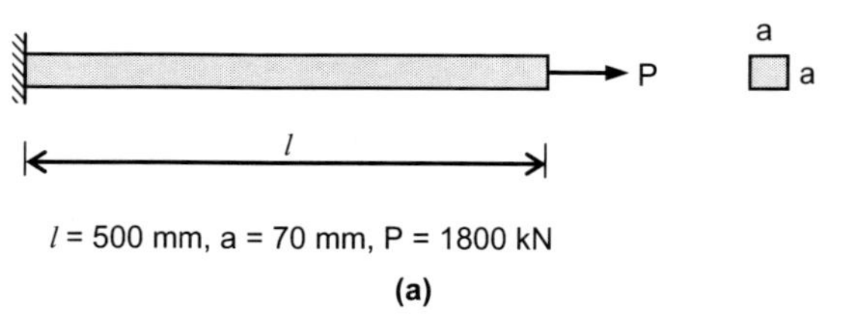

Figura 5.18 - continua....

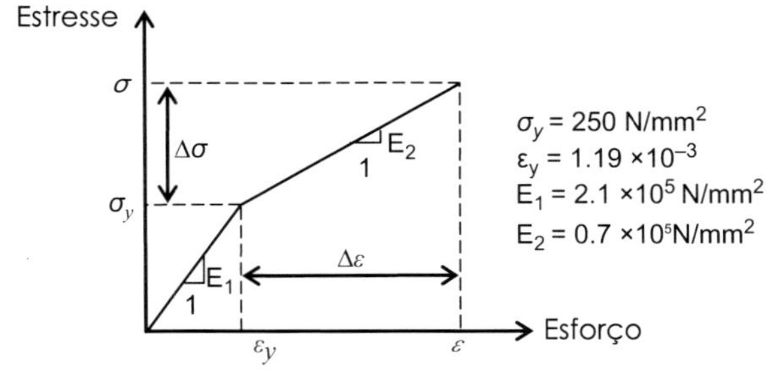

(b)

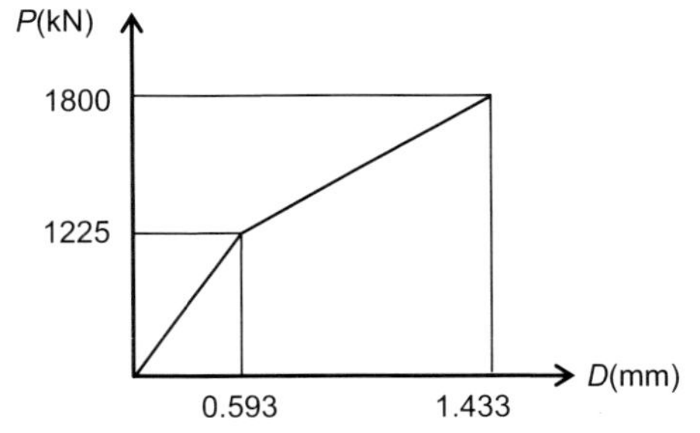

(c)

Figura 5.18 (continuação) - Efeitos da não linearidade do material na análise estrutural: (a) barra submetida a carga axial, (b) curva estresse–esforço e (c) curva força–alongamento.

Da figura 5.18b,

$$\Delta\sigma = \sigma - \sigma_y = 367.35 - 250 = 117.35 \text{ N/mm}^2$$

$$\Delta\varepsilon = \varepsilon - \varepsilon_y = \frac{\Delta\sigma}{E_2} = \frac{117.35}{0.7 \times 10^5} = 1.6764 \times 10^{-3}$$

$$\Rightarrow \varepsilon = \Delta\varepsilon + \varepsilon_y = 2.867 \times 10^{-3}$$

$$\varepsilon = \frac{D}{l} \Rightarrow D = \varepsilon l = 2.867 \times 10^{-3} \times 500 = 1.433 \text{ mm}$$

- Deslocamento D_y ante a carga produzida P_y

$$P_y = \sigma_y A = 1226 \text{ kN}$$

$$D_y = \varepsilon_y l = 1.19 \times 10^{-3} \times 500 = 0.593 \text{ mm}$$

A curva força–alongamento da barra até uma força de 1800 kN é mostrada na figura 5.18c.

O problema acima é um exemplo simples para ilustrar os efeitos da não linearidade de materiais em estruturas. Do exemplo, observa-se que uma relação constitutiva não linear do material leva a uma resposta não linear da estrutura.

Exemplo 5.7

Encontrar o alongamento da barra mostrada na figura 5.18a usando o método da matriz de rigidez.

Solução

A barra é modelada usando-se um único elemento de treliça mostrado na figura 5.19. O elemento, os nós, e as coordenadas globais são indicadas na figura. Para reduzir o tempo de cálculo à mão, apenas a coordenada ativa é considerada.

A matriz de rigidez tangente da estrutura é

$$K_t = \frac{AE_t}{l}$$

onde

$$E_t = \begin{cases} E_1, \varepsilon \leq \varepsilon_y \\ E_2, \varepsilon > \varepsilon_y \end{cases}$$

Método 1: procedimento incremental

Seja o número de incrementos n = 5

Incremento de carga $\Delta P = \frac{P}{n} = \frac{1800}{5} = 360\,\text{kN}$

Para o i-ésimo incremento de carga,

$$\Delta D_i = \frac{\Delta P_i}{K_{ti-1}}$$

- 1º incremento de carga

$$\Delta P_1 = 360\ \text{kN}$$

$$K_{t0} = \frac{AE_1}{l} = \frac{70 \times 70 \times 2.1 \times 10^5}{500} = 2058000\ \text{N/mm}$$

$$\Delta D_1 = \frac{\Delta P_1}{K_{t0}} = \frac{360 \times 10^3}{2058000} = 0.1749\ \text{mm}$$

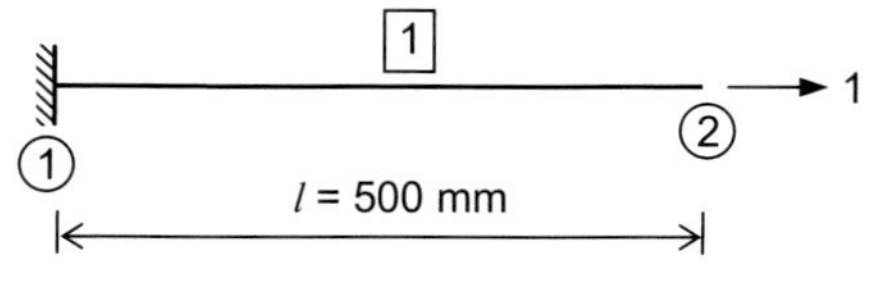

Figura 5.19 - Discretized structure.

$$P_1 = \Delta P_1 = 360\ \text{kN}$$

$$D_1 = \Delta D_1 = 0.1748\ \text{mm}$$

Esforço $\varepsilon = \dfrac{D}{l} = \dfrac{0.1749}{500} = 3.498 \times 10^{-4} < \varepsilon_y$

Donde,

$$K_{t1} = \frac{AE_1}{l} = 2058000 \text{ N/mm}$$

- 2º incremento de carga

$$\Delta P_2 = 360 \text{ kN}$$

$$K_{t1} = 2058000 \text{ N/mm}$$

$$\Delta D_2 = \frac{\Delta P_2}{K_{t1}} = 0.1749 \text{ mm}$$

$$P_2 = P_1 + \Delta P_2 = \Delta P_1 + \Delta P_2 = 720 \text{ kN}$$

$$D_2 = D_1 + \Delta D_2 = \Delta D_1 + \Delta D_2 = 0.3499 \text{ mm}$$

$$\varepsilon = \frac{0.3499}{500} = 6.996 \times 10^{-4} < \varepsilon_y$$

$$\Rightarrow K_{t2} = \frac{AE_1}{l} = 2058000 \text{ N/mm}$$

- 3º incremento de carga

$$\Delta P_3 = 360 \text{ kN}$$

$$K_{t2} = 2058000 \text{ N/mm}$$

$$\Delta D_3 = \frac{\Delta P_3}{K_{t2}} = 0.1749 \text{ mm}$$

$$P_3 = P_2 + \Delta P_3 = 1080 \text{ kN}$$

$$D_3 = D_2 + \Delta D_3 = 0.5248 \text{ mm}$$

$$\varepsilon = \frac{0.5248}{500} = 1.0496 \times 10^{-3} < \varepsilon_y$$

$$\Rightarrow K_{t3} = \frac{AE_1}{l} = 2058000 \text{ N/mm}$$

- 4º incremento de carga

$$\Delta P_4 = 360 \text{ kN}$$

$$K_{t3} = 2058000 \text{ N/mm}$$

$$\Delta D_4 = \frac{\Delta P_4}{K_{t3}} = 0.1749 \text{ mm}$$

$$P_4 = P_3 + DP_4 = 1440 \text{ kN}$$

$$D_4 = D_3 + \Delta D_4 = 0.6997 \text{ mm}$$

$$\varepsilon = \frac{0.6997}{500} = 1.3994 \times 10^{-3} > \varepsilon_y$$

$$\Rightarrow K_{t4} = \frac{AE_2}{l} = \frac{70 \times 70 \times 0.7 \times 10^5}{500} = 686000 \text{ N/mm}$$

- 5º incremento de carga

$$\Delta P_5 = 360 \text{ kN}$$

$$K_{t4} = 686000 \text{ N/mm}$$

$$\Delta D_5 = \frac{\Delta P_5}{K_{t4}} = 0.5248 \text{ mm}$$

Ao final de cinco incrementos de carga,

$$P_5 = P_4 + \Delta P_5 = 1800 \text{ kN} = P$$

$$D_5 = D_4 + \Delta D_5 = 1.2245 \text{ mm}$$

Portanto, o deslocamento é de 1,2245 mm. O valor exato do deslocamento é de 1,433 mm. A precisão pode ser aumentada aumentando-se o número de incrementos de carga n. Se n for assumido como 50, então o deslocamento obtido será de 1.4 mm.

Método 2: Procedimento iterativo usando o método N–R

Iteração 1

$$P_{e2} = \sigma \times A = 1799.99 \text{ kN}$$

$$\Delta P_1 = 1800 \text{ kN}$$

$$K_{t0} = 2058000 \text{ N/mm}$$

$$\Delta D_1 = \frac{\Delta P_1}{K_{t0}} = 0.87464 \text{ mm}$$

$$D_1 = \Delta D_1 = 0.87464 \text{ mm}$$

$$\varepsilon = \frac{0.87464}{500} = 1.7493 \times 10^{-3} > \varepsilon_y$$

$$\Rightarrow K_{t1} = \frac{AE_2}{l} = 686000 \text{ N/mm}$$

Da figura 5.18b,

para $\varepsilon = 1{,}7493 \times 10^{-3}$, $\sigma = \sigma_y + (\varepsilon - \varepsilon_y)\, E_2 = 281{,}12 \text{ N/mm}^2$

Força desenvolvida na barra devida a

$$D_1 = P_{e1} = \sigma \times A = \frac{28.12 \times 70 \times 70}{1000} = 1416.67 \text{ kN}$$

Iteração 2

$$\Delta P_2 = P - P_{e1} = 1800 - 1416.67 = 383.33 \text{ kN}$$

$$\Delta D_2 = \frac{\Delta P_2}{K_{t1}} = 0.55879 \text{ mm}$$

$$D_2 = D_1 + \Delta D_2 = 1.4334 \text{ mm}$$

$$\varepsilon = \frac{1.4334}{500} = 2.86686 \times 10^{-3}$$

O correspondente estresse σ = 367,35 N/mm^2

$$P_{e2} = \sigma \times A = 1799.99 \text{ kN}$$

A diferença entre P e P_{e2} é muito pequena e, portanto, a iteração é interrompida neste estágio. O deslocamento obtido usando-se o método N–R é 1,4334 mm, que é muito próximo do valor exato (1,4333 mm).

5.8.4 Não linearidade geométrica

A não linearidade geométrica é causada pela grande deflexão que ocorre na estrutura. Devido a isso, as equações de equilíbrio devem ser desenvolvidas com base na configuração deformada da estrutura. A necessidade de se considerar a não linearidade geométrica na análise estrutural é explicada usando-se a estrutura mostrada na figura 5.20a.

Nessa estrutura, os dois elementos AB e BC são conectados por articulação nas extremidades e as forças atuam na articulação. Assim, apenas força axial se desenvolve nos elementos. Em virtude disso, se a equação de equilíbrio for escrita com base na configuração não deformada da estrutura (figura 5.20a), ela levará à conclusão de que a reação vertical não pode ser desenvolvida nos apoios. Em outras palavras, se a análise linear for usada (i.e., análise baseada no pressuposto de pequena deflexão), então a análise indicará que a estrutura não será capaz de receber a carga P. Mas no caso real, a estrutura é capaz de resistir à carga P. Este exemplo indica a necessidade de se considerar a não linearidade geométrica na análise de estruturas. As equações de equilíbrio devem ser escritas usando-se a configuração deformada da estrutura (figura 5.20b).

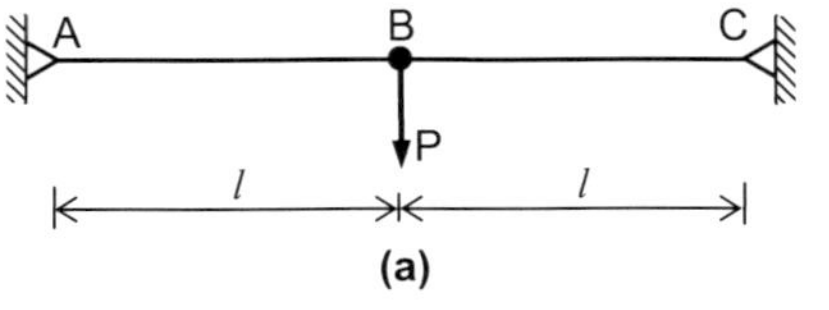

Figura 5.20 - Ilustração de não linearidade geométrica: (a) estrutura, (b) estrutura deformada e (c) curva força–deslocamento.

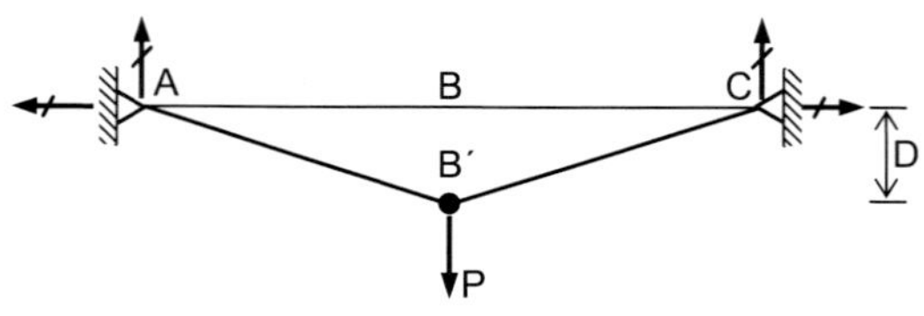

(b)

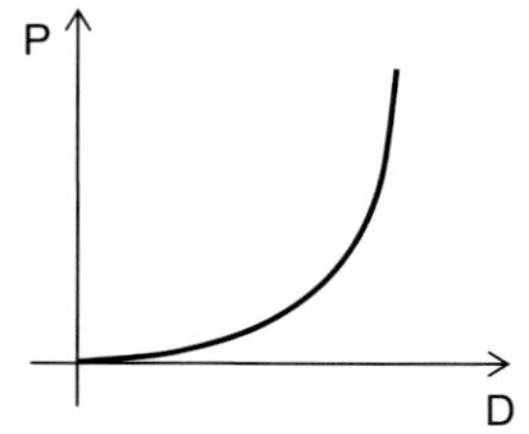

(c)

Figura 5.20 (continuação)- Ilustração de não linearidade geométrica: (a) estrutura, (b) estrutura deformada e (c) curva força–deslocamento.

A deflexão desconhecida da estrutura é determinada usando-se o primeiro teorema de Castigliano[6]. O esforço ε no elemento AB é

$$\varepsilon = \frac{\Delta l}{l} = \frac{AB' - AB}{AB} = \frac{\sqrt{l^2 + D^2} - l}{l} = \sqrt{1 + \left(\frac{D}{l}\right)^2} - 1$$

$$\Rightarrow \varepsilon = \left[1 + \left(\frac{D}{l}\right)^2\right]^{1/2} - 1 \approx \frac{1}{2}\left(\frac{D}{l}\right)^2$$

A energia de esforço do elemento é

$$U_{AB} = U_{BC} = \frac{1}{2}\int \sigma\varepsilon \, dv$$

Se o material for linearmente elástico (σ = Eε) e A for a área da seção cruzada do elemento, então

$$U_{AB} = U_{BC} = \frac{EA}{2}\int_0^l \varepsilon^2 dx$$

A energia de esforço da estrutura é

$$U = U_{AB} + U_{BC} = EA\int_0^l \varepsilon^2 dx = EA\int_0^l \left[\frac{1}{2}\left(\frac{D}{l}\right)^2\right]^2 dx$$

$$\Rightarrow \quad U = \frac{1}{4}EAl\left(\frac{D}{l}\right)^4$$

Pelo primeiro teorema de Castigliano (equação 2.40),

[6] O primeiro teorema de Castigliano é aplicável a estruturas não lineares.

$$P = \frac{\partial U}{\partial D} \Rightarrow P = EA\frac{D^3}{l^3}$$

Assim, a deflexão D é

$$D = l\left(\frac{P}{EA}\right)^{1/3}$$

Da equação acima, pode-se ver que a relação força–deslocamento (figura 5.20c) da estrutura é não linear.

5.8.5 Matriz de rigidez de elementos de treliça

A matriz de rigidez dos elementos de treliça usada para a análise não linear geométrica é derivada nesta seção.

5.8.5.1 Relação esforço–deslocamento

Um elemento de treliça de comprimento dx é mostrado na figura 5.21. Sob a ação de forças externas, o elemento de treliça é deslocado de AB para A′B′. Os deslocamentos nos dois nós ao longo dos eixos x e y também são indicados na figura.

Considera-se que o deslocamento de AB para A′B′ ocorre em três estágios (figura 5.22). Primeiro, o elemento de treliça é deslocado de AB para A_1B_1, depois de A_1B_1 para A_2B_2 e, por fim, de A_2B_2 para A′B′.

O esforço no elemento ε_x é, portanto, igual à soma dos esforços desenvolvidos no elemento durante esses três estágios (ε_I , ε_{II}, ε_{III}). Assim,

$$\varepsilon_x = \varepsilon_I + \varepsilon_{II} + \varepsilon_{III}$$

- Esforço no estágio I (ε_I)

$$\varepsilon_I = \frac{A_1B_1 - AB}{AB} = \frac{\left[dx + \left(u + \frac{du}{dx}dx\right) - u\right] - dx}{dx} = \frac{dx\left(1 + \frac{du}{dx}\right) - dx}{dx} = \frac{du}{dx}$$

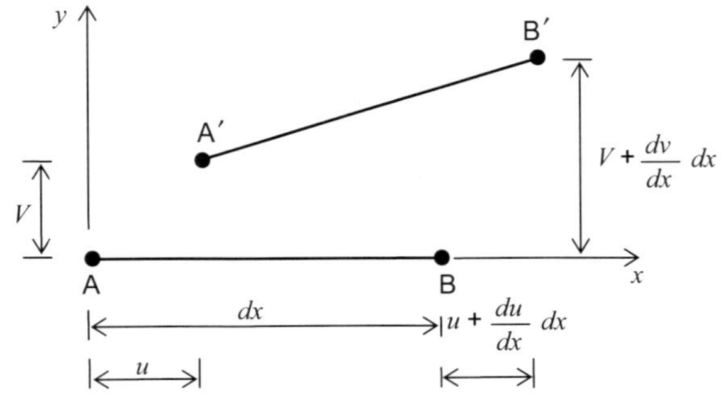

Figura 5.21 - Elemento de treliça.

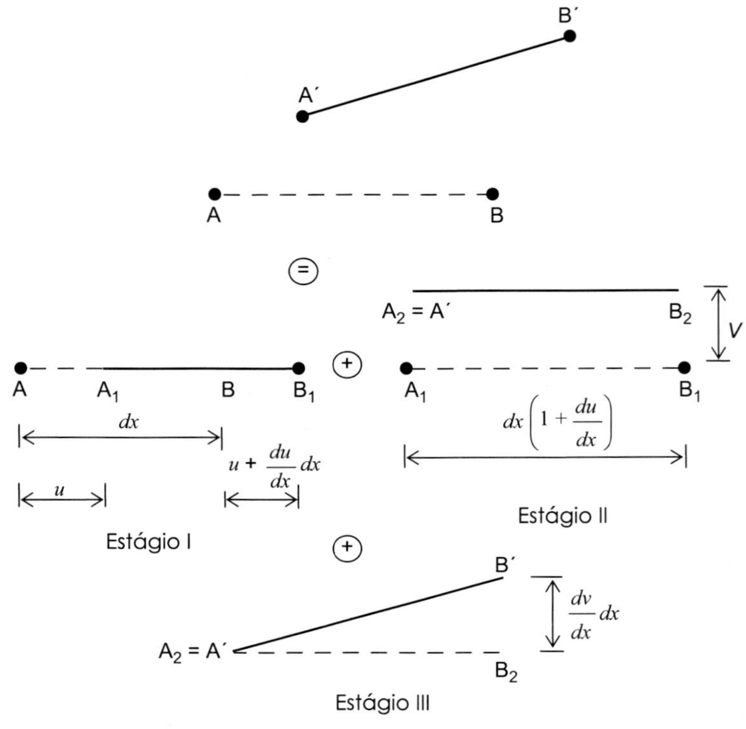

Figura 5.22 - Deslocamento do elemento de treliça.

- Esforço no estágio II (ε_{II})

$$\varepsilon_{II} = \frac{A_2B_2 - A_1B_1}{A_1B_1} = \frac{dx\left(1+\frac{du}{dx}\right) - dx\left(1+\frac{du}{dx}\right)}{dx\left(1+\frac{du}{dx}\right)} = 0$$

- Esforço no estágio III (ε_{III})

Da figura 5.22,

$$A_2B_2 = \left(1+\frac{du}{dx}\right),\ B_2B' = \frac{dv}{dx}dx$$

$$A'B' = \sqrt{(A_2B_2)^2 + (B_2B')^2} = \sqrt{\left[dx\left(1+\frac{du}{dx}\right)\right]^2 + \left[\frac{dv}{dx}dx\right]^2}$$

$$= dx\left[1+\left(2\frac{du}{dx}+\left(\frac{du}{dx}\right)^2+\left(\frac{dv}{dx}\right)^2\right)\right]^{1/2} \tag{a}$$

A expansão da série binomial da função $(1 + x)^n$ é

$$(1+x)^n = 1 + \frac{nx}{1!} + \frac{n(n-1)x^2}{2!} + \cdots \tag{b}$$

Se n = 1/2, então

$$(1+x)^{1/2} = 1+\frac{x}{2}-\frac{x^2}{8}+\cdots \tag{c}$$

Para n = – 1, então

$$(1 + x)^{-1} = 1 - x + x^2 - x^3 + \ldots \tag{d}$$

Usando-se a equação (c), a equação (a) pode ser escrita como

$$A'B' = dx\left[1+\frac{1}{2}\left(2\frac{du}{dx}+\left(\frac{du}{dx}\right)^2+\left(\frac{dv}{dx}\right)^2\right)-\frac{1}{8}\left(4\left(\frac{du}{dx}\right)^2+\cdots\right)+\cdots\right]$$

$$\approx dx\left[1+\frac{du}{dx}+\frac{1}{2}\left(\frac{dv}{dx}\right)^2\right]$$

Portanto,

$$A'B' - A_2B_2 = dx\left[1+\frac{du}{dx}+\frac{1}{2}\left(\frac{dv}{dx}\right)^2\right]-dx+\left(1+\frac{du}{dx}\right)=\frac{1}{2}\left(\frac{dv}{dx}\right)^2 dx$$

$$\varepsilon_{III} = \frac{A'B' - A_2B_2}{A_2B_2} = \frac{\frac{1}{2}\left(\frac{dv}{dx}\right)^2 dx}{dx\left(1+\frac{du}{dx}\right)} = \frac{1}{2}\left[1+\frac{du}{dx}\right]^{-1}\left(\frac{dv}{dx}\right)^2$$

Usando-se a equação (d)

$$\left[1+\frac{du}{dx}\right]^{-1} = 1-\left(\frac{du}{dx}\right)+\left(\frac{du}{dx}\right)^2+\cdots$$

$$\Rightarrow \left[1+\frac{du}{dx}\right]^{-1}\left(\frac{dv}{dx}\right)^2 = \left(\frac{dv}{dx}\right)^2-\left(\frac{du}{dx}\right)\left(\frac{dv}{dx}\right)^2+\left(\frac{du}{dx}\right)^2\left(\frac{dv}{dx}\right)^2+\cdots\approx\left(\frac{dv}{dx}\right)^2$$

$$\therefore \quad \varepsilon_{III} = \frac{1}{2}\left[1+\frac{du}{dx}\right]^{-1}\left(\frac{dv}{dx}\right)^2 = \frac{1}{2}\left(\frac{dv}{dx}\right)^2$$

Assim,

$$\varepsilon_x = \varepsilon_I + \varepsilon_{II} + \varepsilon_{III} = \frac{du}{dx}+0+\frac{1}{2}\left(\frac{dv}{dx}\right)^2$$

$$\Rightarrow \quad \varepsilon_x = \frac{du}{dx}+\frac{1}{2}\left(\frac{dv}{dx}\right)^2 \tag{5.24}$$

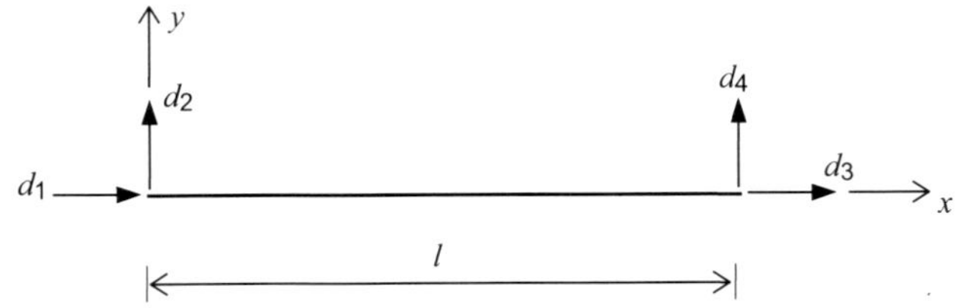

Figura 5.23 - Elemento de treliça e deslocamentos de extremidade.

5.8.5.2 Matriz de rigidez

Os deslocamentos de extremidade do elemento de treliça são mostrados na figura 5.23. Em qualquer ponto do elemento de treliça, as funções de deslocamento u(x) e v(x) são tidas como tendo variação linear. Assim,

$$u(x) = a_1 + a_2 x$$
$$v(x) = b_1 + b_2 x$$

Os coeficientes são determinados usando-se as condições de deslocamento nos dois nós.

Em x = 0; u = d_1 e v = d_2

x = l; u = d_3 e v = d_4

Então,

$$u = d_1 + \frac{(d_3 - d_1)}{l} x$$

$$v = d_2 + \frac{(d_4 - d_2)}{l} x \qquad \text{(a)}$$

$$\Rightarrow \quad \frac{du}{dx} = \frac{(d_3 - d_1)}{l}$$

$$\frac{dv}{dx} = \frac{(d_4 - d_2)}{l} \qquad \text{(b)}$$

A energia de esforço U armazenada no elemento é

$$U = \frac{1}{2}\int \sigma_x \varepsilon_x dv$$

Para material linearmente elástico,

$$U = \frac{AE}{2}\int_0^l \varepsilon_x^2 dx$$

Substituindo-se a equação 5.24 nas equações acima, tem-se

$$U = \frac{AE}{2}\int_0^l \left[\frac{du}{dx} + \frac{1}{2}\left(\frac{dv}{dx}\right)^2\right]^2 dx$$

$$\Rightarrow \quad U = \frac{AE}{2}\int_0^l \left[\left(\frac{du}{dx}\right)^2 + \left(\frac{du}{dx}\right)\left(\frac{dv}{dx}\right)^2 + \frac{1}{4}\left(\frac{dv}{dx}\right)^4\right] dx$$

Ignorando-se os termos de ordem mais alta, tem-se

$$U = \frac{AE}{2}\int_0^l \left[\left(\frac{du}{dx}\right)^2 + \left(\frac{du}{dx}\right)\left(\frac{dv}{dx}\right)^2\right] dx$$

Substituindo-se as equações (a) e (b) na equação acima, tem-se

$$U = \frac{AE}{2l^2}\int_0^l \left(d_1^2 - 2d_1d_3 + d_3^2\right)dx + \frac{AE}{2l^3}\int_0^l (d_3 - d_1)\left(d_2^2 - 2d_2d_4 + d_4^2\right)dx$$

$$= \frac{AE}{2l}\left(d_1^2 - 2d_1d_3 + d_3^2\right) + \frac{AE}{2l^2}(d_3 - d_1)\left(d_2^2 - 2d_2d_4 + d_4^2\right)$$

Se F for a força de tensão axial desenvolvida no elemento de treliça, então

$$F = \frac{AE}{l}(d_3 - d_1)$$

Usando-se o primeiro teorema de Castigliano, obtém-se

$$p_i = \frac{\partial U}{\partial d_i}$$

$$p_1 = \frac{\partial U}{\partial d_1} = \frac{AE}{l}(d_1 - d_3)$$

$$p_2 = \frac{\partial U}{\partial d_2} = \frac{F}{l}(d_2 - d_4)$$

$$p_3 = \frac{\partial U}{\partial d_3} = \frac{AE}{l}(-d_1 + d_3) \tag{c}$$

$$p_4 = \frac{\partial U}{\partial d_4} = \frac{F}{l}(-d_2 + d_4)$$

A equação (c) em forma de matriz dá

$$\begin{Bmatrix} p_1 \\ p_2 \\ p_3 \\ p_4 \end{Bmatrix} = \frac{AE}{l}\begin{bmatrix} 1 & 0 & -1 & 0 \\ 0 & 0 & 0 & 0 \\ -1 & 0 & 1 & 0 \\ 0 & 0 & 0 & 0 \end{bmatrix}\begin{Bmatrix} d_1 \\ d_2 \\ d_3 \\ d_4 \end{Bmatrix} + \frac{F}{l}\begin{bmatrix} 0 & 0 & 0 & 0 \\ 0 & 1 & 0 & -1 \\ 0 & 0 & 0 & 0 \\ 0 & -1 & 0 & 1 \end{bmatrix}\begin{Bmatrix} d_1 \\ d_2 \\ d_3 \\ d_4 \end{Bmatrix}$$

ou

$$\{p\} = [k_E]\{d\} + [k_G]\{d\} = [k]\{d\}$$

A matriz de rigidez do elemento de treliça [k] é

$$[k] = [k_E] + [k_G] \tag{5.25}$$

$[k_E]$ é a matriz de rigidez elástica e é igual a

$$[k_E] = \frac{AE}{l}\begin{bmatrix} 1 & 0 & -1 & 0 \\ 0 & 0 & 0 & 0 \\ -1 & 0 & 1 & 0 \\ 0 & 0 & 0 & 0 \end{bmatrix} \tag{5.26}$$

A matriz de rigidez elástica é a matriz de rigidez do elemento do elemento de treliça usada em análise linear.

$[k_G]$ é a matriz de rigidez geométrica e é dada por

$$[k_G] = \frac{F}{l}\begin{bmatrix} 0 & 0 & 0 & 0 \\ 0 & 1 & 0 & -1 \\ 0 & 0 & 0 & 0 \\ 0 & -1 & 0 & 1 \end{bmatrix} \tag{5.27}$$

5.8.6 Matriz de rigidez da estrutura

As matrizes de rigidez elástica e geométrica dos elementos são calculadas e são montadas para se obter a matriz de rigidez da estrutura [K]. Então,

$$[K] = [K_E] + [k_G] \tag{5.28}$$

Assim, para a análise de estruturas geometricamente não lineares, a matriz de rigidez tangente $[K_t]$ é

$$[K_t] = [K_E] + [k_G] \tag{5.29}$$

Exemplo 5.8

Encontrar a deflexão no ponto carregado do cabo mostrado na figura 5.24a. A expansão é de 25 m e a deflexão do cabo é de 2,5 m.

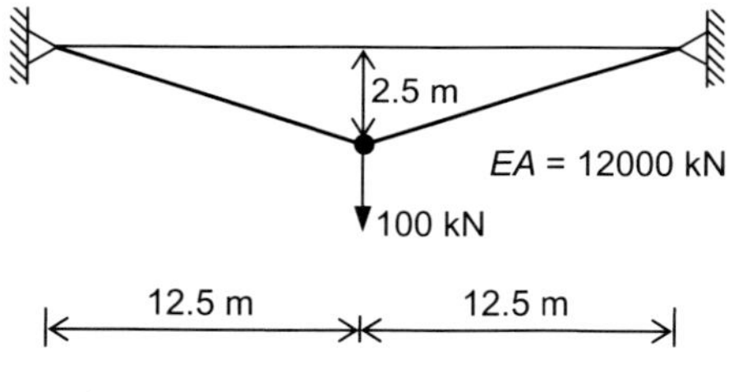

Figura 5.24a - Estrutura com cabo.

Solução

O cabo é modelado usando-se elementos de treliça. A estrutura discretizada, as coordenadas globais e as coordenadas locais são mostradas nas figuras 5.24b–d. Os dados de conectividade de elemento são dados na tabela 5.13.

O vetor carga é

$$\{P_A\} = \begin{Bmatrix} P_1 \\ P_2 \end{Bmatrix} = \begin{Bmatrix} 0 \\ -100 \end{Bmatrix} \text{kN}$$

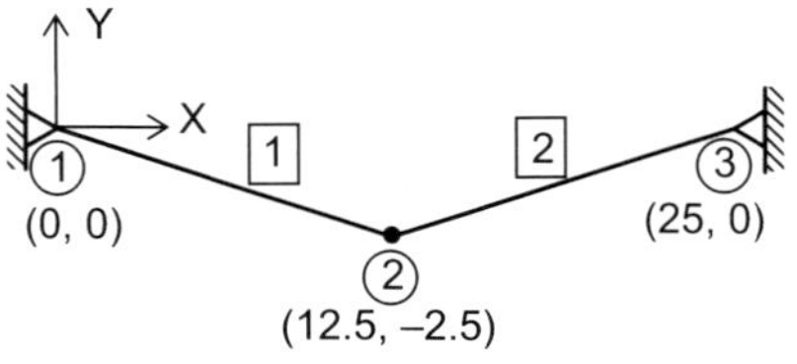

Figura 5.24b - Estrutura discretizada.

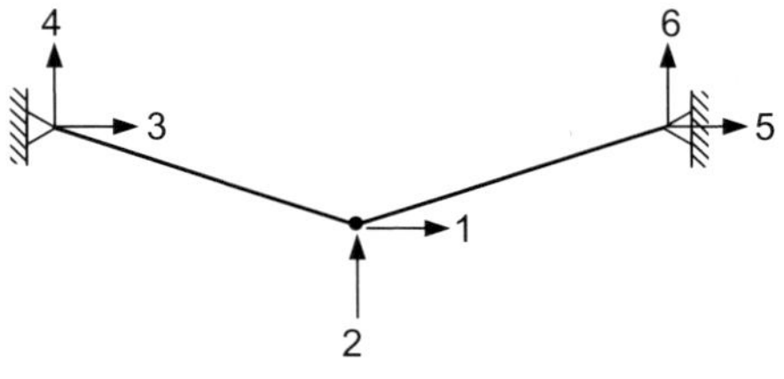

Figura 5.24c - Coordenadas globais.

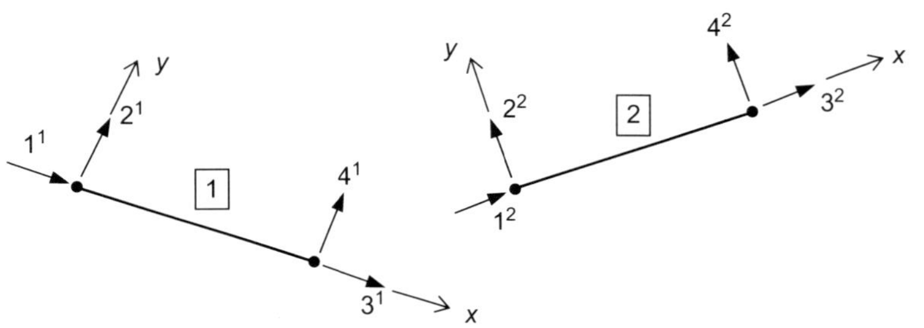

Figura 5.24d - Coordenadas locais.

Tabela 5.13 - Dados de conectividade de elementos

Elemento	Nó próximo N	Nó distante F
1	1	2
2	2	3

Método 1: Procedimento incremental

Seja n = 100 o número de incrementos

Incremento de carga

$$\{\Delta P_A\} = \frac{1}{100}\{P_A\} = \left\{ \begin{array}{c} 0 \\ -1 \end{array} \right\} \text{kN}$$

Para o i-ésimo incremento de carga,

$$\{\Delta D_{Ai}\} = [K_{ti-1}]^{-1}\{\Delta P_{Ai}\}$$

1º incremento de carga

- Vetor força de incremento

$$\{\Delta P_{A1}\} = \begin{Bmatrix} 0 \\ -1 \end{Bmatrix} \text{kN}$$

- Matriz de rigidez tangente do elemento em coordenadas locais

$$AE = 12000 \text{ kN/m}^2$$

$l = \sqrt{12.5^2 + 2.5^2} = 12.7475 = l_0$, o comprimento inicial do elemento.

Inicialmente, o elemento de treliça não apresenta esforço

$$\Rightarrow F = 0$$

$$[k_{E0}] = \frac{AE}{l}\begin{bmatrix} 1 & 0 & -1 & 0 \\ 0 & 0 & 0 & 0 \\ -1 & 0 & 1 & 0 \\ 0 & 0 & 0 & 0 \end{bmatrix} = \begin{bmatrix} 941.3574 & 0 & -941.3574 & 0 \\ 0 & 0 & 0 & 0 \\ -941.3574 & 0 & 941.3574 & 0 \\ 0 & 0 & 0 & 0 \end{bmatrix}$$

$$[k_{G0}] = \frac{F}{l}\begin{bmatrix} 0 & 0 & 0 & 0 \\ 0 & 1 & 0 & -1 \\ 0 & 0 & 0 & 0 \\ 0 & -1 & 0 & 1 \end{bmatrix} = \begin{bmatrix} 0 & 0 & 0 & 0 \\ 0 & 0 & 0 & 0 \\ 0 & 0 & 0 & 0 \\ 0 & 0 & 0 & 0 \end{bmatrix}$$

$$\left[k_{t0}^1\right] = \left[k_{t0}^2\right] = [k_{E0}] + [k_{G0}] = \begin{bmatrix} 941.3574 & 0 & -941.3574 & 0 \\ 0 & 0 & 0 & 0 \\ -941.3574 & 0 & 941.3574 & 0 \\ 0 & 0 & 0 & 0 \end{bmatrix}$$

- Matriz de transformação de elemento $[T^i]$

Elemento 1

$$l = \sqrt{(X_F - X_N)^2 + (Y_F - Y_N)^2} = \sqrt{(12.5)^2 + (-2.5)^2} = 12.7475 \text{ m}$$

$$c = \frac{X_F - X_N}{l} = \frac{12.5}{12.7475} = 0.980581$$

$$s = \frac{Y_F - Y_N}{l} = \frac{-2.5}{12.7475} = -0.196116$$

$$[T^i] = \begin{bmatrix} c & s & 0 & 0 \\ -s & c & 0 & 0 \\ 0 & 0 & c & s \\ 0 & 0 & -s & c \end{bmatrix}$$

$$\left[T_0^1\right]=\begin{bmatrix} 0.980581 & -0.196116 & 0 & 0 \\ 0.196116 & 0.980581 & 0 & 0 \\ 0 & 0 & 0.980581 & -0.196116 \\ 0 & 0 & 0.196116 & 0.980581 \end{bmatrix}$$

Elemento 2

c = 0,980581; s = 0,196116

$$\left[T_0^2\right]=\begin{bmatrix} 0.980581 & 0.196116 & 0 & 0 \\ -0.196116 & 0.980581 & 0 & 0 \\ 0 & 0 & 0.980581 & 0.196116 \\ 0 & 0 & -0.196116 & 0.980581 \end{bmatrix}$$

- Matriz de rigidez tangente do elemento em coordenadas globais

$$\left[K_t^i\right]=\left[T^i\right]^T\left[k_t^i\right]\left[T^i\right]$$

$$\left[K_{t0}^1\right]=\left[T_0^1\right]^T\left[k_{t0}^1\right]\left[T_0^1\right]$$

$$\begin{matrix} 3 & 4 & 1 & 2 \end{matrix}$$

$$=\begin{bmatrix} 905.1514 & -181.0303 & -905.1514 & 181.0303 \\ -181.0303 & 36.20606 & 181.0303 & -36.20606 \\ -905.1514 & 181.0303 & 905.1514 & -181.0303 \\ 181.0303 & -36.20606 & -181.0303 & 36.20606 \end{bmatrix}\begin{matrix} 3 \\ 4 \\ 1 \\ 2 \end{matrix}$$

$$\left[K_{t0}^2\right]=\left[T_0^2\right]^T\left[k_{t0}^2\right]\left[T_0^2\right]^T$$

$$\begin{matrix} 1 & 2 & 5 & 6 \end{matrix}$$

$$=\begin{bmatrix} 905.1514 & 181.0303 & -905.1514 & -181.0303 \\ 181.0303 & 36.20606 & -181.0303 & -36.20606 \\ -905.1514 & -181.0303 & 905.1514 & 181.0303 \\ -181.0303 & -36.20606 & 181.0303 & 36.20606 \end{bmatrix}\begin{matrix} 1 \\ 2 \\ 5 \\ 6 \end{matrix}$$

- Matriz de rigidez tangente inicial da estrutura

$$\begin{matrix} 1 & 2 \end{matrix}$$

$$\left[K_{t0}\right]=\begin{bmatrix} 1810.303 & 0 \\ 0 & 72.41211 \end{bmatrix}\begin{matrix} 1 \\ 2 \end{matrix}$$

Nota: A matriz de rigidez com relação a coordenadas ativas sozinha é dada acima.

- Vetor deslocamento incremental

$$\left\{\Delta D_{A1}\right\}=\left[K_{t0}\right]^{-1}\left\{\Delta P_{A1}\right\}=\left\{\begin{matrix} 0 \\ -0.01381 \end{matrix}\right\}\text{m}$$

Após o primeiro incremento de carga

$$\{P_{A1}\} = \{\Delta P_{A1}\} = \begin{Bmatrix} 0 \\ -1 \end{Bmatrix} \text{kN}$$

$$\{D_{A1}\} = \{\Delta D_{A1}\} = \begin{Bmatrix} 0 \\ -0.01381 \end{Bmatrix} \text{m}$$

As coordenadas dos nós são mostradas na figura 5.24e.

Comprimento do elemento $l = \sqrt{12.5^2 + 2.51381^2} = 12.7503\text{ m}$

Esforço no elemento $\varepsilon = \dfrac{l - l_0}{l_0} = \dfrac{12.7503 - 12.7475}{12.7475} = 2.1965 \times 10^{-4}$

Força no elemento F = σA = εEA = 2,1965 × 10^{-4} × 12000 = 2,5563 kN

$$[k_{E1}] = \begin{bmatrix} 941.157 & 0 & -941.157 & 0 \\ 0 & 0 & 0 & 0 \\ -941.157 & 0 & 941.157 & 0 \\ 0 & 0 & 0 & 0 \end{bmatrix}$$

$$[k_{G1}] = \begin{bmatrix} 0 & 0 & 0 & 0 \\ 0 & 0.20049 & 0 & -0.20049 \\ 0 & 0 & 0 & 0 \\ 0 & -0.20049 & 0 & 0.20049 \end{bmatrix}$$

$$[k_{t1}^1] = [k_{t1}^2] = [k_{E1}] + [k_{G1}]$$

Para o elemento 1: c = 0,980372, s = –0,197157

elemento 2: c = 0,980372, s = 0,197157

$$[K_{t1}^1] = \begin{bmatrix} 904.581 & -181.875 & -904.581 & 181.875 \\ -181.875 & 36.7765 & 181.875 & -36.7765 \\ -904.581 & 181.875 & 904.581 & -181.875 \\ 181.875 & -36.7765 & -181.875 & 36.7765 \end{bmatrix}$$

$$[K_{t1}^2] = \begin{bmatrix} 904.581 & 181.875 & -904.581 & -181.875 \\ 181.875 & 36.7765 & -181.875 & -36.7765 \\ -904.581 & -181.875 & 904.581 & 181.875 \\ -181.875 & -36.7765 & 181.875 & 36.7765 \end{bmatrix}$$

$$[K_{t1}] = \begin{bmatrix} 1809.162 & 0 \\ 0 & 73.55294 \end{bmatrix}$$

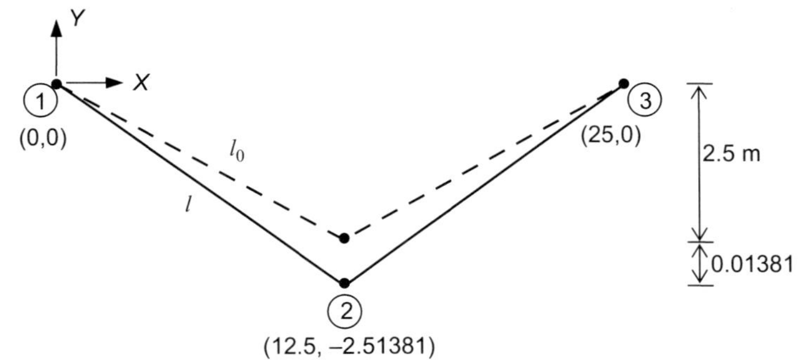

Figura 5.24e - Coordenadas nodais após primeiro incremento de carga.

Segundo incremento de carga

$$\{\Delta P_{A2}\} = \begin{Bmatrix} 0 \\ -1 \end{Bmatrix} \text{kN}$$

$$\{\Delta D_{A2}\} = [K_{t1}]^{-1}\{\Delta P_{A2}\} = \begin{Bmatrix} 0 \\ -0.0136 \end{Bmatrix} \text{m}$$

Ao final do segundo incremento de carga,

$$\{P_{A2}\} = \{P_{A1}\} + \{\Delta P_{A2}\} = \begin{Bmatrix} 0 \\ -2 \end{Bmatrix} \text{kN}$$

$$\{D_{A2}\} = \{D_{A1}\} + \{\Delta D_{A2}\} = \begin{Bmatrix} 0 \\ -0.02741 \end{Bmatrix} \text{m}$$

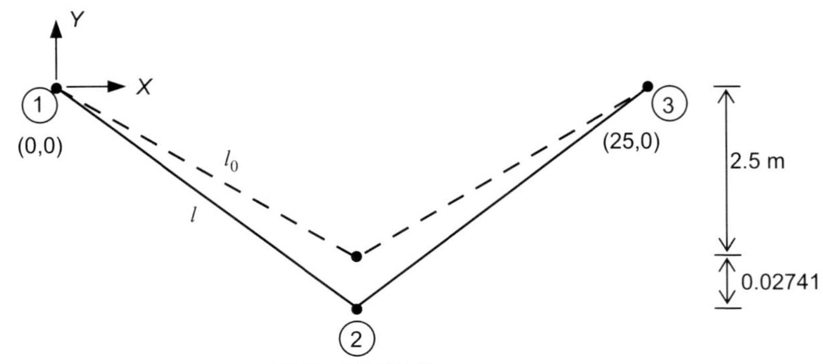

Figura 5.24f - Coordenadas nodais após segundo incremento de carga.

As novas coordenadas nodais são mostradas na figura 5.24f.

$$L = 12{,}75295 \text{ m}$$

$$F = 5{,}0861 \text{ kN}$$

Para o elemento 1: c = 0,980165, s = –0,198182

elemento 2: c = 0,980165, s = 0,198182

$$[K_{t2}]=\begin{bmatrix} 1808.034 & 0 \\ 0 & 74.68069 \end{bmatrix}$$

Terceiro incremento de carga

$$\{\Delta P_{A3}\}=\begin{Bmatrix} 0 \\ -1 \end{Bmatrix} \text{kN}$$

$$\{\Delta D_{A3}\}=[K_{t2}]^{-1}\{\Delta P_{A3}\}=\begin{Bmatrix} 0 \\ -0.01339 \end{Bmatrix}$$

$$\therefore \{D_{A3}\}=\{D_{A2}\}+\{\Delta D_{A3}\}=\begin{Bmatrix} 0 \\ -0.0408 \end{Bmatrix}$$

Os passos acima são repetidos e o incremento de carga final = 100;

$$\{P_{A100}\}=\begin{Bmatrix} 0 \\ -100 \end{Bmatrix} \text{kN}$$

$$\{D_{A100}\}=\begin{Bmatrix} 0 \\ -0.8939 \end{Bmatrix} \text{m}$$

Método 2: procedimento iterativo usando o método N–R

Iteração 1

$$\{P_A\}=\begin{Bmatrix} 0 \\ -100 \end{Bmatrix} \text{kN}$$

$$\{\Delta P_{A1}\}=\{P_A\}=\begin{Bmatrix} 0 \\ -100 \end{Bmatrix} \text{kN}$$

$$[K_{t0}]=\begin{bmatrix} 1810.303 & 0 \\ 0 & 72.41211 \end{bmatrix}$$

$$\{\Delta D_{A1}\}=[K_{t0}]^{-1}\{\Delta P_{A1}\}=\begin{Bmatrix} 0 \\ -1.38098 \end{Bmatrix} \text{m}$$

$$\{D_{A1}\}=\{\Delta D_{A1}\}=\begin{Bmatrix} 0 \\ -1.38098 \end{Bmatrix} \text{m}$$

Ao final da primeira iteração, as novas coordenadas dos nós são mostradas na figura 5.24g.

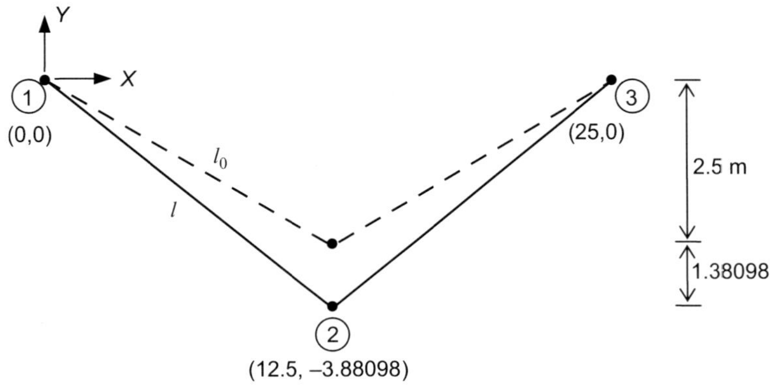

Figura 5.24g - Coordenadas nodais após primeira iteração.

$$l = 13{,}0862 \text{ m}$$

$$\varepsilon = \frac{l - l_0}{l_0} = \frac{13.0862 - 12.7475}{12.7475} = 0.02676$$

$$F = \varepsilon AE = 321.0723 \text{ kN}$$

$$[k_{E1}] = \begin{bmatrix} 916.827 & 0 & -916.827 & 0 \\ 0 & 0 & 0 & 0 \\ -916.827 & 0 & 916.827 & 0 \\ 0 & 0 & 0 & 0 \end{bmatrix}$$

$$[k_{G1}] = \begin{bmatrix} 0 & 0 & 0 & 0 \\ 0 & 24.530 & 0 & -24.5306 \\ 0 & 0 & 0 & 0 \\ 0 & -24.5306 & 0 & 24.5306 \end{bmatrix}$$

$$[k_{t1}^1] = [k_{t1}^2] = [k_{E1}] + [k_{G1}]$$

Para o elemento 1: c = 0,955028, s = –0,29652

elemento 2: c = 0,955028, s = 0, 29652

$$[K_{t1}^1] = \begin{bmatrix} 838.375 & -252.681 & -838.375 & 252.681 \\ -252.681 & 102.983 & 252.681 & -102.983 \\ -838.375 & 252.681 & 838.375 & -252.681 \\ 252.681 & -102.983 & -252.681 & 102.983 \end{bmatrix}$$

$$[K_{t1}^2] = \begin{bmatrix} 838.375 & 252.681 & -838.375 & -252.681 \\ 252.681 & 102.983 & -252.681 & -102.983 \\ -838.375 & -252.681 & 838.375 & 252.681 \\ -252.681 & -102.983 & 252.681 & 102.983 \end{bmatrix}$$

$$[K_{t1}] = \begin{bmatrix} 1676.749 & 0 \\ 0 & 205.9656 \end{bmatrix}$$

O DCL do nó 2 é mostrado na figura 5.24h.

Na figura, F = 321,0723 kN e o sen θ = 0,296516. Então,

P_e = 2F sen θ = 190,406 kN

$$\therefore \{P_{e1}\} = \begin{Bmatrix} 0 \\ -190.406 \end{Bmatrix} \text{kN}$$

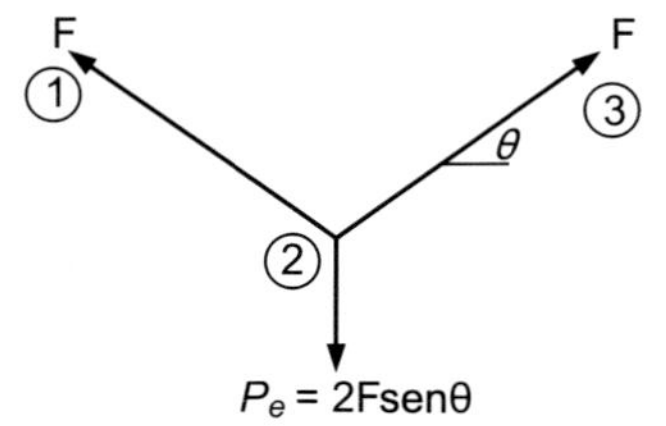

Figura 5.24h - DCL do nó 2.

Iteração 2

$$\{\Delta P_{A2}\} = \{P_A\} - \{P_{e1}\} = \begin{Bmatrix} 0 \\ 90.406 \end{Bmatrix} \text{kN}$$

$$\{\Delta D_{A2}\} = [K_{t1}]^{-1}\{\Delta P_{A2}\} = \begin{Bmatrix} 0 \\ 0.4389 \end{Bmatrix} \text{m}$$

$$\{D_{A2}\} = \{D_{A1}\} + \{\Delta D_{A2}\} = \begin{Bmatrix} 0 \\ -0.94208 \end{Bmatrix} \text{m}$$

As coordenadas dos nós após a segunda iteração são mostradas na figura 5.24i.

l = 12,96525 m, F = 204,93385 kN

Para o elemento 1: c = 0,964116, s = –0,26548

elemento 2: c = 0,964116, s = 0,26548

$$[K_{t2}] = \begin{bmatrix} 1722.863 & 0 \\ 0 & 159.8521 \end{bmatrix}$$

$$\{P_{e2}\} = \begin{Bmatrix} 0 \\ -108.813 \end{Bmatrix} \text{kN}$$

Iteração 3

$$\{\Delta P_{A3}\} = \{P_A\} - \{P_{e2}\} = \begin{Bmatrix} 0 \\ 8.813 \end{Bmatrix} \text{kN}$$

$$\{\Delta D_{A3}\} = [K_{t2}]^{-1}\{\Delta P_{A3}\} = \begin{Bmatrix} 0 \\ 0.05513 \end{Bmatrix} \text{m}$$

$$\{D_{A3}\} = \{D_{A2}\} + \{\Delta D_{A3}\} = \begin{Bmatrix} 0 \\ -0.88695 \end{Bmatrix} \text{m}$$

As coordenadas dos nós após a terceira iteração são mostradas na figura 5.24j.

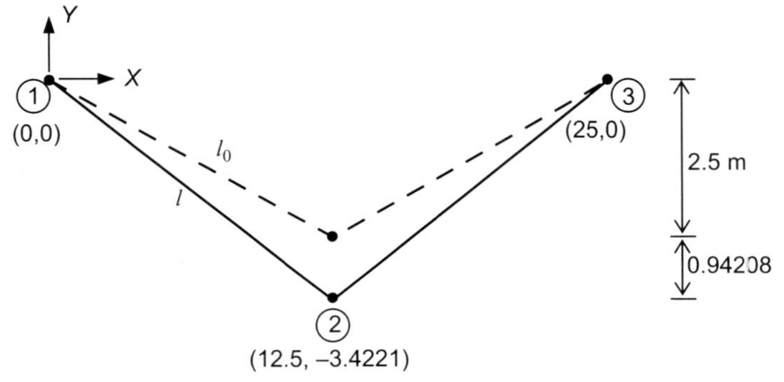

Figura 5.24i - Coordenadas nodais após a segunda iteração.

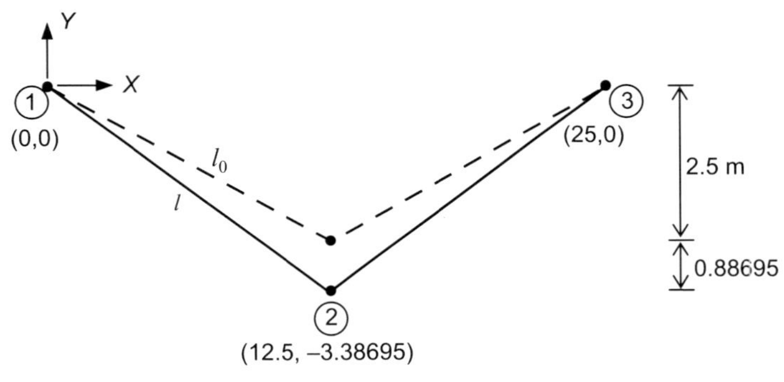

Figura 5.24j - Coordenadas nodais após a terceira iteração.

l = 12,9507 m, F = 191,2587 kN

Para o elemento 1: c = 0,9652, s = –0,26152

elemento 2: c = 0,9652, s = 0,26152

$$[K_{t3}] = \begin{bmatrix} 1728.5 & 0 \\ 0 & 154.3 \end{bmatrix}$$

$$\{P_{e3}\} = \begin{Bmatrix} 0 \\ -100.0372 \end{Bmatrix} \text{kN}$$

Iteração 4

$$\{\Delta P_{A4}\} = \{P_A\} - \{P_{e3}\} = \left\{ \begin{array}{c} 0 \\ 0.0372 \end{array} \right\} \text{kN}$$

$$\{\Delta D_{A4}\} = [K_{t3}]^{-1} \{\Delta P_{A4}\} = \left\{ \begin{array}{c} 0 \\ 0.2414 \times 10^{-3} \end{array} \right\} \text{m}$$

$$\{D_{A4}\} = \{D_{A3}\} + \{\Delta D_{A4}\} = \left\{ \begin{array}{c} 0 \\ -0.8867 \end{array} \right\} \text{m}$$

As novas coordenadas dos nós após a quarta iteração são mostradas na figura 5.24k.

l = 19,507 m, F = 191,1993 kN

$$\{P_{e4}\} = \left\{ \begin{array}{c} 0 \\ -99.9995 \end{array} \right\} \text{kN}$$

Como a diferença entre a carga total e a carga equilibrada é muito pequena, a iteração é interrompida nesse estágio. O deslocamento final obtido usando-se o procedimento iterativo é

$$\{D_A\} = \left\{ \begin{array}{c} 0 \\ -0.8867 \end{array} \right\} \text{m}$$

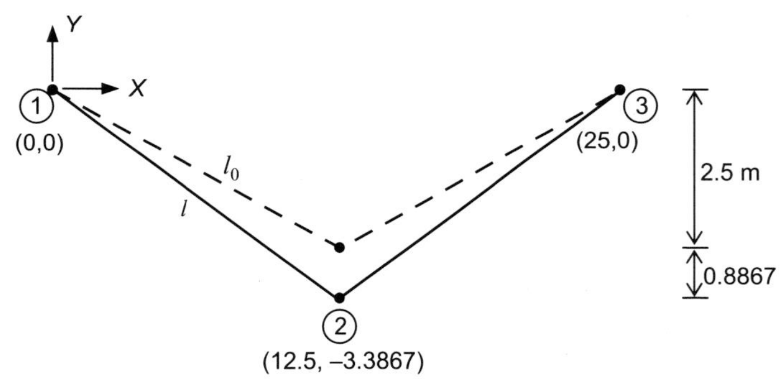

Figura 5.24k - Coordenadas nodais após a quarta iteração.

Problema

5.1 Analisar as estruturas seguintes usando o método da rigidez direta.

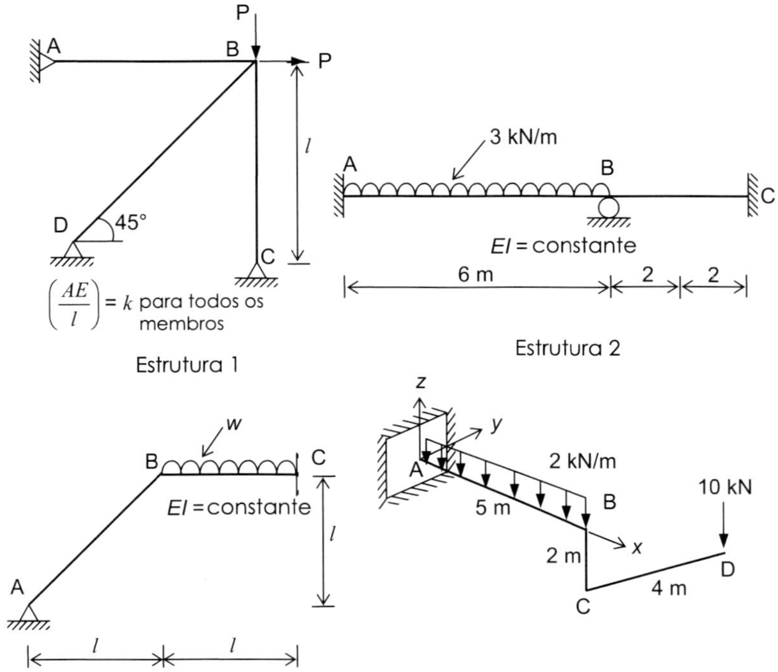

Estrutura 1

Estrutura 2

Estrutura 3

Estrutura 4

Figura 5.25 - Problema 5.1.

Apêndice

Uma amostra de código MATLAB® para a análise de treliça plana usando o método da rigidez direta é dado abaixo.

Código MATLAB

```
% ANÁLISE DE TRELIÇA PLANA USANDO O MÉTODO DA RIGIDEZ DIRETA

% ne: Número de elementos
% n: Número de nós
% P: Vetor força em coordenadas globais
% K: Matriz rigidez global
ne=input('Número de elementos: ');
n=input('Número de nós: ');
P=zeros(2*n,1);
K=zeros(2*n,2*n);

% Entrar coordenada dos nós com relação a eixo global
% coordinate(X-coordinate,Y-coordinate)
for i=1:n
      disp(['Entre Coordenadas do nó ',num2str(i)]);
      coordinate(i,1)=input('Coordenada X: ');
      coordinate(i,2)=input('Coordenada Y: ');
end

% Entrar graus de liberdade dos nós, i.e, coordenadas globais dos nós
% dof(horizontal dof, vertical dof)
disp('Entre numeração de graus de liberdade');
for i=1:n
      dof(i,1)=input(['Número de: graus de liberdade horizontal no nó ',num2str(i),':
']);
      dof(i,2)=input(['Número de: graus de liberdade vertical no nó ',num2str(i),': ']);
end

% Entrar área e módulo de elasticidade dos elementos (A & E)
A=input('Área do elemento: ');
E=input('Módulo de elasticidade do elemento: ');
for i=1:ne
      % Entrar nó próximo e nó distante de todos os elementos
      % node(Near node,Far node)
      disp(['Entre propriedades do elemento ',num2str(i)]);
      node(i,1)=input('Nó 1: ');
      node(i,2)=input('Nó 2: ');

      % x: XF-XN
      % y: YF-YN
      % L: comprimento do elemento
      % c, s: cos(theta), sin(theta)
      x=coordinate(node(i,2),1)-coordinate(node(i,1),1);
      y=coordinate(node(i,2),2)-coordinate(node(i,1),2);
      L(i)=sqrt((x^2)+(y^2));
      c(i)=x/L(i);
      s(i)=y/L(i);
```

```
        % EK: Matriz de rigidez de um elemento
        EK=(A*E/L(i))*[c(i)*c(i) c(i)*s(i) -c(i)*c(i) -c(i)*s(i); c(i)*s(i) s(i)*s(i)
-c(i)*s(i) -s(i)*s(i); -c(i)*c(i) -c(i)*s(i) c(i)*c(i) c(i)*s(i); -c(i)*s(i) -s(i)*s(i)
c(i)*s(i) s(i)*s(i)];

        % num: graus de liberdade globais do elemento
        % num(horizontal dof at Near node,vertical dof at Near node
        %     horizontal dof at Far node,vertical dof at Far node)

        num=[dof(node(i,1),1);dof(node(i,1),2);dof(node(i,2),1);dof(nod
e(i,2),2)];

        % Montagem da matriz de rigidez do elemento para obter
        % a matriz de rigidez global, K
        K(num,num)=K(num,num)+EK;
end

% restrained: Número de graus de liberdade restringidos

% active: Número de graus de liberdade ativos
disp('Entre detalhes de apoios');
restrained=0;
i=1;
j=1;
while i==1
        % ns: Número de apoio do nó
        ns(j)=input('Número do nó: ');
        % sc: Condição de apoio do nó
        % 1- Articulado, 2- Rolante
        sc(j)=input('Condição de apoio: 1-Articulado; 2-Rolante : ');
        if sc(j)==1
                restrained=restrained+2;
        else
                restrained=restrained+1;
        end
        i=input('1-Mais apoios; 2-Não mais apoios : ');
        j=j+1;
end
disp('Entre detalhes de cargas');
i=1;
while i==1
        % nl: Número do nó onde a carga é aplicada
        nl=input('Número do nó: ');
        Load=input('Carga (N) : ');
        theta=input('Inclinação da carga(Anti-horário a partir de +x) (graus) : ');

        % Salvar a componente das cargas no vetor força global
        P(dof(nl,1))=Load*cosd(theta);
        P(dof(nl,2))=Load*sind(theta);
        i=input('1-Mais cargas; 2-Não mais cargas : ');
end
active=(2*n)-restrained;

% K=[KAA KAR;KRA KRR]
KAA=K(1:active,1:active);
KAR=K(1:active,active+1:(2*n));
KRA=K(active+1:(2*n),1:active);
KRR=K(active+1:(2*n),active+1:(2*n));
```

```
%P=[PA;PR]    [active;restrained]
%D=[DA;DR]    [active;restrained]

PA=P(1:active);
DR=zeros(restrained,1);
DA=inv(KAA)*(PA-(KAR*DR));
PR=(KRA*DA)+(KRR*DR);
% ANÁLISE FINALIZADA


P=[PA;PR];
D=[DA;DR];

% Exibir reações de apoio
% ns contém número de apoios do nó
for i=1:size(ns,2)
      disp(['Força vertical no nó ',num2str(ns(i)),' : ',num2str(P(dof(ns(i),2)))]);
      if sc(i)==1
            disp(['Força horizontal no nó ',num2str(ns(i)),' :
',num2str(P(dof(ns(i),1)))]);
      end
end

% Fator de magnificação = min(L)/(10*max(D))
D1=D*min(L)/(10*max(D));

for i=1:ne
      % num: graus de liberdade globais do elemento
      % num(horizontal dof at Near node,vertical dof at Near node
      %     horizontal dof at Far node,vertical dof at Far node)
      num=[dof(node(i,1),1);dof(node(i,1),2);dof(node(i,2),1);dof(nod
e(i,2),2)];

      % T: Matriz de transformação
      T=[c(i) 0;s(i) 0;0 c(i);0 s(i)];

      % p: forças do elemento
      p=(A*E/L(i))*[1 -1;-1 1]*(T')*D(num);
      if p(1)<=0
            disp(['Força axial no elemento ',num2str(i),' : ',num2str(-p(1)), N (Ten-
são)']);
      else
            disp(['Força axial no elemento ',num2str(i),' : ',num2str(p(1)), ' N (Com-
pressão)']);
      end

      % Plotar forma deformada

      line([coordinate(node(i,1),1),coordinate(node(i,2),1)],[coordinate(node (i,1),2),c
oordinate(node(i,2),2)],'Color','k','Linestyle','--');

      line([coordinate(node(i,1),1)+D1(dof(node(i,1),1)),coordinate(node(i,2),1)
+D1(dof(node(i,2),1))], [coordinate(node(i,1),2)+D1(dof(node(i,1),2)),coordinate(node(i,2
),2)+D1(dof(node(i,2),2))]);
      xlabel('X (m)');
      ylabel('Y (m)');
end
```

Análise de treliça plana

O programa é usado para analisar a treliça plana mostrada na figura a.1. A estrutura discretizada, os elementos, os nós e as coordenadas globais são mostradas nas figuras a.2 e a.3, respectivamente. Os dados de conectividade dos elementos são dados na tabela a.1.

Os dados de entrada para a treliça e os dados de saída do programa são dados abaixo (figura a.4).

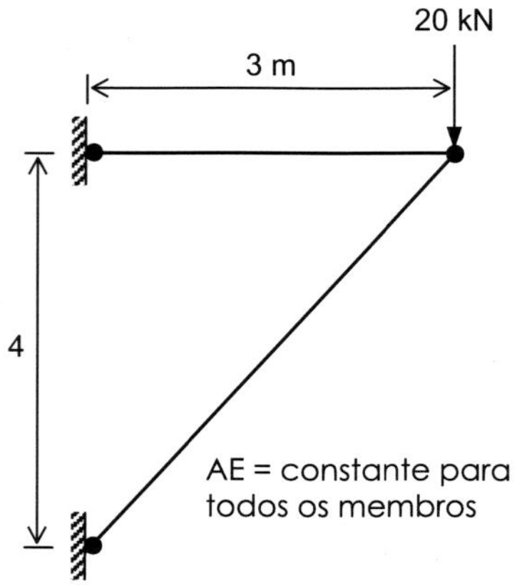

Figura a.1 - Treliça plana.

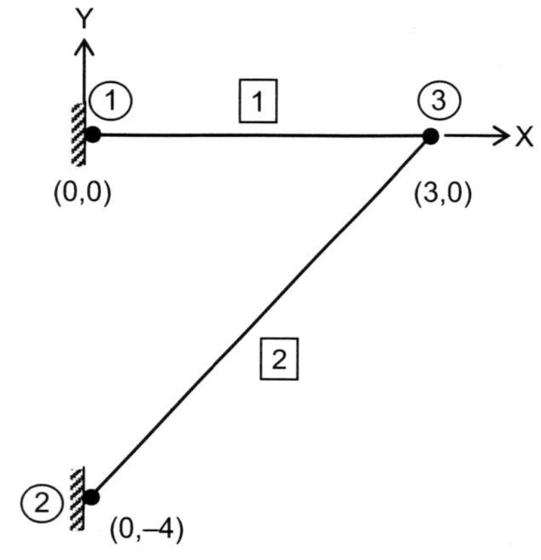

Figura a.2 - Estrutura discretizada.

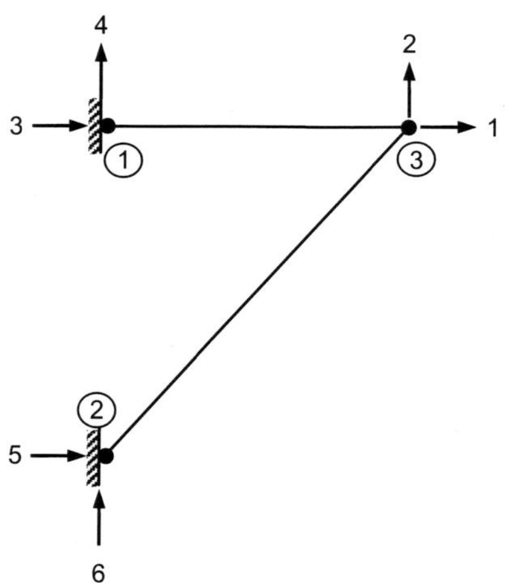

Figura a.3 - Coordenadas globais.

Tabela a.1 - Dados de conectividade dos elementos

Elemento	Nó próximo N	Nó distante F
1	1	3
2	2	3

Dados de entrada

Número de elementos: 2
Número de nós: 3
Entrar coordenadas do nó 1
Coordenada X: 0
Coordenada Y: 0
Entrar coordenadas do nó 2
Coordenada X: 0
Coordenada Y: –4
Entrar coordenadas do nó 3
Coordenada X: 3
Coordenada Y: 0
Entrar numeração de graus de liberdade
Número de: Grau de liberdade horizontal no nó 1: 3
Número de: Grau de liberdade vertical no nó 1: 4
Número de: Grau de liberdade horizontal no nó 2: 5
Número de: Grau de liberdade vertical no nó 2: 6
Número de: Grau de liberdade horizontal no nó 3: 1
Número de: Grau de liberdade vertical no nó 3: 2
Área do elemento: 100
Módulo de elasticidade do elemento: 200000
Entrar propriedades do elemento 1
Nó 1: 1
Nó 2: 3
Entrar propriedades do elemento 2
Nó 1: 2
Nó 2: 3
Entrar detalhes de apoios
Número do nó: 1
Condição de apoio: 1-Articulado; 2-Rolante: 1
1-Mais apoios; 2-Não mais apoios: 1
Número do nó: 2
Condição de apoio: 1-Articulado; 2-Rolante: 1
1-Mais apoios; 2-Não mais apoios: 2
Entrar detalhes de cargas
Número do nó 3
Carga (N): 20

Inclinação da carga (Anti-horário a partir de +x) (graus): 270
1-Mais cargas; 2-Não mais cargas: 2

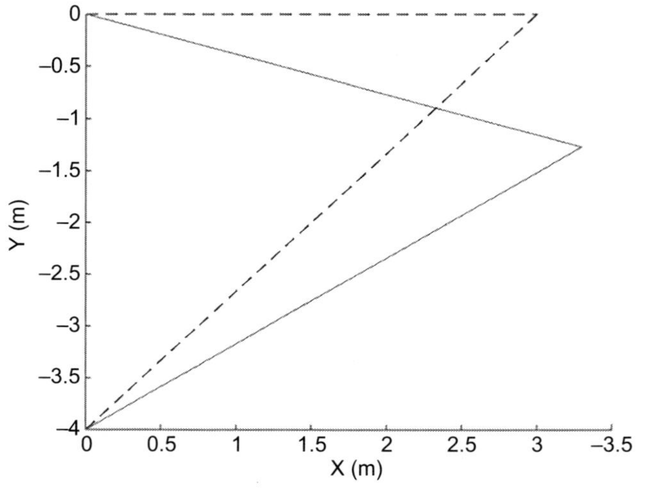

Figura a.4 - Forma deflexionada da treliça.

Saída

Força vertical no nó 1: 0
Força horizontal no nó 1: –15
Força vertical no nó 2: 20
Força horizontal no nó 2: 15
Força axial no elemento 1: 15 N (Tensão)
Força axial no elemento 2: 25 N (Compressão)

Bibliografia

Arbabi, F., Structural Analysis and Behaviour, McGraw-Hill Education, New Delhi, 2014.

Balfour, J.A.D., Computer Analysis of Structural Frame Works, Second Edition, Oxford University Press, New York, 1992.

Beaufait, F.W., Basic Concepts of Structural Analysis, Prentice-Hall, New Jersey, 1977.

Beaufait, F.W., Rowan, W.H., Hoadley, P.G., e Hackett, R.M., Computer Methods of Structural Analysis, Prentice-Hall, New Jersey, 1970.

Chajes, A., Structural Analysis, Prentice-Hall, New Jersey, 1983.

Cook, R.D., Malkus, D.S., Plesha, M.E., e Witt, R.J., Concepts and Applications of Finite Element Analysis, Fourth Edition, John Wiley, Singapore, 2005.

Desai, C.S., e Abel, J.F., Introduction to Finite Element Method, CBS Publishers, Delhi, 2005.

Hibbeler, R.C., Structural Analysis, Fifth Edition, Pearson, New Delhi, 2002.

Hsieh, Y.Y., Elementary Theory of Structures, Third Edition, Prentice-Hall, New Jersey, 1988.

Jain, A.K., Advanced Structural Analysis, Nem Chand and Bros., Roorkee, 2006.

McGuire, W., Gallagher, R.H., e Ziemian, R.D., Matrix Structural Analysis, Second Edition, Wiley, New Delhi, 2000.

Meek, J.C., Matrix Structural Analysis, McGraw-Hill, New York, 1971.

Menon, D., Advanced Structural Analysis, Narosa, New Delhi, 2009.

Przemieniecki, J.S., Theory of Matrix Structural Analysis, Dover Publications, New York, 2012.

Rajasekaran, S., e Sankarasubramanian, G., Computational Structural Mechanics, Prentice-Hall of India, New Delhi, 2012.

Rao, S.S., The Finite Element Method in Engineering, Fifth Edition, Elsevier, New Delhi, 2013.

Rubinstein, M.F., Matrix Computer Analysis of Structures, Prentice-Hall, New Jersey, 1966.

Sennett, R.E., Matrix Analysis of Structures, Prentice-Hall, New Jersey, 1994.

Weaver, W., e Gere, J.M., Matrix Analysis of Framed Structures, Second Edition, CBS Publishers, Delhi, 1998.

Willems, N., e Lucas, W.M., Structural Analysis for Engineers, McGraw-Hill, Tokyo, 1978.

Índice

V

Impressão e acabamento
Gráfica da Editora Ciência Moderna Ltda.
Tel: (21) 2201-6662